普通高等教育机电类系列教材

机械工程图学与实践

主　编　蒋洪奎　李晓梅
副主编　宣仲义　王　笑
参　编　朱春耕　吴江妙
主　审　朱喜林

U0241041

机 械 工 业 出 版 社

本书针对应用型本科和新型职业技术大学教学的特点，按照应用型人才培养的目标，采用现行的有关国家标准编写而成。本书将机械制图、计算机绘图和机械测绘融合于一体，注重实用性技能的训练，通过强化工程图学实践，将理论知识学习与实践技能训练紧密结合。本书配套资源丰富，附带电子资源，支持移动学习和线上线下混合式教学，以助力信息化教学改革。

本书可作为应用型本科、新型职业技术大学机械类等专业的制图教材，也可供各类工程技术人员参考。

本书配有部分动画、视频，读者可扫书中二维码获取。本书配有课件PPT，采用本书作为教材的教师可登录 www.Cmpedu.com 注册下载。

图书在版编目（CIP）数据

机械工程图学与实践/蒋洪奎，李晓梅主编. —北京：机械工业出版社，2022.8

普通高等教育机电类系列教材

ISBN 978-7-111-71387-6

Ⅰ.①机… Ⅱ.①蒋… ②李… Ⅲ.①机械制图-高等学校-教材 Ⅳ.①TH126

中国版本图书馆 CIP 数据核字（2022）第 144206 号

机械工业出版社（北京市百万庄大街 22 号 邮政编码 100037）
策划编辑：付建蓉　　　　责任编辑：付建蓉
责任校对：樊钟英 刘雅娜　封面设计：张 静
责任印制：常天培
天津翔远印刷有限公司印刷
2023 年 1 月第 1 版第 1 次印刷
184mm×260mm·25.75 印张·633 千字
标准书号：ISBN 978-7-111-71387-6
定价：78.00 元

电话服务　　　　　　　　网络服务
客服电话：010-88361066　机 工 官 网：www.cmpbook.com
　　　　　010-88379833　机 工 官 博：weibo.com/cmp1952
　　　　　010-68326294　金 书 网：www.golden-book.com
封底无防伪标均为盗版　机工教育服务网：www.cmpedu.com

前言
PREFACE

  工程图学与实践是高等工科学校一门重要的技术基础必修课程，课程的理论性和实践性都很强。为了满足当前高等教育的实际需求，我们根据教育部高等学校工程图学课程教学指导委员会的基本要求，按照应用型本科机械类专业和新型职业技术大学的培养目标，将工程图学的投影理论、尺规作图、计算机绘图和机械测绘等内容结合起来，采用现行的有关国家标准编写本书。

  本书共有12章，采用了新形态教材的编写方式，主要有以下特点。

  1. 课程知识体系完整，内容由浅入深，逻辑性强，符合认知规律。

  2. 本书将机械制图、计算机绘图、机械测绘融合于一体，理论知识与实践技能结合紧密。

  3. 本书强调实践和应用，以够用为原则，适当降低了部分理论知识的难度。

  4. 本书附带电子资源，支持移动学习和线上线下混合式教学，助力信息化教学改革。

  与本书配套的还有《机械工程图学与实践习题集》，习题集也采用新形态方式。本书可供应用型本科机械类专业新型职业技术大学的学生使用，也可作为其他专业的教学参考书。

  参加本书编写的有：宣仲义（第1章、第6章），王笑（第2章、第11章），李晓梅（第3章、第5章、第8章），吴江妙（第4章），蒋洪奎（第7章、第9章、第12章、附录），朱春耕（第10章）。全书由蒋洪奎、李晓梅负责统稿，动画视频由毛玮制作。

  本书由浙江师范大学朱喜林教授主审。朱喜林教授对初稿进行了认真、细致的审查，提出了许多宝贵的意见和建议，在此表示诚挚谢意！

  本书在编写过程中得到机械工业出版社、浙江师范大学行知学院的大力支持，在此一并表示感谢！

本书在编写过程中参考了一些国内同类教材，引用了部分文献资料，在此特向有关作者致以谢意！

由于编者水平有限，书中疏漏和不足之处在所难免，希望读者批评指正。

编　者

CONTENTS

录

绪 论

0

1. 工程图学与实践课程的研究对象与内容

工程图学与实践是机械类专业的一门必修技术基础课程，课程主要研究绘制和阅读工程图样的理论和方法。

现代工业生产离不开工程图样。工程图样是工业生产中一个重要的技术文件，它是进行技术交流不可缺少的工具，也是工程界共同的技术语言。每位工程技术人员和工程管理人员都需要掌握这种语言。

本课程主要内容包括：图学理论、机械制图、计算机辅助设计和零部件测绘。本课程既具有系统的理论，又具有较强的实践性和技术性。

2. 工程图学与实践课程的主要任务

1）学习正投影法的基本理论及其应用。

2）培养逻辑思维和形象思维能力。

3）培养空间几何问题的图解能力。

4）学习贯彻机械制图的国家标准。

5）培养绘图和读图的基本能力。

6）培养计算机绘图和机械测绘的综合能力。

7）培养认真负责、严谨细致的工作作风。

8）培养动手能力、工程意识和创新能力。

3. 工程图学与实践课程的学习方法

1）认真听课，及时复习。要学好投影理论，掌握形体分析、线面分析、结构分析等方法，由浅入深地进行绘图和读图实践。

2）多读多想，多画多练。将绘图和读图相结合，反复地由物画图，由图想物，逐步提高空间想象能力和空间分析能力。

3）独立作业，规范作图。要严格遵守机械制图的国家标准，掌握正确的表达方法，学会正确运用视图、剖视图、断面图及其他规定画法，掌握尺寸标注的方法。

4）理论联系实际。要将计算机绘图、尺规绘图和机械测绘等各种绘图技能与投影理论紧密联系，提高读图和绘图的综合能力。

第 1 章

机械制图基本知识

主要内容

国家标准中与技术制图和机械制图有关的基本规定、绘图工具的使用方法、几何作图方法、平面图形尺寸分析、平面图形的作图步骤等。

学习要点

了解图纸幅面及格式、比例的概念；熟悉线型的名称和用途；掌握尺寸标注的规则和注法；熟悉绘图工具的使用；掌握圆弧连接的画法，能准确绘制平面图形；能按要求标注平面图形的尺寸。

1.1 机械制图国家标准简介

现代工程领域广泛采用工程图样来进行技术交流。机械图样是机械工程领域的技术人员用来表达设计意图、交流技术思想、组织生产过程的重要工具，是现代工业生产中必不可少的技术文件。作为一种技术语言，机械图样具有严格的规范性。国家质检总局发布了技术制图和机械制图等一系列国家标准，对图样的内容、格式、表示法等做了统一规定，作为绘制机械图样的根本依据。机械工程技术人员要牢固树立标准意识，绘制机械工程图样必须严格遵守这些规定。

我国的国家标准简称为"国标"，分为强制性国家标准和推荐性国家标准，代号分别为 GB 和 GB/T。国家标准的编号由国家标准的代号、国家标准发布的顺序号和国家标准发布的年份构成。例如，GB/T 14689—2008《技术制图　图纸幅面和格式》标准中，代号为 GB/T，顺序号为 14689，标准发布的年份为 2008。本节仅摘录国家标准中与技术制图和机械制图有关的基本规定，其余的有关机械制图的相关标准将在以后各章中分别叙述。

1.1.1 图纸幅面和格式（GB/T 14689—2008）

1. 图纸幅面

图纸幅面是指图纸宽度与长度组成的图面。图纸的基本幅面共有五种，其代号由"A"和相应的幅面号组成，见表 1-1。绘图时第一选择采用基本幅面尺寸。

表 1-1　图纸基本幅面尺寸（第一选择）　　　　　　　　　（单位：mm）

幅面代号	A0	A1	A2	A3	A4
$B×L$	841×1189	594×841	420×594	297×420	210×297
e	20		10		
c	10			5	
a	25				

注：相关字母含义见图 1-2、图 1-3。

必要时可选用规定的加长幅面，见表 1-2。加长图纸幅面的尺寸是由基本幅面的短边成整数倍增加后得出，如图 1-1 所示。图中粗实线为第一选择的基本幅面，细实线为第二选择的加长幅面，虚线为第三选择的补充幅面。

表 1-2　图纸加长幅面尺寸（第二选择、第三选择）　　　　　（单位：mm）

第二选择		第三选择			
幅面代号	$B×L$	幅面代号	$B×L$	幅面代号	$B×L$
A3×3	420×891	A0×2	1189×1682	A3×5	420×1486
A3×4	420×1189	A0×3	1189×2523	A3×6	420×1783
A4×3	297×630	A1×3	841×1783	A3×7	420×2080
A4×4	297×841	A1×4	841×2378	A4×6	297×1261
A4×5	297×1051	A2×3	594×1261	A4×7	297×1471
—	—	A2×4	594×1682	A4×8	297×1682
—	—	A2×5	594×2102	A4×9	297×1892

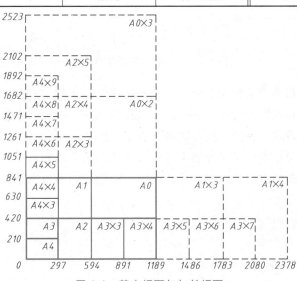

图 1-1　基本幅面与加长幅面

2. 图框格式

图纸上限定绘图区域的线框称为图框。图样必须绘制在图框线所限定的范围内，图框在图纸上须用粗实线画出，其格式分为留有装订边（图1-2）和不留装订边（图1-3）两种，同一产品的图样只能采用一种格式，优先采用不留装订边的格式。基本幅面的图框及留边宽度等按表1-1中的规定。

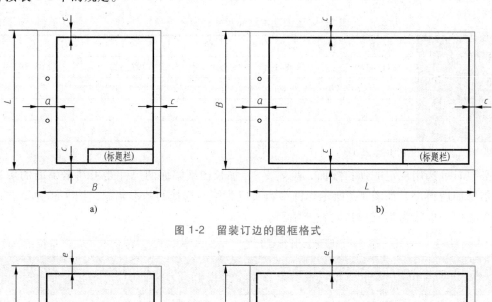

图 1-2　留装订边的图框格式

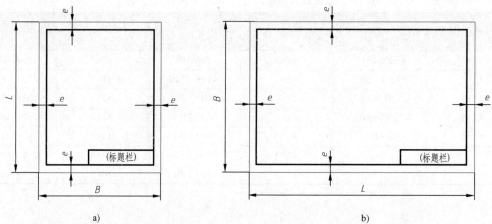

图 1-3　不留装订边的图框格式

为了使图样复制和缩微摄影时定位方便，可在图纸各边的中点画出对中符号。对中符号是从图纸边界线开始画入图框内约 5mm 的一段粗实线，粗实线线宽不小于 0.5mm，当对中符号处在标题栏范围内时，则伸入标题栏部分省略不画。

若读图方向与标题栏中的文字方向不一致，应在图纸下边的对中符号处画出一个方向符号，以表明绘图与读图的方向。方向符号是用细实线绘制的等边三角形，其大小和所处的位置如图1-4所示。

1.1.2　标题栏和明细栏

1. 标题栏（GB/T 10609.1—2008）

标题栏是由名称及代号区、签字区、更改区和其他区组成的框图，用来填写设计单位、

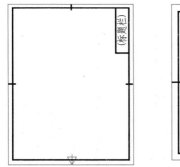 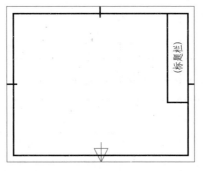 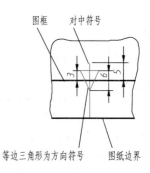

图 1-4　方向符号的画法

设计者、审核者、图名编号、绘图比例等综合信息，它是图样的重要组成部分，一般置于图样的右下角。当标题栏的长边置于水平方向并与图纸的长边平行时，构成 X 型图纸，如图 1-2b 所示；当标题栏的长边与图纸的长边垂直时，构成 Y 型图纸，如图 1-2a 所示。通常情况下，读图方向应与标题栏的方向一致，若不一致需画出方向符号。

标题栏的内容、格式和尺寸应按 GB/T 10609.1—2008《技术制图　标题栏》的规定绘制，如图 1-5 所示。

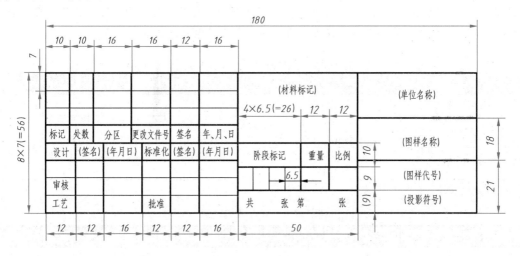

图 1-5　标题栏的格式

2. 明细栏

在装配图中一般应有明细栏。明细栏绘制在标题栏上方，序号由下而上按顺序填写，格数视需要而定。若往上延伸位置不够时，可紧靠标题栏左边再由下而上延伸。当不能在装配图本页上方配置明细栏时，可作为装配图的续页按 A4 幅面单独给出，其顺序应由上而下延伸，且应在明细栏的下方配置标题栏，填写与装配图相一致的名称和代号，还可以连续加页。明细栏一般由序号、名称、代号、数量、材料、重量等组成，也可按实际需要增减。更详细的要求可参照国家标准 GB/T 10609.2—2009《技术制图　明细栏》。一般在学校的制图作业中，为了简化作图，建议采用图 1-6 所示的简化标题栏和明细栏。

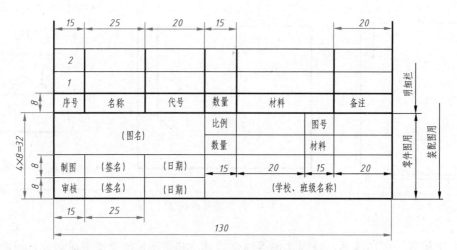

图1-6 简化标题栏和明细栏格式

1.1.3 比例（GB/T 14690—1993）

图中图形与其实物相应要素的线性尺寸之比称为比例，比例分为放大、原值、缩小三种。工程实践中应尽量按物体的实际大小即采用原值比例 1:1 绘图，以便在图纸中直观地反映物体的真实大小。但由于机件的大小及结构复杂程度不同，有时需要放大或缩小，当需要按比例绘制图样时，应优先在表1-3中选取适当的比例，必要时也允许选取表1-4中的比例。

表1-3 优先选取的比例

种类	比 例		
原值比例	1:1		
放大比例	5:1	2:1	
	$5 \times 10^n:1$	$2 \times 10^n:1$	$1 \times 10^n:1$
缩小比例	1:2	1:5	1:10
	$1:2 \times 10^n$	$1:5 \times 10^n$	$1:1 \times 10^n$

注：n 为正整数。

表1-4 允许选取的比例

种类	比 例				
放大比例	4:1		2.5:1		
	$4 \times 10^n:1$		$2.5 \times 10^n:1$		
缩小比例	1:1.5	1:2.5	1:3	1:4	1:6
	$1:1.5 \times 10^n$	$1:2.5 \times 10^n$	$1:3 \times 10^n$	$1:4 \times 10^n$	$1:6 \times 10^n$

注：n 为正整数。

绘制同一物体的各个视图时，应尽可能选取相同的比例，并在标题栏的比例一栏中标注。当某个图形需要选取不同的比例绘制时，可在视图名称的下方或右侧标注比例，如 $\dfrac{A—A}{2:1}$、$\dfrac{B—B}{2.5:1}$。

注意，图样中所标注的尺寸数值必须是实物的实际大小，与绘制图形所选取的比例无关（图1-7）。

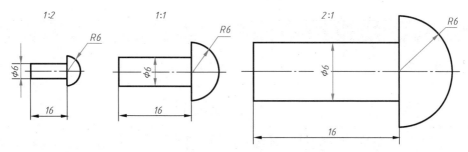

图 1-7　选取不同比例绘制的同一图形

1.1.4　字体（GB/T 14691—1993）

字体是图样中汉字、字母和数字的书写形式。在图样上除了表达机件形状的图形外，还要用汉字、字母和数字来说明机件的大小和技术要求等内容。

GB/T 14691—1993《技术制图　字体》对图样中汉字、字母和数字的结构形式和公称尺寸规定了以下基本要求：

1）在图样中书写的字体必须做到字体工整、笔画清楚、间隔均匀、排列整齐。

2）字体高度（h）的公称尺寸系列为 1.8mm、2.5mm、3.5mm、5mm、7mm、10mm、14mm、20mm。如果要书写更大的字体，其字高应按 $\sqrt{2}$ 的比率递增。字体高度代表字体的号数。

3）汉字应写成长仿宋体，并采用中华人民共和国国务院正式颁布推行的《汉字简化方案》中规定的简体字。汉字的字体高度 h 不应小于 3.5mm，字体宽度一般为 $h/\sqrt{2}$。

4）字母和数字分 A 型和 B 型。A 型字体的笔画宽度（d）为字高（h）的 1/14；B 型字体的笔画宽度（d）为字高（h）的 1/10。同一图样上，只允许用一种形式的字体。

5）字母和数字可写成直体和斜体，斜体字字头向右倾斜，与水平基准线成 75°。

6）对于汉字、拉丁字母、希腊字母、阿拉伯数字和罗马数字等组合书写时，其排列格式和间距也应符合 GB/T 14691—1993《技术制图　字体》中的相关规定。

汉字、数字和字母的字体示例见表 1-5。

表 1-5　字体示例

字体		示　例
长仿宋体汉字	5 号	字体工整　笔画清楚　间隔均匀　排列整齐
	3.5 号	横平竖直　注意起落　结构均匀　填满方格
拉丁字母	大写	ABCDEFGHIJKLMNOPQRSTUVWXYZ *ABCDEFGHIJKLMNOPQRSTUVWXYZ*
	小写	abcdefghijklmnopqrstuvwxyz *abcdefghijklmnopqrstuvwxyz*

（续）

字体		示 例
阿拉伯数字	直体	0123456789
	斜体	*0123456789*
字体应用		10JS5(±0.003) M24-6h *R*8 10^3 S^{-1} 5% D_1 T_d 380kPa m/kg $\phi 20^{+0.010}_{-0.023}$ $\phi 25\frac{H6}{f5}$ $\frac{\text{II}}{1:2}$ $\frac{3}{5}$ $\frac{A}{5:1}$ $\sqrt{}$ $\overline{Ra\ 6.3}$ 460r/min 220V l/mm

1.1.5 图线（GB/T 17450—1998、GB/T 4457.4—2002）

GB/T 17450—1998《技术制图 图线》规定了适用于各种技术图样的图线的名称、形式、结构、标记及画法规则等；GB/T 4457.4—2002《机械制图 图样画法 图线》规定了机械制图中所用图线的一般规则，适用于机械工程图样。

1. 图线形式、线宽与应用

机械图样中使用 9 种基本图线，即粗实线、细实线、细虚线、细点画线、细双点画线、波浪线、双折线、粗虚线、粗点画线。

所有形式的图线宽度（*d*）应按图样的类型和尺寸大小在下列数系中选择，该数系的公比为 $1:\sqrt{2}$（≈1:1.4）。国家标准推荐的图线宽度系列为 0.13mm、0.18mm、0.25mm、0.35mm、0.5mm、0.7mm、1mm、1.4mm、2mm。

在机械图样中采用粗、细两种线宽，比例为 2:1。在同一图样中，同类图线宽度应一致。粗实线（粗虚线、粗点画线）的宽度通常采用 0.7mm，与之对应的细实线（波浪线、双折线、细虚线、细点画线、细双点画线）的宽度为 0.35mm。细（粗）虚线、细（粗）点画线及细双点画线的线段长度和间隔应各自大致相等。图线形式、图线宽度及主要用途见表 1-6。

表 1-6 图线形式、图线宽度及主要用途（摘自 GB/T 4457.4—2002）

图线名称	图线形式	图线宽度	主要用途
粗实线	——————	*d*	可见棱边线、可见轮廓线、相贯线、螺纹牙顶线、螺纹长度终止线、齿顶圆（线）、表格图和流程图中的主要表示线、系统结构线（金属结构工程）、模样分型线、剖切符号用线
细实线	——————	0.5*d*	过渡线、尺寸线、尺寸界线、指引线和基准线、剖面线、重合断面的轮廓线、短中心线、螺纹的牙底线、尺寸线的起止线、表示平面的对角线、零件成形前的弯制折线、范围线及分界线、重复要素表示线（如齿轮的齿根线）、锥形结构的基面位置线、叠片结构位置线（变压器叠钢片）、辅助线、不连续同一表面连线、成规律分布的相同要素连线、投影线、网格线

图线名称	图线形式	图线宽度	主要用途	
波浪线		0.5d	断裂处的边界线、视图和剖视图的分界线	
双折线		0.5d	断裂处的边界线、视图和剖视的分界线	
细虚线		0.5d	不可见轮廓线、不可见棱边线	长画长 12d，短间隔长 3d
粗虚线		d	允许表面处理的表示线	
细点画线		0.5d	轴线、对称中心线、分度圆（线）、孔系分布的中心线、剖切线	
粗点画线		d	限定范围表示线（如限定测量热处理表面的范围）	长画长 24d，短间隔长 3d，点长 0.5d
细双点画线		0.5d	相邻辅助零件的轮廓线、可动零件的极限位置的轮廓线、重心线、成形前轮廓线、剖切面前的结构轮廓线、轨迹线、毛坯图中制成品的轮廓线、特定区域线、延伸公差带表示线、工艺用结构的轮廓线、中断线	

2. 图线的画法

手工绘图时，应正确使用各种图线，在同一张图纸上，粗实线与细线（细实线、细虚线、细点画线、细双点画线）之间一定要画得粗细分明，如图 1-8 所示。此外，还要注意以下几点：

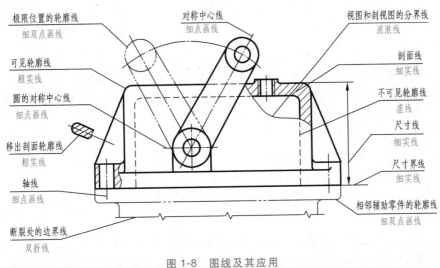

图 1-8　图线及其应用

1）虚线、细点画线、细双点画线等图线形式应恰当地相交于长画线处，如图 1-9a 所示。

2）画圆的中心线时，圆心应是长画的交点；细点画线用作对称中心线、轴线时，其超出机件最外轮廓线的范围应在 2~5mm 内，如图 1-9b 所示；在较小的图形上绘制细点画线、

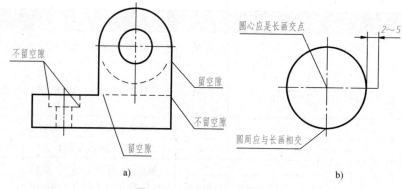

图 1-9　图线画法注意事项

细双点画线有困难时，可用细实线代替。

3）除非另有规定，否则两条平行线（包括剖面线）之间的最小间隙不得小于 0.7mm。

4）图线不得与文字、数字或符号重叠、相交。若不可避免时，图线应在重叠、相交处断开以保证文字、数字或符号的清晰，因为机件制造时是以数字表示的尺寸、文字或符号表示的技术要求为准进行加工的。

1.2　绘图工具和绘图方法

绘制机械图样的方法有仪器绘图、徒手绘图、计算机绘图三种。因为仪器绘图要用尺子和圆规等绘图工具，所以人们也常将仪器绘图称为尺规绘图。本节将介绍绘图工具及其使用、尺规绘图方法及步骤、徒手绘图及其画法等内容。计算机绘图的内容另做讲解。

1.2.1　绘图工具及其使用

1. 铅笔

绘制工程图样时一般选择专用的绘图铅笔。在绘图铅笔的一端印有 B、HB、H 等型号，表示其铅芯的软硬程度。B 前的数字越大表示铅芯越软，画出来的线就越黑；H 前的数字越大表示铅芯越硬，画出来的线就越淡；HB 表示铅芯软硬适中。绘图时根据不同使用要求，一般应备有以下几种硬度不同的铅笔：

1）2B 或 B——画粗实线用。

2）HB 或 H——画箭头和写字用。

3）H 或 2H——画各种细线和画底稿用。

由于圆规画圆时不便用力，因此描深圆弧使用的圆规上的铅芯，一般比描深直线使用的铅笔上的铅芯要软一级。

画线前，描深直线使用的铅笔上的铅芯和描深圆弧使用的圆规上的铅芯都要磨成扁平状，并使其断面厚度和要画的粗实线宽度 d 大致相等，这样能使同一图样上所有可见轮廓线保持粗细均匀，以保证图样质量。绘制其余形式图线的铅芯则可磨成圆锥形，以便于写字和画细线，如图 1-10 所示。画线时，力量和速度要均匀，尽量一笔到底，切忌短距离来回涂画，以保证图线质量。

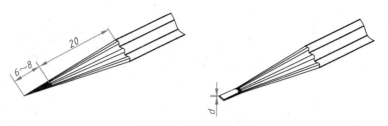

图 1-10　铅芯的形状

2. 图板和丁字尺

图板是手工绘图时用来铺放图纸的垫板，其四周为硬木镶边，较短的两边为导向边，要求比较平直，而中间板面由比较平整、稍有弹性的软木材料制成。图板有不同的规格，可根据需要选用。

丁字尺由尺头和尺身两部分组成，它主要用来画水平线，其头部必须紧靠图板左边，然后用丁字尺的上边画线。移动丁字尺时，用左手推动丁字尺尺头沿图板上下移动，把丁字尺调整到准确的位置，然后压住丁字尺进行画线。画水平线是从左到右画，铅笔在画线前进方向上倾斜约 30°，如图 1-11 所示。丁字尺还可与三角板配合使用画铅垂线，画图时应将三角板一直角边紧靠丁字尺工作边，从下到上画线，如图 1-12 所示。

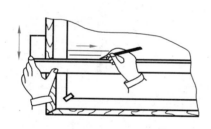

图 1-11　用丁字尺画水平线的姿势

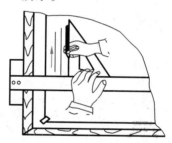

图 1-12　用丁字尺、三角板配合画铅垂线的姿势

3. 三角板

一副三角板有两块，一块是 45° 三角板，另一块是 30° 和 60° 三角板。除了直接用它们来画直线外，也可配合丁字尺画与水平线成 15° 倍角的各种倾斜线，如图 1-13 所示。

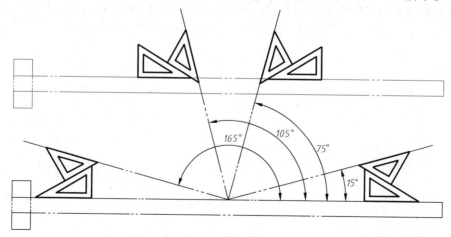

图 1-13　用两块三角板配合画倾斜线

4. 圆规和分规

圆规用来画圆和圆弧。使用前，应先调整圆规的针脚，使得钢针与铅芯尖平齐。画图时应尽量使钢针和铅芯都垂直于纸面，画大直径的圆时，可根据需要加装加长杆，如图 1-14 所示。

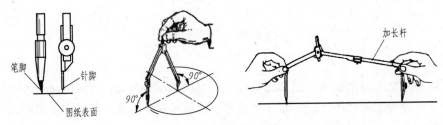

图 1-14　圆规的用法

分规用来量取线段长度或等分已知线段。分规的两个针尖应调整平齐，从比例尺上量取长度时，针尖不要正对尺面，应使针尖与尺面保持倾斜。用分规等分线段时，通常要用试分法，如图 1-15 所示。

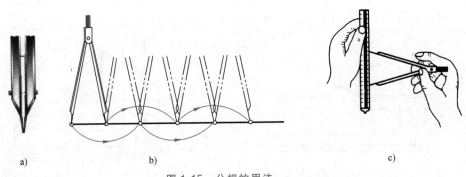

图 1-15　分规的用法

a）针尖对齐　b）等分线段　c）量取线段

5. 曲线板

曲线板是用来描绘非圆曲线的常用工具。描绘曲线时，应先用铅笔轻轻地把各点连接起来，然后在曲线板上选择曲率合适部分进行连接并描深。每次描绘曲线段不得少于三点，连接时应留出一小段不描，作为下段连接时光滑过渡之用，如图 1-16 所示。

图 1-16　曲线板的用法

6. 其他绘图工具

除了上述工具之外，在绘图时还需要准备削铅笔的小刀、橡皮、固定图纸用的胶带纸、测量角度的量角器、擦图片（修改图线时用它遮住不需要擦去的部分）、砂纸（磨铅笔用）等，如图 1-17 所示。

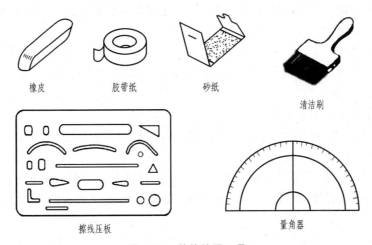

橡皮　　　　胶带纸　　　　砂纸

清洁刷

擦线压板　　　　　　　　　　量角器

图 1-17　其他绘图工具

1.2.2　尺规绘图

尺规绘图时，要使图样绘制得又快又好，除了熟悉制图标准，能够正确使用绘图工具外，还需要按下述步骤进行绘图。

1. 做好准备工作

应提前准备好需要用到的绘图工具。将铅笔按照绘制不同图线形式的要求削、磨好；将圆规的铅芯按同样的要求磨好并调整好两脚的长短；将图板、丁字尺和三角板等用干净的布或软纸擦拭干净；将各种用具放在固定的位置，不用的物品尽量少放在图板上。

2. 选择图纸幅面

确定要绘制的图样后，按其大小和比例，选取图纸幅面。选取图纸幅面时必须遵守表 1-1 和图 1-1 中的规定。

3. 固定图纸

丁字尺尺头紧靠图板左边，图纸按尺身找正后用胶带纸固定在图板上，注意使图纸下边与图板下边之间保留 1~2 个丁字尺尺身宽度的距离。绘制较小幅面图样时，图纸尽量靠左固定，以充分利用丁字尺尺头，保证作图准确度较高，如图 1-18 所示。

4. 画图框及标题栏

按表 1-1、图 1-1、图 1-6 的要求先用细实线画出图框及标题栏，注意不可急于将图框和标题栏中的粗实线描黑，而应当留待与图形中的粗实线一同描黑。

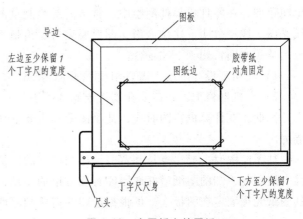

图 1-18　在图板上的图纸

5. 布图及绘制底稿

布图要均匀、美观，根据每个图形的长、宽尺寸确定位置，同时考虑标注尺寸或说明等其他内容所占的位置。图形不可偏挤一边，相互之间既不可紧靠拥挤，也不能相距甚远显得松散。

按设想好的布图方案先画出各图形的基准线，如中心线、对称线和物体主要平面（如零件底面、基面）的线，再画出图形的主要轮廓线，最好也绘制出细节，如小孔、槽和圆角等。

绘制底稿时要注意如下几点：

1）绘制底稿时用 2H 铅笔，铅芯磨成圆锥形（图 1-10），圆规铅芯可用 H 型，画线要尽量细和轻以便于擦除、修改。

2）绘制底稿时要按图形尺寸准确绘制，要尽量利用投影关系，几个图形同时绘制以提高绘图速度。当绘制底稿出现错误时，不要急于擦除、修改以利于图纸清洁。可做出标记，留待底稿完成后一同擦除、修改。

3）绘制底稿时，点画线和虚线均可用极淡的细实线代替以提高绘图速度和描黑后的图线质量。

6. 检查、修改和清理

底稿完成后进行检查，将图形、尺寸等方面的错误擦除、修改，将绘制底稿时的作图线清理并保持图面干净。

7. 描黑

描黑指的是将可见轮廓线描黑成粗实线，将细实线、点画线和虚线等描黑成型，也称为"加深"或"描深"。

应对描黑后的图样再仔细检查，如果有错误，用擦图片配合擦除并改正，修饰图线和图面中接头不光滑之处和清洁不到位之处。

1.2.3　徒手绘图

徒手绘图指的是不用绘图仪器，仅通过目测物体形状、大小而徒手绘制的图样。徒手图也叫草图，在零件或部件测绘中，常常需要绘制草图。草图不能潦草，要做到直线平直、曲线光滑、线型分明、比例恰当，图形要完整、清晰。

徒手绘图常用于下述场合。

1）在初步设计阶段，需要用徒手图表达设计方案。

2）在机器修配时，需要在现场绘制徒手图。

因此，在计算机绘图时代，徒手图依然重要。作为工程技术人员，必须具备徒手绘图的能力。

徒手绘图时，要注意长和宽、整体和局部的比例，只有比例关系恰当，图形的真实感才强。绘制徒手图的图纸最好选用印有浅方格的图纸，以便于掌握图形的尺寸和比例。徒手图的图纸无须固定在图板上，可根据绘图的需要和习惯任意调整和旋转图纸的位置。

1. 徒手画直线

徒手画直线时，手腕要放松，执笔要自然，小指压住纸面作为支点，保持运笔平稳。短直线应一笔画出，长直线可分段相接而成，不可来回涂画。水平方向的直线从左向右画；垂直方向的直线从上向下画；左下右上的倾斜线，从右上向左下运笔；左上右下的倾斜线，从左上向右下运笔，也可将图纸旋转，使所要画的图线成水平或垂直状态时再画。图 1-19 所示为画水平线、垂直线和倾斜线的手势。

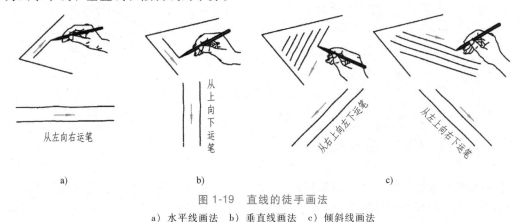

图 1-19　直线的徒手画法

a）水平线画法　b）垂直线画法　c）倾斜线画法

2. 徒手画角度

画 45°、30°、60°等特殊角度时可根据直角三角形两直角边的比例关系，在两直角边上定出两端点，然后连接而成，如图 1-20 所示。

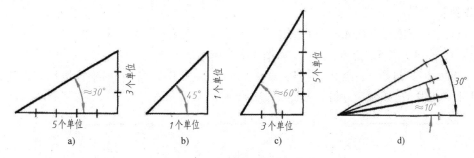

图 1-20　特殊角度的徒手画法

3. 徒手画圆、椭圆

首先应确定圆心，然后根据半径用目测方法在中心线定出四个点，再通过这四点徒手画出圆（图 1-21a）。对于较大的圆，可通过圆心分别再作两条倾斜 45°和 135°的辅助线，用目测方法再定出四个点，然后用光滑曲线连接这八个点画圆弧（图 1-21b）。

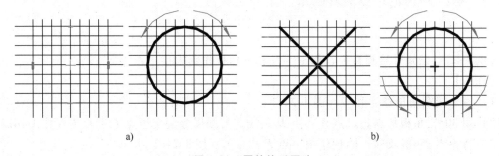

图 1-21　圆的徒手画法

a）定出四个点，分两段画圆弧　b）定出八个点，分四段画圆弧画椭圆时，先根据长、短轴定出四个点，画出一个矩形，然后画出与矩形相切的椭圆，如图 1-22a 所示。也可以先画出椭圆的外切菱形，然后画出椭圆，如图 1-22b 所示。

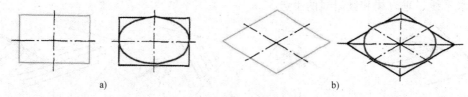

图 1-22　椭圆的徒手画法

1.3　基本几何图形的作图方法

机械图样的图形是由直线、圆弧和其他曲线组成的平面几何图形。熟练掌握平面几何图形的作图方法是提高手工绘图速度、保证绘图质量的有效手段，工程技术人员必须具备这项基本技能。

1.3.1　等分直线段

【例 1-1】　试将直线 *AB*（图 1-23a）分为 7 等份。

【作图】

1）过点 *A* 作任意直线 *AM*，以适当长度为单位，在直线 *AM* 上量取 7 个单位，得点 1、点 2、点 3、点 4、点 5、点 6、点 7，如图 1-23b 所示。

2）连接 *B*7，过点 1、点 2、点 3、点 4、点 5、点 6 作直线 *B*7 的平行线且与直线 *AB* 相交，即可将直线 *AB* 分为 7 等份，如图 1-23c 所示。

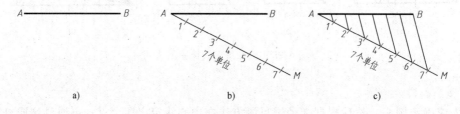

图 1-23　直线的等分

1.3.2　等分圆周及正多边形画法

【例 1-2】　已知外接圆直径，用丁字尺和三角板作其内接正六边形。

【作图】

1）作外接圆两顶点 *A* 和 *D*（图 1-24a）。

2）用 30°三角板的斜边过点 *A* 和点 *D* 画线，与圆周分别交于点 *B* 和点 *E*（图 1-24b）。

3）将 30°三角板反转，同理作图得点 *F* 和点 *C*（图 1-24c）。

4）依次连接六个点即得圆内接正六边形（图 1-24d）。

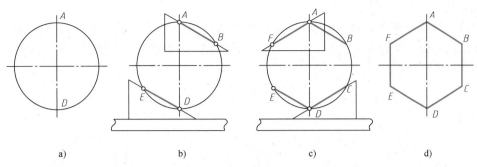

图 1-24　用丁字尺和三角板画圆内接正六边形

　　另外，也可以用圆规等分法作圆内接正六边形。如图 1-25 所示，以已知圆的直径的两端点 A、B 为圆心，以已知圆的半径 R 为半径分别画弧与圆周相交，得点 1、点 2、点 3、点 4，依次连接六个点即得圆内接正六边形。

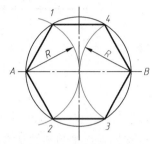

图 1-25　圆规等分法画
圆内接正六边形

　　【例 1-3】　已知外接圆直径，用圆规和直尺作其内接正五边形。

　　【作图】

　　1）取外接圆半径 OA 的中点 B（图 1-26a）。

　　2）以 B 为圆心，以 BC 为半径画弧得点 D（图 1-26b）。

　　3）CD 即为五边形边长，用其等分圆周得五个点（图 1-26c）。

　　4）连接五个点即得圆内接正五边形（图 1-26d）。

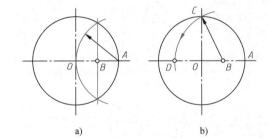
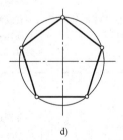

图 1-26　用圆规和直尺画圆内接正五边形

1.3.3　圆弧连接

1. 圆弧连接的基本原理

　　圆弧连接就是用圆弧光滑地连接直线与直线、直线与圆弧、圆弧与圆弧，即使圆弧（称为连接弧）相切于已知的直线或圆弧。为了正确地画出连接弧，必须知道它的半径（已知）、圆心位置以及与被连接线段的接点（即切点）。连接弧的圆心位置和切点位置是通过作图得到的，因此，确定它们是圆弧连接的关键。圆弧连接分圆弧与直线、圆弧与圆弧连接两种。

　　如图 1-27a 所示，由初等几何原理可知，与已知直线相切的圆弧（半径为 R），其圆心的轨迹是一条与已知直线平行且距离等于 R 的直线。从选定的圆心向已知直线作垂线，垂足就是切点。

与已知圆弧（圆心位置为 O_1，半径为 R_1）相切的圆弧（半径为 R），其圆心轨迹为已知圆弧的同心圆。两圆弧外切时，$R_2 = R_1 + R$，如图 1-27b 所示。圆弧内切时，$R_2 = R_1 - R$，如图 1-27c 所示。

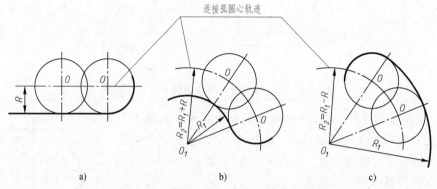

图 1-27　圆弧与直线、圆弧与圆弧连接

2. 圆弧连接的基本作图方法和步骤

作圆弧连接的关键是求出连接弧的圆心位置和切点位置，然后便可按指定的要求作圆弧连接。典型圆弧连接的作图方法和步骤见表 1-7。

表 1-7　典型圆弧连接的作图方法和步骤

内容	方法步骤	示例
连接圆弧与直线相切	分别作距离已知直线 R_2 的两直线，两直线的交点为圆心 O，自点 O 向已知直线作垂线，垂足为切点 a、b，再用半径为 R_2 的圆弧连接即可	
连接圆弧与两圆弧相外切	分别过圆心 O_1、O_2 作圆弧 R_a（$R_a = R_1 + R$）和 R_b（$R_b = R_2 + R$），其交点为圆弧 R 的圆心 O，作直线 OO_1、OO_2，它们与已知圆弧的交点为切点 a、b，再用半径为 R 的圆弧连接即可	
连接圆弧与两圆弧相内切	分别过圆心 O_1、O_2 作圆弧 R_a（$R_a = R - R_1$）和 R_b（$R_b = R - R_2$），其交点为圆弧 R 的圆心 O，作直线 OO_1、OO_2，它们与已知圆弧的交点为切点 a、b，再用半径为 R 的圆弧连接即可	

【例 1-4】 用半径为 R 的圆弧连接两已知圆（弧），圆弧内外切两已知圆，如图 1-28a 所示。

【作图】

1）分别以已知圆（弧）的圆心 O_1、O_2 为圆心，以 $R+R_1$ 和 $R-R_2$ 为半径画圆弧交于点 O，如图 1-28b 所示。

2）作直线 OO_1、作直线 OO_2 并延长，分别交两已知圆（弧）于 K_1、K_2 两点，如图 1-28b 所示。

3）以点 O 为圆心，以 R 为半径，用圆弧连接 K_1、K_2，如图 1-28c 所示。

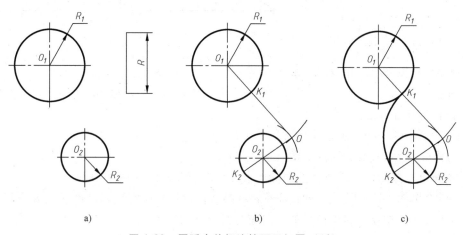

图 1-28 圆弧内外切连接两已知圆（弧）

【例 1-5】 用半径为 R 的圆弧连接一已知圆弧和一已知直线，圆弧外切一已知圆弧（O_1）和一已知直线（AB），如图 1-29a 所示。

【作图】

1）作直线 AB 的平行线 $A'B'$，并使其距离等于 R，然后以已知圆的圆心 O_1 为圆心，以 $R+R_1$ 为半径画圆弧，交直线 $A'B'$ 于点 O，如图 1-29b 所示。

2）由点 O 向直线 AB 作垂线得垂足点 K，作直线 OO_1 交已知圆于点 K_1，如图 1-29b 所示。

3）以点 O 为圆心，以 R 为半径，用圆弧连接 K、K_1，如图 1-29c 所示。

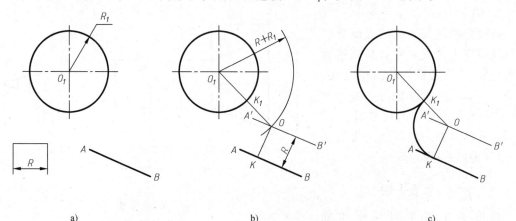

图 1-29 圆弧外切圆弧与直线

1.3.4 斜度与锥度

1. 斜度

斜度是指一直线或平面相对另一直线或平面的倾斜程度，其大小用这两直线或两平面间夹角的正切来表示，如图 1-30a 所示。斜度符号如图 1-30b 所示。斜度的代号用 "S" 表示，在图样中一般把斜度值简化为 $1:n$ 的形式进行标注。

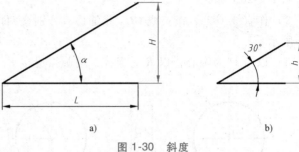

图 1-30　斜度
a）斜度概念　b）斜度符号

$$S = \tan\alpha = \frac{H}{L} = \frac{1}{n}$$

斜度的作图步骤和标注如图 1-31 所示。

1）作长为 5 个单位、高为 1 个单位的斜线（图 1-31b），确定斜度线上一点 P。

2）过点 P 作该斜线的平行线 AB（图 1-31c）。

3）画圆角，擦去多余线条，按国标要求加粗图线并标注（图 1-31d）。

在图样上用图 1-30b 所示的图形符号表示斜度，该符号应配置在基准线上方，基准线应通过引出线与斜线相连。斜度符号的方向应与斜线方向一致。

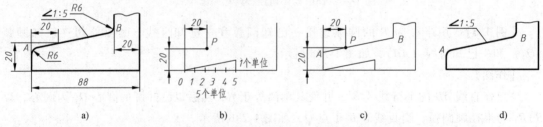

图 1-31　斜度的作图步骤与标注
a）已知　b）作长为 5 个单位、高为 1 个单位的斜线和点 P　c）过点 P 作斜线的平行线 AB　d）加粗图线与标注

2. 锥度

锥度是指正圆锥体的底面直径 D 与其高度 L 之比，或者是圆锥台的两底圆直径之差与其高度之比，如图 1-32a 所示。锥度符号如图 1-32b 所示。锥度的代号用 "C" 表示，在图样中一般将锥度值简化为 $1:n$ 的形式进行标注。

$$C = \frac{D}{L} = \frac{D-d}{l} = 2\tan\alpha = \frac{1}{n}$$

锥度的作图步骤与标注如图 1-33 所示。

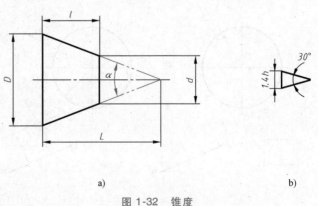

图 1-32　锥度
a）锥度概念　b）锥度符号

1）作锥底为 1 个单位、高为 6 个单位的圆锥（图 1-33b）。

2）分别过点 A 和点 B 作圆锥两边的平行线（图 1-33c）。

3）擦去多余线条、按国标要求加粗线型并标注（图 1-33d）。

在图样上用图 1-32b 所示的图形符号表示锥度，该符号应配置在基准线上方。锥度符号和锥度值应靠近圆轮廓标注。基准线应通过引出线与圆锥的轮廓素线相连，应与圆锥的轴线平行。锥度符号的方向应与圆锥方向一致。

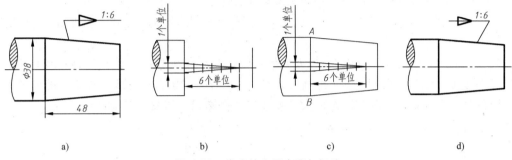

图 1-33　锥度的作图步骤与标注

a）已知　b）作锥底为 1 个单位、高为 6 个单位的圆锥　c）过点 A、B 作圆锥两边的平行线　d）加粗线型并标注

1.3.5　椭圆的画法

椭圆是常见的非圆曲线。已知椭圆的长轴和短轴可采用不同的画法近似地画出椭圆。

1. 辅助同心圆法

【例 1-6】　已知椭圆长轴 AB、短轴 CD，用辅助同心圆法画椭圆。

【作图】

1）以椭圆中心为圆心，分别以长轴 AB、短轴 CD 为直径作两个同心圆，如图 1-34a 所示。

2）作圆的十二等分，过圆心作放射线，分别求出与两圆的交点，如图 1-34b 所示。

3）过大圆上的等分点作竖直线，过小圆上的等分点作水平线，竖直线与水平线的交点即为椭圆上的点，如图 1-34c 所示。

4）用曲线板光滑连接各点即得椭圆，如图 1-34d 所示。

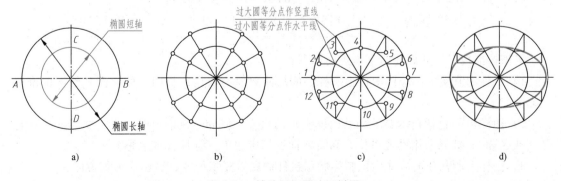

图 1-34　辅助同心圆法画椭圆

a）画同心圆　b）等分圆周，得与两圆的交点　c）交点即为椭圆上的点　d）用曲线板连成光滑的曲线

2. 四心近似法

【例 1-7】 已知椭圆长轴 AB、短轴 CD，用四心近似法画椭圆。

【作图】

1）连接点 A、C，以 O 为圆心、OA 为半径画弧得点 E，再以 C 为圆心、CE 为半径画弧得点 F，如图 1-35a 所示。

2）作 AF 的垂直平分线，与 AB 交于点 G，与 CD 交于点 H。取 G、H 两点的对称点 I 和点 J（点 G、H、I、J 即为圆心），如图 1-35b 所示。

3）分别连接点 H、点 I，点 I、点 J，点 J、点 G 并延长，得到一菱形，如图 1-35c 所示。

4）分别以点 H、点 J 为圆心，R（$R = HC = JD$）为半径画弧，与菱形的延长线相交，即得两段大圆弧；分别以点 G、点 I 为圆心，r（$r = GA = IB$）为半径画弧，与菱形的延长线相交，即得两段小圆弧，令其与所画的大圆弧连接即得椭圆，如图 1-35d 所示。

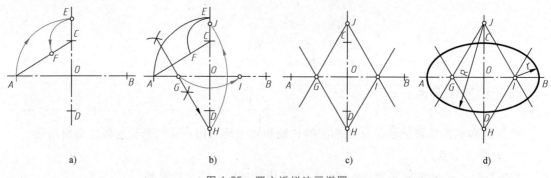

图 1-35　四心近似法画椭圆

1.4　尺寸标注

在机械图样中，图形只能表达物体的形状，其大小由所标注的尺寸确定。尺寸是加工制造零件的主要依据，不允许出现错误。如果尺寸标注错误、不完整或不合理，将给机械加工带来困难，甚至生产出废品而造成经济损失。国家标准对尺寸标注做了一系列规定，在标注尺寸时，应严格遵守这些规定，做到正确、完整、清晰、合理。

1.4.1　尺寸标注规则（GB/T 4458.4—2003、GB/T 16675.2—2012）

国家标准规定尺寸标注的基本规则如下：

1）机件的真实大小应以图样上所标注的尺寸数值为依据，与图形的比例及绘图的准确度无关。

2）图样中（包括技术要求和其他说明）的尺寸，以 mm 为单位时，不需要标注单位符号（或名称）；如果采用其他单位，则需要标注相应的单位符号（或名称）。

3）图样上所标注的尺寸为该图样所示机件的最后完工尺寸，否则应另加说明。

4）机件的每一尺寸，一般只标注一次，并应标注在能清晰反映该结构的图形上。

国家标准还规定：在标注尺寸时，应尽可能使用符号和缩写词。常用的符号和缩写词见

表 1-8。

表 1-8　常用的符号和缩写词

名称	符号和缩写词	名称	符号和缩写词
直径	ϕ	45°倒角	C
半径	R	深度	⤓
球直径	$S\phi$	沉孔或锪平	⊔
球半径	SR	埋头孔	∨
厚度	t	均布	EQS
正方形	□	—	—

1.4.2　尺寸的组成

完整的尺寸由尺寸数字、尺寸线和尺寸界线组成，通常称为尺寸三要素。在机械图样中，尺寸线终端一般采用箭头的形式。

1. 尺寸界线

尺寸界线表示尺寸的度量范围，用细实线绘制。尺寸界线由图形的轮廓线、轴线或对称中心线引出，也可利用轮廓线、轴线或对称中心线作为尺寸界线，如图 1-36a 所示。注意尽量不要从虚线引出。通常，尺寸界线应与尺寸线垂直，并超出尺寸线终端 2 mm 左右，必要时允许尺寸界线与尺寸线倾斜。在光滑过渡处标注尺寸时，必须用细实线将轮廓线延长，从它们的交点处引出尺寸界线，如图 1-36b、c 所示。

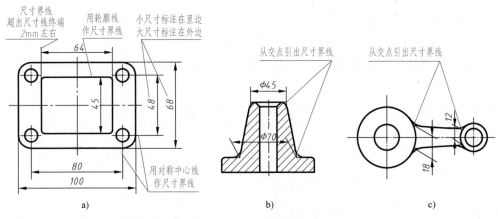

图 1-36　尺寸的组成及标注示例

2. 尺寸线

尺寸线表示尺寸度量的方向，用细实线绘制。尺寸线须单独绘制，不能用其他图线代替，也不得与其他图线重合或画在其他图线的延长线上。

尺寸线终端有两种形式：箭头和斜线。箭头适用于各种类型的图样，机械图样中一般采用箭头作为尺寸线的终端，如图 1-37 a 所示。

斜线用细实线绘制，其画法如图 1-37b 所示。当尺寸线的终端采用斜线形式时，尺寸线与尺寸界线必须相互垂直。

当尺寸线与尺寸界线相互垂直时，同一图样中只能采用一种尺寸线终端形式。当采用箭头时，在位置不够的情况下，允许用圆点或斜线代替箭头，见表1-9。

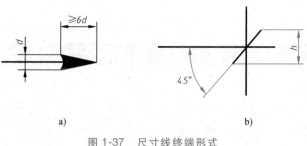

图1-37　尺寸线终端形式

标注线性尺寸时，尺寸线必须与所标注的线段平行，相同方向的各尺寸线之间的距离要均匀。当有几条尺寸线相互平行时，注意大尺寸标注在外边，小尺寸标注在里边，避免尺寸线与尺寸界线相交，如图1-36a所示。在标注圆或圆弧的直径和半径时，尺寸线一般要通过圆心或其延长线通过圆心。

3. 尺寸数字

尺寸数字表示尺寸度量的大小，它反映机件的实际大小，与图样的比例无关。

线性尺寸的数字一般标注在尺寸线的上方，也允许标注在尺寸线的中断处。线性尺寸的数字方向有以下两种标注方法：

1）第一种方法如图1-38a所示，水平方向数字字头朝上，竖直方向数字字头朝左，倾斜方向数字字头保持朝上的趋势，并应尽量避免在图示30°范围内标注尺寸。当无法避免时，可参照图1-38b所示的形式标注。在标注尺寸数字时，数字不可被任何图线通过，当不可避免时，必须把图线断开，如图1-39所示。

2）第二种方法如图1-40所示，对于非水平方向的尺寸，其数字可水平地标注在尺寸线的中断处。尺寸数字的标注一般采用第一种方法，且注意在一张图样中尽可能采用同一种方法。

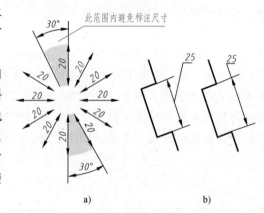

图1-38　线性尺寸的注写

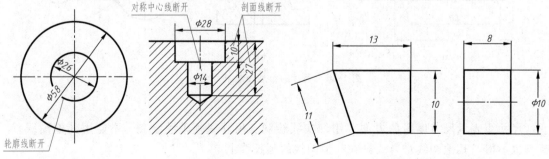

图1-39　尺寸数字不可被任何图线通过　　　　图1-40　线性尺寸数字的标注方法

标注角度的尺寸界线应沿径向引出，尺寸线画成圆弧，其圆心为该角的顶点，其半径取适合尺寸界线的大小，标注角度的数字一律水平方向书写，角度数字写在尺寸线的中断处，如图 1-41a 所示。必要时允许标注在尺寸线的上方、外面或引出标注，如图 1-41b 所示。

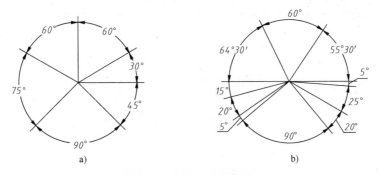

图 1-41　角度尺寸的标注

4. 尺寸注法示例

国家标准中规定的一些常见图形的尺寸注法见表 1-9。

表 1-9　尺寸注法的基本规定

内容	示例	说明
直径和半径		直径、半径的尺寸数值前应分别注出符号"ϕ""R"。对于球面而言，应在符号"ϕ""R"前加注符号"S"，在不致引起误解时也允许省略符号"S" 当圆弧的半径过大或在图纸范围内无法标注其圆心位置时，可用折线形式表示尺寸线。若无需表示圆心位置时，可将尺寸线中断
小间隔、小圆和小圆弧		没有足够位置画箭头或注写尺寸数字时，可按左图形式标注

（续）

内容	示例	说明
弦长和弧长	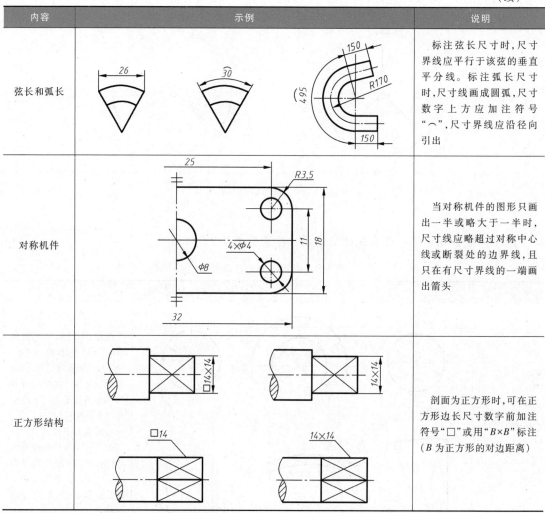	标注弦长尺寸时,尺寸界线应平行于该弦的垂直平分线。标注弧长尺寸时,尺寸线画成圆弧,尺寸数字上方应加注符号"⌒",尺寸界线应沿径向引出
对称机件		当对称机件的图形只画出一半或略大于一半时,尺寸线应略超过对称中心线或断裂处的边界线,且只在有尺寸界线的一端画出箭头
正方形结构		剖面为正方形时,可在正方形边长尺寸数字前加注符号"□"或用"$B×B$"标注(B为正方形的对边距离)

1.4.3 简化注法（GB/T 16675.2—2012）

1）标注尺寸时,可使用单边箭头,如图 1-42a 所示；也可采用带箭头的指引线,如图 1-42b 所示；还可采用不带箭头的指引线,如图 1-42c 所示。

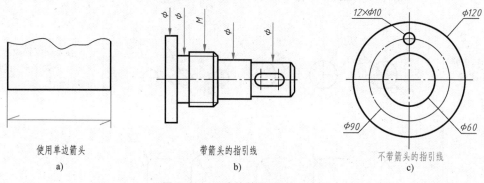

使用单边箭头　　　　　　　　带箭头的指引线　　　　　　不带箭头的指引线

a)　　　　　　　　　　　　　b)　　　　　　　　　　　　c)

图 1-42　尺寸的简化注法（一）

2）一组同心圆弧，可用共用的尺寸线和箭头依次标注半径，如图 1-43a 所示。圆心位于一条直线上的多个不同心圆弧，可用共用的尺寸线和箭头依次标注半径，如图 1-43b 所示。一组同心圆，可用共用的尺寸线和箭头依次标注直径，如图 1-43c 所示。

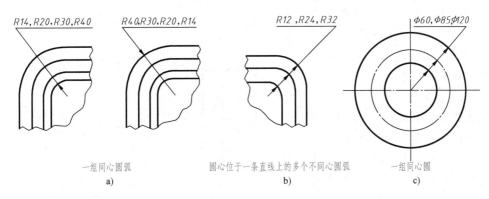

一组同心圆弧
a)

圆心位于一条直线上的多个不同心圆弧
b)

一组同心圆
c)

图 1-43　尺寸的简化注法（二）

3）在同一图形中，对于尺寸相同的孔、槽等组成要素，可仅在一个要素上标注其尺寸和数量，并用缩写词"EQS"表示"均匀分布"，如图 1-44a 所示。当组成要素的定位和分布情况在图形中已明确时，可不标注其角度并省略"EQS"，如图 1-44b 所示。

4）标注板状零件的厚度时，可在尺寸数字前加注厚度符号"t"，如图 1-45 所示。

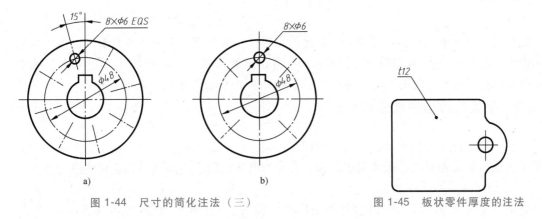

a)

b)

图 1-44　尺寸的简化注法（三）

图 1-45　板状零件厚度的注法

1.5　平面图形的画法

平面图形由若干条线段（直线或曲线）连接而成，有些线段可根据给定的尺寸关系直接画出，而有些线段则要根据两线段间的几何关系画出。要想正确又快速地画出平面图形，首先必须对图形中标注的尺寸进行分析，通过分析可了解平面图形中各种线段的形状、大小、位置，以此来确定画图顺序。

在标注尺寸时，需根据线段间的关系，分析需标注什么尺寸，标注的尺寸要正确、完整、清晰。

1.5.1 平面图形的尺寸分析

平面图形的尺寸分析就是分析平面图形中所有尺寸的作用以及图形与尺寸之间的关系。

按照尺寸在平面图形中所起的作用，可分为定形尺寸和定位尺寸两类。要想确定平面图形中线段的相对位置，必须引入尺寸基准的概念。

1. 尺寸基准

尺寸基准是指标注尺寸的起点。一般平面图形中常用作基准线的有对称图形的对称中心线、较大圆的对称中心线和较长的直线。平面图形中至少在竖直和水平两个方向上各有一个基准。

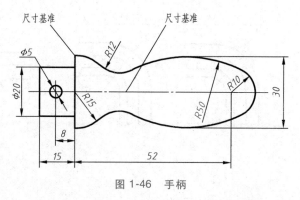

图 1-46　手柄

图 1-46 所示的平面图形以上下对称中心线作为竖直方向的尺寸基准，以通过 $R15$ 圆心的竖直线作为水平方向的尺寸基准。

2. 定形尺寸

定形尺寸是指确定平面图形中各线段几何形状大小的尺寸，它的改变只引起线段形状大小的改变。例如，直线段的长度、倾斜线的倾角、圆的直径、圆弧的半径等，图 1-46 中的 $\phi20$、$\phi5$、15、$R12$、$R50$、$R15$、$R10$ 等均为定形尺寸。

3. 定位尺寸

定位尺寸是指确定平面图形中各线段之间相对位置的尺寸，它的改变只引起线段相对位置的改变。例如，图 1-46 中的 30 是确定 $R50$ 圆心位置在竖直方向的定位尺寸；52 是确定 $R10$ 圆心位置在水平方向的定位尺寸；8 是确定 $\phi5$ 圆心位置在水平方向的定位尺寸。

1.5.2 平面图形的线段分析

平面图形的线段分析就是从几何角度研究线段与尺寸的关系，从而确定作图步骤。平面图形中的线段，根据其定位尺寸是否齐全，可分为已知线段、中间线段和连接线段三种。

1. 已知线段

定形、定位尺寸齐全，可以直接画出的线段称为已知线段。如图 1-46 中的 $\phi5$、$R15$、$R10$ 的圆弧和长度为 15 的直线等。

2. 中间线段

具有定形尺寸，但定位尺寸不全，需根据另外的几何要素的连接关系才能画出的线段称为中间线段。如图 1-46 中的 $R50$，可由已注出的定位尺寸 30 和其与 $R10$ 内切的关系求出圆心位置。

3. 连接线段

只有定形尺寸，没有定位尺寸，完全根据与其他线段的连接关系画出的线段称为连接线段。如图 1-46 中的 $R12$ 圆弧就属于连接线段，其圆心位置需通过与 $R15$ 和 $R50$ 外切的关系确定。

可见，作图时应根据平面图形的尺寸对图形进行线段分析，先画尺寸基准和已知线段，再画中间线段，最后画连接线段。

1.5.3 平面图形的作图步骤

1. 准备工作

对平面图形的尺寸及线段进行分析，拟订作图步骤，选择合适的图幅，确定绘图比例，在图板上固定图纸，并画出图框和标题栏。

2. 绘制底稿

1）画基准布图。确定尺寸基准，根据该平面图形的特点，以上下对称中心线为竖直方向的尺寸基准 B，通过 $R15$ 圆心的竖直线为水平方向的尺寸基准 A，画出该图形的尺寸基准，如图 1-47a 所示。

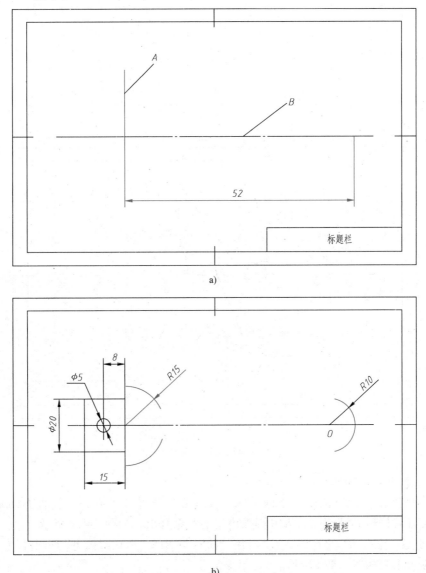

图 1-47　平面图形的画法

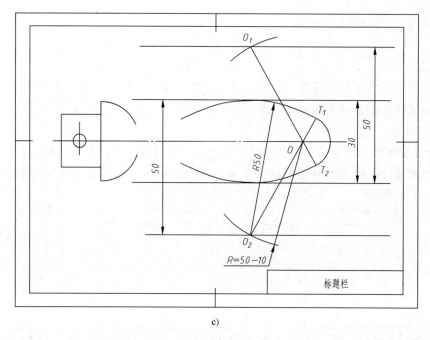

c)

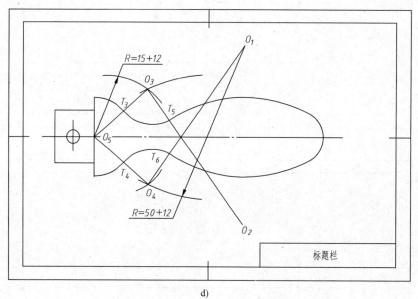

d)

图 1-47　平面图形的画法（续）

2）画已知线段。如图 1-47b 所示。

3）画中间线段。R50 圆弧是中间圆弧，其圆心位置尺寸只有一个竖直方向是已知的，水平方向位置需根据 R50 圆弧与 R10 圆弧内切的关系画出，如图 1-47c 所示。

4）画连接线段。R12 圆弧只给出半径，同时与 R15、R50 圆弧外切，所以它是连接线段，应最后画出，如图 1-47d 所示。

注意：绘制底稿时，图线要尽量轻淡、准确并保持图面整洁。

3. 加深描粗

加深描粗前，要全面检查底稿，修正错误，擦去画错的线条及作图辅助线。加深描粗后，画出尺寸界线和尺寸线。

加深描粗时要注意以下几点：

1）先粗后细。先（用 B 或 2B 铅笔）加深全粗实线，再（用 HB 铅笔）加深全部细虚线、细点画线及细实线等。

2）先曲后直。在加深同一种图线（特别是粗实线）时，应先加深圆弧或圆，后加深直线。

3）先水平，后垂斜。先用丁字尺从上向下画出水平线，再用三角板从左向右画出垂直线，最后画倾斜的直线。

加深描粗时，应尽量做到同类图线粗细、浓淡一致，圆弧连接光滑，图面整洁。

4. 标注尺寸、填写标题栏

标注尺寸时，先标注已知线段的定形尺寸和定位尺寸，再标注中间线段和连接线段的尺寸。对于中间线段和连接线段，只标注必需的尺寸，尺寸不重复也不遗漏。标注尺寸时，建议先用削尖的铅笔一次性画出所有尺寸线、尺寸界线及尺寸线终端，再填写所有的尺寸数字，最后填写标题栏。

第2章

计算机绘图基础

主要内容

AutoCAD 基本设置；AutoCAD 的基本操作；AutoCAD 基本命令；AutoCAD 图形编辑命令。

学习要点

熟悉 AutoCAD 的系统工作环境；掌握 AutoCAD 的文件操作，命令调用方式；掌握 AutoCAD 的绘图命令、编辑命令、修改命令；能用 AutoCAD 绘制简单二维图形。

计算机绘图是绘制机械图样的一种重要方法。计算机绘图解决了传统手工绘图效率低、准确度差和工作强度大的问题，大大提高了工作效率。AutoCAD（Autodesk Computer Aided Design）是当前国际上最流行的计算机绘图工具，它具有完善的图形绘制功能、强大的图形编辑功能，可以进行多种图形格式的转换，广泛应用于各个工程领域。AutoCAD 在机械设计制造领域应用相当普及，掌握 AutoCAD 的基本知识和操作是工程图学的一个重要内容。

2.1 AutoCAD 的基本设置

2.1.1 工作空间和工作界面

安装 AutoCAD 2020 后，双击 AutoCAD 2020 图标即可启动 AutoCAD 并进入其绘图工作界面。AutoCAD 2020 提供了"草图与注释""三维基础""三维建模"这三种工作空间模式。

在默认状态下，初次启动 AutoCAD 2020 时显示为"草图与注释"工作空间模式。"草图与注释"界面主要由"默认""插入""注释""参数化""视图""管理""输出"和"协作"等元素组成。在该工作空间模式中，可以使用"绘图""修改""图层""注释""块"等工具进行二维图形的绘制。

在"三维基础"和"三维建模"工作空间模式中，可以方便地绘制三维图形，还可以对三维图形进行编辑、修改等操作。

单击状态栏中的"切换工作空间"按钮，可以自由切换二维或三维绘图界面。这里主要介绍二维绘图。图 2-1 所示为 AutoCAD 2020 二维绘图经典界面。

AutocAD 2020 的绘图工作界面主要由以下几部分组成：菜单浏览器、标题栏、菜单栏、工具栏、绘图窗口、光标和命令窗口。下面分别介绍这些部分的功能。

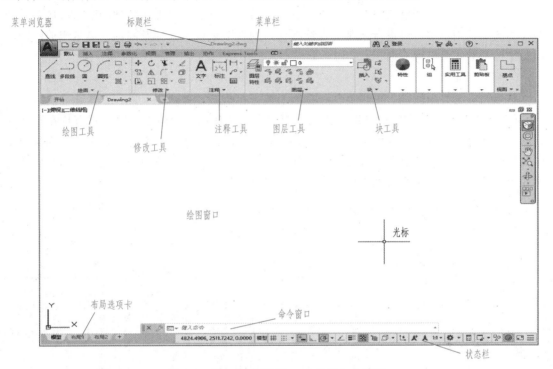

图 2-1　AutoCAD 2020 二维绘图经典界面

1. 菜单浏览器

单击左上角的菜单浏览器图标，在展开菜单内可进行"新建""打开""保存""另存为""输出""发布""打印""维护图形""关闭"等操作。

2. 标题栏

标题栏位于界面的最上边一行，显示当前 AutoCAD 版本号和文件名。标题栏左侧"快速访问"工具栏，单击下拉菜单，可以自定义添加"打开""保存""另存""打印""放弃""重做""工作空间""新建"等常用的命令图标，右侧依次为"搜索帮助"工具栏和"最小化""最大化/还原""关闭"三个图标按钮。

3. 菜单栏

菜单栏位于标题栏下方，它由一行主菜单及其下拉子菜单组成。AutoCAD 2020 菜单栏共包括九个主菜单，单击任意一项主菜单，即展开相应的菜单。

菜单栏包含了 AutoCAD 常用的功能和命令，执行其中的命令可实现相应的操作。一些菜单名称之后带有一个小三角形标志，表示它还包括下一级的子菜单。菜单名称之后带有省略号…，表示执行该命令之后，将会打开相应的设置对话框。

4. 工具栏

在绘图区上方、由若干图标组成的条状区域称为工具栏。工具栏提供更为简便快捷的工具，只需单击工具栏中相应的图标按钮，即可输入常用的操作命令。

系统默认的工具栏为"绘图""修改""注释""图层""块""特性"等工具。打开"视图"菜单，选择"工具栏"命令，可以打开或关闭工具栏。

5. 绘图窗口

绘图窗口相当于图纸，也被称为视图窗口。绘图窗口是一个无限延伸的空白区域，无论多大的图形，用户都可以进行绘制。在绘图窗口的左下角设置坐标系图标，显示当前绘图所用的坐标系形式及坐标方向。

6. 状态栏和命令窗口

状态栏位于界面底部，用于显示、控制当前工作状态，如图 2-2 所示。单击"模型"和"布局"标签可以在模型空间和图纸空间来回切换。光标置于绘图窗口时，状态栏左边会显示当前光标所在位置的坐标值，这个区域称为坐标显示区。状态栏右边是指示并控制用户工作状态的按钮，单击任意一个按钮均可切换当前的工作状态，当按钮为浅色时表示相应的设置处于打开状态。右击状态栏侧面空白处可以自由选择显示所需项目。

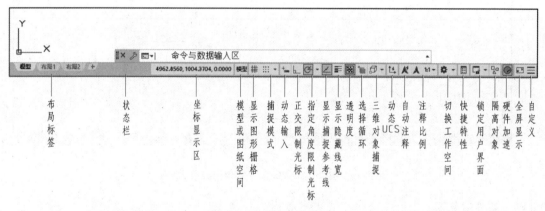

图 2-2　状态栏和命令窗口

命令窗口在绘图窗口和状态栏的中间，它是 AutoCAD 与用户进行交互对话的地方，用于显示系统信息以及用户输入信息，如图 2-2 所示。命令提示区位于命令窗口上部，显示已操作的命令信息。

7. 光标

光标主要用来指示用户当前的工作位置，通常用于绘图、选择对象和单击工具栏按钮等操作。当光标位于绘图窗口时，显示为一个十字线。

2.1.2　绘图环境设置

设置绘图环境的操作方法，包括设置绘图单位，确定图形界限，以及设置图形窗口颜色、文件自动保存的时间和右键功能模式等。

1. 设置绘图单位

绘图前应进行绘图单位的设置。AutoCAD 使用的图形单位包括毫米、厘米、英尺、英寸等十几种，可满足不同行业的绘图需要。执行设置绘图单位命令的方法有以下两种：

1）单击"格式"→"单位"。

2）在命令窗口中输入"UNITS（UN）"并按<Enter>键或空格键。

通常，机械图样设置长度单位为小数，即十进制，其精度为 0；设置角度单位为十进制，其精度为 0；设置缩放拖放内容的单位为毫米，其余采用默认设置。

2. 确定图形界限

在绘图时，系统对绘图范围没有做任何设置，绘图窗口将是一幅无穷大的图纸。用户绘制的图形大小是有限的，为了便于绘图工作，需要设置绘图界限，即设置绘图的有效范围和图纸的边界。执行确定图形界限命令的方法有以下两种：

1）单击"格式"→"图形界限"。

2）在命令窗口中输入"LIMITS"并按<Enter>键或空格键。

系统默认图形界限为 420×297，图纸幅面为 A3 横放。操作步骤：单击"格式"→"图形界限"，启动图形界限命令。重新设置模型空间界限：指定左下角点（0.0000，0.0000），指定右上角点（420.0000，297.0000）。

改变图形界限，可从菜单栏中单击"格式"→"图形界限"，根据命令提示，输入相应数值，则完成图形界限的改变。

3. 设置图形窗口颜色

单击"工具"→"选项"，打开"选项"对话框，在"显示"选项卡中单击"颜色"，打开 AutoCAD 的"图形窗口颜色"对话框，用户可以根据个人习惯设置图形窗口的颜色，如命令窗口、绘图窗口、十字光标、栅格线的颜色等，从而使工作环境更舒适。

4. 设置自动保存

单击"工具"→"选项"，打开"选项"对话框，在"打开和保存"选项卡中设置自动保存、文件保存的默认版本和自动保存间隔时间。在绘制图形的过程中，通过开启自动保存文件的功能，可以避免在绘图时因为意外造成文件丢失的问题，将损失降低到最小。

5. 设置右键功能模式

单击"工具"→"选项"，打开"选项"对话框，在"用户系统配置"选项卡中单击"自定义右键单击"按钮，设置右键功能模式。AutoCAD 的右键功能中包括默认模式、编辑模式和命令模式三种，用户可以根据个人习惯设置右键功能模式。

6. 设置制图光标样式

在绘图时，用户可以根据个人习惯设置光标样式，包括十字光标、捕捉标记、拾取框和夹点的大小。设置十字光标的大小时，打开"选项"对话框，在"用户系统配置"选项卡中设置；设置捕捉标记的大小时，打开"选项"对话框，在"绘图"选项卡中设置；设置拾取框和夹点的大小时，打开"选项"对话框，在"选择集"选项卡中设置，如图 2-3 所示。

2.1.3 坐标系统与定位

AutoCAD 的对象定位主要由坐标系进行确定。AutoCAD 坐标系由 X 轴、Y 轴、Z 轴和原点构成，其中包括笛卡儿坐标系统、世界坐标系统和用户坐标系统。

笛卡儿坐标系统：AutoCAD 采用笛卡儿坐标系来确定位置，该坐标系也称为绝对坐标系。在进入 AutoCAD 绘图窗口时，系统自动进入笛卡儿坐标系第一象限，其原点在绘图窗

图 2-3　设置制图光标样式

口左下角点。

世界坐标系统：简称为 WCS（World Coordinate System）。它是 AutoCAD 的基础坐标系统，由 3 个相互垂直相交的坐标轴 X、Y 和 Z 组成。在绘制和编辑图形的过程中，WCS 是预设的坐标系统，其坐标原点和坐标轴都不会改变。默认 X 轴以水平向右为正方向，Y 轴以竖直向上为正方向，Z 轴以垂直屏幕向外为正方向，坐标原点在绘图窗口左下角。

用户坐标系统：简称 UCS（User Coordinate System）。通常情况下，用户坐标系统与世界坐标系统重合。在进行一些复杂的实体造型时，为了方便用户绘制图形，用户可根据具体需要，通过 UCS 命令设置适合当前图形应用的坐标系统。

在 AutoCAD 中使用各种命令时，通常需要提供该命令相应的指示与参数，以便指引该命令所要完成的工作或动作执行的方式、位置等。直接使用鼠标虽然使制图很方便，但不能进行精确的定位，进行精确的定位则需要采用键盘输入坐标值的方式来实现。常用的坐标输入方式包括绝对坐标、相对坐标、绝对极坐标和相对极坐标。其中，相对坐标与相对极坐标的原理一样，只是格式不同。

1. 绝对坐标

绝对坐标分为绝对直角坐标和绝对极轴坐标两种。其中，绝对直角坐标以笛卡儿坐标系统的原点（0，0，0）为基点定位，用户可以通过输入坐标（X，Y，Z）的方式来定义一个点的位置。

如图 2-4 所示，原点绝对坐标为（0，0，0），点 A 绝对坐标为（100，100，0），点 B 绝对坐标为（300，100，0），点 C 绝对坐标为（300，300，0），点 D 绝对坐标为（100，300，0）。

2. 相对坐标

相对坐标是以上一点为坐标原点确定下一点的位置。输入相对于上一点坐标（X，Y，Z）增量为（ΔX，ΔY，ΔZ）的坐标时，格式为（@ΔX，ΔY，ΔZ）。其中"@"是指下一点与上一个点的偏移量（即相对偏移量）。

如图 2-4 所示，对于原点而言，点 A 的相对坐标为（@ 100，100），如果以点 A 为基点，那么点 B 的相对坐标为（@ 200，0），点 C 的相对坐标为（@ 200，200），点 D 的相对坐标为（@ 0，200）。

3. 绝对极坐标

绝对极坐标是以原点（0，0，0）为极点定位所有的点，通过输入距离和角度的方式来定义一个点的位置，其输入格式为（"距离"<"角度"）。如图 2-5 所示，点 C 距离点 O 的长度为 25mm，角度为 30°，则输入点 C 的绝对极坐标为（25<30）。

4. 相对极坐标

相对极坐标是以上一点为参考极点，通过输入极距增量和角度值来定义下一个点的位置，其输入格式为（@ "距离"<"角度"）。如图 2-5 所示，点 B 相对于点 C 的相对极坐标为（@ 50<0）。

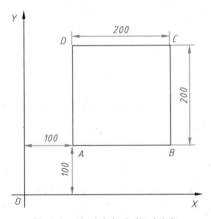

图 2-4　绝对坐标和相对坐标

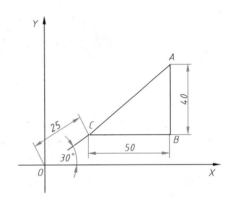

图 2-5　绝对极坐标和相对极坐标

2.1.4　辅助绘图功能设置

辅助绘图可以提高绘图的效率和准确性。辅助绘图有正交模式、动态输入、对象捕捉、对象捕捉追踪、极轴追踪、捕捉和栅格模式等常用功能。打开"草图设置"对话框，可以进行辅助绘图功能设置。

打开"草图设置"对话框的方法有以下几种：

1）依次单击"工具"→"绘图设置"。

2）右击状态栏中的功能按钮，在弹出的菜单中选择相应的功能命令。

3）在命令窗口中输入"DSETTINGS"（简化命令为"SE"）并按空格键。

1. 正交功能

正交功能不需要进行设置。单击状态栏上的"正交限制光标"按钮，或直接按下<F8>键就可以激活正交功能，启用正交功能后，状态栏上的"正交限制光标"按钮处于高亮状态。

启用正交功能可以将光标限制在水平或竖直方向上，同时也限制在当前的栅格旋转角度内。启用正交功能就如同使用了直尺绘图，使绘制的线条自动处于水平和竖直方向，在绘制水平和竖直方向的直线段时使用正交功能十分方便。

2. 动态输入

在 AutoCAD 中，可以启用动态输入功能在指针位置处显示标注输入和命令提示等信息，从而方便绘图操作。打开"草图设置"对话框，可以启用三种输入功能，如图 2-6 所示。

1）启用指针输入。单击"指针输入"选项组中的"设置"按钮，可以设置指针的格式和可见性。

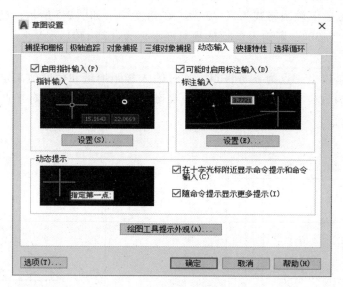

图 2-6　动态输入设置

2）启用标注输入。单击"标注输入"选项组中的"设置"按钮，可以设置标注的可见性。

3）启用动态提示。选中"在十字光标附近显示命令提示和命令输入"复选按钮，可以在光标附近显示命令提示。

3. 对象捕捉

AutoCAD 提供了精确的对象捕捉特殊点功能。绘图时，经常需要将对象指定到一些特殊点位置，如圆心、中点、端点等。启用对象捕捉功能后，当光标靠近这些特殊点时，可以自动对其进行捕捉。启用对象捕捉功能可以精确绘制出所需要的图形。

如图 2-7 所示，在"对象捕捉"选项卡中，将端点、中点、圆心、象限点、交点、垂足、切点这七个常用的捕捉点选中，在绘图时若感觉捕捉点太多，出现相互干涉现象，可随时关闭多余的捕捉点，若有时需要用到特殊捕捉点，可启用

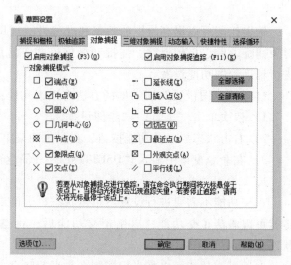

图 2-7　对象捕捉设置

"对象捕捉"工具中的临时捕捉点进行捕捉。

4. 对象捕捉追踪

启用对象捕捉追踪功能可以提高绘图的效率。启用对象捕捉追踪功能可以沿着基于对象捕捉点的对齐路径进行追踪。已获取的点显示一个小加号,一次最多可以获取七个追踪点。启用对象捕捉追踪功能,要先启用对象捕捉功能,并选中一个或多个对象捕捉点。

启用对象捕捉追踪功能还可以设置临时追踪点,在提示输入点时,输入 TT,然后指定一个临时追踪点,该点上将显示一个小加号,移动光标时,将相对于这个临时追踪点显示自动追踪对齐路径。

5. 极轴追踪

启用极轴追踪时,需要按照一定的角度增量和极轴距离进行追踪。极轴追踪是以极坐标为基础,显示由指定的极轴角度定义的临时对齐路径,然后按照指定的距离进行捕捉。例如,设置角度增量为30°,则可以捕捉到角度为30°整数倍(如90°、120°)的直线。

正交模式和极轴追踪不能够同时启用,启用正交模式将关闭极轴追踪功能。

6. 捕捉和栅格模式

栅格是一些标定位置的小点,可以提供直观的位置和距离参照。捕捉用于设置光标移动的间距。

打开"草图设置"对话框,选择"捕捉和栅格"选项卡,可以进行捕捉设置。选中"启用对象捕捉"复选按钮,将启用捕捉功能,捕捉类型、捕捉间距可以自行设置。

选中"启用栅格"复选按钮,将启用栅格功能,在绘图窗口中将显示栅格对象,栅格样式、栅格间距、栅格行为也可自行设置。但如果间距值设的太小,可能显示不出来。

2.1.5 图层特性设置

图层就像透明的覆盖层,用户可以在上面对图形中的对象进行组织和编组。在 AutoCAD 中,图层一般用于按功能在图形中组织信息以及执行线型、颜色等其他标准。在 AutoCAD 中,用户不但可以使用图层控制对象的可见性,还可以使用图层将特性指定给对象,也可以锁定图层防止对象被修改。使用图层功能对图形进行分层管理,可以方便快速地绘制和修改图形。

1. 打开图层特性管理器

在 AutoCAD 的"图层特性管理器"对话框中可以创建图层,设置图层的颜色、线型和线宽,以及进行其他设置与管理操作。

打开"图层特性管理器"对话框的常用方法有以下 3 种:

1)依次单击"格式"→"图层"。

2)单击"图层"工具中的"图层特性"按钮。

3)在命令窗口中输入"LAYER"(简化命令为"LA")并按空格键。

2. 图层的创建和状态控制

应用 AutoCAD 进行工程制图之前,通常需要创建需要的图层,并对其进行设置,以便对图形进行管理编辑。在"图层特性管理器"对话框中可以进行图层的创建和设置。

如果需要经常进行同类型图形的绘制,可以对图层状态进行保存、输出和输入等操作,从而提高绘图效率。

在绘制过于复杂的图形时，将暂时不用的图层进行关闭或冻结等操作，可以方便绘图。

根据国家标准 GB/T 14665—2012《机械工程　CAD 制图规则》，各图层设置标准，见表 2-1。

表 2-1　图层设置标准

图层名称	颜色	线型	线宽/mm
粗实线	白色	Continuous	0.5
细实线	绿色	Continuous	0.25（默认）
细点画线	红色	Center	0.25（默认）
细双点画线	粉红色	Divide	0.25（默认）
细虚线	黄色	Dashed	0.25（默认）
辅助线	深紫色（214）	Continuous	0.25（默认）
文字	土黄色（40）	Continuous	0.25（默认）
尺寸	蓝色	Continuous	0.25（默认）

2.1.6　图形特性设置

在制图过程中，图形的基本特性可以通过图层指定给对象，也可以为图形对象单独赋予需要的特性。设置图形特性通常包括对象的线型、线宽和颜色等属性。

1. 应用"图层"工具

在"图层"工具中可以修改对象的特性，包括对象颜色、线宽、线型等。选择要修改的对象，单击"图层特性"按钮，然后单击相应的控制按钮，在弹出的对话框中选择需要的特性，即可修改对象的特性，如图 2-8 所示。

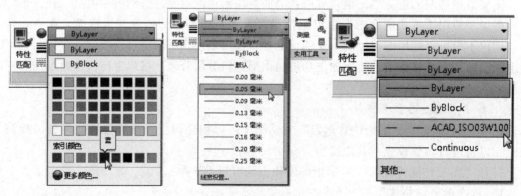

图 2-8　图层特性设置

2. 应用"特性"选项卡

单击"修改"→"特性"，打开"特性"选项卡，在该选项卡中可以修改指定对象的完整特性。如果在绘图窗口选择了多个对象，"特性"选项卡中将显示这些对象的共同特性。

3. 复制特性

单击"修改"→"特性匹配"，或在命令窗口中输入"MATCHPROP"（简化命令为"MA"）并按空格键，可以将一个对象所具有的特性复制给其他对象，可以复制的特性包括颜色、图层、线型、线型比例、厚度和打印样式，有时也包括文字、标注和图案填充特性。

执行"MATCHPROP"命令后，系统将提示"选择源对象:"。此时需要用户选择已具有所需要特性的对象，选择源对象后，系统将提示"选择目标对象或 [设置 (S)]:"，此时选择应用源对象特性的目标对象即可。

在执行"特性匹配"命令的过程中，当系统提示"选择目标对象或 [设置 (S)]:"时，在命令窗口中输入"S"并按下空格键进行确定，将打开"特性设置"对话框，用户在该对话框中可以设置复制所需要的特性。

4. 设置线型比例

线型是由实线、虚线、点和空格组成的重复图案，显示为直线或曲线。对于某些特殊的线型，更改线型的比例，将产生不同的线型效果。

例如，在绘制中心线时，通常使用单点画线表示中心线，但有时在图形缩放过程中，单点画线显示效果看起来像实线。这时可以通过更改线型的比例，来达到正确显示该线型的目的，如将比例因子设置为"0.3"。设置方法是单击"格式"→"线型"，弹出"线型管理器"对话框，在"线型管理器"对话框下方的"全局比例因子"文本框中输入"0.3"（如果下方没有详细信息，可单击右上方的"显示细节"按钮），如图 2-9 所示。

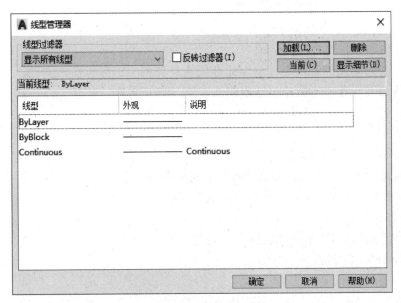

图 2-9　线型比例设置

注意：线型比例 0.3 适用于 1:1 比例显示，用于计算机按 1:1 打印出图。若图形过大或过小，点画线、虚线显示比例要根据实际情况调整。

5. 控制线宽显示

在 AutoCAD 中，可以在图形中打开或关闭线宽，并在模型空间中以不同于在图纸空间布局中的方式显示。打开或关闭线宽功能，可以使用以下两种方法：

1）依次单击"格式"→"线宽"，打开"线宽设置"对话框，选中或取消"显示线宽"复选按钮可以对线宽的显示进行控制，如图 2-10 所示。

2）单击状态栏上的"显示/隐藏线宽"按钮，可以打开或关闭线宽的显示。

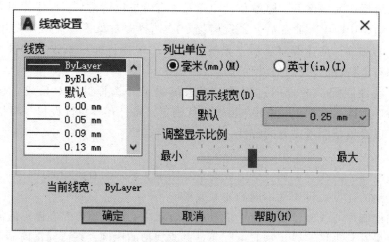

图 2-10   线宽设置

2.2   AutoCAD 的基本操作

2.2.1   AutoCAD 文件的操作

计算机所绘的图形都是以文件的形式存储在计算机中，称为图形文件。AutoCAD 提供了方便、灵活的文件管理功能，包括创建新文件、打开文件、保存文件等基本操作。掌握 AutoCAD 的文件操作是学习软件的基础。

1. 新建图形文件

在 AutoCAD 中，新建图形文件是在"选择样板"对话框中选择一个样板文件，作为新图形文件的基础。执行新建文件的命令有如下四种常用方法：

1) 单击"快速访问"工具栏中的"新建"按钮。

2) 在图形窗口的"图形名称"选项卡右方单击"新图形"按钮。

3) 显示菜单栏，然后单击"文件"→"新建"。

4) 按<Ctrl+N>组合键。

2. 打开图形文件

要查看或编辑 AutoCAD 文件，首先要使用"打开"命令将指定文件打开。执行打开文件的命令有如下四种常用方法：

1) 单击"快速访问"工具栏中的"打开"按钮。

2) 依次单击"文件"→"打开"。

3) 在命令窗口中输入"OPEN"命令并按<Enter>键或空格键。

4) 按<Ctrl+O>组合键。

3. 保存图形文件

在绘图工作中，及时对文件进行保存，可以避免因死机或停电等意外状况而造成的数据丢失。执行保存文件的命令有如下四种常用方法：

1) 单击"快速访问"工具栏中的"保存"按钮。

2）依次单击"文件"→"保存"。

3）在命令窗口中输入"SAVE"命令并按<Enter>键或空格键。

4）按<Ctrl+S>组合键。

4. 另存图形文件

另存文件就是将当前图形文件换名保存，并以新的文件名作为当前文件名。

单击主菜单中的"文件"→"另存为"，弹出"图形另存为"对话框，在对话框的文本框内输入一个新文件名，单击"保存"按钮，系统即按所给的新文件赋名保存文件。

修改一个有名文件后，如果执行"存储文件"命令则修改后的结果将以原文件名快速保存，原文件将被覆盖。当希望在存储修改文件的同时，又使原有文件得以保留，则不能执行"存储文件"命令，而应进行另存图形文件操作。

2.2.2　AutoCAD 命令执行

执行 AutoCAD 命令是绘制图形的重要环节。AutoCAD 命令执行包括在 AutoCAD 中执行命令的方法、取消已执行的命令、重复执行前一次执行命令的方法。

1. AutoCAD 命令的调用方式

在 AutoCAD 中，执行命令有多种方法，其中主要包括以菜单方式执行命令、单击工具按钮执行命令以及在命令窗口中输入命令的方法执行命令等。

1）以菜单方式执行命令，即通过选择菜单命令的方式来执行命令。例如，执行"直线"命令，其方法是单击"绘图"→"直线"。

2）单击工具按钮执行命令，即单击相应工具按钮来执行命令。例如，执行"矩形"命令，其方法是在"绘图"工具中单击"矩形"按钮。

3）在命令窗口中输入命令，即在命令窗口中输入命令语句或简化命令语句，然后按<Enter>键，即可执行该命令。例如，执行"圆"命令，其方法是在命令窗口中输入"Circle"或"C"，然后按<Enter>键。

2. 退出正在执行的命令

在 AutoCAD 绘制图形的过程中，可以随时退出正在执行的命令。在执行某个命令时，按<Esc>键和<Enter>键可以随时退出正在执行的命令。当按<Esc>键时，可取消并结束命令；当按<Enter>键或空格键时，则确定命令的执行并结束命令。

3. 放弃前一次执行的命令

使用 AutoCAD 进行图形的绘制及编辑时，难免会出现错误。在出现错误时，可以不必重新对图形进行绘制或编辑，只需要取消错误的操作即可。取消已执行的命令主要有如下几种方法：

1）单击"快速访问"工具栏的"放弃"按钮，可以取消前一次执行的命令。连续单击该按钮，可以取消多次执行的操作。

2）依次单击"编辑"→"放弃"。

3）执行 U 或 Undo 命令。输入 U（或 Undo）命令并按<Enter>键或空格键可以取消前一次或前几次执行的命令。

4）按<Ctrl+Z>组合键。

4. 重做前一次放弃的命令

当取消了已执行的命令之后，如果又想恢复前一个已撤销的操作，则可以通过如下方法来完成：

1）单击"快速访问"工具栏中的"重做"按钮，可以恢复已撤销的前一步操作。

2）依次单击"编辑"→"重做"。

3）执行 Redo 命令。输入 Redo 命令并按<Enter>键或空格键可以恢复已撤销的前一步操作。

4）按<Ctrl+Y>组合键。

5. 重复执行前一个命令

在完成一个命令的操作后，要再次执行该命令，可以通过如下几种方法快速实现：

1）按<Enter>键。在一个命令执行完成后，紧接着按<Enter>键，即可再次执行前一次执行的命令。

2）按方向键<↑>。按下键盘上的方向键<↑>，可依次向上翻阅前面在命令窗口中所输入的数值或命令，当出现用户想执行的命令后，按<Enter>键即可执行命令。

6. 常用键的功能

快捷键功能见表 G-1。

2.2.3　图形对象选择

对图形进行编辑操作，首先需要对所要编辑的图形进行选择。AutoCAD 提供的选择方式包括使用鼠标直接选择、框选对象和快速选择等多种方式。

1. 直接选择对象

单击选择对象，即可选中。在未进行编辑操作时，被选中的目标以带有夹点的高亮状态显示；在编辑过程中，当用户选择要编辑的对象时，对象的原有颜色上会覆盖一层灰色，将拾取框移至要编辑的目标上并单击，即可选中目标。用"Shift+单击"可选择多个实体。

2. 框选对象

框选对象包括两种方式，即窗口选择和窗交选择。其方法是将鼠标移动到绘图窗口中，单击先指定框选的第一个角点，然后将鼠标移动到另一个位置并单击，确定框选的对角点，从而指定框选的范围。

窗口选择——从左向右拖动窗口（第一角点在左、第三角点在右，称为左右窗口），只能选中完全处于窗口内的实体，不包括与窗口相交的实体。图 2-11b 所示为左右窗口，只有

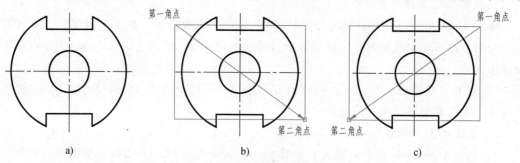

图 2-11　窗口选择和窗交选择

a）图例　b）左右窗口拾取的结果　c）右左窗口拾取的结果

两条水平粗实线、一条点画线和小圆被选中。

窗交选择——从右向左拖动窗口（第一角点在右，第二角点在左，称为右左窗口），不但位于窗口内的实体被选中，与窗口相交的元素也均被选中。图 2-11c 所示为右左窗口，所有实体（图线）均被选中。

3. 快速选择对象

AutoCAD 提供了快速选择功能，运用该功能可以一次性选择绘图窗口中具有某一属性的所有图形对象。执行"快速选择"命令的常用方法有如下三种：

1）依次单击"工具"→"快速选择"。

2）在弹出的快捷菜单中选择"快速选择"命令。

3）执行"QSELECT"命令。

除了以上选择方式外，AutoCAD 还有多种目标选择方式，这里不逐一介绍。

2.2.4 视图控制

在 AutoCAD 中，用户可以对视图进行缩放和平移操作，以便观看图形的效果。另外，也可以进行全屏显示视图、重画与重生成图形等操作。

1. 缩放视图

使用视图中的"缩放"命令可以对视图进行放大或缩小操作，以改变图形的显示大小，方便用户观察图形。

执行视图缩放的命令有以下两种常用方法：

1）依次单击"视图"→"缩放"，然后在子菜单中选择需要的命令。

2）在命令窗口输入"ZOOM"（简化命令"Z"），然后按空格键进行确定。

2. 平移视图

平移视图是指对视图中图形的显示位置进行相应的移动。移动后的视图只是改变图形在视图中的位置，而不会发生大小变化。执行平移视图的命令包括以下两种常用方法：

1）依次单击"视图"→"平移"，然后在子菜单中选择需要的命令。

2）在命令窗口中输入"PAN"（简化命令"P"）并按空格键进行确定。

3. 重画图形

图形中某一图层被打开或关闭或栅格被关闭后，系统自动对图形刷新并重新显示，栅格的密度会影响刷新的速度。执行"重画"命令可以重新显示当前视窗中的图形，消除残留的标记点痕迹，使图形变得清晰。

执行重画图形的命令包括以下两种方法：

1）依次单击"视图"→"重画"。

2）在命令窗口中输入"REDRAWALL"（简化命令"REDRAW"），然后按空格键进行确定。

4. 重生成图形

执行"重生成"命令能将当前活动视窗所有对象的有关几何数据及几何特性重新计算一次（即重生）。此外，执行"OPEN"命令打开图形时，系统自动重生视图，执行"ZOOM"中的"全部""范围"命令也可自动重生视图。被冻结的图层上的实体不参与计算。因此，为了缩短重生时间，可将一些图层冻结。

执行重生成图形的命令包括以下两种方法：

1）依次单击"视图"→"全部重生成"。

2）在命令窗口中输入"REGEN"（简化命令"RE"），然后按空格键进行确定。

5. 全屏显示视图

单击"视图"→"全屏显示"，或单击状态栏右下角的"全屏显示"按钮，屏幕上将清除工具栏和可固定窗口（命令窗口除外）屏幕，仅显示菜单栏、"模型"选项卡、"布局"选项卡、状态栏和命令窗口。再次执行该命令，又将返回到原来的窗口状态。全屏显示通常适合绘制复杂图形并需要足够的屏幕空间时使用。

2.3 AutoCAD 的基本命令

2.3.1 基本绘图命令

AutoCAD 具有强大的二维绘图功能，在"草图与注释"工作空间中提供的"绘图"工具包含了常用二维绘图命令，如图 2-12 所示。用户可以使用 AutoCAD 提供的各种绘图命令绘制点、直线、弧线以及其他图形。

1. 绘制点

在 AutoCAD 中，绘制点的命令包括"点（POINT）""定数等分（DIVIDE）"和"定距等分（MEASUREH）"。在绘制点的操作之前，通常需要设置点的样式。

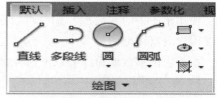

图 2-12　基本绘图命令

（1）设置点样式　单击"格式"→"点样式"命令，或在命令窗口中输入"DDPTYPE"命令并按空格键，打开"点样式"对话框，可以设置多种不同的点样式，包括点的大小和形状。点样式更改后，在绘图窗口中的点对象也将发生相应的变化。

（2）绘制单点　在 AutoCAD 中，执行"单点"命令通常有以下两种方法：

1）依次单击"绘图"→"点"→"单点"。

2）在命令窗口中输入"POINT"（简化命令为"PO"）命令并按空格键确定。

（3）绘制多点　在 AutoCAD 中执行"多点"命令，通常有以下两种方法：

1）依次单击"绘图"→"点"→"多点"。

2）在"绘图"工具的"绘图"下拉列表框中单击"多点"按钮。

（4）绘制定数等分点　执行"定数等分"命令能够在某一图形上以等分数目创建点或插入图块，被等分的对象可以是直线、圆、圆弧、多段线等。在定数等分点的过程中，用户可以指定等分数目。执行"定数等分"命令通常有以下两种方法：

1）依次单击"绘图"→"点"→"定数等分"。

2）在命令窗口中输入"DIVIDE"（简化命令为"DIV"）命令并按空格键确定。

执行"DIVIDE"命令创建定数等分点时，当系统提示"选择要定数等分的对象："时，用户需要选择要等分的对象，选择后，系统将继续提示"输入线段数目或［块（B）］："，此时输入等分的数目，然后按空格键结束操作。

（5）绘制定距等分 除了可以在图形上绘制定数等分点外，还可以绘制定距等分点，即将一个对象以一定的距离进行划分。执行"定距等分"命令便可以在选择对象上创建指定距离的点或图块，将图形以指定的长度分段。执行"定距等分"命令有以下两种方法：

1）依次单击"绘图"→"点"→"定距等分"。

2）在命令窗口中输入"MEASURE"（简化命令为"ME"）命令并按空格键确定。

2. 绘制直线

执行"直线"命令可以在两点之间进行线段的绘制。用户可以通过鼠标或者键盘两种方式来指定线段的起点和终点。当执行"LINE"命令连续绘制线段时，上一个线段的终点将直接作为下一个线段的起点，如此循环直到按下空格键进行确定，或者按下<Esc>键撤销命令为止。执行"直线"命令的常用方法有以下三种：

1）依次单击"绘图"→"直线"。

2）单击"绘图"工具中的"直线"按钮。

3）执行"LINE"（简化命令为"L"）命令。

3. 绘制构造线

在机械制图中，构造线通常作为绘制图形过程中的辅助线，如中心线。执行"构造线"命令可以绘制向两边无限延伸的直线。执行"构造线"命令主要有以下几种调用方法：

1）依次单击"绘图"→"构造线"。

2）展开"绘图"工具，然后单击"构造线"按钮。

3）执行"XLINE"（简化命令为"XL"）命令。

4. 绘制矩形

执行"矩形"命令可以通过单击指定两个对角点的方式绘制矩形，也可以通过输入坐标指定两个对角点的方式绘制矩形。当矩形的两角点形成的边长相同时，则生成正方形。执行"矩形"命令的常用方法有以下三种：

1）依次单击"绘图"→"矩形"。

2）单击"绘图"工具中的"矩形"按钮。

3）执行"RECTANG"（简化命令为"REC"）命令。

5. 绘制圆

在默认状态下，圆的绘制方式是先确定圆心，再确定半径。用户也可以通过指定两点确定圆的直径或是通过三个点确定圆等方式绘制圆。执行"圆"命令的常用方法有以下三种：

1）依次单击"绘图"→"圆"，再选择其中的子命令。

2）单击"绘图"工具中的"圆"按钮。

3）执行"CIRCLE"（简化命令为"C"）命令。

6. 绘制多边形

执行"多边形"命令，可以绘制由 3~1024 条边所组成内接于圆或外切于圆的多边形。执行"多边形"命令有以下三种常用方法：

1）依次单击"绘图"→"多边形"。

2）单击"绘图"工具中的"多边形"按钮。

3）执行"POLYGON"（简化命令为"POL"）命令。

48

7. 绘制椭圆

在 AutoCAD 中，椭圆是由定义其长度和宽度的两条轴决定的，当两条轴的长度不相等时，形成的对象为椭圆；当两条轴的长度相等时，形成的对象为圆。执行"椭圆"命令有以下三种常用方法：

1) 依次单击"绘图"→"椭圆"，然后选择其中的子命令。

2) 单击"绘图"工具中的"椭圆"按钮。

3) 执行"ELLIPSE"（简化命令为"EL"）命令。

8. 绘制圆弧

绘制圆弧的方法有很多，可以通过起点、方向、中点、终点、弦长等参数进行绘制。执行"圆弧"命令的常用方法有以下三种：

1) 依次单击"绘图"→"圆弧"，再选择其中的子命令。

2) 单击"绘图"工具中的"圆弧"按钮。

3) 执行"ARC"（简化命令为"A"）命令。

9. 绘制多段线

执行"多段线"命令，可以创建相互连接的序列线段，创建的多段线可以是直线段、弧线段或两者的组合线段。执行"多段线"命令有以下三种常用方法：

1) 依次单击"绘图"→"多段线"。

2) 单击"绘图"工具中的"多段线"按钮。

3) 执行"PLINE"（简化命令为"PL"）命令。

10. 绘制多线

执行"多线"命令可以绘制多条相互平行的线。在绘制多线的操作中，可以将每条线的颜色和线型设置为相同，也可以将其设置为不同，其线宽、偏移、比例、样式和端头交接方式，可以执行"MLSTYLE"命令控制。

（1）设置多线样式　单击"格式"→"多线样式"命令，或在命令窗口中输入"MLSTYLE"命令并按空格键确定，打开"多线样式"对话框。在"多线样式"对话框中的"样式"区域列出了目前存在的样式，在预览区域中显示了所选样式的多线效果。

在"多线样式"对话框中单击"新建"按钮，创建新的多线样式，打开"新建多线样式"对话框，可以创建并设置多线的样式。

（2）创建多线　执行"多线"命令可以绘制由直线段组成的平行多线，但不能绘制弧形的平行线。绘制的平行线可以用"分解（EXPLODE）"命令将其分解成单个独立的线段。

执行"多线"命令有以下两种常用方法：

1) 依次单击"绘图"→"多线"。

2) 执行"MLINE"（简化命令为"ML"）命令。

（3）修改多线　依次单击"修改"→"对象"→"多线"，或执行"MLEDIT"命令，打开"多线编辑工具"对话框，可以修改多线的效果，该对话框中提供了 12 种多线编辑工具。

11. 绘制样条曲线

执行"样条曲线"命令可以绘制各类光滑的曲线图元，这种曲线是由起点、终点、控制点及偏差来控制的。

执行"样条曲线"命令有以下三种常用方法：

1）依次单击"绘图"→"样条曲线"，再选择其中的子命令。

2）单击"绘图"工具中的"样条曲线拟合"按钮或"样条曲线控制点"按钮。

3）执行"SPLINE"（简化命令为"SPL"）命令。

2.3.2 基本图形编辑命令

AutoCAD 提供了功能强大的二维图形编辑命令。用户可以通过编辑命令对图形进行修改，使图形更准确、直观，以达到制图的最终目的。在"草图与注释"工作空间中提供的"修改"工具包含了二维图形常用编辑命令按钮，如图 2-13 所示。通过对图形进行编辑，可以得到各种复杂的机制图形。

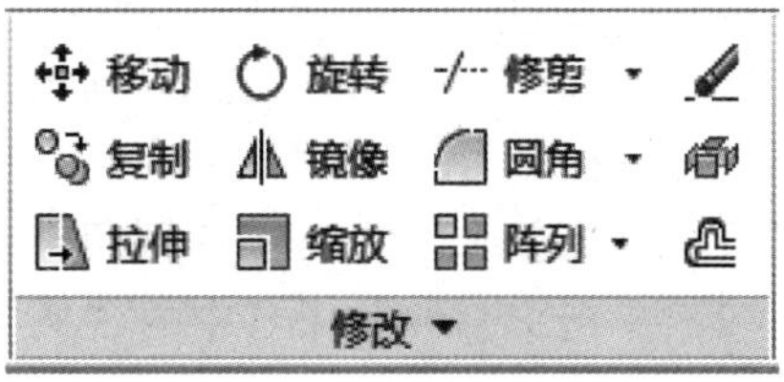

1. 删除图形

执行"删除"命令可以将选定的图形对象从绘图窗口中删除。执行"删除"命令的常用方法有以下三种：

1）依次单击"修改"→"删除"。

2）单击"修改"工具中的"删除"按钮。

3）执行"ERASE"（简化命令为"E"）命令。

图 2-13 基本图形编辑命令

执行"ERASE"（简化命令为"E"）命令后，选择要删除的对象，按空格键进行确定，即可将其删除；如果在操作过程中，要取消删除操作，可以按<Esc>键退出删除操作。

2. 移动图形

执行"移动"命令可以在指定方向上按指定距离移动对象，移动对象后并不改变其方向和大小。执行"移动"命令的常用方法有以下三种：

1）依次单击"修改"→"移动"。

2）单击"修改"工具中的"移动"按钮。

3）执行"MOVE"（简化命令为"M"）命令。

3. 旋转图形

执行"旋转"命令可以转换图形对象的方位，即以某一点为旋转基点，将选定的图形对象旋转一定的角度。执行"旋转"命令的常用方法有以下三种：

1）依次单击"修改"→"旋转"。

2）单击"修改"工具中的"旋转"按钮。

3）执行"ROTATE"（简化命令为"RO"）命令。

4. 修剪图形

执行"修剪"命令可以通过指定的边界对图形对象进行修剪。该命令可以修剪的对象包括直线、圆、圆弧、射线、样条曲线、面域、尺寸、文本以及非封闭的 2D 或 3D 多段线等对象。作为修剪的边界可以是除图块、网格、三维面、轨迹线以外的任何对象。执行"修剪"命令通常有以下三种方法：

1）依次单击"修改"→"修剪"。

2）单击"修改"工具中的"修剪"按钮。

3）执行"TRIM"（简化命令为"TR"）命令。

5. 延伸图形

执行"延伸"命令可以把直线、弧和多段线等图元对象的端点延长到指定的边界。延伸的对象包括圆弧、椭圆弧、直线、非封闭的 2D 和 3D 多段线等。启动"延伸"命令通常有以下三种方法：

1）依次单击"修改"→"延伸"。

2）单击"修改"工具中的"延伸"按钮。

3）执行"EXTEND"（简化命令为"EX"）命令。

6. 圆角图形

执行"圆角"命令可以用一段指定半径的圆弧将两个对象连接在一起，还能将多段线的多个顶点一次性圆角。执行该命令前应先设定圆弧半径，再进行圆角。执行"圆角"命令通常有以下三种方法：

1）依次单击"修改"→"圆角"。

2）单击"修改"工具中的"圆角"按钮。

3）执行"FILLET"（简化命令为"F"）命令。

7. 倒角图形

执行"倒角"命令可以通过延伸或修剪的方法，用一条斜线连接两个非平行的对象。执行该命令前应先设定倒角距离，再指定倒角线。执行"倒角"命令通常有以下三种方法：

1）依次单击"修改"→"倒角"。

2）单击"修改"工具中的"倒角"按钮。

3）执行"CHAMFER"（简化命令为"CHA"）命令。

8. 拉伸图形

执行"拉伸"命令可以按指定的方向和角度拉长或缩短实体，也可以调整对象大小，使其在一个方向上或是按比例增大或缩小，还可以通过移动端点、顶点或控制点来拉伸某些对象。执行"拉伸"命令可以拉伸线段、弧、多段线和轨迹线等实体，但不能拉伸圆、文本、块和点。执行"拉伸"命令通常有以下三种方法：

1）依次单击"修改"→"拉伸"。

2）单击"修改"工具中的"拉伸"按钮。

3）执行"STRETCH"（简化命令为"S"）命令。

9. 缩放图形

执行"缩放"命令可以按指定的比例因子改变实体的尺寸大小，从而改变对象的尺寸，但不改变其状态。在缩放图形时，可以把整个对象或者对象的一部分沿 X、Y、Z 方向以相同的比例放大或缩小，由于三个方向上的缩放率相同，因此保证了对象的形状不会发生变化。执行"缩放"命令的常用方法有以下三种：

1）依次单击"修改"→"缩放"。

2）单击"修改"工具中的"缩放"按钮。

3）执行"SCALE"（简化命令为"SC"）命令。

10. 拉长图形

执行"拉长"命令可以延伸和缩短直线，或改变圆弧的圆心角。使用该命令执行拉长操作,允许以动态方式拖拉对象终点,可以通过输入增量值、百分比值或输入对象总长的方法来改变对象的长度。执行"拉长"命令通常有以下三种方法:

1)依次单击"修改"→"拉长"。

2)单击"修改"工具中的"拉长"按钮。

3)执行"LENGTHEN"(简化命令为"LEN")命令。

11. 打断图形

执行"打断"命令可以将对象从某一点处断开,从而将其分成两个独立的对象,该命令常用于剪断图形,但不删除对象,可以打断的对象包括直线、圆、弧、多段线、样条线、构造线等。执行"打断"命令的方法有以下三种:

1)依次单击"修改"→"打断"。

2)单击"修改"工具中的"打断"按钮。

3)执行"BREAK"(简化命令为"BR")命令。

12. 合并图形

执行"合并"命令可以将相似的对象合并以形成一个完整的对象。执行"合并"命令通常有以下三种方法:

1)依次单击"修改"→"合并"。

2)单击"修改"工具中的"合并"按钮。

3)执行"JOIN"命令。

13. 分解图形

执行"分解"命令可以将多个组合实体分解为单独的图元对象,可以分解的对象包括矩形、多边形、多段线、图块、图案填充和标注等。执行"分解"命令,通常有以下三种方法:

1)依次单击"修改"→"分解"。

2)单击"修改"工具中的"分解"按钮。

3)执行"EXPLODE"(简化命令为"X")命令。

14. 复制

执行"复制"命令可以为对象在指定的位置创建一个或多个副本,该操作是以选定对象的某一基点将其复制到绘图窗口内的其他地方。执行"复制"命令的常用方法有以下三种:

1)依次单击"修改"→"复制"。

2)单击"修改"工具中的"复制"按钮。

3)执行"COPY"(简化命令为"CO")命令。

复制图形的操作主要包括直接复制、按指定距离复制、连续复制和阵列复制四种方式。

(1)直接复制对象 在复制图形的过程中,如果不需要准确指定复制对象的位置,可以直接拖动鼠标对图形进行复制。

(2)按指定距离复制对象 如果在复制对象时,需要准确指定复制对象和源对象之间的距离,可以在复制对象的过程中输入具体的数值。

(3)连续复制对象 在默认状态下,执行"复制(CO)"命令可以对图形进行连续复制。如果复制模式被修改为"单个(S)"模式后,执行"复制(CO)"命令则只能对图形进行一次复制。这时需要在选择复制对象后，输入"M"参数并确定，启用"多个（M）"命令，即可对图形进行连续复制。

（4）阵列复制对象　在 AutoCAD 中，执行"复制"命令除了可以对图形进行常规的复制操作外，还可以在复制图形的过程中通过执行"阵列（A）"命令，对图形进行阵列操作。

16. 镜像图形

执行"镜像"命令可以将选定的图形对象以某一对称轴镜像到该对称轴的另一边，还可以使用镜像复制功能将图形以某一对称轴进行镜像复制。

执行"镜像"命令的常用方法有以下三种：

1）依次单击"修改"→"镜像"。

2）单击"修改"工具中的"镜像"按钮。

3）执行"MIRROR"（简化命令为"MI"）命令。

执行"镜像（MI）"命令，选择要镜像的对象，指定镜像的轴线后，在系统提示"要删除源对象吗？［是（Y）/否（N）］:"时，输入"Y"并按空格键进行确定，即可将源对象镜像处理。输入"N"并按空格键进行确定，可以保留源对象，即对源对象进行镜像并复制。

16. 偏移对象

执行"偏移"命令可以将选定的图形对象以一定的距离增量值单方向复制一次。执行"偏移"命令的常用方法有以下三种：

1）依次单击"修改"→"偏移"。

2）单击"修改"工具中的"偏移"按钮。

3）执行"OFFSET"（简化命令为"O"）命令。

偏移图形的操作主要包括通过指定距离、通过指定点、通过指定图层三种方式。

（1）按指定距离偏移对象　在偏移对象的过程中，可以通过指定偏移对象的距离，从而准确、快速地将对象偏移到需要的位置。

（2）按指定点偏移对象　执行"通过"命令偏移图形可以将图形通过某个点进行偏移，该方式需要指定偏移对象所要通过的点。

（3）按指定图层偏移对象　执行"图层"命令偏移图形可以将图形通过指定的距离或指定的点进行偏移，并且偏移后的图形将存放于指定的图层中。

执行"偏移（O）"命令，当系统提示"指定偏移距离或［通过（T）/删除（E）/图层（L）］:"时，输入"L"并按空格键进行确定，即可执行"图层（L）"命令，系统将继续提示"输入偏移对象的图层选项［当前（C）/源（S）］:"信息，其中各选项的含义为："当前"用于将偏移对象创建在当前图层上；"源"用于将偏移对象创建在源对象所在的图层上。

17. 阵列图形

执行"阵列"命令可以对选定的图形对象进行阵列操作。执行"阵列"命令的常用方法有以下三种：

1）依次单击"修改"→"阵列"，然后选择其中的子命令。

2）单击"修改"工具中的"矩形阵列"下拉按钮，然后选择其中的选项。

3）执行"ARRAY"（简化命令为"AR"）命令。

对图形进行阵列操作的方式包括矩形阵列方式、路径阵列方式和环形阵列（即极轴阵列）方式。

（1）矩形阵列方式　矩形阵列图形是将阵列的图形按矩形的方式进行排列，用户可以根据需要设置阵列图形的行数和列数。

（2）路径阵列方式　路径阵列图形是将阵列的图形按指定的路径进行排列，用户可以根据需要设置阵列的总数和间距。

（3）环形阵列方式　环形阵列（即极轴阵列）图形是将阵列的图形按环形进行排列，用户可以根据需要设置阵列的总数和填充的角度。

18. 编辑特定图形

除了可以使用各种编辑命令对图形进行修改外，也可以采用特殊的方式对特定的图形进行编辑，如编辑多段线、样条曲线、阵列对象等。

（1）编辑多段线　依次单击"修改"→"对象"→"多段线"，或执行"PEDIT"命令，可以对绘制的多段线进行编辑修改。

（2）编辑样条曲线　依次单击"修改"→"对象"→"样条曲线"，或者执行"SPLIN-EDIT"命令，可以对样条曲线进行编辑，包括定义样条曲线的拟合点，移动拟合点，以及闭合开放的样条曲线等。

（3）编辑阵列对象　在 AutoCAD 中，阵列的对象为一个整体对象，可以依次单击"修改"→"对象"→"阵列"命令，或者执行"ARRAYEDIT"命令，对关联阵列对象及其源对象进行编辑。

19. 使用夹点编辑图形

在编辑图形的操作中，可以通过拖动夹点的方式，改变图形的形状和大小。在拖动夹点时，可以根据系统提示对图形进行移动、复制等操作。

（1）夹点编辑直线　在命令提示处于等待状态下，选择直线型线段将显示对象的夹点。选择端点处的夹点，然后拖动该夹点即可调整线段的长度和方向。

（2）夹点编辑圆弧　在命令提示处于等待状态下，选择弧线型线段将显示对象的夹点，然后选择并拖动端点处的夹点，即可调整弧线的弧长和大小；选择并拖动弧线中间的夹点将改变弧线的弧度大小。

（3）夹点编辑多边形　在命令提示处于等待状态下，选择多边形图形，将显示对象的夹点，然后选择并拖动端点处的夹点，即可调整多边形的形状。

（4）夹点编辑圆　在命令提示处于等待状态下，选择圆将显示对象的夹点，选择并拖动圆上的夹点将改变圆的大小；选择并拖动圆心处的夹点将调整圆的位置。

20. 参数化编辑图形

运用"参数"菜单中的约束命令可以指定二维对象或对象上的点之间的几何约束，对图形进行编辑。编辑受约束的图形时将保留约束。

每个端点都约束为与每个相邻对象的端点保持重合，这些约束显示为夹点。平行线被约束为保持相互平行，右侧的垂直线被约束为与水平线保持垂直，水平线被约束为保持水平，圆和水平线的位置约束为保持固定距离，这些固定约束显示为锁定图标。

2.4 用 AutoCAD 绘制平面几何图形

通过绘制简单图形，熟悉并掌握矩形、圆、两点线、角度线以及正多边形的绘制方法，熟悉并掌握偏移、拉伸、删除、镜像、阵列等常用修改操作方法，掌握常用的显示控制方法，熟悉工具点菜单的使用方法及文件的存储方法。

【例 2-1】 按 1∶1 的比例，绘制图 2-14 所示的平面图形，不标注尺寸，将所绘图形存储至硬盘。

【绘图步骤】

单击"图层"工具中的"图层特性管理器"，新建粗实线层、点画线层，分别在各图层按绘图标准设置粗实线、点画线的线型、线宽。设置并激活"对象捕捉""对象捕捉追踪"。

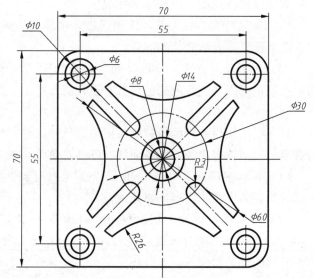

图 2-14 平面图形图例

1. 绘制矩形

1）绘制矩形。选"粗实线层"，执行"矩形"命令，绘制出矩形。

2）绘制点画线。选"点画线层"，执行"直线"命令，绘制点画线，如图 2-15 所示。

2. 绘制同心圆

1）选"粗实线层"，执行"圆"命令，绘制左上角 φ10、φ6 两个同心圆。

2）执行"阵列"命令，绘制矩形阵列同心圆，如图 2-16 所示。

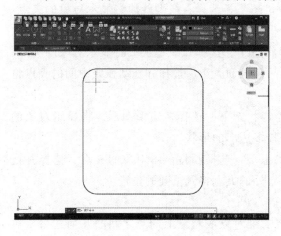

图 2-15 绘制矩形和点画线

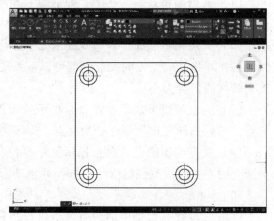

图 2-16 绘制同心圆

3. 绘制中间圆和槽

1）选"粗实线层"，执行"圆"命令，绘制 φ8、φ14 两个圆。

2）选"点画线层"，执行"圆"命令，绘制 φ30 圆。

3）分别绘制 φ60、φ6 两个圆。

4）开启"正交"功能，执行"直线"命令绘制 φ6 小圆切线，如图 2-17a 所示。

5）执行"修剪"命令，整理图形，如图 2-17b 所示。

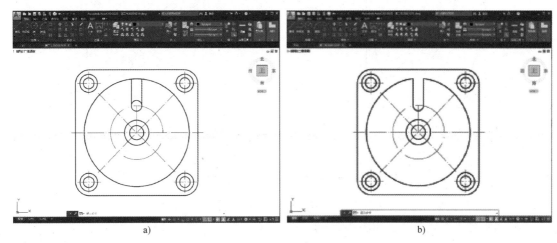

a)　　　　　　　　　　　　　　　　　　b)

图 2-17　绘制中心圆和槽

a）中间圆和槽　b）修剪

4. 绘制槽阵列

1）执行"阵列"命令，选取顶部槽线，以 φ30 圆心为阵列中心点，绘制四个槽。

2）执行"修剪"命令，整理图形，如图 2-18 所示。

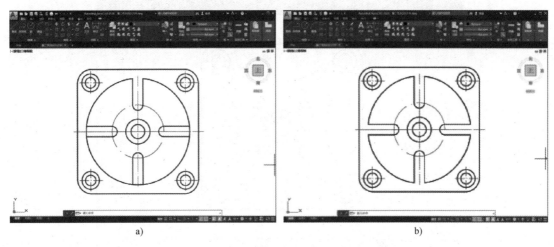

a)　　　　　　　　　　　　　　　　　　b)

图 2-18　槽阵列与修剪调整

a）圆形阵列　b）修剪

5. 槽阵列旋转

1）执行"旋转"命令，选取顶部槽线，以 φ60 圆的圆心为基点，旋转 45°，如图 2-19 所示。

2）执行"圆"命令，绘制 φ52 圆，执行"裁剪"命令，得到 R26 圆弧，如图 2-20 所示。

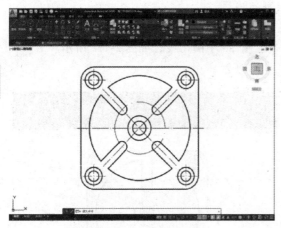

图 2-19 槽阵列旋转

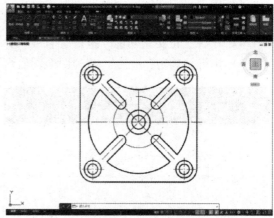

图 2-20 绘制圆弧

6. 整理图形

1）执行"阵列"命令，$R26$ 圆弧阵列，并修剪整理。

2）调整各点画线长度，如图 2-21 所示。

7. 存储文件

检查全图，确认无误后，单击"存储文件"图标，在"另存文件"对话框中的文本框内输入文件名，单击"保存"按钮存储文件。

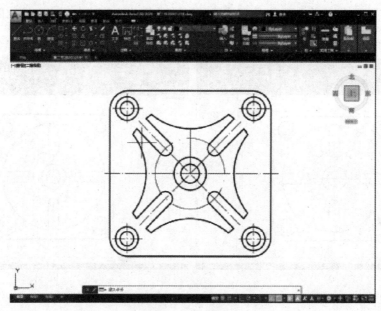

图 2-21 完成图形

第 3 章

点、线、面的投影

主要内容

投影法的概念和特性，三视图的形成与投影规律；点、线、面的投影规律；点、线、面的从属问题；两直线间的相对位置；直线与平面、平面与平面平行；直线与平面、平面与平面相交。

学习要点

熟悉平行投影法的特性；掌握在正投影条件下点的投影规律以及各种位置直线和平面的投影特性；熟练掌握直角三角形法求倾斜线的实长和与投影面的倾角；掌握在平面内取点、取线的方法；准确判断直线与直线、直线与平面、平面与平面之间的位置关系并掌握求交点、交线的方法。

在工程技术领域中，广泛采用投影的方法绘制工程图样，它是平面上表示空间物体的基本方法。根据投射线之间的相对位置不同，投影法分为中心投影法和平行投影法两类。机械工程图样通常采用平行投影法中的正投影法进行绘制。由于物体的表面可看成由点、线、面等空间几何元素组合而成，因此点、线、面及其各种相互关系的投影知识，是工程图学学习的基础。

3.1 投影基础

3.1.1 投影法的基本概念

用太阳光或灯光照射物体时，在地面或墙面上会产生物体的影子。将这一自然现象用科学的方法，总结其中的规律，进而形成了投影法。

如图 3-1 所示，平面 P 称为投影面，光源 S 称为投射中心，直线 SA 称为投射线，直线 SA 与平面 P 的交点 a 称为点 A 在平面 P 上的投影。这种使物体在投影面上产生图形的方法称为投影法，所得到的图形称为投影。工程上常用各种投影法绘制用途不同的工程图样。

根据投射线之间的相对位置不同，投影法分为中心投影法和平行投影法两类。

1. 中心投影法

投射线均从一点发出的投影法称为中心投影法，如图 3-1 所示。用中心投影法所得到的投影称为中心投影，也可以称为透视投影。用中心投影法绘制的图样具有较强的立体感，但不能真实地反映物体的形状和大小且度量性差，作图比较复杂，不适用于绘制机械图样。

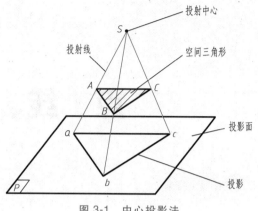

图 3-1　中心投影法

2. 平行投影法

投射中心距离投影面在无限远的地方，投射线是相互平行的投影法称为平行投影法，如图 3-2 所示。根据投射线与投影面是否垂直，平行投影法又分为斜投影和正投影两类。

1）斜投影法。投射线与投影面倾斜的平行投影法，如图 3-2a 所示。

2）正投影法。投射线与投影面垂直的平行投影法，如图 3-2b 所示。

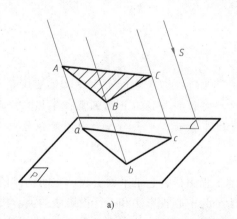

图 3-2　平行投影法

a）斜投影法（投射方向不垂直投影面）　b）正投影法（投射方向垂直投影面）

由于正投影法能真实地反映物体的形状和大小且度量性好，作图简便，所以在工程上应用十分广泛。机械图样都是采用正投影法绘制的，正投影法是机械制图的理论基础。为了叙述方便，后文将正投影简称为投影。

3.1.2　投影的基本性质

投影中空间几何要素（点、线、面）与其投影之间具有以下基本性质：

1. 类似性

当直线或平面倾斜于投影面时，在该投影面上直线的投影缩短、平面的投影变为小于原图形的类似形，称该直线或平面的投影具有类似性，如图 3-3a 所示。

2. 积聚性

当直线或平面垂直于投影面时，在该投影面上直线的投影为一点、平面的投影为一直线，称该直线或平面的投影具有积聚性，如图 3-3b 所示。

3. 实形性

当直线或平面平行于投影面时，在该投影面上直线的投影反映其实际长度、平面的投影反映其实际形状，称该直线或平面的投影具有实形性，如图 3-3c 所示。

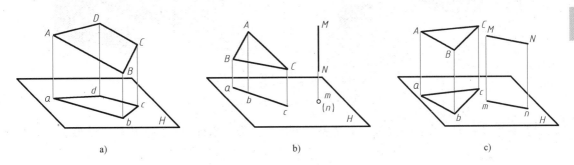

图 3-3 投影特性（一）

a）类似性 b）积聚性 c）实形性

4. 等比性

点在空间直线上截取直线的比例与其在同面投影直线上截取直线的比例相等，如图 3-4a 所示，AB 上点 C 将 AB 分为两段 AC、CB，则 $AC : CB = ac : cb$。

5. 从属性

点在一条直线或平面上，点的投影必然在该直线或平面的同面投影上，如图 3-4b 所示。

6. 平行性

在空间平行的两直线，其投影仍相互平行，如图 3-4c 所示。

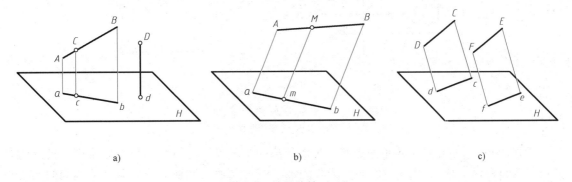

图 3-4 投影特性（二）

a）等比性 b）从属性 c）平行性

由投影的基本性质可知，投射的物体与其投影之间有着一一映射的关系，如图 3-5a 所示。将物体向投影面投影所得到的图形称为视图，但根据物体的一个视图不能确定物体的完整形状，也不能确定其空间情况，如图 3-5b 所示。

为了满足对投影图的要求，在机械工程中经常采用三投影面体系，从几个不同方向进行

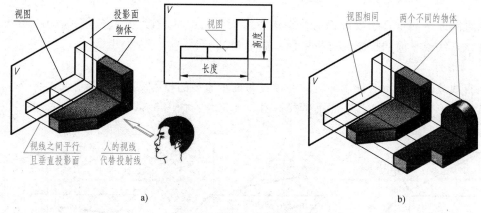

图 3-5 物体与投影的关系

投射，获得多方向投影，通过综合物体各个方向的投影，来确定空间物体的完整形状。

3.1.3 三视图

1. 三视图的形成

选用三个相互垂直的投影面（*XOZ*、*XOY*、*YOZ*）构成三投影面体系，三投影面体系将空间分为八个分角，每个部分为一个分角，其顺序如图 3-6a 所示。我国采用第一分角画法，美、日等国家采用第三分角画法。

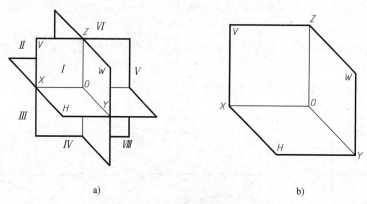

图 3-6 投影体系

a) 空间八个分角 b) 三投影面体系第一分角

如图 3-6b 所示，三个互相垂直的投影面形成一个三投影面体系，分别称为正立投影面（简称为正面或 *V* 面）、水平投影面（简称为水平面或 *H* 面）和侧立投影面（简称为侧面或 *W* 面）。两两互相垂直的投影面之间的交线 *OX*、*OY*、*OZ* 称为投影轴线，简称为 *X* 轴、*Y* 轴和 *Z* 轴，三条投影轴线之间的交点 *O* 称为原点。

将物体置于三投影面体系内，然后从三个方向观察物体就可以在三个投影面上得到三个视图，如图 3-7 所示。规定三个视图名称如下：

1）主视图——由前向后投射所得到的视图。

2）左视图——由左向右投射所得到的视图。

3）俯视图——由上向下投射所得到的视图。

这三个视图统称为三视图。

为了将这三个视图画在同一张图纸上，需将互相垂直的三个投影面展开在同一个平面内。规定 V 面保持不动，将 H 面绕 X 轴向下旋转 90°，将 W 面绕 Z 轴向右旋转 90°，这样就得到了在同一平面上的三视图，如图 3-7b 所示。

投影面没有边界，为了作图简便，在投影图中不必画出投影面边框。由于画三视图时主要依据投影规律，视图的形状和物体与投影面的远近无关，因此，机械图样上通常不画投影轴线，也不必注明各视图的名称，如图 3-7c、d 所示。

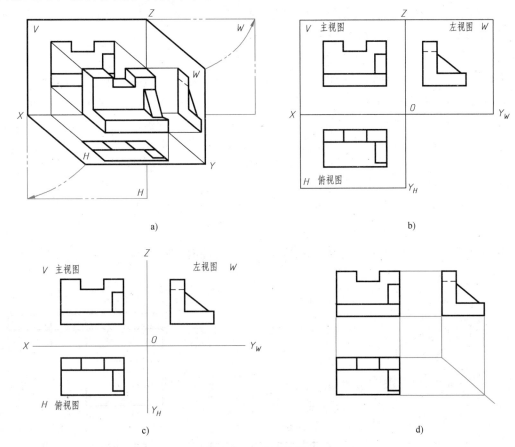

图 3-7 三视图的形成

a）三视图的形成　b）三视图的展开　c）不画投影面边框　d）不画投影轴线

三视图的立体感较差，每个视图只能反映物体在相应投射方向的二维形状，物体的全貌必须综合物体的多个视图，经想象和推理才能确定。但由于其度量性好，作图简便，符合生产对工程图样的要求，故在工程上应用最为广泛。

2. 三视图之间的关系

（1）三视图之间的位置关系　如图 3-8 所示，主视图不动，俯视图在主视图的正下方，左视图在主视图的正右方。

（2）三视图之间的尺寸关系　如图 3-8 所示，每一个视图只能反映物体两个方向的尺寸，其中主视图反映了物体的长度和高度，俯视图反映了物体的长度和宽度，左视图反映了物体的宽度和高度。

（3）三视图之间的投影对应关系　根据三视图的形成和投影特性，三视图的投影应满足如下规律：

1）主、俯视图"长对正"（即等长）。

2）主、左视图"高平齐"（即等高）。

3）俯、左视图"宽相等"（即等宽）。

三视图的投影规律反映了三视图的重要特性，也是画图和读图的依据。无论整个物体还是物体的局部，其三视图的投影都必须符合这一规律。

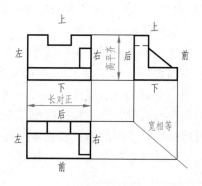

图 3-8　三视图的关系

（4）三视图的方位关系　物体在三维空间有上下、左右、前后六个方位关系，每一个视图只能反映物体两个方向的尺寸。

1）主视图反映物体的左、右和上、下位置关系（前、后重叠）。

2）左视图反映物体的上、下和前、后位置关系（左、右重叠）。

3）俯视图反映物体的左、右和前、后位置关系（上、下重叠）。

3. 三视图的画图步骤

根据物体（或轴测图）画三视图时，应先选定主视图的投射方向，然后将物体摆正（使物体的主要表面平行于投影面）。

图 3-9a 所示的支座下方为一长方形底板，底板后部有一块立板，立板前方中间有一块

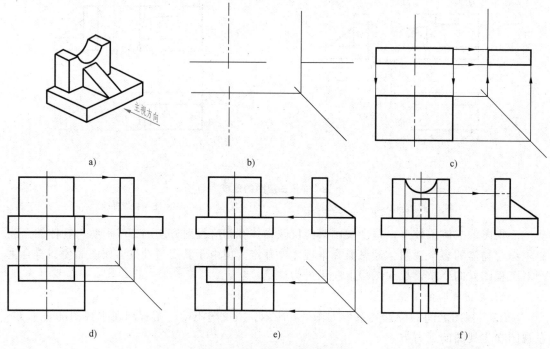

图 3-9　画支座三视图的步骤

a）轴测图　b）画对称中心线、基准线　c）画底板　d）画立板　e）画肋板　f）画半圆形缺口

三角形肋板。根据支座的形状特征，使支座的后壁与正面平行，底面与水平面平行，由前向后为主视图投射方向。

画物体每一个组成部分的三视图时，最好配合着三个视图画，不要先把一个视图画完后再画另一个视图，这样不但可以提高绘图速度，还能避免漏线、多线。画物体某一部分的三视图时，应先画反映形状特征的视图，再按投影关系画出其他视图。具体画图步骤如图 3-9 所示。

在画图与读图时，要注意俯视图和左视图的前、后对应关系。在三个投影面的展开过程中，水平面向下旋转，俯视图的下方表示物体的前面，俯视图的上方表示物体的后面；侧面向右旋转后，左视图的右方表示物体的前面，左视图的左方表示物体的后面。即俯、左视图远离主视图的一边，表示物体的前面；靠近主视图的一边，表示物体的后面。物体的俯、左视图不仅宽相等，还应保持前、后位置的对应关系。

3.2 点的投影

图 3-10 所示的三棱锥由四个顶点构成。画三棱锥的三视图，实际上就是画出构成三棱锥表面的点的投影。为了迅速、正确地画出物体的三视图，必须首先掌握点的投影规律和作图方法。

3.2.1 点的三面投影

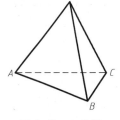

图 3-10 三棱锥

1. 点在三面投影图中的投影规律

将空间点 A 置于三投影面体系中，分别向 H 面、V 面、W 面作投射线，得到点 A 的三个投影分别称为水平投影 a，正面投影 a'，侧面投影 a''（注：空间点通常用大写字母表示，它的三个投影都用同一个小写字母表示，其中水平投影不加撇，如 a、b、c 等，正面投影加一撇，如 a'、b'、c' 等，侧面投影加两撇，如 a''、b''、c'' 等）。将投影面按规定方法展开，得到点的三面投影图。投影图上各投影点之间的细实线称为投影连线，a_X、a_Y、a_Z 分别为点的投影连线与 OX 轴、OY 轴、OZ 轴的交点，如图 3-11a 所示。

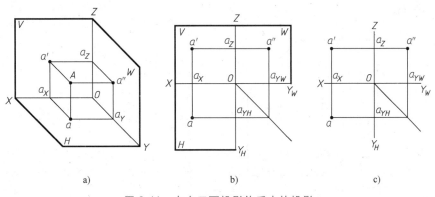

a)   b)   c)

图 3-11 点在三面投影体系中的投影

点的三面投影具有以下投影规律：

1）点的正面投影和水平投影的连线垂直于 OX 轴，即 $a'a \perp OX$，并且 $a'a$ 到原点 O 的距离反映 x 坐标，如图 3-11b、c 所示。

2）点的正面投影和侧面投影的连线垂直于 OZ 轴，即 $a'a'' \perp OZ$，并且 $a'a''$ 到原点 O 的距离反映 z 坐标，如图 3-11b、c 所示。

3）点的水平投影到 OX 轴的距离等于其侧面投影到 OZ 轴的距离，即 $aa_X = a''a_Z$，如图 3-11b、c 所示。

点的每个投影均能反映两个坐标。正面投影反映 x、z 坐标；水平投影反映 x、y 坐标；侧面投影反映 y、z 坐标。只要知道其中任意两个面的投影，即可求出第三个面的投影。

【例 3-1】 已知点 A 两个投影 a'、a''，如图 3-12a 所示，试求第三个投影 a。

【作图】

1）过点 O 作与水平线成 45°的辅助线，如图 3-12b 所示。

2）过点 a' 作 OX 轴的垂线，交 OX 轴并延长，如图 3-12c 所示。

3）过点 a'' 作 OY_W 轴的垂线，交 OY_W 轴并延长与 45°辅助线相交，由此交点再作 OY_H 轴的垂线与过点 a' 的垂线交于一点，即为空间点 A 的水平投影 a，如图 3-12c 所示。

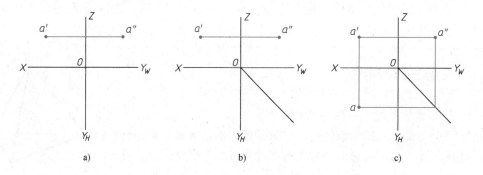

图 3-12 已知点的两个投影确定第三个投影

2. 点的投影与坐标之间的关系

在三面投影体系中，由于 OX、OY、OZ 轴相互垂直，可在其上建立直角坐标系，O 为原点。空间点的位置就可由三个坐标 x、y、z 表示，它们分别代表点到 W、V、H 面的距离，如图 3-13a 所示。

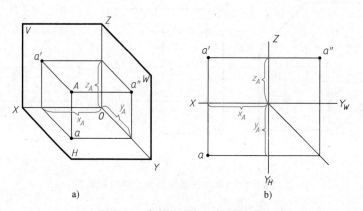

图 3-13 点的投影与坐标的关系

在点的三面投影图中，点的每个投影都可以由两个坐标确定，如图 3-13b 所示，点 a' 由 x_A、z_A 确定，点 a 由 x_A、y_A 确定，点 a'' 由 y_A、z_A 确定。由此可知，点的任意两个投影都包含三个坐标，即两个投影可确定点的空间位置。利用投影和坐标的关系，就可由点的两个投影量出三个坐标，也可由点的三个坐标画出点的三个投影。

【例 3-2】 已知点 A（16，10，18），试确定该点的三面投影。

【作图】

如图 3-14 所示，设单位为 mm。

1）在 OX 轴上，由点 O 向左量出 $x = 16$mm 得点 a_X。

2）过点 a_X 作 OX 轴垂线，在 a_X 上方量出 $z = 18$mm 得点 a'，在点 a_X 下方量出 $y = 10$mm 得点 a。

3）根据 a'、a 可求出 a''。

第二种方法：过点 a' 作 OZ 轴垂线交 OZ 于点 a_Z 并延长，在点 a_Z 右方量出 $y = 10$mm 得点 a''。

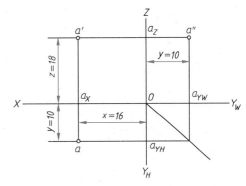

图 3-14 已知点的坐标求该点的三面投影

3.2.2 两点的位置关系

1. 点的相对位置

空间中的相对位置关系有上下、左右和前后六个方位，根据两点相对于投影面的距离不同，即可确定两点的相对位置。判断空间中两点的相对位置，可以由两点的坐标来确定。

1）两点的左、右相对位置由 x 坐标确定，x 坐标值大者在左。

2）两点的前、后相对位置由 y 坐标确定，y 坐标值大者在前。

3）两点的上、下相对位置由 z 坐标确定，z 坐标值大者在上。

如图 3-15 所示，已知 A、B 两点的三面投影，即可知两点的坐标分别为 A（x_A，y_A，z_A）、B（x_B，y_B，z_B），由此可判定这两点在空间中的相对位置。

因为 $x_A > x_B$，故点 A 在点 B 的左方，由两点的正面投影或水平投影来判定；因为 $y_A < y_B$，故点 A 在点 B 的后方，由两点的水平投影或侧面投影来判定；因为 $z_A < z_B$，故点 A 在点 B 的下方，由两点的正面投影或侧面投影来判定。

综合上述，A、B 两点的相对位置是点 A 在点 B 的左、后、下方。

由此可知，若已知两点的三面投影，判断它们的相对位置时，可根据正面投影或水平面投影判断左、右关系；根据水平面投影或侧面投影判断前后关系；根据正面投影或侧面投影判断上、下关系。

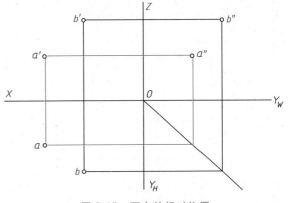

图 3-15 两点的相对位置

【例 3-3】 如图 3-16 所示，已知点 A 的三面投影，另一点 B 在点 A 上方 10mm，左方 15mm，后方 6mm 处，求出点 B 的三面投影。

【作图】

1）在点 a' 左方 15mm，上方 10mm 处确定点 b'。

2）作 $b'b \perp OX$，且在点 a 后方 6mm 处确定点 b。

3）按投影关系确定点 b''。

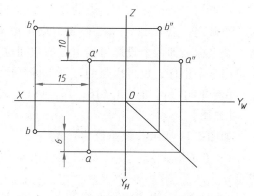

图 3-16　两点的相对位置

2. 重影点

当两点处于同一投射线上时，则它们在与该投射线垂直的投影面上的投影重合，这两点称为对该投影面的重影点。

如图 3-17 所示，点 A、B 在对 H 面投影的同一条投射线上，点 A 在点 B 的正上方，它们在 H 面的投影重合，称为对 H 面的重影点。同理，点 C、D 则称为对 V 面的重影点。

出现重影时，需判别两点的可见性，重影点的可见性需根据这两点不重影的投影的坐标大小来判别。当两点在 V 面的投影重合时，需判别其在 H 或 W 面的投影，y 坐标大者在前（可见）；当两点在 H 面的投影重合时，需判别其在 V 或 W 面的投影，z 坐标大者在上（可见）；当两点在 W 面的投影重合时，需判别其在 H 或 V 面的投影，x 坐标大者在左（可见）。

在产生重影的投影面上要将不可见点的投影加圆括号表示。

在图 3-17 中，在 H 面上重影点的可见性判断：由两点的正面投影可知 $Z_A > Z_B$，点 B 的水平投影不可见，标记为（b）。在 V 面上重影点的可见性判断：由两点的水平投影可知 $y_C > y_D$，点 D 的正面投影不可见，标记为（d'）。

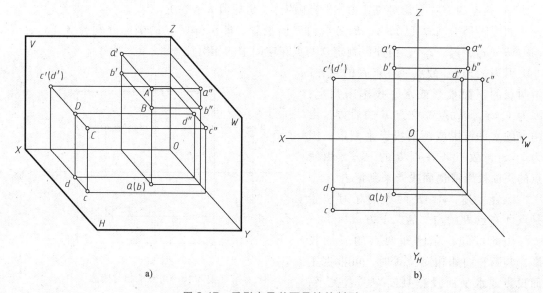

a)

b)

图 3-17　重影点及其可见性的判别

a）立体图　b）投影图

【例 3-4】 已知空间点 $A(12,10,7)$，点 B 在点 A 的正上方 4mm 处，求 A、B 两点的三面投影。

【作图】

1）根据点 A 的三个坐标确定其三面投影 a、a'、a''，如图 3-18a 所示。

2）分别过点 a'、点 a'' 向正上方延长 4mm 确定点 b'、点 b''，如图 3-18b 所示。

3）判断可见性。因为点 B 的 z 坐标大于点 A 的 z 坐标，所以点 A 的水平投影 a 不可见，应加圆括号表示，如图 3-18c 所示。

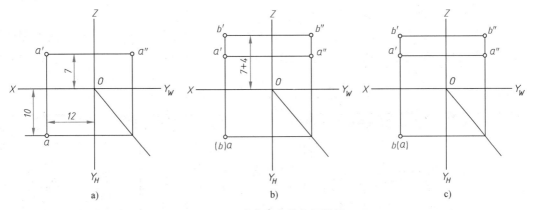

图 3-18　求出两点的三面投影

3.3　直线的投影

3.3.1　直线的三面投影

直线的投影一般为直线，在特殊情况下，直线的投影积聚成一点。由于两点确定一条直线，因此直线的投影可由该直线上任意两点的投影来确定。如图 3-19 所示，若已知直线上 A、B 两点的投影，将两点的同面投影相连，就得到直线的投影 $a'b'$、ab、$a''b''$。

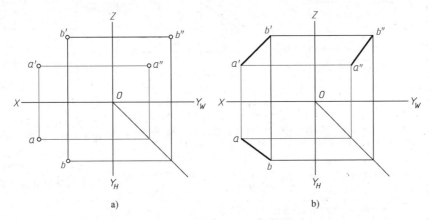

图 3-19　两点确定一条直线

在三投影面体系中，按与投影面的相对位置，直线可分为以下三种：

1）投影面平行线：与一个基本投影面平行，与另外两个基本投影面成倾斜位置的直线。

2）投影面垂直线：垂直于一个基本投影面的直线。

3）一般位置直线：与三个基本投影面均成倾斜位置的直线。

前两种直线又称为特殊位置直线。直线与它的水平投影、正面投影、侧面投影的夹角，分别称为该直线对投影面 H、V、W 的倾角，分别用 α、β、γ 表示。

3.3.2 直线的投影特性

68

1. 投影面平行线

根据所平行的投影面不同，投影面平行线分为三种：平行于 H 面的直线称为水平线；平行于 V 面的直线称为正平线；平行于 W 面的直线称为侧平线。各种投影面平行线的投影特性见表 3-1。

表 3-1 投影面平行线的投影特性

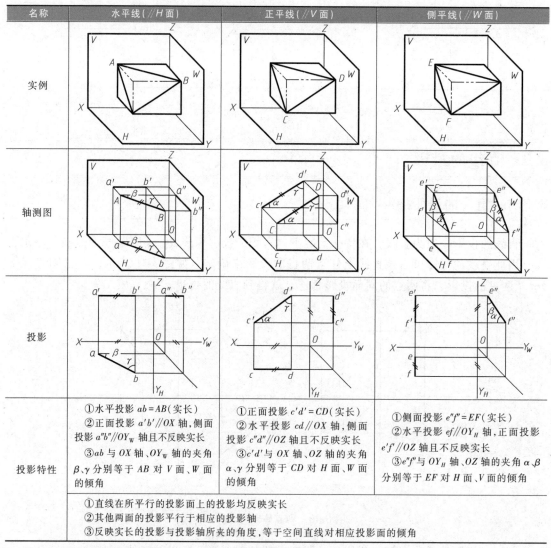

名称	水平线（$/\!/H$ 面）	正平线（$/\!/V$ 面）	侧平线（$/\!/W$ 面）
实例			
轴测图			
投影			
投影特性	①水平投影 $ab = AB$（实长） ②正面投影 $a'b'/\!/OX$ 轴，侧面投影 $a''b''/\!/OY_W$ 轴且不反映实长 ③ab 与 OX 轴、OY_H 轴的夹角 β、γ 分别等于 AB 对 V 面、W 面的倾角	①正面投影 $c'd' = CD$（实长） ②水平投影 $cd/\!/OX$ 轴，侧面投影 $c''d''/\!/OZ$ 轴且不反映实长 ③$c'd'$ 与 OX 轴、OZ 轴的夹角 α、γ 分别等于 CD 对 H 面、W 面的倾角	①侧面投影 $e''f'' = EF$（实长） ②水平投影 $ef/\!/OY_H$ 轴，正面投影 $e'f'/\!/OZ$ 轴且不反映实长 ③$e''f''$ 与 OY_H 轴、OZ 轴的夹角 α、β 分别等于 EF 对 H 面、V 面的倾角
	①直线在所平行的投影面上的投影均反映实长 ②其他两面的投影平行于相应的投影轴 ③反映实长的投影与投影轴所夹的角度，等于空间直线对相应投影面的倾角		

注：在三投影面体系中，直线对 H 面、V 面、W 面的倾角分别用 α、β、γ 表示。

2. 投影面垂直线

垂直于一个投影面必平行于另外两个投影面。根据所垂直的投影面不同，投影面垂直线分为：垂直于 H 面的直线称为铅垂线；垂直于 V 面的直线称为正垂线；垂直于 W 面的直线称为侧垂线。投影面垂直线的投影特性见表 3-2。

表 3-2　投影面垂直线的投影特性

名称	铅垂线($\perp H$面)	正垂线($\perp V$面)	侧垂线($\perp W$面)
实例	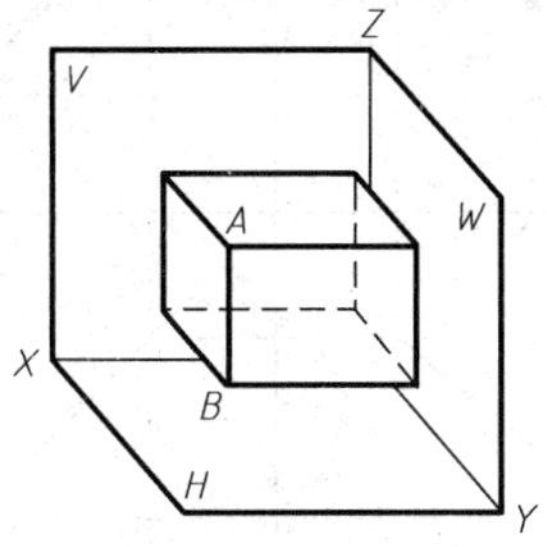	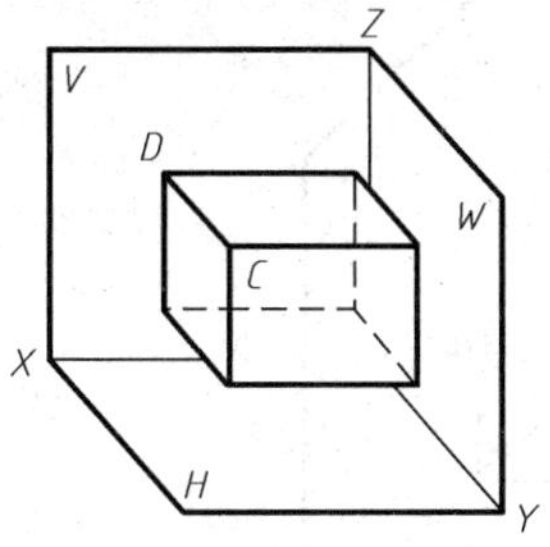	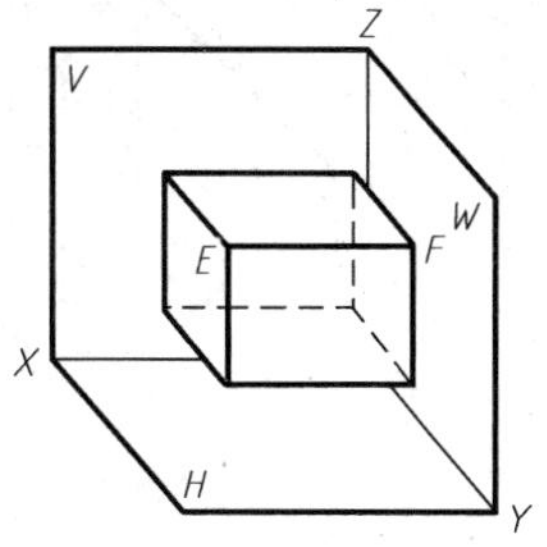
轴测图	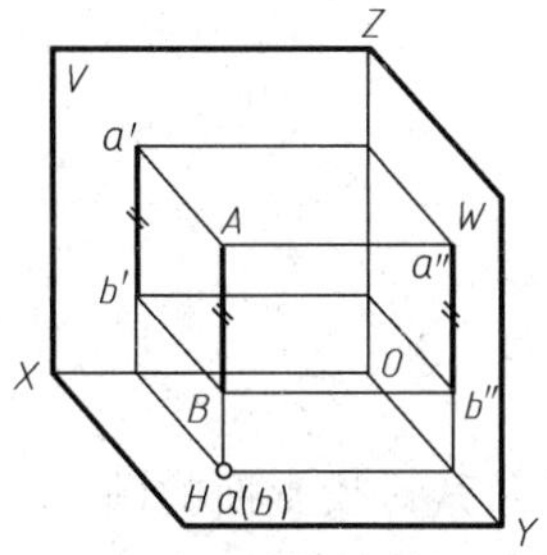	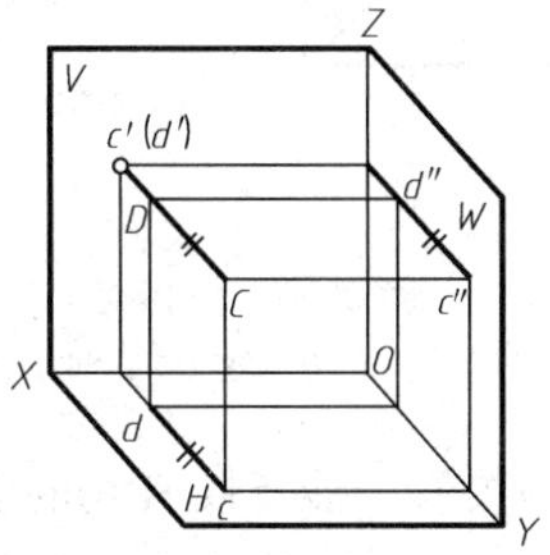	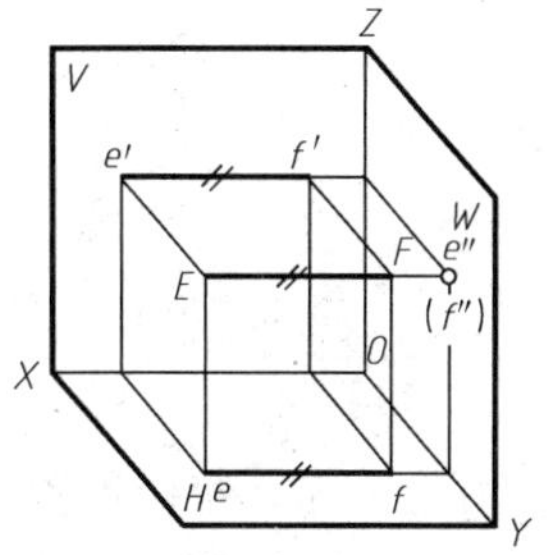
投影	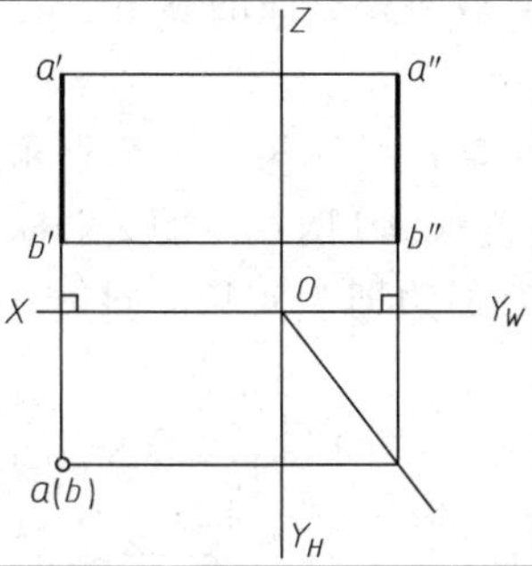	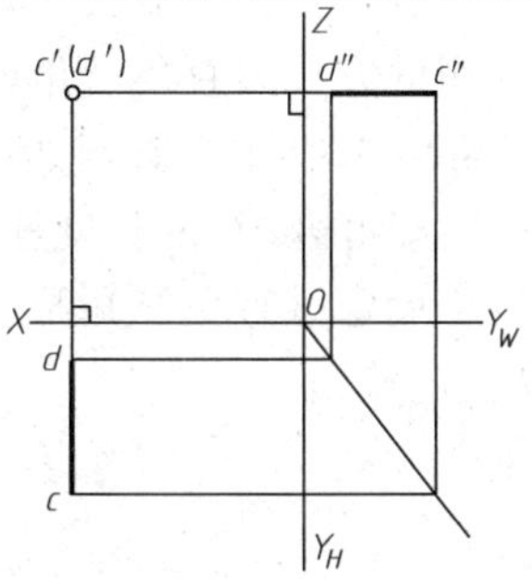	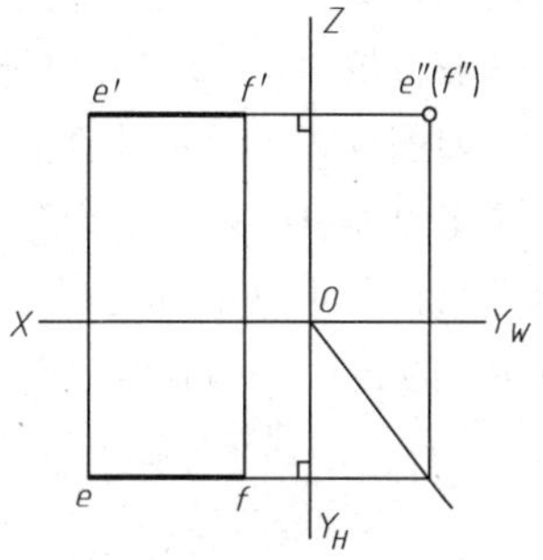
投影特性	①水平投影积聚成一点 $a(b)$ ②$a'b'=a''b''=AB$（实长），且 $a'b'\perp OX$ 轴，$a''b''\perp OY_W$ 轴	①正面投影积聚成一点 c' (d') ②$cd=c''d''=CD$（实长），且 $cd\perp OX$ 轴，$c''d''\perp OZ$ 轴	①侧面投影积聚成一点 $e''(f'')$ ②$ef=e'f'=EF$（实长），且 $ef\perp OY_H$ 轴，$e'f'\perp OZ$ 轴
	①直线在所垂直的投影面上的投影积聚成一点 ②其他两面的投影反映该直线的实长，且分别垂直于相应的投影轴		

3. 一般位置直线

图 3-20 所示为一般位置直线的三个投影。可见，一般位置直线的三个投影长度均小于该直线实长，$ab=AB\cos\alpha<AB$，$a'b'=AB\cos\beta<AB$，$a''b''=AB\cos\gamma<AB$，并且三个投影与相应投影轴的夹角均不反映空间直线与投影面的夹角。

一般位置直线的投影特性如下。

1）三个投影都倾斜于投影轴。

2）投影长度小于直线实长。

3）投影与相应投影轴的夹角不反映空间直线对投影面的倾角。

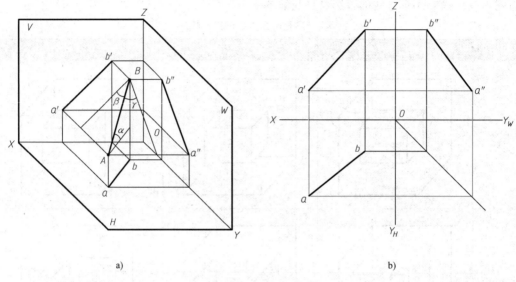

图 3-20　一般位置直线

a）立体图　b）投影图

由上可知，特殊位置直线的投影，能反映直线的实长及其对投影面的倾角，而一般位置直线的投影，既不能反映该直线的实长，又不能反映该直线对投影面的倾角。因此，工程上求一般位置直线的实长和倾角常用的方法为直角三角形法。

如图 3-21a 所示，在直角三角形 ABC 中，其斜边 AB 是直线的实长；长直角边 BC 的长度等于直线 AB 的水平投影 ab；短直角边 AC 的长度等于直线 AB 两端点的 z 坐标差 $a'c'$。已知直角三角形两直角边的长度便可确定该直角三角形，其斜边即为实长。斜边 AB 与长直角边 BC 的夹角即为直线 AB 对 H 面的倾角。

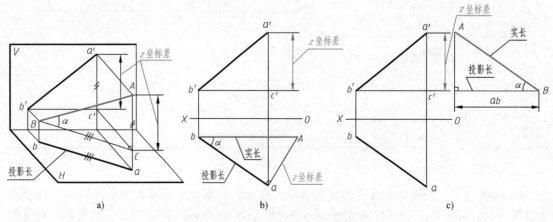

图 3-21　用直角三角形法求直线实长

a）作图原理　b）第一种作图方法　c）第二种作图方法

（1）第一种作图方法（图 3-21b）

1）求 z 坐标差 $a'c'$。过点 b' 作 OX 的平行线得点 c'，$a'c'$ 即为 z 坐标差。

2）作直角三角形。以 ab 为一直角边，过点 a 作 ab 的垂线（其长度等于 z 坐标差）aA，aA 即为另一直角边，连接 bA 得直角三角形 abA，其斜边 bA 即为实长，α 即为直线 AB 对 H 面的倾角。

（2）第二种作图方法（图 3-21c）

1）求 z 坐标差。过点 b' 作 OX 的平行线得点 c'，$a'c'$ 即为 z 坐标差。

2）作直角三角形。以 $a'c'$ 为一直角边、以水平投影 ab 为另一直角边，连接 AB 得直角三角形，其斜边 AB 即为实长，α 即为直线 AB 对 H 面的倾角。

直角三角形法的作图步骤如下：

1）首先以直线的某个投影（如水平投影）长度为一直角边。

2）以同一直线另一投影两端点的坐标差为另一直角边。

3）所作直角三角形的斜边即为直线的实长。

4）斜边与该投影（如水平投影）的夹角为直线与该投影面的倾角（如 α）。

在直角三角形中，四个参数（实长、两直角边、夹角）中只要已知其中任意两个就能求出其余两个。

【例 3-5】　已知直线 $AB = 30$mm 及其正面投影 $a'b'$ 和点 A 的水平投影 a，试确定该直线的水平投影 ab，如图 3-22a 所示。

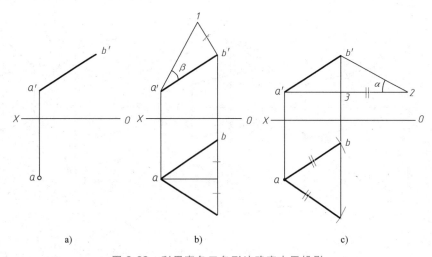

a)　　　　　　　b)　　　　　　　c)

图 3-22　利用直角三角形法确定水平投影

【分析】　直线 AB 的水平投影中点 a 为已知，只要确定点 b 的位置，即可求出水平投影 ab。此例有两种作图方法。

1）利用 A、B 两点的 y 坐标差确定点 b 的位置。在含 β 的直角三角形中，绘制其条件由 AB、$a'b'$ 给出，如图 3-22b 所示。

2）利用 A、B 两点的 z 坐标差确定点 b 的位置。在含 α 的直角三角形中，绘制其条件由 AB、z 坐标差给出，如图 3-22c 所示。

【作图】　图 3-22b 是利用 $a'b'$ 构成直角三角形 $a'b'1$，其直角边 $b'1$ 的长度等于 A、B 两点的 y 坐标差，从而求出水平投影 ab（有两个解）。图 3-22c 是利用 A、B 两点的 z 坐标差构

成直角三角形 $b'23$，其直角边 23 的长度等于 ab 的长度，从而确定水平投影 ab（有两个解）。这两种方法最后的结果是一致的。

3.4 平面的投影

3.4.1 平面的表示方法

在投影图上将平面表达出来的方法有两种：几何元素表示法和迹线表示法。

1. 用几何元素表示平面

由初等几何可知不在同一直线上的三点确定一平面。因此，可由下列任意一组几何元素的投影表示平面。

1）不在同一直线上的三点，如图 3-23a 所示。

2）一直线和直线外一点，如图 3-23b 所示。

3）相交两直线，如图 3-23c 所示。

4）平行两直线，如图 3-23d 所示。

5）任意平面图形，如图 3-23e 所示。

在投影图上，平面表达形式虽然有五种，但是其中"不在同一直线上的三点"是最基本的表达形式，其他表达形式可由此演变而成，也可相互转换。

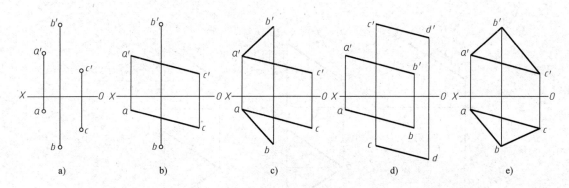

图 3-23 用几何元素表示平面

2. 用迹线表示平面

平面与投影面的交线称为平面的迹线。如图 3-24a 所示，平面 P 与 H 面的交线称为水平迹线，用 P_H 表示；与 V 面的交线称为正面迹线，用 P_V 表示；与 W 面的交线称侧面迹线，用 P_W 表示。平面 P 与轴线的交点称为集合点，分别用 P_X、P_Y、P_Z 来表示。

由于平面的迹线是投影面上的直线，所以它的一个投影与其本身重合，另外两个投影与相应的投影轴重合。在投影图上表示迹线，通常只将迹线与自身重合的投影画出并用符号标注，而和投影轴重合的投影不加标注，如图 3-24b 所示。

3.4.2 各种位置平面的投影特性

和直线一样，根据平面在三面投影体系中位置不同，平面可分为三种：投影面垂直面、

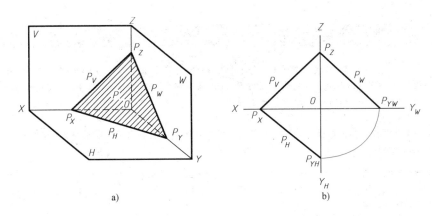

图 3-24　用迹线表示平面

a）立体图　b）投影图

投影面平行面和一般位置平面。前两种平面统称为特殊位置平面。

1. 投影面垂直面

垂直于一个投影面而倾斜于另外两个投影面的平面称为投影面垂直面。根据其所垂直的投影面不同，又可分为三种：垂直于 V 面的平面称为正垂面；垂直于 H 面的平面称为铅垂面；垂直于 W 面的平面称为侧垂面。投影面垂直面的投影特性见表 3-3。

2. 投影面平行面

平行于某一投影面（必垂直于其他两个投影面）的平面称为投影面平行面。

根据平面所平行的投影面不同，可分为三种：平行于 H 面的平面称为水平面；平行于 V 面的平面称为正平面；平行于 W 面的平面称为侧平面。投影面平行面的投影特性见表 3-4。

表 3-3　投影面垂直面的投影特性

名称	铅垂面($\perp H$面)	正垂面($\perp V$面)	侧垂面($\perp W$面)
轴测图	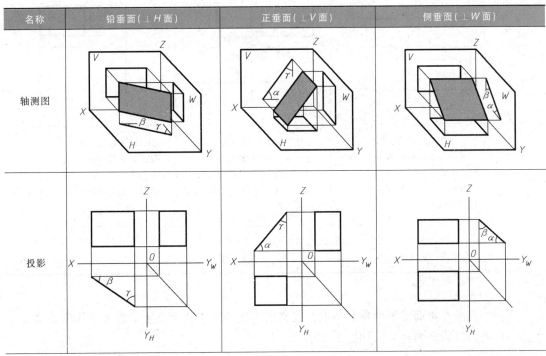		
投影			

(续)

名称	铅垂面(⊥H面)	正垂面(⊥V面)	侧垂面(⊥W面)
投影特性	①水平投影积聚成直线,该直线与OX、OY轴的夹角分别为β、γ,它们分别等于平面对V面、W面的倾角 ②正面投影和侧面投影为原形的类似形	①正面投影积聚成直线,该直线与OX、OZ轴的夹角分别为α、γ,它们分别等于平面对H面、W面的倾角 ②水平投影和侧面投影为原形的类似形	①侧面投影积聚成直线,该直线与OY、OZ轴的夹角分别为α、β,它们分别等于平面对H面、V面的倾角 ②正面投影和水平投影为原形的类似形
	①平面在所垂直的投影面上的投影积聚成与投影轴倾斜的直线,该直线与投影轴的夹角等于平面对相应投影面的倾角 ②其他两面的投影均为原形的类似形		

表3-4 投影面平行面的投影特性

名称	水平面(∥H面)	正平面(∥V面)	侧平面(∥W面)
轴测图	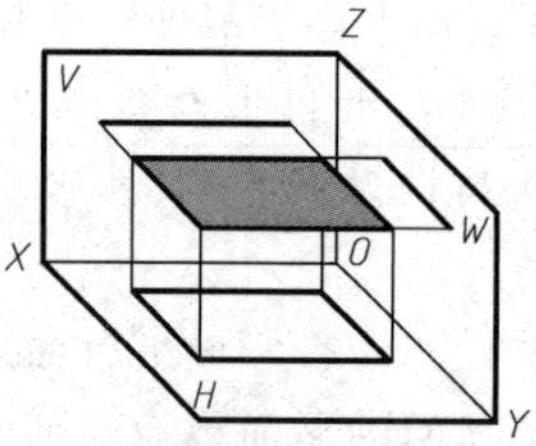	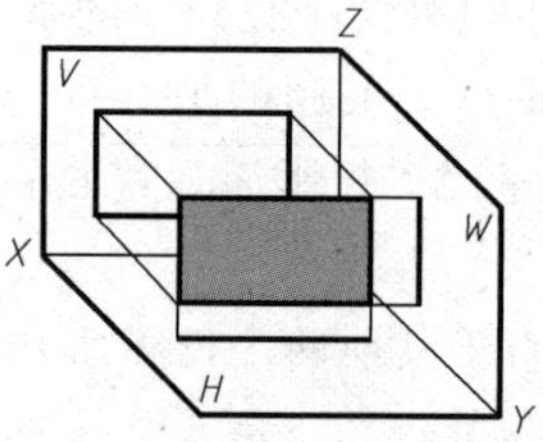	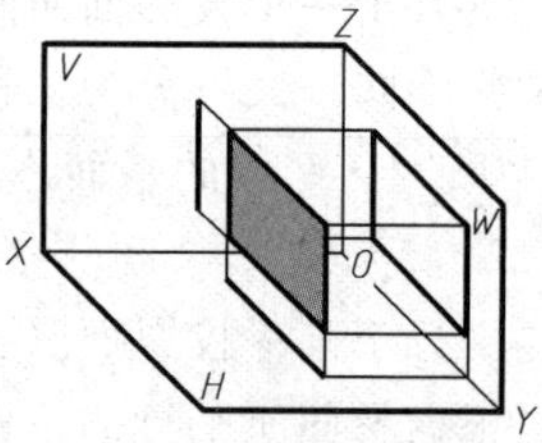
投影	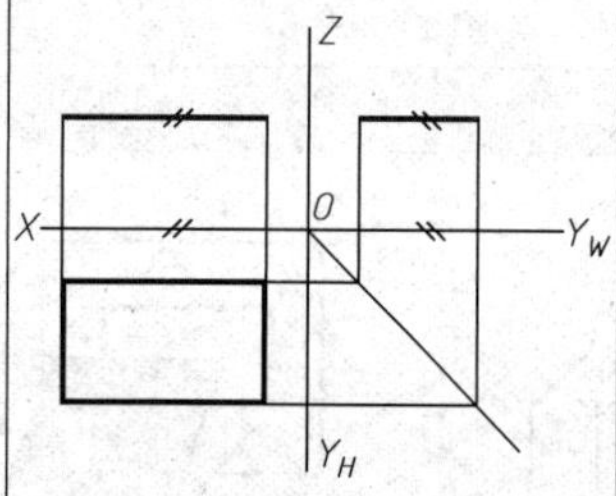	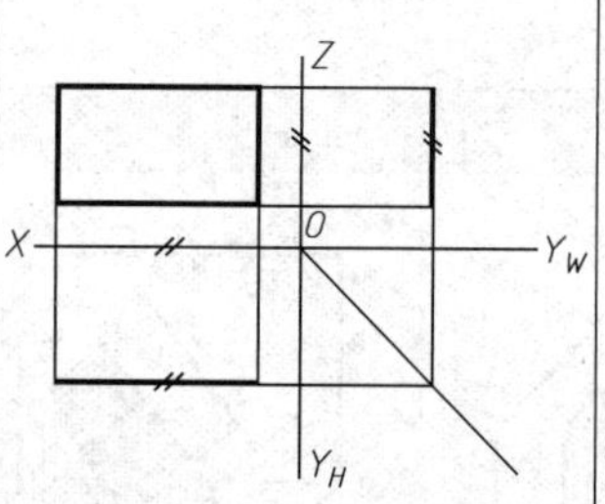	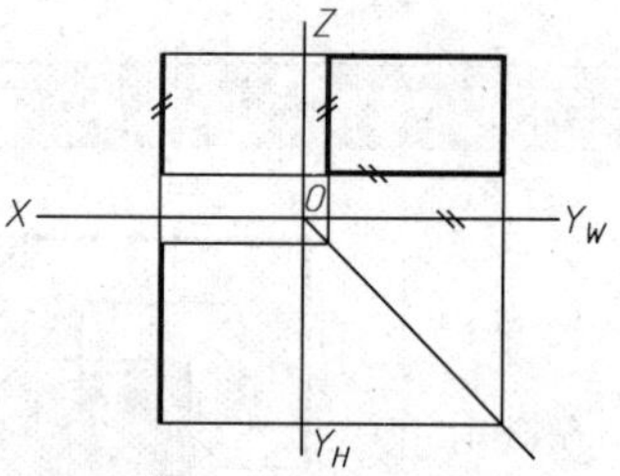
投影特性	①水平投影反映实形 ②正面投影积聚成直线,且平行于OX轴 ③侧面投影积聚成直线,且平行于OY_W轴	①正面投影反映实形 ②水平投影积聚成直线,且平行于OX轴 ③侧面投影积聚成直线,且平行于OZ轴	①侧面投影反映实形 ②正面投影积聚成直线,且平行于OZ轴 ③水平投影积聚成直线,且平行于OY_H轴
	①平面在所平行的投影面上的投影反映实形 ②其他两面的投影积聚成直线,且平行于相应的投影轴		

3. 一般位置平面

　　倾斜于三个投影面的平面称为一般位置平面。它在三个投影面上的投影都为类似形,而且也不反映与投影面的夹角,如图3-25所示。

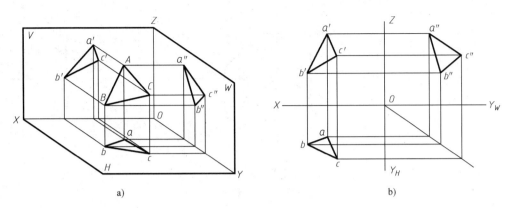

图 3-25　一般位置平面的投影特性
a）立体图　b）投影图

3.5　几何元素间的从属问题

3.5.1　属于直线的点

若点属于直线，则点的投影有两个特性。

1）点的同面投影必属于直线的同面投影。

2）点的同面投影分割直线同面投影之比等于空间点分割直线之比，称其为定比特性。反之，如果点的各个投影都在直线的同面投影上，则此点一定在该直线上。若点的一个投影不在直线的同面投影上，则此点不在该直线上。

如图 3-26 所示，$C \in AB$，则有 $c \in ab$，$c' \in a'b'$，$c'' \in a''b''$；且 $AC : CB = ac : cb = a'c' : c'b' = a''c'' : c''b''$。

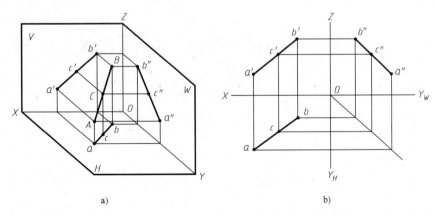

图 3-26　点在直线上的投影特性
a）立体图　b）投影图

【例 3-6】　如图 3-27a 所示，已知直线 AB 的水平投影 ab 和正面投影 $a'b'$，及其上一点 K 的正面投影 k'，试确定点 K 的水平投影 k。

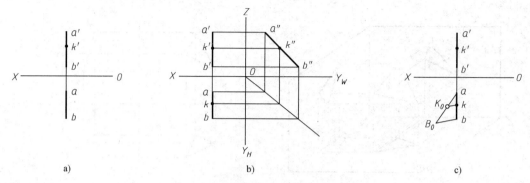

a)   b)   c)

图 3-27　确定点属于直线的两种方法

【分析】　根据点在直线上的投影特性，此例有两种作图方法。

1）利用侧面投影确定水平投影 k。先求出 AB 的侧面投影 $a''b''$，根据点在直线上的投影特性确定点 k''，由点 k'、点 k'' 可求出点 K 的水平投影 k，如图 3-27b 所示。

2）利用定比特性确定水平投影 k。根据 $a'k' : k'b' = ak : kb$ 确定点 K 的水平投影 k，如图 3-27c 所示。

【作图】

1）过点 a（或点 b）任意作一线段 aB_0，使 $aK_0 = a'k'$，$K_0B_0 = k'b'$，得点 B_0、点 K_0。

2）连接 B_0b，过点 K_0 作 $K_0k \parallel B_0b$ 交 ab 于点 k，点 k 即为所求。

3.5.2　一般位置平面的点和直线

 1. 一般位置平面上取点

如果在属于平面的某一直线上取点，则此点必在该平面上，这就是平面上取点的方法。如图 3-28a 所示，点 K 在直线 AB 上，直线 AB 在平面 P 上，所以点 K 必在平面 P 上。图 3-28b 所示为其投影图。

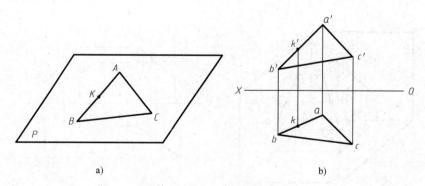

a)   b)

图 3-28　一般位置平面上取点

 2. 一般位置平面上取直线

在一般位置平面上，取直线的方法有两种：

1）过属于平面的两已知点连成一直线。如图 3-29a 所示，两相交直线 AB、AC 确定一平面 P，分别过直线 AB、AC 上的 E、F 两点连成直线 EF，该直线必在平面 P 上。图 3-29b 所示为其投影图。

2）过属于平面的一已知点、作平行于属于该平面的一已知直线的直线。如图 3-29c 所示，过△ABC 上的点 C 作直线 CD//AB，则 CD 在平面 P 上。图 3-29d 为其投影图。

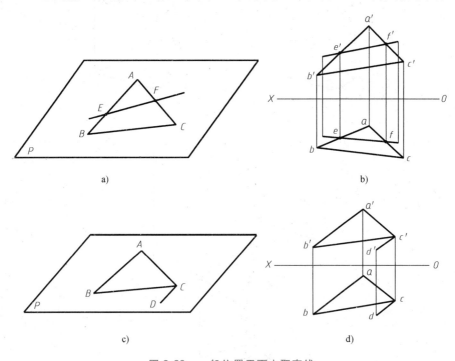

图 3-29　一般位置平面上取直线

【例 3-7】　如图 3-30 所示，已知四边形 ABCD 的水平投影 abcd 及正面投影 a'b'、b'c'，试确定该四边形的 V 面投影 a'b'c'd'。

【分析】　如图 3-30a 所示，确定四边形 ABCD 的 V 面投影，主要是求出该四边形顶点 D 的正面投影 d'。由于已知该四边形的三个顶点 A、B、C 的两个投影，所以顶点 D 所在平面已确定，因此，可按平面上取点的方法确定点 d'。

【作图】

1）作两条辅助线 AC、BD。连接 ac、bd，其交点为 e。连接 a'c'，由点 e 向上作投影连线，交 a'c' 于点 e'，连接 b'e' 并延长。

2）确定顶点 D 的正面投影 d'。由点 d 向上作投影连线，交 b'e' 延长线于点 d'，如图 3-30b 所示。

3）完成四边形 ABCD 的 V 面投影。连接 a'd'、c'd' 即为所求，原理如图 3-30c 所示。

3. 平面上的投影面平行线

平面上的投影面平行线有平面上的水平线、正平线和侧平线三种，它们既有投影面平行线的投影特征，又有平面上直线的投影特征，与所属平面保持着从属关系。

一般位置平面上的投影面平行线是平面上比较重要的一种直线，在平面上作投影面平行线时，应根据投影面平行线的投影特征，先作平行投影轴的投影，再按平面上直线的作图规律，作另一投影，如图 3-31 所示。

【例 3-8】　在△ABC 所在的平面上取一点 K，距离 V 面 14mm，距离 H 面 16mm，如图 3-32d 所示，试确定点 K 的水平投影 k 和正面投影 k'。

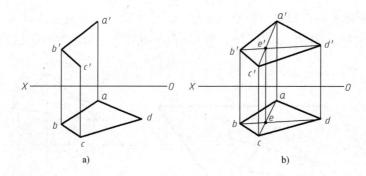

a)   b)

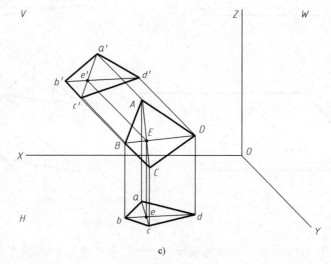

c)

图 3-30　完成四边形 ABCD 的 V 面投影

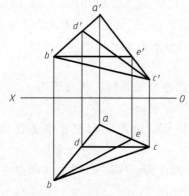

图 3-31　作属于平面的水平线和正平线

【分析】　如图 3-32a 所示，点 K 是已知平面上距离 V 面 14mm 的点，它一定位于该平面上的一条距离 V 面 14mm 的正平线上。同时，点 K 距离 H 面 16mm，它也一定位于该平面上的一条距离 H 面 16mm 的水平线上。因此，点 K 必然是该平面上的上述两投影面平行线的交点。

【作图】

1）先在平面上作距离 V 面 14mm 的正平线，再在该平面上作距离 H 面 16mm 的水平线，如图 3-32b 所示。

2）正平线与水平线同面投影的交点 k、k' 即为点 K 的投影，如图 3-32c 所示。

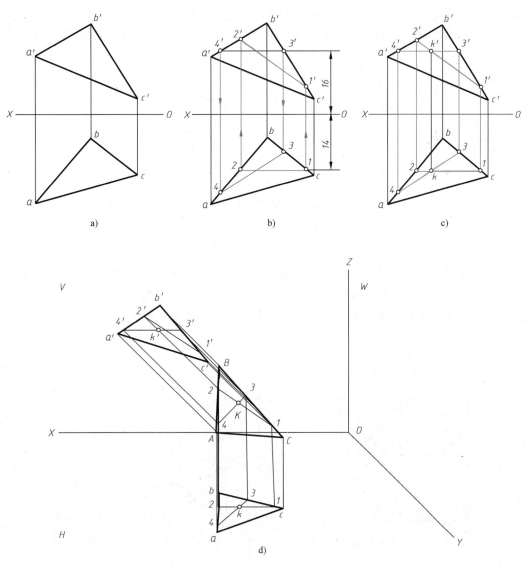

图 3-32　利用投影面平行线在平面上取点

3.6　几何元素间的相对位置

3.6.1　空间两直线的相对位置

空间两直线的相对位置有平行、相交、交叉三种。平行和相交的两直线都是位于同一平面上的直线，交叉的两直线（又称为异面两直线）是既不平行又不相交的，它们不在同一平面上。

1. 两直线平行

如图 3-33a 所示，若空间两直线相互平行，其同面投影必相互平行。反之，若两直线的同面投影相互平行，则两直线在空间也必相互平行。

若两直线为一般位置直线，只要有两组同面投影相互平行，就可判定两直线在空间相互平行，如图 3-33b 所示。

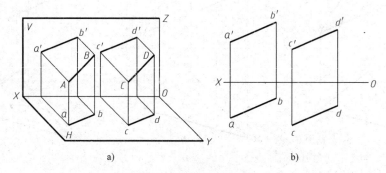

图 3-33 平行两直线

但若两直线都是投影面平行线，如图 3-34 所示，EF、GH 为侧平线，虽然 V 面、H 面的投影都各自相互平行，但仍不能判定两直线平行，通常求出 EF 和 GH 在 W 面上的投影后判定两直线是否平行。因为 $e''f''$ 与 $g''h''$ 不平行，所以 EF 与 GH 不平行。

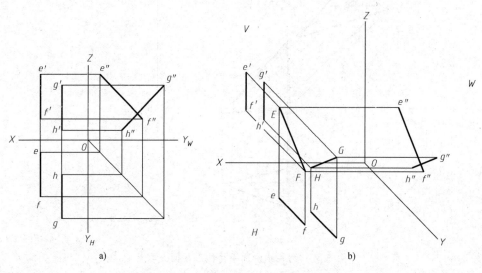

图 3-34 判定投影面平行线是否平行

2. 两直线相交

如图 3-35a 所示，若空间两直线相交，其同面投影一定相交，而且交点的投影应符合点的投影规律。反之，若两直线的同面投影都相交，并且投影交点符合点的投影规律，则两直线在空间一定相交。

若两直线是一般位置直线，只要察看两直线的两个投影是否相交，并且交点的连线是否垂直相应的投影轴，就可判定两直线在空间是否相交，如图 3-35b 所示。但是，当两直线中有一条是投影面平行线时，通常还需要通过察看投影面平行线所平行的那个投影面上的投影

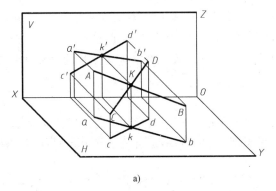

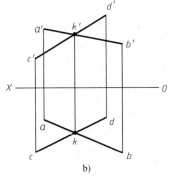

图 3-35　相交两直线

来判定。

如图 3-36 所示，*AB*、*CD* 的正面投影和水平投影都相交，且交点连线垂直于 *OX* 轴，但因为 *CD* 是侧平线，不能立即判定两直线相交，还要察看侧面投影。*a″b″*、*c″d″* 虽然相交，但该交点与 *a′b′*、*c′d′* 的交点连线与 *OZ* 轴不垂直，因此两直线不相交。

3. 两直线交叉

空间两直线既不平行也不相交称为交叉。交叉两直线其同面投影可能有一组或两组相交，甚至三组全都相交，但各同面投影交点的投影连线不符合点的投影规律。

交叉两直线同面投影的交点是两直线上在某一投影面上的一对重影点的投影。如图 3-37 所示，*AB* 上点 Ⅰ、*CD* 上点 Ⅱ 是在 *H* 面上的重影点，*AB*、*CD* 水平投影的交点是 Ⅰ、Ⅱ 两点的水平投影。同理，*AB*、*CD* 正面投影的交点是在 *V* 面上的重影点 Ⅲ、Ⅳ 的正面投影。

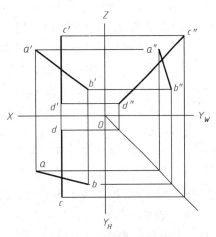

图 3-36　判断两直线是否相交，其中一直线为投影面平行线

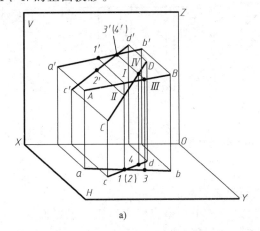

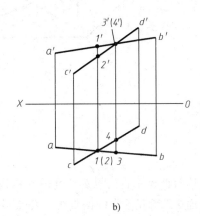

图 3-37　交叉两直线

a）立体图　b）投影图

利用重影点可判定两直线的相对位置。如图 3-37 所示，在 H 面上，点 1 可见，点 2 不可见，即点 Ⅰ 比点 Ⅱ 高，故可判定包含点 Ⅰ 的直线 AB 在包含点 Ⅱ 的直线 CD 上方。在 V 面上，点 3′ 可见，点 4′ 不可见，即点 Ⅲ 在点 Ⅳ 的前方，故可判定包含点 Ⅲ 的直线 AB 在包含点 Ⅳ 的直线 CD 的前方。

4. 两直线垂直

当相互垂直的两直线同时平行于同一投影面时，在该投影面上的投影是直角。当相互垂直的两直线都不平行于投影面时，在该投影面上的投影不是直角。除上述两种情况外，还有以下一种特定情况，投影面上的投影仍是直角。

如图 3-38 所示，$\angle ABC = 90°$，BC 平行于 H 面，AB 不平行于 H 面（也不垂直于 H 面），因为 $BC \perp AB$，$BC \perp Bb$，所以 $BC \perp ABba$ 平面，又因为 $bc /\!/ BC$，所示 $bc \perp ABba$ 平面，因此 $bc \perp ab$，即 $\angle abc = 90°$。也就是说，垂直相交的两直线，其中一条直线平行

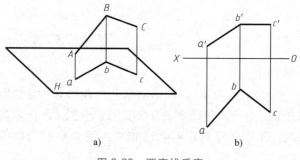

图 3-38　两直线垂直

于一投影面时，另一条直线不垂直且不平行于该投影面，则两直线在该投影面上的投影仍是直角。反之，相交两直线在同一投影面上的投影是直角，且其中一条直线平行于该投影面，则空间两直线的夹角也是直角。

将平面 $ABba$ 扩大（图 3-39a），因为 $BC \perp ABba$ 平面，则 BC 必垂直于平面 $ABba$ 上的任何直线，如 MN（MN 与 BC 是两条交叉直线），又因为 MN 在 H 面上的投影和 ab 重合，积聚成一条直线，而 $bc \perp ab$，故 $bc \perp mn$。

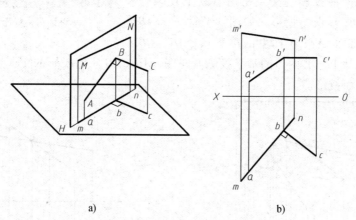

a)　　　　　　　　　　　b)

图 3-39　两直线交叉垂直
a）立体图　b）投影图

上述两直线垂直的投影特性通常称为直角投影定理。

定理 1：相互垂直的两直线（相交或交叉），其中一条直线平行于一投影面（另一条直线不垂直于该投影面），则两直线在该投影面上的投影仍相互垂直。

定理 2（逆）：相交或交叉两直线在同一投影面上的投影是直角，且其中一条直线平行

于该投影面,则空间两直线的夹角必是直角。

根据上述直角投影定理,不难判定图 3-40 所示的两直线均相互垂直。

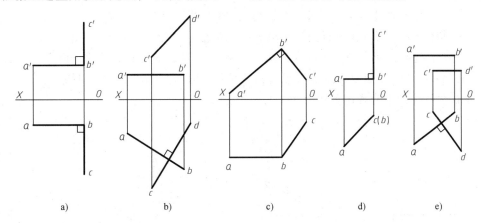

图 3-40　两直线垂直

【例 3-9】　试求点 A 至正平线 BC 的距离,如图 3-41 所示。

【分析】　如图 3-41a 所示,BC 是一条正平线,由直角投影定理可知,自点 A 向该直线引垂线,在正面投影上应是直角,再利用直角三角形法求点 A 至垂足间直线的实长。

【作图】

1）作 $a'd' \perp b'c'$,$a'd'$ 与 $b'c'$ 相交于点 d'。

2）由点 d' 求出水平投影 d,则 ad、$a'd'$ 为点 A 至水平线 BC 距离的两投影。

3）在 $b'c'$ 上截取 $d'D$,其长度等于 a、d 两点的 y 坐标差,如图 3-41b 所示。

4）连接 $a'D$ 构成直角三角形 $a'd'D$,则斜边 $a'D$ 为距离的实长。

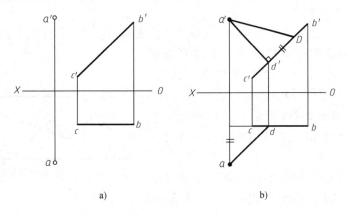

图 3-41　求距离

【例 3-10】　试过点 A 确定一等腰直角三角形 ABC 的投影,并且已知 AB 为其中一条直角边,另一条直角边 BC 在已知水平线 EF 上,如图 3-42a 所示。

【分析】　由直角投影定理可知,过点 A 作直线 $AB \perp EF$（$ab \perp ef$）,交点为点 B。再利用直角三角形法求出 AB 实长,在 ef 上截取 bc,令其等于 AB 实长得到点 c,从而得到等腰直角三角形 ABC 的投影 abc、$a'b'c'$。

83

【作图】

1）在 H 面上，过点 a 作 $ab \perp ef$，交 ef 于点 b。

2）作点 B 的正面投影 b'，连接 $a'b'$，得到 AB 的两面投影。

3）利用直角三角形法作出直角三角形 $ab1$，斜边 $a1$ 等于 AB 实长。

4）在 ef 上截取 $bc = a1$，得到点 C 的水平投影 c，连接 ac，作点 C 的正面投影 c'，连接 $a'c'$，三角形 abc、$a'b'c'$ 就是所求的等腰直角三角形 ABC 的投影，如图 3-42b、c 所示。

本题有两解，图中只作出其中一解。

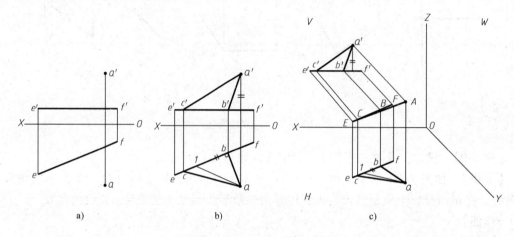

a)　　　　　　　b)　　　　　　　c)

图 3-42　作等腰直角三角形 ABC

3.6.2　直线与平面的相对位置

1. 直线与平面平行

如果某平面外一直线和该平面上一直线平行，则此直线必平行于该平面，这是直线与平面平行的几何条件。如图 3-43 所示，平面 P 由相交直线 CD 和 EF 确定，AB 是平面 P 外一直线，$AB /\!/ CD$，则直线 $AB /\!/$ 平面 P。

【例 3-11】　如图 3-44a 所示，试判断已知直线 EF 是否平行于由相交直线 AB 和 CD 确定的平面。

【分析】　此例的关键在于能否作一条属于平面且平行于 EF 的直线。如果能则平行，如果不能则不平行。

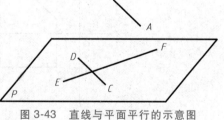

图 3-43　直线与平面平行的示意图

【作图】

1）过点 C 作 CG。先在正面投影面上作 $c'g' /\!/ e'f'$，再作出相应的水平投影 cg，如图 3-44b 所示。

2）察看 cg 与 ef 是否平行。如图 3-44c 所示，$cg /\!/ ef$，则 $CG /\!/ EF$，即平面上有与直线 EF 平行的直线，所以直线 EF 平行于该平面。

【例 3-12】　如图 3-45a 所示，试过已知点 M 作一正平线，使之平行于已知平面 ABC。

【分析】　过已知点 M 可以作无穷多条平行于已知平面的直线，但其中只有一条正平线。

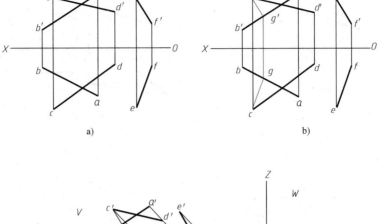

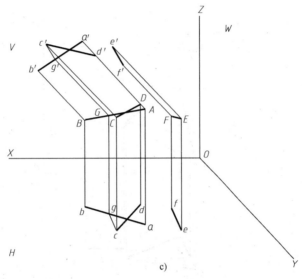

图 3-44　判断直线与平面是否平行

【作图】

1）作属于已知平面 *ABC* 的任意正平线 *CD* 为辅助线。先作 *cd∥OX*，再作正面投影 *c'd'*。

2）过点 *M* 作 *MN∥CD*。因为 *MN∥CD*，*CD* 是正平线，且 *CD* 属于平面 *ABC*，所以 *MN* 平行于平面 *ABC*，一定也是正平线，如图 3-45b、c 所示。

当直线与垂直于投影面的平面平行时，直线的投影平行于平面的具有积聚性的同面投影，或平面在同一投影面上的投影都具有积聚性，如图 3-46 所示。

2. 直线与平面相交

直线与平面相交只有一个交点，它是直线和平面的公共点，即交点既在直线上，又在平面上。

（1）利用积聚性求交点　当平面或直线的投影至少有一个具有积聚性时，交点的投影至少有一个可直接确定，另一个投影再按点、线（或平面）的从属关系求出。

图 3-47a、b 所示为直线 *AB* 和铅垂面 *CDEF* 相交。铅垂面 *CDEF* 的水平投影积聚成一直线 *cf*（*de*），交点 *K* 的水平投影必在铅垂面 *CDEF* 的水平投影 *cf*（*de*）上，交点 *K* 又属于直线 *AB*，它的水平投影必在直线 *AB* 的水平投影 *ab* 上。因此，水平投影 *ab* 与 *cf*（*de*）的交点 *k* 是交点 *K* 的水平投影，再根据投影规律在 *a'b'* 上作出点 *K* 的正面投影 *k'*。点 *K*（*k*，*k'*）即为

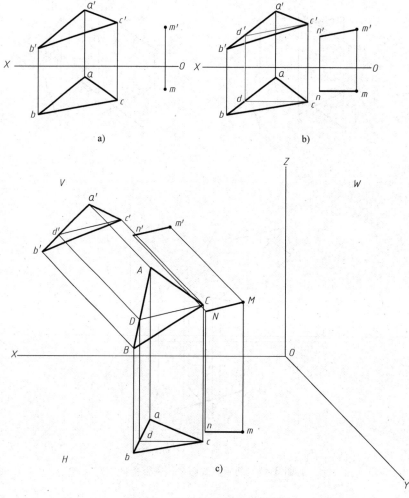

图 3-45　作直线平行于已知平面

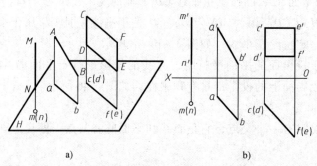

图 3-46　直线与垂直于投影面的平面平行

a）立体图　b）投影图

直线 *AB* 和铅垂面 *CDEF* 的交点，如图 3-47c 所示。

　　为了使图形更加清晰，在投影图上通常把直线 *AB* 被铅垂面 *CDEF* 遮住的部分用细虚线表示。交点的投影是直线投影可见性的分界点，其一侧可见，另一侧不可见。

判断可见性的原理是利用重影点。如图 3-47c 所示，*H* 面上没有重影部分，不需要判断可见性，关键是判别直线 *AB* 的 *V* 面投影的可见性。取 *a'b'* 和平面 *c'd'e'f'* 上直线 *e'f'* 的重影点 1′、2′，并作它们的水平投影 1、2，从水平投影中可以看出，直线 *AB* 上的点 Ⅰ 位于直线 *EF* 上的点 Ⅱ 的前面，所以以点 2′不可见，点 1′可见，也就是说 *a'k'* 段可见，另一段被铅垂面 *CDEF* 遮住的部分不可见（用细虚线画出）。

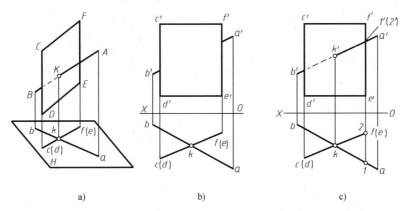

图 3-47　直线与特殊位置平面的交点

【例 3-13】　试求直线 *EF* 与△*ABC* 交点的 *H* 面投影，如图 3-48 所示。

【分析】　如图 3-48 所示，直线 *EF* 是正垂线，其 *V* 面投影积聚成一点，交点 *K* 的 *V* 面投影 *k'* 必然和该点重合。交点 *K* 在△*ABC* 上，因此可按平面上取点的方法，求出点 *K* 的 *H* 面投影 *k*。

【作图】

1）过点 *K* 在△*ABC* 上作辅助直线 *BD*。连接 *b'k'* 并延长交 *a'c'* 于 *d'*，按照投影规律作点 *D* 的 *H* 面投影 *d*，连接 *bd*。

2）求点 *K* 的 *H* 面投影。*bd* 交 *ef* 于点 *k*，点 *k* 就是交点 *K* 的 *H* 面投影。

3）利用重影点 Ⅰ、Ⅱ 判断可见性。取 *ef* 和 *bc* 的重影点 1、2，并作它们的正面投影 1′、2′，从正面投影中可以看出，点 1′在点 2′的上面，故 *k1* 段可见，另一段不可见（用细虚线画出）。

（2）利用辅助面求交点　由于一般位置平面和一般位置直线的投影都没有积聚性，所以不能在投影图上直接找出交点的投影，一般利用辅助平面，经过一定的作图步骤求得交点、交线。

如图 3-49 所示，直线 *EF* 是一般位置直线，平面 *ABC* 是一般位置平面，它们的交点不能在投影图上直接得到。因为点 *K* 是直线 *EF* 与平面 *ABC* 的交点，则点 *K* 必在平面 *ABC* 上的一条直线上，假设在直线 *MN* 上，如图 3-50a 所示。由 *MN* 和 *EF* 两直线就确定一个平面 *P*，如图 3-50b 所示。平面 *P* 就是辅助面，它既包含直线 *EF*，又与平面 *ABC* 交于直线 *MN*，而直线 *EF* 与直线 *MN* 的交点 *K*，就是直线 *EF* 与平面 *ABC* 的交点。为了便于在投影图上求出交线，应使辅助平面 *P* 处于特殊位置，便可以利用已经介绍过的特殊位置平面求交线的作图方法。

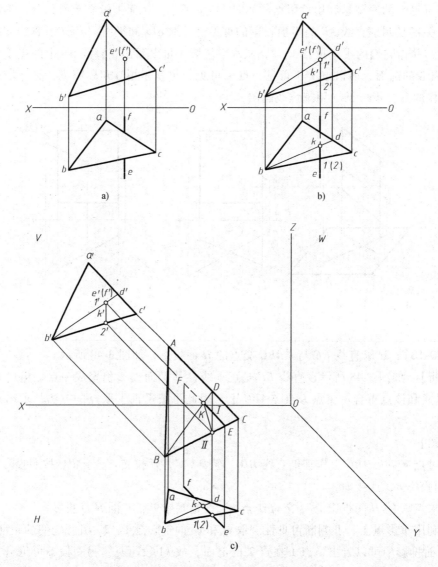

图 3-48　正垂线与一般位置平面的交点

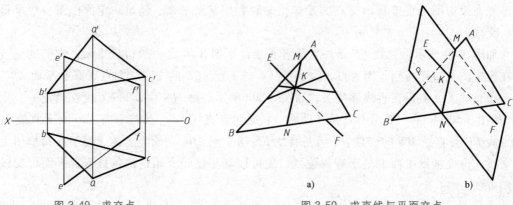

图 3-49　求交点　　　　　　　　图 3-50　求直线与平面交点

在投影图上求出交点的步骤如下：

1）包含一般位置直线 EF 作正垂面 P，其正面投影具有积聚性，与 $e'f'$ 重合，用迹线表示，如图 3-51a 所示。

2）求出辅助平面 P 和已知一般位置平面 ABC 的交线 MN，并求出交线 MN 和已知一般位置直线 EF 的交点 K，点 K 即为所求直线与平面的交点，如图 3-51b 所示。

3）利用重影点判断直线 EF 在 V、H 面上投影的可见性，如图 3-51c 所示。

需要注意的是交点 K 是直线可见与不可见的分界点。但 H 面投影的可见性与 V 面投影的可见性彼此是独立的，两者间无任何联系。在分辨 H 面投影的可见性时，要取一对 H 面投影的重影点，如 1、2 两点，点 I 在平面 ABC 的直线 AB 上，点 II 在直线 EF 上。通过它们的正面投影 $1'$ 和 $2'$，判断出点 I 在点 II 的上方，所以在水平投影上，$2k$ 之间不可见，另一段可见。同理，在分辨 V 面投影的可见性时，要取一对 V 面投影的重影点，如 $3'$、n' 两点，点 III 在直线 EF 上，点 N 在平面 ABC 的直线 BC 上。通过它们的水平投影 3 和 n，判断出点 n 在点 3 的前面，所以 $3'k'$ 不可见，另一段可见，如图 3-51c 所示，不可见部分用细虚线表示，可见部分用粗实线表示。

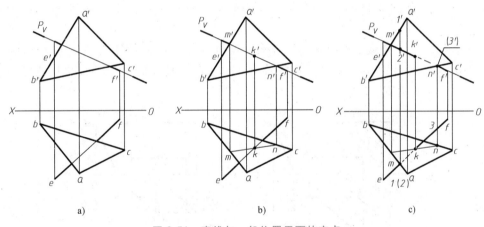

图 3-51　直线与一般位置平面的交点

3. 直线与平面垂直

如果一直线垂直于平面上的两条相交直线，则该直线必垂直于该平面；如果一直线垂直于一平面，则该直线必垂直于属于该平面的所有直线。

如图 3-52a 所示，$KL \perp EF$，$KL \perp MN$，而且 EF、MN 两直线相交，则直线 KL 必垂直于由这两条相交直线组成的平面 P，也必垂直于属于平面 P 的所有直线，其中包括水平线 AB 和正平线 CD。

根据直角投影定理，直线 KL 的正面投影必垂直于正平线 CD 的正面投影（$k'l' \perp c'd'$），直线 KL 的水平投影也必垂直于水平线 AB 的水平投影（$kl \perp ab$），如图 3-52b 所示。因此，直线和平面垂直的必要和充分条件是直线垂直于一平面内的两条相交直线。该投影关系可以归纳为如下定理。

定理 1：若一直线垂直于一平面，则该直线的水平投影一定垂直于平面上水平线的水平投影，而直线的正面投影也一定垂直于平面上正平线的正面投影。

定理 2（逆）：若一直线的水平投影垂直于一平面上水平线的水平投影，该直线的正面

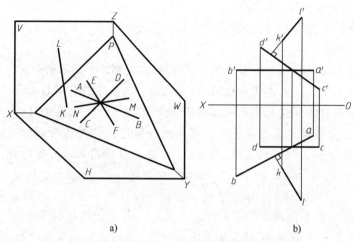

图 3-52　直线与平面垂直

投影又垂直于该平面上正平线的正面投影，则直线必垂直于该平面。

【例 3-14】　如图 3-53 所示，判断直线 MN 是否垂直于由两平行直线 AB 和 CD 确定的平面。

【分析及作图】　直线 AB、CD 是水平线，再作属于该平面的任意一条正平线 EF（ef、$e'f'$），如图 3-53b 所示。从投影图上可以看出，$mn \perp cd$，但是 $m'n'$ 并不垂直于 $e'f'$，因此直线 MN 与该平面不垂直。

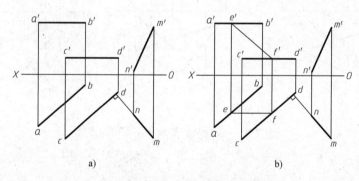

图 3-53　判断垂直

【例 3-15】　如图 3-54a 所示，已知平面 ABC 和平面外一点 M，试求出点 M 到该平面的距离。

【分析】　要求出点到平面的距离，需要作过该点垂直于平面的直线，并且求出所作直线与平面的交点（垂足），然后利用直角三角形法求出点和垂足之间线段的实长即可。

【作图】

1）在平面 ABC 上任意作一正平线 BD（bd、$b'd'$）和水平线 CE（ce、$c'e'$），自 M 点向 BD、CE 两直线作垂线 MF（$mf \perp ce$、$m'f' \perp b'd'$），如图 3-54b 所示。

2）求出垂线 MF 与平面 ABC 的交点 N（n、n'），如图 3-54c 所示。

3）用直角三角形法求出直线 MN 的实长 I n'，I n' 即为所求的距离。

特殊情况：当直线与垂直于投影面的平面相垂直时，直线一定平行于该平面所垂直的投

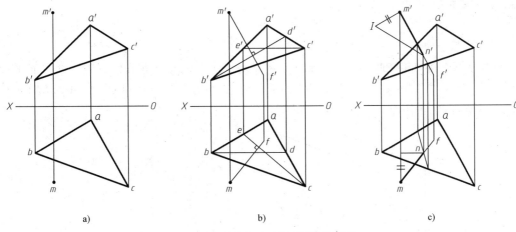

图 3-54　求空间点 M 到平面的距离

影面，而且直线的投影垂直于该平面的具有积聚性的同面投影，如图 3-55 所示。

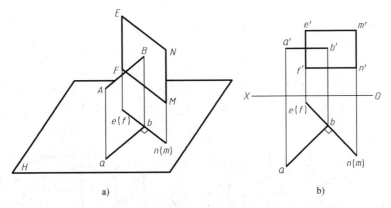

图 3-55　直线与垂直于投影面的平面相垂直
a）立体图　b）投影图

当平面与投影面垂直线相垂直时，平面一定平行于该直线所垂直的投影面，如图 3-56
所示。

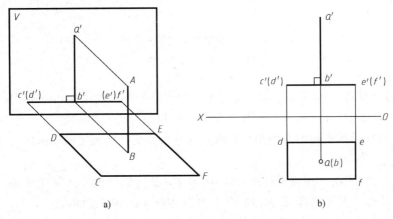

图 3-56　平面与投影面垂直线相垂直

3.6.3 两平面的相对位置

1. 平面与平面平行

若属于一平面的相交两直线对应平行于属于另一平面的相交两直线，则这两平面平行。如图 3-57 所示，两对相交直线 AB、CD 和 EF、EH 分别属于平面 P 和 Q，且 $AB /\!/ EF$，$CD /\!/ EH$，所以平面 $P /\!/$ 平面 Q。

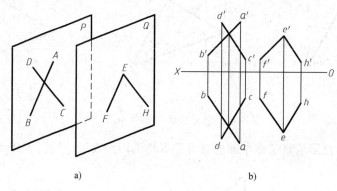

图 3-57 两平面平行

a）立体图 b）投影图

当两相互平行的平面同时垂直于某一投影面时，两平面在该投影面的投影具有积聚性，并且相互平行。图 3-58 所示相互平行的两个铅垂面 $ABCD$ 和 $EFMN$ 的水平投影也相互平行。

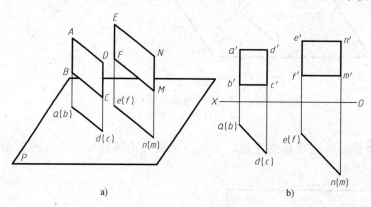

图 3-58 两特殊位置平面平行

a）立体图 b）投影图

【例 3-16】 试过点 M 作一平面，使之平行于由两平行直线 AB、CD 确定的平面。

【分析】 如图 3-59a 所示，根据两平面平行的几何条件可知：过点 M 作两条相交直线对应地平行于属于已知平面的两条相交直线，这两条相交直线确定的平面即为所求的平面。

【作图】

1）如图 3-59b 所示，在由平行两直线 AB 和 CD 给定的平面上任取直线 BC。

2）过点 M 作一对相交直线 ME 和 MF，并且 $ME /\!/ BC$，$MF /\!/ AB$。

3）相交两直线 ME 和 MF 确定的平面即为所求。

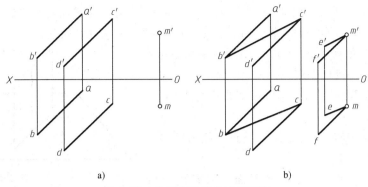

图 3-59 作平面平行于已知平面

2. 平面与平面相交

两平面的交线是一直线，它是两平面的公共线，因而求两平面的交线，只要求出属于两平面的两个公共点，或求出一个公共点和交线方向，即可画出交线。

求两平面交线的问题常看作是求两个面共有点的问题。当两平面中有一个为特殊位置平面时，其投影具有积聚性，交线可以在具有积聚性的那个投影上直接找到，然后，按平面上取点、线的方法求得交线的其他投影。

如图 3-60a、b 所示，平面 △ABC 和平面 P 相交，平面 P 是铅垂面，在 H 面上的投影积聚成直线，所以这两个平面的交线的水平投影 mn 可以直接确定，m、n 是 AB、BC 两边与铅垂面 P 的交点的水平投影，其作图过程如图 3-60c 所示，所得的 MN(mn、m'n′) 即为两平面的交线。

两平面的交线是两平面在投影面上投影可见性的分界线，根据平面的连续性，只要判断出平面的一部分的可见性，另一部分也就明确了。判断可见性的原理仍然是利用重影点。

如图 3-60c 所示，H 面的投影不必判断可见性。为了判断 V 面投影的可见性，分别取 △ABC 和平面 P 上的直线 AB、EF，这两条相交直线在 V 面上的重影点为 Ⅰ、Ⅱ，相应的投影为 1′、2′，作它们的 H 面投影，点 1 在点 2 的前面，故点 1′可见，点 2′不可见。因此 a′c′-n′m′在 p′之前，其为可见，而 b′m′n′在 p′之后，其被遮挡部分为不可见（细虚线）。p′的可见性则与之相反。

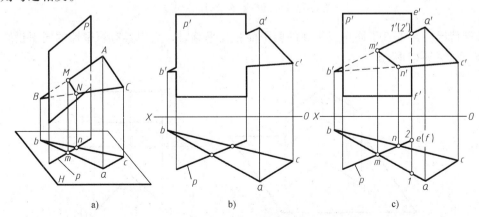

图 3-60 一般位置平面与特殊位置平面的交线

3. 平面与平面垂直

如图 3-61 所示，如果一直线垂直于一平面，则包含这条直线的所有平面都垂直于该平面。反之，如果两平面相互垂直，则自第一个平面上的任意一点向第二个平面所作的垂线一定在第一个平面上。以此为依据，就可以在投影图上解决两平面垂直的投影作图问题。

【例 3-17】　如图 3-62 所示，试判断平面 △ABC 与平面 △DEF 是否相互垂直。

【分析】　根据两平面相互垂直的条件来判断即可。

【作图】

1）在平面 △DEF 内任意作一条正平线 DM 和一条水平线 DN。

2）过平面 △ABC 上点 B 作平面 △DEF 的垂线 BG（bg ⊥ dn，b'g' ⊥ d'm'）。

3）检查直线 BG 不属于平面 △ABC，所以两平面不相互垂直。

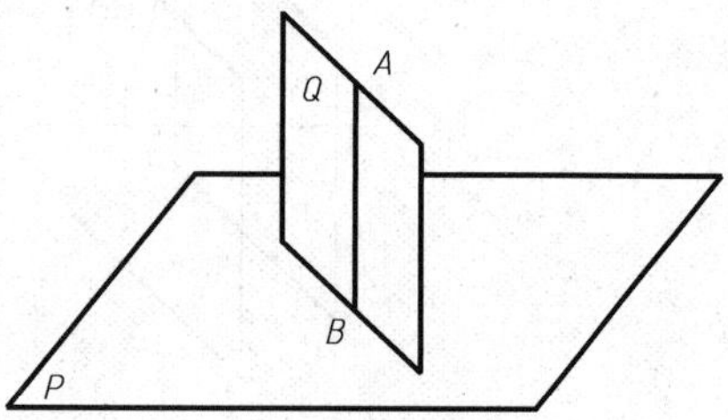

图 3-61　两平面相互垂直的几何条件

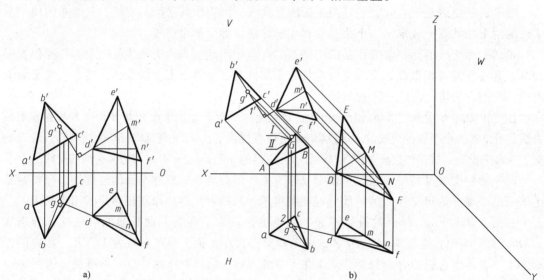

图 3-62　判断两平面是否相互垂直

特殊情况：当垂直于同一投影面的两平面相互垂直时，它们具有积聚性的同面投影也相互垂直，如图 3-63 所示。

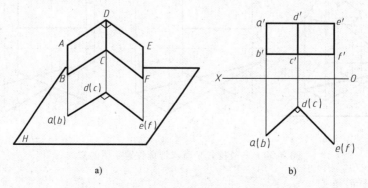

图 3-63　垂直于同一投影面的两平面相互垂直

第 4 章

立体及其表面交线

主要内容

基本立体、复合立体的投影图画法；基本立体表面上取点、取线的方法；切割体、相贯体表面交线的特性及投影图的画法。

学习要点

能熟练绘制两类立体的投影图；掌握在立体表面上取点、取线的原理和方法。了解截交线、相贯线的特性；掌握绘制截交线、相贯线的方法；能准确绘制切割体和相贯体的投影图。

复杂的机器零件从形体的角度来分析，都可以看成是由若干基本立体按一定的方式组合而成。工程图学中把形体单一的几何体统称为基本立体，如棱柱、棱锥、圆柱、圆锥、圆球等。根据所围成的立体表面的性质，基本立体可分为如下两大类。

平面立体——由若干平面所围成的几何体，如棱柱、棱锥等。

曲面立体——由曲面或曲面与平面所围成的几何体，如圆柱、圆锥、圆球和圆环等。

有些立体，是由基本立体经过若干个平面截切而成，这些由平面截切基本立体后所得到的新形体称为截断体。由若干个基本立体相交所得到的形体称为相贯体。基本立体通过截切和相贯是获得新形体的基本方式。截断体和相贯体与基本立体之间有着密切的联系，掌握它们的投影特性是非常重要的。

4.1 平面立体

平面立体的表面都是平面多边形。平面立体的具体形状多种多样，常见的形状有棱柱和棱锥两种。棱柱和棱锥都是由棱面和底面构成的，相邻两棱面的交线称为棱线。若所有棱线相互平行，则该立体称为棱柱；若所有棱线交于一点，则该立体称为棱锥。

4.1.1 棱柱

1. 棱柱的投影

常见的棱柱为直棱柱，它的顶面和底面是两个全等且相互平行的多边形，称为特征面；各侧面为矩形，棱线垂直于底面。顶面和底面为正多边形的直棱柱称为正棱柱。

图 4-1 所示为正六棱柱的三视图。图中正六棱柱的顶面和底面为水平面，在六个侧面中，前、后面为正平面，另四个面为铅垂面，六条棱线均为铅垂线。俯视图反映正六棱柱顶、底面的实形，其中每条边又都是侧面的积聚投影；主视图反映正六棱柱前、后侧面的实形；主视图和左视图都反映正六棱柱的四个铅垂面的类似形，其中上、下两条直线分别是正六棱柱的顶面和底面的积聚性投影，其余则是棱线的投影。

通过以上分析可知正棱柱三视图的特性是：一个视图反映棱柱的顶面和底面的实形，另两个视图都是由实线或虚线组成的线框。

以正六棱柱为例，画棱柱三视图的步骤如下（图 4-1b）。

1）画基准定位线。画形体的对称轴线和基准定位线。

2）画顶面和底面的投影。其 H 面投影反映正六棱柱顶、底面的实形——正六边形，且两面的 H 面投影重合，在 V 面和 W 面上的投影分别积聚为与 OX 轴、OY 轴平行的直线段。

3）画六条棱线的投影。其 H 面积聚在正六边形的六个顶点上，V 面和 W 面为反映棱柱高的直线段。

4）检查、描深。检查判断各视图的可见性，不可见轮廓的投影画成虚线，轮廓线描深。

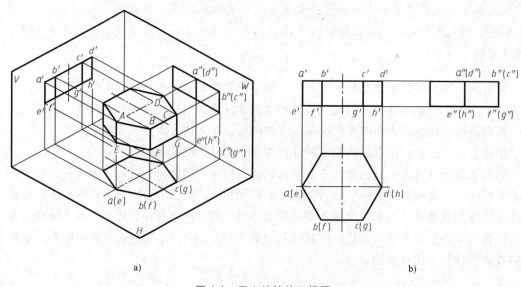

a)　　　　　　　　　　　　　　　b)

图 4-1　正六棱柱的三视图
a）立体图　b）投影图

2. 棱柱表面上取点

棱柱的表面都是平面，求棱柱表面上点的投影，其原理和方法与平面上取点完全一样。特殊位置平面上点的投影可利用平面投影的积聚性作图，一般位置平面上点的投影可利用适当的辅助线作图。作图时，首先要分析点所在平面的投影特性。

【例 4-1】 如图 4-2a 所示，已知正六棱柱表面上的点 M 的正面投影 m'，点 N 的侧面投影 n''，求各点的另两面投影。

【分析】 当点在形体的表面上时，点的投影必在它所从属的表面的同面投影内。如图，棱柱的表面均为特殊位置平面，所以求棱柱表面上点的投影均可利用平面投影的积聚性作图。

【作图】

1）由于点 N 在侧面 $ABFE$ 棱面上，其为铅垂面，水平投影具有积聚性，因此点 N 的水平投影 n 必在该侧面的水平投影 $abfe$ 上，直接求出 n，再根据点的投影规律求出 n'，并判断 n' 可见。

2）同理，根据点 M 的正面投影 m'，首先确定水平投影 m，最后求出正面投影 m''，并判断 m'' 可见，如图 4-2b 所示。

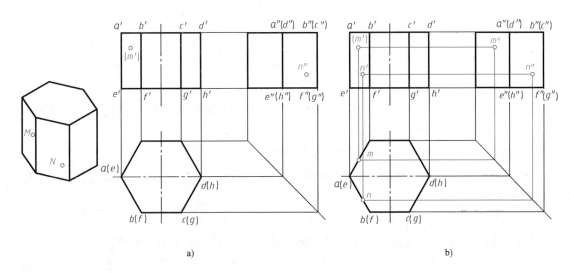

a)   b)

图 4-2 棱柱表面取点

4.1.2 棱锥

1. 棱锥的投影

棱锥表面可以看成是由多边形底面和具有公共顶点的三角形各侧面组成。从棱锥顶点到底面的距离叫作棱锥的高。当棱锥的底面为正多边形、各侧棱相等时，该棱锥称为正棱锥，正棱锥的各侧面为等腰三角形。

图 4-3a 所示为一正三棱锥，其底面 $\triangle ABC$ 为水平面，它的水平投影 $\triangle abc$ 反映实形，正面和侧面投影积聚为一条分别平行于 X 轴和 Y 轴的直线。三棱锥的三个侧面为一般位置平面，它的三面投影均为三角形。

通过以上分析可知三棱锥三视图的特性是，一个视图反映三棱锥的底面实形，另两个视图都是由实线或虚线组成的有公共交点的三角形。

画棱锥三视图的步骤如下。

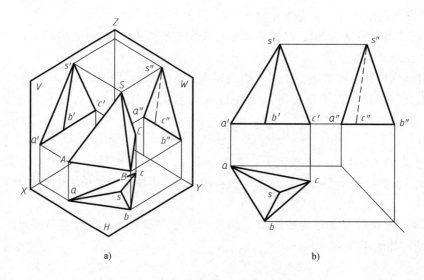

图 4-3　三棱锥的三视图

a）立体图　b）投影图

1）画形体的基准定位线。

2）先画底面的投影。其水平投影反映实形，正面和侧面投影都积聚成直线段。再画锥顶 S 的投影。

3）最后，连接锥顶 S 和底面各顶点，即得到该三棱锥的三面投影图。

4）检查、描深。检查判断各视图的可见性，不可见轮廓的投影画成细虚线，可见轮廓的投影画成粗实线。

2. 棱锥表面上取点

【例 4-2】　已知正三棱锥棱面上点 N 的水平投影 n，求出点 N 的其他两投影。

【分析】　如图 4-4a 所示，点 N 位于棱面 SAB 上，而棱面 SAB 又处于一般位置，因此必须利用辅助直线作图。

【作图】

解法一：过 S、N 两点作一辅助直线 SN 交直线 AB 于点 G，作出 SG 的各面投影。因为点 N 在直线 SG 上，点 N 的投影必在直线 SG 的同面投影上，由 n 可求得 n' 和 n''，如图 4-4b 所示。

解法二：过点 N 在棱面 SAB 上作平行于直线 AB 的 EF 为辅助线，即作 $ef/\!/ab$，$e'f'/\!/a'b'$（$e''f''/\!/a''b''$），因为点 N 在直线 EF 上，点 N 的投影必在直线 EF 的同面投影上，由 n 可求得 n' 和 n''，如图 4-4c 所示。

解法三：过点 N 在棱面 SAB 上作任意直线 HI 分别交 SA、AB 两直线于 H、I 两点，作出 HI 的各投影。因为点 N 在 HI 直线上，点 N 的投影必在直线 HI 的同面投影上，由 n 可求得 n' 和 n''，如图 4-4d 所示。

判断可见性：棱面 SAB 在 H、W 两投影面上均可见，故点 N 在其两投影面上的投影也可见。

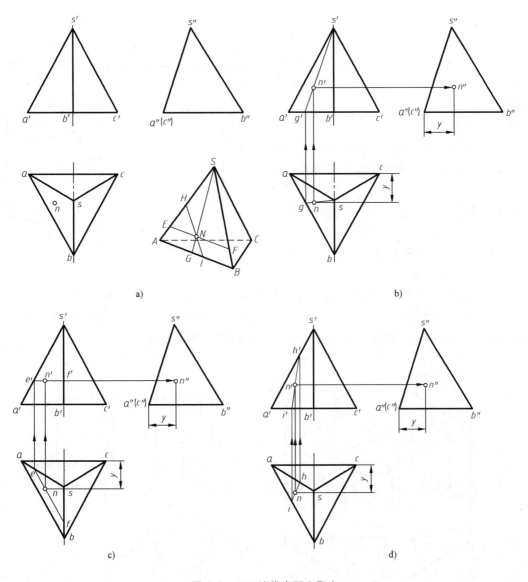

图 4-4　正三棱锥表面上取点

4.2　曲面立体

　　凡是由一条线段（直线或曲线）绕一根固定的轴线旋转而成的曲面，称其为回转面。由回转面或回转面与平面所围成的曲面立体称为回转体。形成回转面的动线称为母线，固定的轴线称为回转轴，母线在曲面上任何一个位置，都称其为曲面的素线。母线上任意一点的运动轨迹均为圆，称其为纬圆，且该纬圆垂直于轴线。常见的回转体有圆柱、圆锥、圆球和圆环等。由于回转体的表面是光滑曲面，所以绘制回转体视图时，需要画出曲面对相应投影面可见与不可见的分界线（转向素线）的投影。

4.2.1 圆柱的投影

1. 圆柱的形成

如图 4-5 所示，圆柱面由母线绕与它平行的轴线旋转一周而成。在旋转过程中，三条线段 L_1、L_2、L_3 分别形成圆柱体的顶面、柱面和底面。

2. 圆柱的三视图

如图 4-6 所示，当轴线为铅垂线时，圆柱面上所有素线都是铅垂线，圆柱面的水平投影积聚成一个圆，圆柱面上的点和线的水平投影都积聚在这个圆上。圆柱的顶面和底面是水平面，它们的水平投影反映实形，相互重合。

圆柱的顶面、底面的正面投影都积聚成直线。圆柱的轴线和素线的正面投影、侧面投影

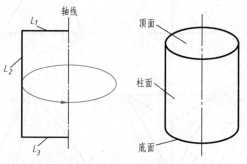

图 4-5　圆柱的形成

仍是铅垂线，用细点画线画出轴线的正面投影和侧面投影。圆柱的正面投影的左右两侧是圆柱面的正面投影的转向素线 $a'a_1'$、$c'c_1'$，它们分别是圆柱面上最左、最右素线 AA_1、CC_1 的正面投影；AA_1、CC_1 的侧面投影 $a''a_1''$、$c''c_1''$ 则与轴线的侧面投影重合。

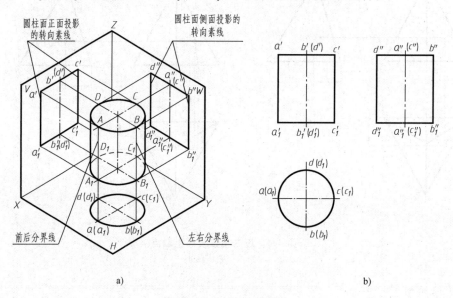

图 4-6　圆柱的三视图

a）立体图　b）投影图

圆柱侧面投影的前后两侧是圆柱面的侧面投影的转向素线 $b''b_1''$ 和 $d''d_1''$，它们分别是圆柱面上最前、最后素线 BB_1 和 DD_1 的侧面投影；BB_1 和 DD_1 的正面投影 $b'b_1'$ 和 $d'd_1'$ 则与轴线的正面投影重合。

3. 圆柱表面上取点

圆柱表面上取点主要利用圆柱表面的积聚性。

【**例 4-3**】　如图 4-7a 所示，已知圆柱表面上 A、B 两点的正面投影 a' 和 b'，求其余两

投影。

【分析】 由于圆柱面上的每一条素线都是铅垂线，水平投影都具有积聚性，故凡是在圆柱面上的点，其水平投影一定在圆柱具有积聚性的水平投影（圆）上。

【作图】

1）已知圆柱面上点 A 的正面投影 a′，其水平投影 a 必定在圆柱的水平投影（圆）上，再由 a′ 和 a 求得 a″，如图 4-7b 所示。

2）用同样的方法可先求点 B 的水平投影 b，再由 b′ 和 b 求得 b″。

3）判断可见性：因为 a′ 可见，且其处于轴线左边，所以点 A 位于前、左半圆柱面上，则 a″ 可见。因为 b′ 不可见，且其处于轴线左边，所以点 B 位于后、左半圆柱面上，则 b″ 可见。

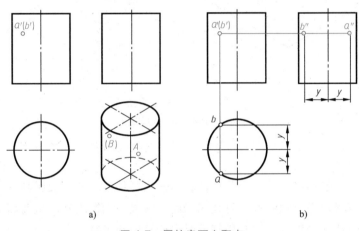

图 4-7　圆柱表面上取点

4.2.2　圆锥的投影

1. 圆锥的形成

圆锥的表面可以视为由圆锥面和底面组成，和圆柱的形成相似，圆锥面可看成由一条直母线围绕与它相交的轴线回转而成。

2. 圆锥的三视图

如图 4-8a 所示，当圆锥的轴线为铅垂线时，底面的正面投影、侧面投影分别积聚成直线，水平投影反映它的实形——圆。

用细点画线画出轴线的正面投影和侧面投影。在水平投影中，用细点画线画出对称中心线，对称中心线的交点，既是轴线的水平投影，又是锥顶 S 的水平投影 s。

圆锥面正面投影的转向素线 s′a′、s′c′ 是圆锥面上最左、最右素线 SA、SC 的正面投影；SA、SC 的侧面投影 s″a″、s″c″ 与轴线的侧面投影重合。圆锥面侧面投影的转向素线 s″b″、s″d″ 是圆锥面上最前、最后素线 SB、SD 的侧面投影；SB、SD 的正面投影 s′b′、s′d′ 与轴线的正面投影重合。

如图 4-8b 所示，圆锥面的水平投影与底面的水平投影重合。显然，圆锥面的三个投影都没有积聚性。

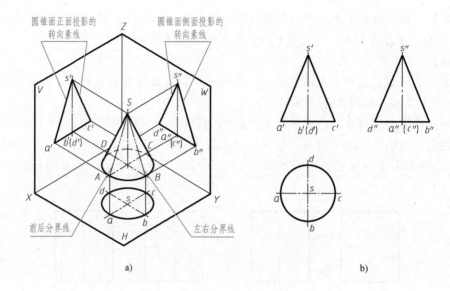

图 4-8　圆锥的三视图

a）立体图　b）投影图

3. 圆锥表面上取点

　　求回转面上点的投影时，首先应分析回转面的投影特性，若其投影具有积聚性，可利用积聚性求解；若其投影没有积聚性，可利用辅助素线或辅助圆求解。由前面的分析可知，圆锥回转面的投影没有积聚性，主要利用辅助素线或辅助圆求解。

　　【例 4-4】　如图 4-9a 所示，已知圆锥面上点 K 的正面投影 k'，试画出其另外两个投影。

　　【分析】　由于圆锥面的三个投影都没有积聚性，所以需要在圆锥面上通过点 K 作一条辅助线。为了便于作图，选取的辅助线应简单、易画，如选取素线或垂直于轴线的纬圆（水平圆）作为辅助线，通常形象地称其为素线法和纬圆法，现分别叙述如下：

　　【素线法】　如图 4-9b 所示，连接点 S 和点 K 并延长使之交底圆于点 E，因为 k' 可见，故直线 SE 位于圆锥面前半部，点 E 也在底圆的前半圆周上。作图步骤如下。

　　1）过点 k' 作直线 $s'e'$（即圆锥面上辅助素线 SE 的正面投影），如图 4-9c 所示。

　　2）作出直线 SE 的水平投影 se 和侧面投影 $s''e''$。

　　3）点 K 在直线 SE 上，故 k、k'' 两点必分别在 se、$s''e''$ 两直线上。

　　【纬圆法】　如图 4-9b 所示，通过点 K 在圆锥面上作垂直于轴线的水平纬圆，这个圆实际上是由点 K 绕轴线旋转所形成的。作图步骤如下：

　　1）过 k' 作直线与轴线垂直（纬圆的正面投影），并与左、右两侧正面投影的转向素线相交，两交点间的长度即为纬圆的直径，如图 4-9d 所示。

　　2）在水平投影中，作出该纬圆的水平投影。

　　3）因为点 K 在圆锥面的前半部上，故由 k' 向水平投影作投影连线交前半部纬圆于 k，再由 k'、k 求出 k''。

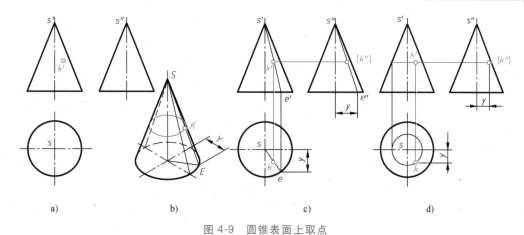

图 4-9　圆锥表面上取点

4.2.3　圆球的投影

1. 圆球的形成

球的表面是球面，球的表面可以看成由半圆绕其直径回转一周而成，如图 4-10a 所示，在母线上任意一点的运动轨迹均是一个圆。点在母线上的位置不同，其圆的直径也不同。

2. 圆球的三视图

如图 4-10b 所示，球在三个投影面上的投影都是与球直径相等的圆。虽然三个投影的形状与大小都一样，但实际意义是不同的，它们分别是圆球的正视转向素线 A、俯视转向素线 B 和侧视转向素线 C 在所视方向上的投影。正面投影的转向素线是球面上平行于正面的大圆（前后半球面的分界线）的正面投影；水平投影的转向素线是球面上平行于水平面的大圆（上下半球面的分界线）的水平投影；侧面投影的转向素线是球面上平行于侧面的大圆（左右半球面的分界线）的侧面投影。

如图 4-10c 所示，正视转向素线 A 在 V 面上的投影为圆 a′，而在 H 面的投影 a 与水平方向的点画线重合，在 W 面上的投影 a″与竖直方向的点画线重合。俯视转向素线和侧视转向

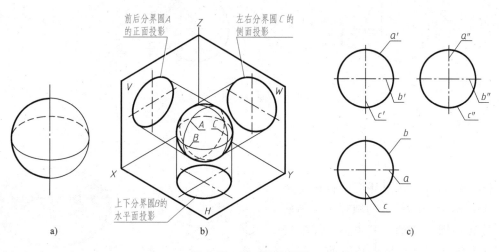

图 4-10　圆球的三视图

a）圆球的形成　b）轴测图　c）投影图

素线的投影情况与之类同。

3. 圆球表面上取点

由圆球的三视图可知，圆球表面投影没有积聚性，且圆球的表面没有直线，圆球表面上取点主要利用辅助圆求解，一般取与某一投影面平行的纬圆。

【例4-5】 如图4-11a所示，已知圆球表面上点 K 的水平投影，试求其另外两个投影。

【分析】 由于点 K 的水平投影可见，故点 K 处于圆球的上表面、右表面。

【作图】

1）在水平投影上过点 k 作一个纬圆，如图4-11b所示。

2）求出该纬圆的正面投影和侧面投影，并根据投影关系确定 k' 和 k''。

当然，也可以通过作一个与 V 面或 W 面平行的纬圆求解，分别如图4-11c、d所示。

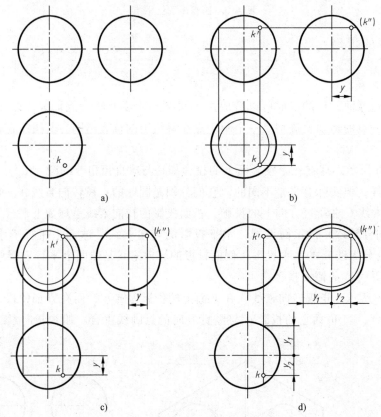

图4-11 圆球表面上取点

4.2.4 圆环的投影

1. 圆环的形成

如图4-12所示，圆环可以看成是由一个圆绕圆外轴线 L（L 与圆在一个平面上）旋转一周形成的。其中，远离轴线的半圆形成外环面，靠近轴线的半圆形成内环面。

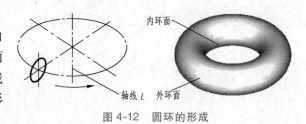

图4-12 圆环的形成

2. 圆环的三视图

图 4-13 所示为圆环的投影图。在正面投影中，左、右两圆及与之相切的两段直线是圆环面正面投影的转向素线，其中左、右两圆是圆环面上最左、最右两素线圆的投影，实线半圆在外环面上，虚线半圆在内环面上（被前半外环面挡住，故画成虚线）。上、下两段直线是内、外环面上下两个分界圆的投影。在正面投影图中，外环面的前半部可见，后半部不可见，内环面均不可见。

在水平投影中，最大圆和最小圆是圆环面水平面投影的转向素线，这两个圆将圆环面分为上、下两部分，上半部在水平投影中可见，下半部不可见。点画线圆为母线圆中心轨迹的投影，也可当作内、外环面的分界线。

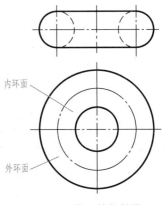

图 4-13　圆环的投影图

3. 圆环表面上取点

由于圆环是一个纯曲面体，任意一投影都没有积聚性。因此，在圆环表面上取点时，只能利用与轴线垂直的纬圆。

【例 4-6】　如图 4-14a 所示，已知圆环面上点 A 和点 B 的一个投影，试求它们的另一个投影，并讨论有几个解。

【分析】　由点 A 的正面投影 a' 可知，点 A 在上半圆环面上。因为 a' 不可见，所以点 A 只能在内环面及外环面的后半部。由点 B 的水平投影 b 可知，点 B 必在前半个外圆环的下半部。

【作图】

1）如图 4-14b 所示，过点 a' 作轴线的垂线，与右侧轮廓圆相交，轴线与实线半圆交点间的长度为外环面上纬圆的半径，轴线与虚线半圆交点间的长度为内环面上纬圆的半径。根据这两个半径，在水平投影中作出内环面上的圆 1、外环面上的圆 2。过点 a' 的投影连线与圆 1 有两个交点，而与圆 2 的后半部也有一个交点，故点 a 共有三个解。

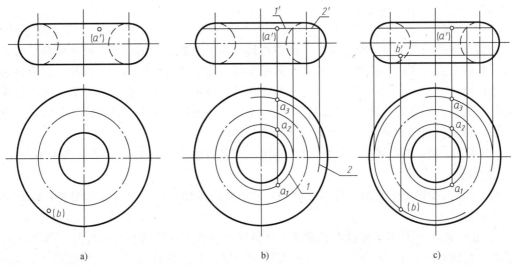

a)　　　　　　　　　　　b)　　　　　　　　　　　c)

图 4-14　圆环表面上取点

2）如图 4-14c 所示，过点 b 作圆，并由此求出圆的正面投影，点 b′ 必在其正面投影上，故点 b′ 只有一解。

4.3 平面与立体的交线

当立体被平面截切成两部分时，其中任何一部分均称为截断体，用来截切立体的平面称其为截平面，截平面与立体表面的交线称为截交线。平面立体的截交线是一个平面多边形，曲面立体的截交线多为曲线或曲线与直线围成，如图 4-15 所示。

截交线有以下两个基本性质：

1）共有性。截交线是截平面与立体表面的共有线，截交线上的点是截平面和立体表面的共有点。

2）封闭性。由于立体表面都有一定的范围，所以截交线通常是一个封闭的平面图形。

由此可知截交线的求法问题，实际上可归结为求截平面和立体表面的共有点的问题。根据立体表面的性质，在其上选取一系列适当的线（棱线、素线或纬圆），求出这些线与截平面的交点，然后按其可见与不可见用粗实线或细虚线依次连接就可得到所求的截交线。

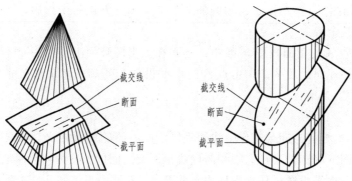

图 4-15　平面与立体相交

4.3.1　平面立体的截交线

平面立体的截交线是一个封闭的平面多边形。多边形的各个顶点就是截平面与平面立体相关棱线的交点，多边形的每一条边都是截平面与平面立体表面的交线。因此，求平面立体截交线的投影，实质上就是求截平面与平面立体的各条被截棱线的交点的投影。由于特殊位置平面的某些投影具有积聚性，所以截平面与平面立体棱线的交点或截平面与平面立体棱面的交线，可直接利用积聚性求出或确定其某个投影的位置。

【例 4-7】　正六棱锥被正垂面 P 截切，完成正六棱锥被截切后的三面投影（图 4-16a、b）。

【分析】

1）从正面投影中可看出，截平面 P 与六棱锥的六条棱线和六个棱面都相交，故截交线是一个六边形。

2）由于截平面 P 的平面投影积聚成一条直线，所以正六棱锥各棱线与截平面 P 的六个交点的正面投影 $a′$、$b′$、$c′(e′)$、$d′(f′)$ 都积聚在 P_V 上，即截交线的正面投影是已知的，故只需求出其水平投影和侧面投影。

【作图】

1）利用截平面的积聚性投影，先找出截交线各顶点的正面投影 a'、b'、$c'(e')$、d' (f')，再根据直线上点的投影规律，求出各顶点的水平投影 a、b、c、d、e、f 及侧面投影 a''、b''、c''、d''、e''、f''，如图 4-16c、d 所示。

2）依次连接各顶点的同面投影，即为截交线的水平投影和侧面投影。同时，还需考虑截交线投影的可见性问题，并补全棱线的投影，如图 4-16d 所示。

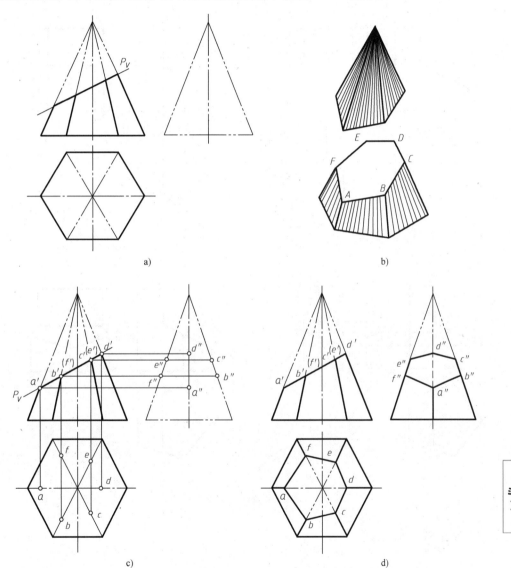

a) b) c) d)

图 4-16　正六棱锥被平面截切

【例 4-8】　五棱柱被 P、Q 两平面截切，完成五棱柱被截切后的三面投影（图 4-17a）。

【分析】　截平面 Q 为侧平面，它与五棱柱的三个棱面相交，产生三条交线 ⅠⅡ、ⅡⅢ、ⅢⅣ；截平面 P 为正垂面，它与五棱柱的三条棱线相交，产生三个交点 Ⅴ、Ⅵ、Ⅶ；同时 P、Q 两截平面间也产生交线 ⅠⅣ。因此，P、Q 两截平面与五棱柱的截交线分别为五边形和四边形。由于积聚性，截交线的正面投影和水平投影可直接求出，然后根据截交线的正面投影和水平投影可求出截交线的侧面投影。

【作图】

1）求出截平面 Q 与五棱柱的截交线，如图 4-17b 所示。

2）求出截平面 P 与五棱柱的截交线，如图 4-17c 所示。

3）判断可见性，加粗五棱柱被截断后所剩的棱线，如图 4-17d 所示。

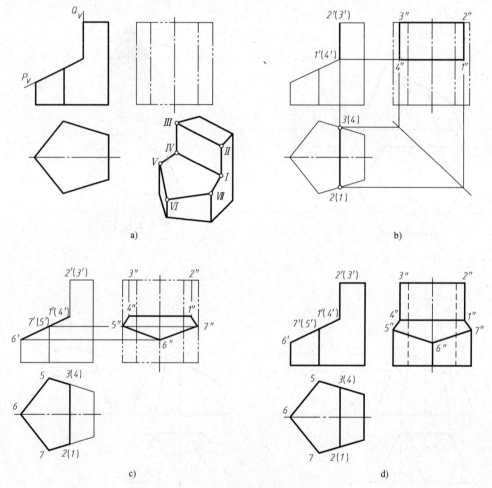

图 4-17　五棱柱被平面截切

4.3.2　曲面立体的截交线

曲面立体的截交线通常是平面曲线，也可能是由直线段构成的封闭图形，或是由直线段与曲线构成的封闭图形。截交线既在平面上又在曲面立体的表面上，为两者的共有线，也是两者共有点的集合。曲面立体上截交线的一般求法是：求出截平面与曲面立体表面上的一系列共有点，然后依次序连成线，并按其可见与不可见分别用粗实线和细虚线画出。当截平面为特殊位置平面时，就可在具有积聚性的投影上直接确定截交线的一个投影，然后按曲面立体表面上取点、线的方法或投影规律，求出其他投影。

1. 圆柱的截交线

当平面截切圆柱时，底面上的截交线为直线；而圆柱面上的截交线，由于两者的相对位置不同，所得的截交线分别为圆或椭圆或直线，见表 4-1。

表 4-1　圆柱的截交线

截平面位置	平行于轴线	垂直于轴线	倾斜于轴线
截交线	矩形	圆	椭圆
轴测图	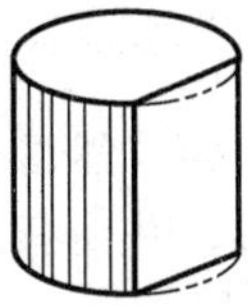	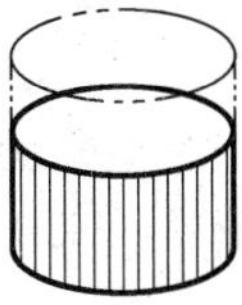	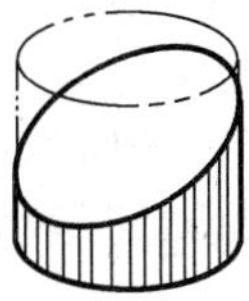
投影图	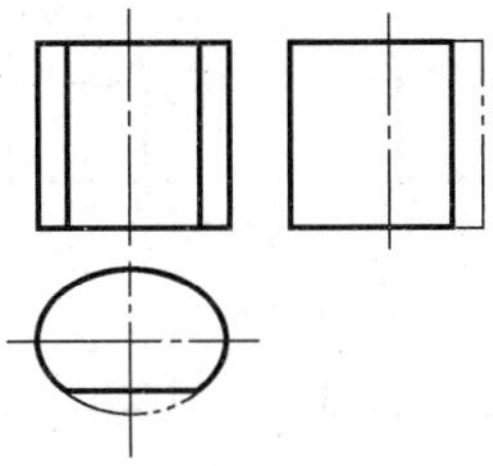	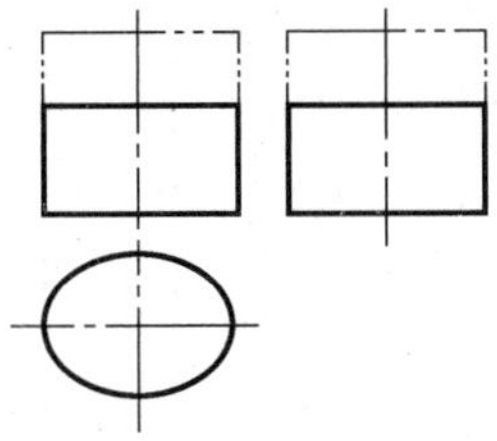	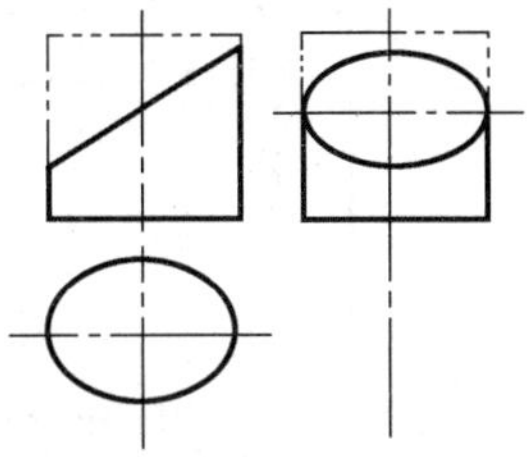

【例 4-9】　在圆柱上开出一方形槽，已知其正面投影和水平投影，求作其侧面投影（图 4-18a）。

【分析】

1）圆柱开槽部分是由两个与轴线平行的侧平面和一个与轴线垂直的水平面截切而成的，前者与圆柱的交线是四条平行直素线 AB、CD、EF、GH，后者与圆柱的交线是圆弧 BF、DH，侧平面与水平面之间的交线是正垂线 BD、FH。

2）由于截平面的正面投影都有积聚性，所以截交线的正面投影都积聚在截平面上，交线的水平投影积聚在圆柱的水平投影（圆周）上。

【作图】

1）先利用积聚性分别找到四条平行直素线的正面投影 a'b'(c'd')、e'f'(g'h') 和水平投影 a(b)、c(d)、e(f)、g(h)；交线圆弧的正面投影 b'f'(d'h') 和水平投影 (f)b、(h)d。

2）再根据交线的正面和水平投影求出两条平行直素线和交线圆弧的侧面投影，如图 4-18b 所示。

3）连线、判断可见性，加粗圆柱被截切后剩余的轮廓线，如图 4-18b 所示。

【例 4-10】　如图 4-19a 所示，用 P、Q 两平面截切圆柱，已知其正面投影和水平投影，求作其侧面投影。

【分析】

1）截平面 Q 为侧平面且与圆柱的轴线平行，它与圆柱的截交线为矩形。截平面 P 为正垂面且与圆柱的轴线倾斜，它与圆柱的截交线为不完整的椭圆。直线 Ⅰ Ⅳ 是截平面 P 与截平面 Q 的交线。

2）由于 P、Q 两截平面的正面投影都具有积聚性，所以截交线的正面投影都积聚在截平面上，交线的水平投影积聚在圆柱的水平投影（圆周）上。

【作图】

1）求出侧平面 Q 与圆柱的截交线（矩形）Ⅰ-Ⅱ-Ⅲ-Ⅵ上各点的三面投影，并将同面投影连线（图 4-19b）。

2）求出正垂面 P 与圆柱的截交线（椭圆）上的各点的三面投影。椭圆是曲线，需先求出特殊点 Ⅴ、Ⅵ、Ⅶ 的三面投影（分别在圆柱的最左、最前、最后的素线上），再求一般点 Ⅷ、Ⅸ 的三面投影，依次光滑连接各点，并判断可见性（图 4-19c）。

3）加粗圆柱被截切后剩余的投影轮廓线（图 4-19d）。

【讨论】

当多个平面截切立体时，应将多个截平面分解为单个截平面，然后根据单个截平面与立体的相对位置分别分析其截交线的形状，求出各截交线的投影，并注意画出截平面与截平面间交线的投影。

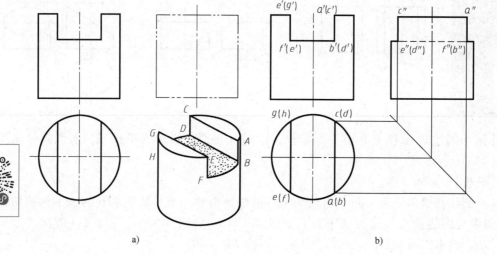

图 4-18　求开槽圆柱的投影

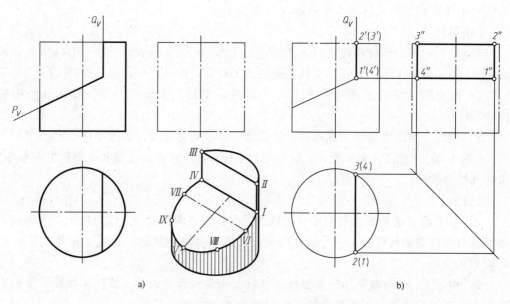

图 4-19　求圆柱被截切后的投影

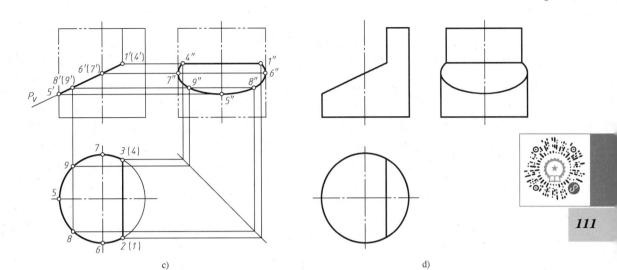

c)   d)

图 4-19　求圆柱被截切后的投影（续）

2. 圆锥的截交线

当平面截切圆锥时，底面上的截交线必为直线，而圆锥面上的截交线，则随着截平面与圆锥轴线的相对位置不同，其形状各异，见表 4-2。

表 4-2　圆锥的截交线

截平面位置	垂直于轴线	与轴线倾斜（不平行于任一素线）	平行于一条素线	平行于轴线	过锥顶
截交线	圆	椭圆	抛物线	双曲线	两相交直线
立体图					
投影图					

【例 4-11】　如图 4-20a 所示，圆锥被倾斜于轴线的平面截切，试补全圆锥的水平投影和侧面投影。

【分析】　如图 4-20b 所示，截交线上任意一点 M，可看成是圆锥表面某一素线 SI 与截平面 P 的交点。因为点 M 在素线 SI 上，故点 M 的三面投影分别在该素线的同面投影上。由于截平面 P 为正垂面，截交线的正面投影积聚为一直线，故需求作截交线的水平投影和侧面投影。

111

【作图】

1) 求特殊点。点 C 为最高点，根据点 c' 可作出 c、c'' 两点；点 A 为最低点，根据点 a' 可作出 a、a'' 两点；点 B 为最前点、点 D 为最后点、B、D 两点前后对称，根据 b'、d' 两点可作出 b''、d'' 两点，进而求出 b、d 两点如图 4-20c 所示。

2) 用辅助线法求中间点。过锥顶作辅助线与截交线的正面投影相交得 m'，求出辅助线的其余两投影 $s1$ 及 $s''1''$，进而求出 m_1、m_2 和 m_1''、m_2''，如图 4-20d 所示。若再作一条辅助线又可求出两个中间点，中间点越多求得的截交线越准确。

3) 连点成线。去掉多余图线，将各点依次连成光滑的曲线，即为截交线的投影，如图 4-20e 所示。

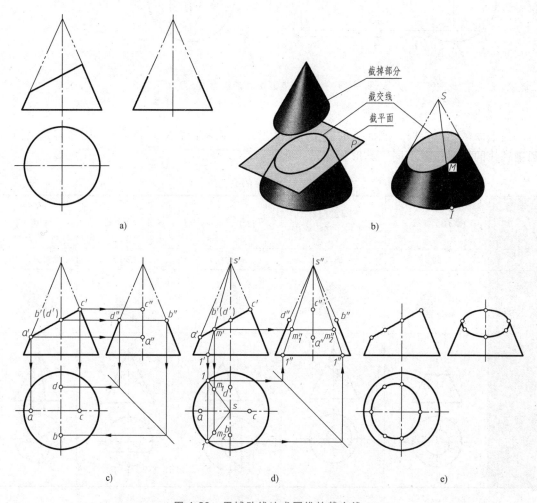

图 4-20 用辅助线法求圆锥的截交线

【例 4-12】 圆锥被平行于轴线的平面截切，试补全圆锥的正面投影（图 4-21a）。

【分析】 如图 4-21b 所示，作垂直于圆锥轴线的辅助面 Q 与圆锥面相交，其交线为圆，该圆与截平面 P 相交得 Ⅱ、Ⅳ 两点，这两个点是圆锥面、截平面 P 和辅助面 Q 三个面的共有点，当然也是截交线上的点。由于截平面 P 为正平面，截交线的水平投影和侧面投影分别积聚为一直线，故只需作出其正面投影。

【作图】

1）求特殊点。Ⅲ为最高点，根据侧面投影 3″可作出 3 及 3′，Ⅰ、Ⅴ为最低点，根据水平投影 1 和 5，可作出 1′、5′及 1″、5″，如图 4-21c 所示。

2）利用辅助面法求中间点。作辅助面 Q 与圆锥相交，交线是圆（称为辅助圆），辅助圆的水平投影与截平面的水平投影相交于 2 和 4，即为所求共有点的水平投影。根据 2 和 4，再求出 2′、4′，如图 4-21d 所示。

3）连点成线。将 1′、2′、3′、4′、5′连成光滑的曲线，即为所求截交线的正面投影，如图 4-21e 所示。

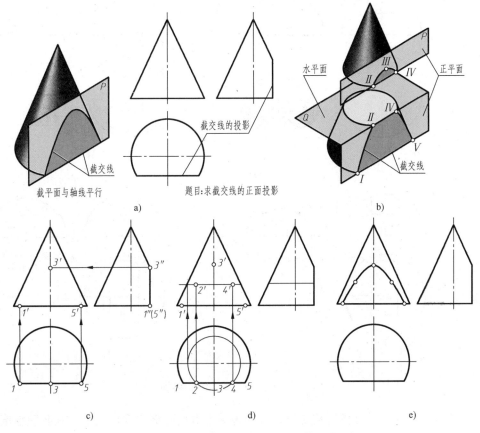

图 4-21 用辅助面法求圆锥的截交线

3. 圆球的截交线

任何截平面与圆球相交，截交线都是圆。但是只有截平面平行于投影面时，截交线在该投影面上的投影才反映实形——圆，而在另外两个投影面上的投影积聚为直线；当截平面垂直于投影面时（与另外两投影面也不平行），截交线在该投影面上的投影积聚为直线，在另外两个投影面上的投影为椭圆；当截平面处于一般位置时，截交线在三个投影面上的投影均为椭圆。

【例 4-13】 试完成开槽半圆球的水平投影和侧面投影。

【分析】 如图 4-22a 所示，由于半圆球被两个对称的侧平面和一个水平面截切，所以两个侧平面与球面的截交线分别为一段平行于侧面的圆弧，而水平面与球面的截交线为两段平行于水平面的圆弧。

【作图】

1）沿槽底作一辅助面，确定辅助圆弧半径 R_1（R_1 小于半圆球的半径 R），画出辅助圆弧的水平投影，再根据槽宽画出槽底的水平投影，如图 4-22b 所示。

2）沿侧壁作一辅助面，确定辅助圆弧半径 R_2（R_2 小于半圆球的半径 R），画出辅助圆弧的侧面投影，如图 4-22c 所示。

3）去掉多余图线再描深，完成作图，如图 4-22d 所示。

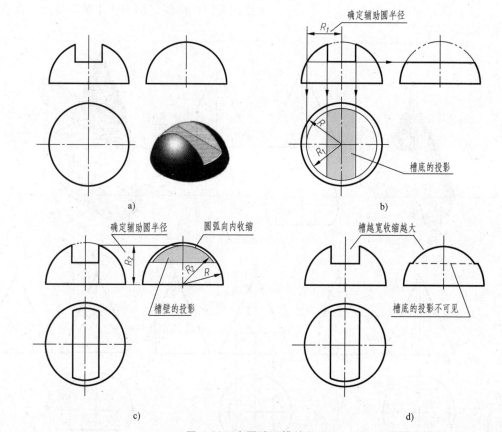

图 4-22　半圆球开槽的画法

因为圆球的最高处在开槽后被切掉，故左视图上方的轮廓线向内收缩，其收缩程度与槽有关，槽越宽收缩越大。需要注意的是区分槽底侧面投影的可见性，槽底部分是不可见的，应画成细虚线。

4.3.3　组合回转体的截切

平面与复合回转体相交时，截交线是由截平面与构成复合回转体的各个基本体的截交线组成的平面图形，各段截交线在两个基本体的分界处连接起来。

所以求复合回转体的截交线时，首先应对复合回转体进行形体分析，找出各个基本体的分界线，然后按单一基本体分段求截交线。

【例 4-14】　补全被截切复合回转体的水平投影（图 4-23a）。

【分析】 复合回转体由圆锥和两个同轴但直径不同的圆柱组合而成，截平面 P 为水平面，与圆锥的截交线是双曲线，与两个圆柱的截交线是矩形；截平面 Q 为正垂面，仅与大圆柱相交，截交线是椭圆的一部分。由于两截平面的正面投影都具有积聚性，而且圆柱和截平面 P 的侧面投影也具有积聚性，故只需求截交线的水平投影。

【作图】

1）求水平面 P 与圆锥的交线（图 4-23b）。先求特殊点Ⅰ、Ⅱ、Ⅲ，这三个特殊点可直接求出，其中Ⅱ、Ⅲ是圆锥和圆柱分界线上的点。再求一般点Ⅳ、Ⅴ，在正面投影的适当位置求出 $4'(5')$ 点，过 $4'(5')$ 点作一垂直于圆锥轴线的直线，确定纬圆半径，求该纬圆的侧面投影，在侧面投影中纬圆与截平面的交点即为其侧面投影 $4''$、$5''$，然后可求出其水平投影 4、5。最后用粗实线光滑连接各点。

2）求水平面 P 与小圆柱的截交线（图 4-23b）。过 2、3 点作直线，使之平行于圆柱轴线，并用粗实线画出。

3）求水平面 P 与大圆柱的截交线（图 4-23b）。Ⅵ、Ⅶ是水平面 P 与正垂面 Q 的分界点，在正面投影中 P、Q 两截平面的交点即为其正面投影 $6'(7')$，利用圆柱的积聚性可求出 $6''$、$7''$ 两点，再根据正面投影和侧面投影可求出其水平投影 6、7，过 6、7 两点作直线平行于大圆柱轴线，并用粗实线画出。

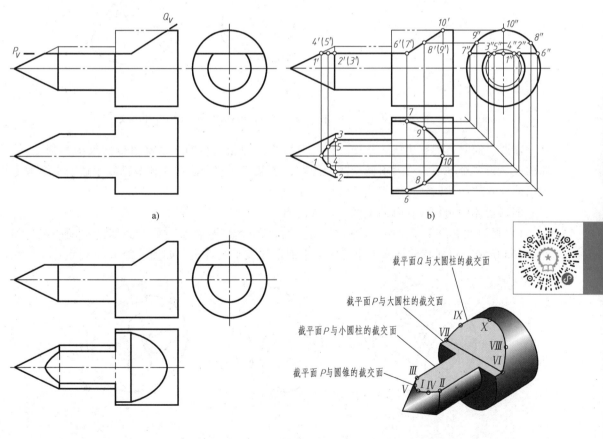

图 4-23 补全被截切复合回转体的水平投影

4）求正垂面 Q 与大圆柱的截交线（图4-23b）。正垂面 Q 与大圆柱截交线上的特殊点 X 可直接求出。再求一般点Ⅷ、Ⅸ，在正面投影的适当位置确定 $8'(9')$ 点，利用圆柱的积聚性在侧面投影中求出 $8''$、$9''$ 两点，最后求出 8、9 两点。最后用粗实线光滑连接各点。

5）画出 P、Q 两截平面间的交线 67，以及圆锥与小圆柱间、小圆柱与大圆柱间的交线，由于同一平面上不应有分界线，所以中间一段应画成细虚线，如图4-23c、d所示。

【讨论】 两个以上的截平面截切复合回转体时，按基本体分段求截交线后，还应画出截平面间的交线和基本体间的交线，但必须注意同一平面上不应有分界线。

4.4 两个立体表面的交线

两立体相交，在立体表面上产生的交线称为相贯线，如图4-24所示。因为基本立体可分为平面立体和曲面立体两类，故两立体相交有以下三种情况，两平面立体相交、平面立体与曲面立体相交和两曲面立体相交。

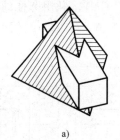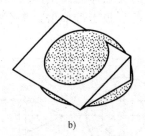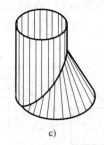

图4-24 相贯线的实例

a）两平面立体相交 b）平面立体与曲面立体相交 c）两曲面立体相交

求两平面立体的相贯线、平面立体与曲面立体的相贯线的方法都可以归结为平面立体、曲面立体被多个平面截切后求截交线的问题，求截交线的方法在4.3节已经阐述。本节着重介绍曲面立体中两回转体相贯线的性质及作图方法。

两回转体的相贯线具有如下两个基本性质。

1）封闭性。由于相交两立体总有一定的范围，所以相贯线一般为封闭的空间曲线，如图4-25a所示，但在特殊情况下也可能为平面曲线或平面直线，如图4-25b、c所示。

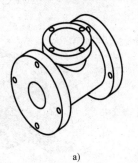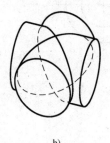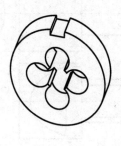

图4-25 两回转体的相贯线

a）封闭空间曲线 b）平面曲线 c）平面直线

2）共有性。由于相贯线是两立体表面的交线，故相贯线是两相交立体表面的共有线，相贯线上的点是两相交立体表面的共有点。

相贯线的一般求法：根据立体或给出的投影，分析两立体表面的形状、大小及其轴线的相对位置，初步判断相贯线的形状特点及其投影特点。当相贯线的投影为非圆曲线时，则一般先求出两曲面立体的一系列共有点，再依序光滑连接成线。当参与相贯的曲面立体表面至少有一个具有积聚性的投影时，就可以在该投影上直接确定相贯线的投影，然后再按表面上取点、线的方法或按投影规律，作出相贯线的其他投影。

为了使相贯线各投影画得较准确且作图简便，通常需先求相贯线各投影的特殊点（投影轮廓线上的点，最高、最低、最左、最右、最前、最后点），再求一般点，利用积聚性投影和辅助面法是常用的两种取点方法。

4.4.1　利用积聚性投影求相贯线

当相交的两回转体中有一个是轴线垂直于投影面的圆柱时，可利用圆柱面投影的积聚性找到相贯线的一个投影，然后可将该相贯线投影作为另一个回转体表面上的点进行作图，以求出相贯线的其他两个投影。

【例 4-15】　求两轴线正交圆柱的相贯线（图 4-26）。

【分析】　两圆柱的轴线垂直相交，小圆柱面的水平投影和大圆柱面的侧面投影都具有积聚性，相贯线的水平投影和侧面投影分别与两圆柱的积聚性投影重合，两圆柱面的正面投影都没有积聚性，故只需求出相贯线的正面投影。两圆柱前后对称，因此相贯线的正面投影重合。

【作图】

1）求特殊点。如图 4-26a 所示，两圆柱正面投影轮廓线的交点 1′和 2′是相贯线的最左、最右点（也是最高点）Ⅰ、Ⅱ的正面投影，1、1″和 2、（2″）分别为其水平投影和侧面投影；小圆柱的侧面投影轮廓线与大圆柱的交点 3″、4″是相贯线上的最前、最后点（也是最低点）Ⅲ、Ⅳ的侧面投影，根据 3″、4″和 3、4 可求出其正面投影 3′、（4′）。

2）求一般点。如图 4-26b 所示，在小圆柱的水平投影上取一般点 Ⅴ、Ⅵ 的水平投影 5、6，根据投影规律在侧面投影的圆上确定 Ⅴ、Ⅵ 两点的侧面投影 5″、（6″），然后再确定 Ⅴ、Ⅵ 两点正面投影 5′、6′。

3）依次光滑地连接各点，并判断可见性。由于前后对称，相贯线的正面投影的可见与不可见部分重合，只需用粗实线画出其可见部分即可，如图 4-26c 所示。

【讨论】

1）在工程实践中经常遇到两圆柱正交的情况。当两圆柱直径相差较大时，允许采用近似画法，即用圆心在小圆柱的轴线上，半径等于大圆柱的半径的圆弧代替相贯线的投影，如图 4-26d 所示。

2）两圆柱正交有三种形式：两外圆柱面相交、两内圆柱面相交、内圆柱面与外圆柱面相交。如图 4-27a 所示，外相贯线是两外圆柱面相交产生的、内相贯线是两内圆柱面相交产生的，图 4-27b 所示为内圆柱面与外圆柱面相交的情况。相贯线虽然有内、外之分，但这些相贯线的性质和求解方法都是相同的，只是作图时要注意相贯线的可见性，并将内圆柱的轮廓线画成虚线。

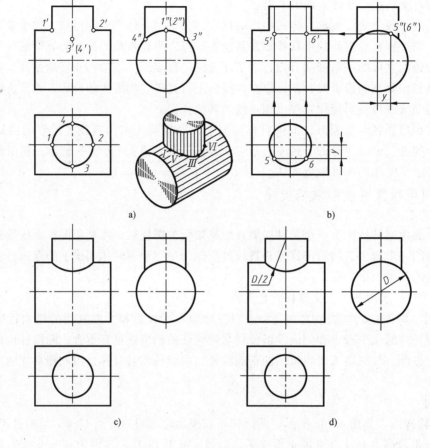

图 4-26 求两轴线正交圆柱的相贯线

a) 求特殊点 b) 求一般点 c) 光滑连线 d) 近似画法

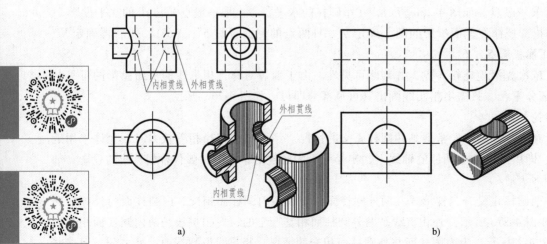

图 4-27 两圆柱正交的三种形式

a) 两外圆柱面相交、两内圆柱面相交 b) 外圆柱面与内圆柱面相交

4.4.2 用辅助面法求相贯线

辅助面法就是根据三面共点的原理，利用辅助面求出两曲面立体上若干个共有点，从而画出相贯线投影的方法。如图 4-28 所示，用一个辅助面 R 与两个相贯曲面立体相交，辅助面 R 与圆锥的截交线为圆 L_A、与圆柱面的截交线为直线 L_1 和 L_2，两截交线的交点 Ⅰ、Ⅱ（辅助平面和两曲面体表面的公共点）就是相贯线上的点。

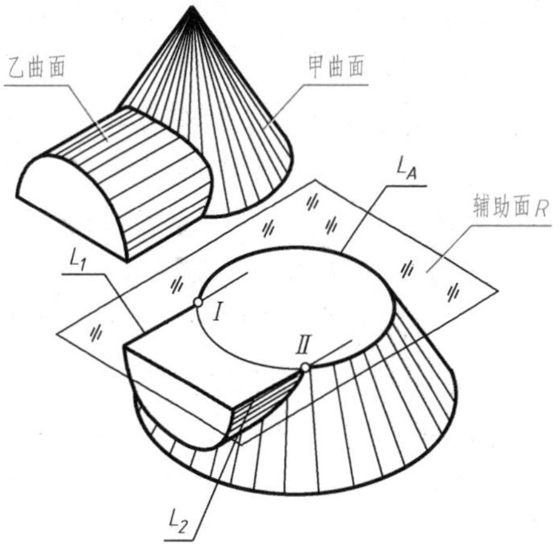

辅助面法的作图步骤如下。

1）引入一个辅助面，使之与两立体相交。

为了作图简便，一般取特殊位置平面为辅助面（一般取投影面平行面），并使辅助面与两立体表面的交线投影简单易画，即交线的投影为圆或直线。

2）分别求出辅助面与相贯的两立体表面的截交线。

图 4-28　辅助面法的基本原理

3）求出两截交线的交点，即为相贯线上的点。

【例 4-16】　求轴线正交的圆柱与圆锥的相贯线，如图 4-29 所示。

【分析】　由于圆柱的侧面投影具有积聚性，相贯线的侧面投影与圆柱的侧面投影重合，故只需求出相贯线的正面投影和水平投影。由于圆锥的轴线是铅垂线，圆柱的轴线是侧垂线，故可取一系列水平面作为辅助面。

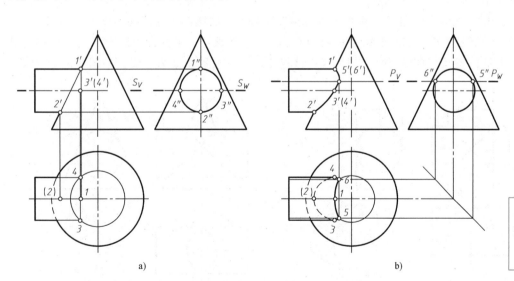

a)　　　　　　　　　　　　　　　b)

图 4-29　求轴线正交的圆柱与圆锥的相贯线
a）求特殊点　b）求一般点并连线

【作图】

1）求特殊点。由于圆柱与圆锥的轴线相交，所以圆柱与圆锥正面投影轮廓线的交点 1′

和 2′分别是相贯线上最高点和最低点Ⅰ、Ⅱ的正面投影。

过圆柱的轴线作辅助水平面 S，S 与圆柱交线的水平投影就是圆柱水平投影的轮廓线，与圆锥的交线为一个水平圆，两者水平投影的交点 3、4 即为相贯线上Ⅲ、Ⅳ两点的水平投影，也是相贯线水平投影可见与不可见的分界点。

2）求一般点。在正面投影 1′和 3′之间的适当位置，作一个水平面 P，P 与圆柱的截交线是两条直线，与圆锥的截交线是一个水平圆。根据 P 与左视图的圆柱积聚圆可以先确定出一般点Ⅴ、Ⅵ在左视图中的投影 5″、6″，再根据投影特性求出水平投影 5、6，最后确定 5′、6′。同理，可求出相贯线上其他的一般点。

3）光滑连接各点，并判断可见性。相贯线的正面投影前后对称，其可见与不可见部分投影重合，所以只需用粗实线画出其可见部分。

3、4 是相贯线水平投影可见与不可见的分界点，故相贯线 3-5-1-6-4 为可见，画成粗实线，相贯线 4-2-3 为不可见，画成细虚线。

4）正确画出立体的投影轮廓线，并判断可见性。在水平投影中，圆柱的转向素线应画到 3、4 点处。圆锥的底圆有一部分被圆柱体遮住，应画成虚线。由于两立体相贯后为一整体，所以正面投影 1′、2′之间无线。

4.4.3 相贯线的特殊情况

1. 回转体相交的特殊情况

当两回转体相交时，一般情况下相贯线是封闭的空间曲线，但在某些特殊情况下，相贯线可能是平面曲线或直线。相贯线的这些特殊形式，在工程上应用较多，而且有时不需找点即可直接作出相贯线的投影图。

（1）相贯线为平面曲线　两回转体的相贯线为平面曲线的常见情况有以下两种：

1）当轴线相交的两圆柱或圆柱与圆锥公切于一个球时，相贯线为椭圆。当它们的公共对称平面平行于某个投影面时，相贯线在该投影面上的投影积聚为直线，如图 4-30 所示。

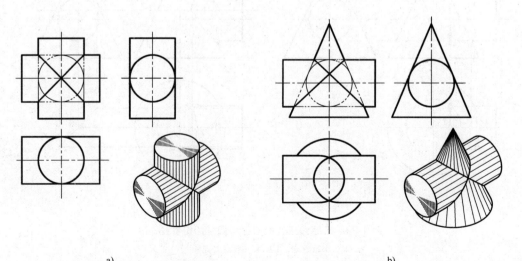

a)   b)

图 4-30　公切于一球的圆柱和圆柱、圆柱和圆锥的相贯线

a）两等径圆柱正交　b）圆柱和圆锥正交

2）当两回转体同轴时，它们的相贯线一定是垂直于公共轴线的圆，如图 4-31 所示。

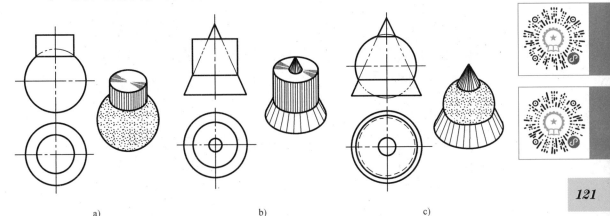

图 4-31　同轴回转体的相贯线

（2）相贯线为直线

1）当两轴线相互平行的圆柱相交时，相贯线为平行于轴线的两直线，如图 4-32a 所示。

2）当两共锥顶的圆锥相交时，相贯线为过锥顶的两相交直线，如图 4-32b 所示。

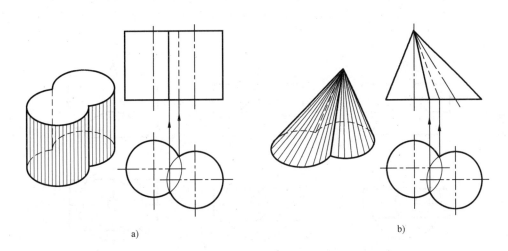

图 4-32　相贯线为直线
a）两轴线平行的圆柱　b）两共锥顶的圆锥

2. 相贯线投影的变化趋势

当两立体相交时，它们的表面形状、尺寸大小以及相对位置的变化都会影响相贯线的变化，掌握相贯线的变化趋势，对提高空间想象能力和正确作图都有较大帮助。

（1）尺寸大小变化对相贯线形状和位置的影响

1）两圆柱轴线正交。如图 4-33 所示，参与相交的两圆柱中，直立圆柱的直径 D 都相同，而水平圆柱的直径 d 逐渐变大。图 4-33a 所示为 $D>d$，其相贯线是左右两支空间曲线；图 4-33b 所示为 $D=d$，其相贯线由两支空间曲线变为两条平面曲线（椭圆），它们的正面投影积聚为两条直线；图 4-33c 所示为 *D<d*，其相贯线变为上下两支空间曲线。

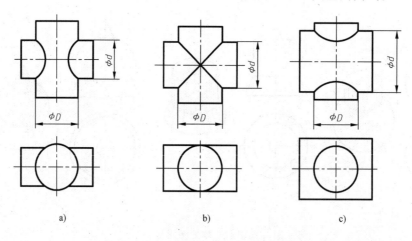

图 4-33　两正交圆柱尺寸变化对相贯线的影响

a）*D>d*　b）*D=d*　c）*D<d*

2）圆柱与圆锥轴线正交。如图 4-34 所示，直立圆锥的尺寸不变，而水平圆柱的直径逐渐变大。图 4-34b 所示的圆柱和圆锥公切于一球，其相贯线为两条平面曲线（椭圆），它们的正面投影积聚为两条直线；图 4-34a 所示的圆柱直径小于公切球直径，圆柱贯穿圆锥，其相贯线为左右两支空间曲线；图 4-34c 所示的圆柱直径大于公切球直径，圆锥贯穿圆柱，相贯线变为上下两支空间曲线。

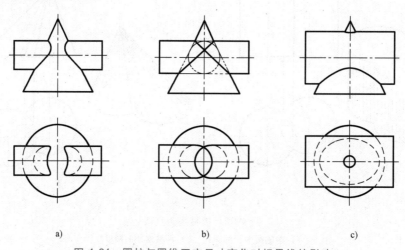

图 4-34　圆柱与圆锥正交尺寸变化对相贯线的影响

a）圆柱贯穿于圆锥　b）圆柱与圆锥公切于一球　c）圆锥贯穿于圆柱

（2）相对位置变化对相贯线形状和位置的影响　两相贯立体的形状、尺寸大小都不变，仅改变它们的相对位置，相贯线的形状和位置也随之变化。

如图 4-35 所示，参与相交的两圆柱直径均不变，改变其前后相对位置，则相贯线也随之变化。

图 4-35a 所示为直立圆柱贯穿水平圆柱，相贯线为上下两条空间曲线；图 4-35c 所示为直立圆柱与水平圆柱相互贯穿，相贯线为一条空间曲线；图 4-35b 所示为上述两种情况的极限位置，相贯线由两条相离空间曲线变为一条空间曲线，并相切于点 *A*。

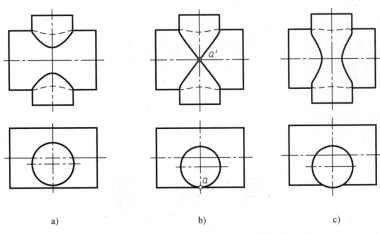

a)   b)   c)

图 4-35 两圆柱相对位置变化对相贯线的影响

组 合 体

组合体的构成方式；利用形体分析法和线面分析法绘制立体的视图；画组合体的步骤和方法；组合体的尺寸标注；组合体的读图方法。

了解组合体的构成；掌握各种邻接表面的画法；掌握形体分析法、线面分析法绘制立体视图的方法和步骤，做到视图间投影正确。掌握定形尺寸、定位尺寸及尺寸基准的概念；能熟练地确定长、宽、高三个方向的主要尺寸基准；做到尺寸标注正确、完整、清晰。掌握组合体的读图方法，能根据立体的结构特点选择不同的读图方法。

任何复杂的机器零件，从构形的角度来分析都可以看成是由若干基本形体（圆柱、圆锥、圆球等），按一定的方式（叠加、挖切或穿孔等）组合而成的。由两个或两个以上的基本几何体组合所构成的立体，称为组合体。在读、画组合体的视图时，经常要用到形体分析法和线面分析法。掌握形体构成的方式，学会分析形体的表面或表面间的交线与视图中的线框或图线的对应关系，是组合体的画图、读图和尺寸标注的基础。

5.1　组合体的组合形式

5.1.1　形体间的组合形式

组合体按其构成的方式，可分为叠加和挖切两种，见表 5-1。叠加组合体是由若干基本形体叠加而成，挖切组合体是由基本形体经过切割或穿孔后形成的，多数组合体是既有叠加又有挖切的综合形式。

表 5-1　形体间的组合形式

形体	组合形式	
	叠加	挖切
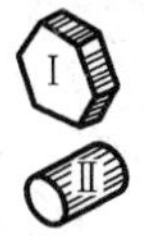	 I + II	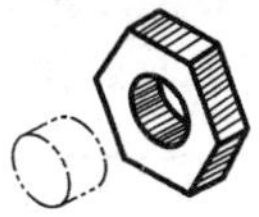 I − II
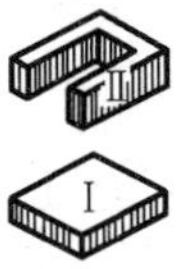	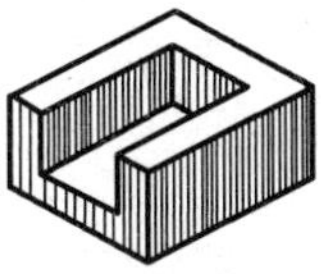 I + II	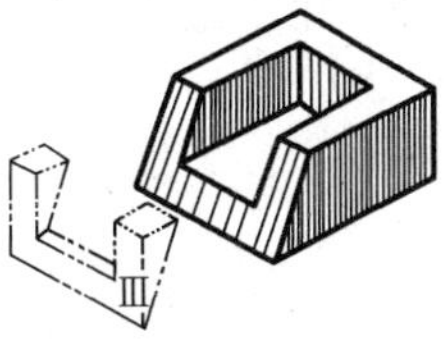 (I + II) − III
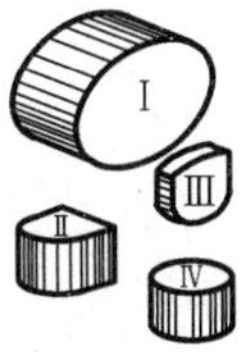	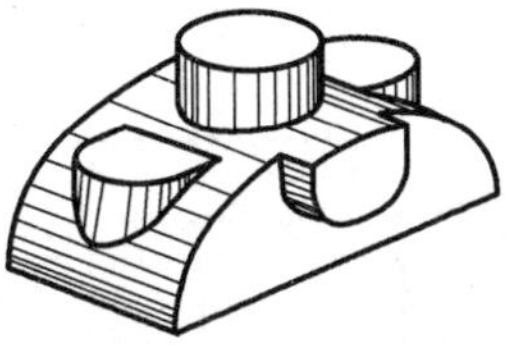 $\frac{1}{2}$(I) + 2(II) + III + IV	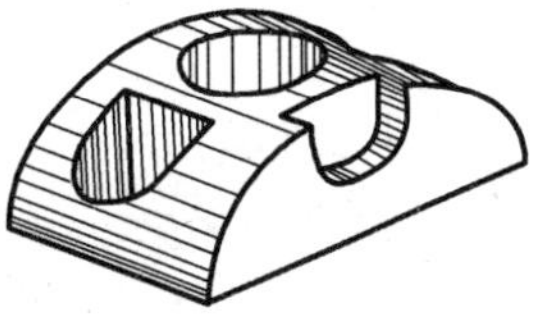 $\frac{1}{2}$(I) − 2(II) − III − IV
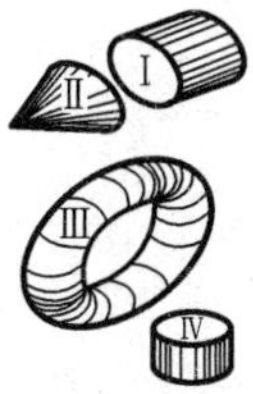	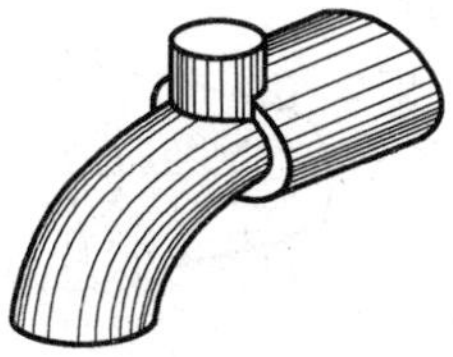 I + $\frac{1}{4}$(III) + IV	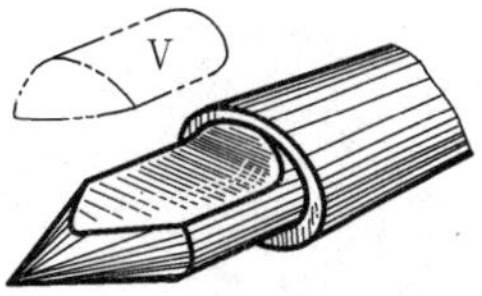 I + II − V

注："+"表示叠加，"−"表示挖切。

5.1.2　形体邻接表面间的位置关系

基本形体经叠加、挖切组合后，形体之间可能处于上下、左右、前后或对称、同轴等相对位置；各基本形体邻接表面间可能产生的表面关系有共面、相切和相交。

1. 共面

当两基本形体的邻接表面共面，即表面平齐时，共面处两基本形体邻接表面间不应有分界线，即不需要画线，如图 5-1a 所示。

当两基本形体的邻接表面不共面，表面不平齐时，两基本形体邻接表面间应有分界线，即需要画线，如图 5-1b 所示。

2. 相切

相切是指两基本形体的邻接表面（平面与曲面或曲面与曲面）光滑过渡。此时，在相切处不画分界线，平面的终止位置画到切点处（图 5-2）。在某个视图上，当切线处存在回转面的转向轮廓线时，应画出该转向轮廓线的投影，如图 5-3 所示。

125

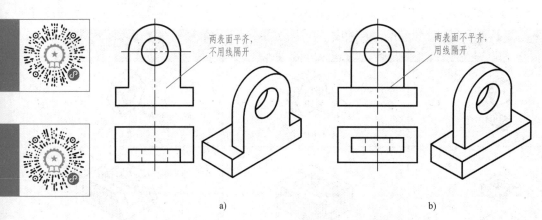

a)   b)

图 5-1　邻接表面共面的画法

a）两基本形体表面平齐　　b）两基本形体表面不平齐

126

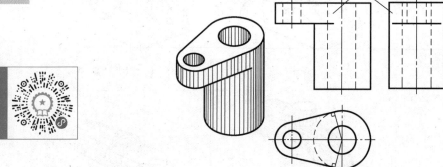

图 5-2　邻接表面间相切的画法

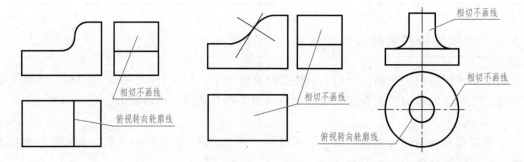

图 5-3　表面相切存在回转面转向轮廓线的画法

3. 相交

　　两基本形体的邻接表面相交，必须画出邻接表面相交处交线的投影，如图 5-4 所示。无论是两实体的邻接表面相交，还是实体与虚体或虚体与虚体的邻接表面相交，其交线的本质都一样。只要两基本形体的表面性质、大小和相对位置相同，交线就完全相同。

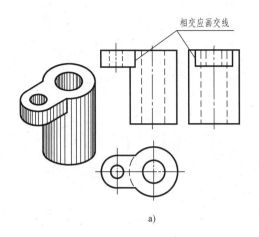

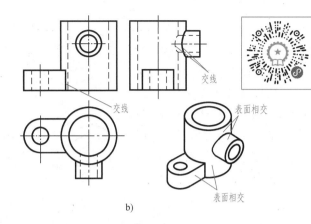

相交应画交线

交线

交线

表面相交

表面相交

a)

b)

图 5-4　邻接表面间相交的画法

5.2　形体分析法与线面分析法

5.2.1　形体分析法

　　形体分析法是假想把组合体分解为若干个基本几何体（简称形体），并确定各形体间的组合形式和形体邻接表面间的相对位置的方法。

　　运用形体分析法假想分解组合体时，分解的过程并不是唯一和固定的，如图 5-5 所示。图 5-6a 所示的凹形柱可以看成由一个大四棱柱与两个等宽的小四棱柱共面叠加构成（图 5-6b）；也可以看成由三个

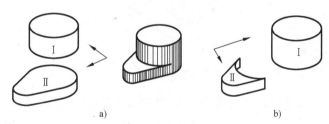

I

II

I

II

a)

b)

图 5-5　组合体分解的不同方案

等宽但大小不同的四棱柱共面叠加构成（图 5-6c）；还可看成从一个大四棱柱中对称挖去一个等宽的小四棱柱构成（图 5-6d）。

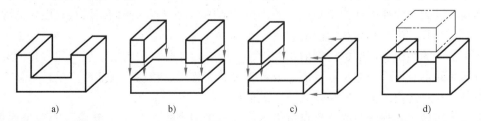

a)　　　　　　　　b)　　　　　　　　c)　　　　　　　　d)

图 5-6　凹形柱分解的不同方案

　　尽管形体分析的中间过程各不相同，但其最终结果都是相同的。因此对一些常见的简单组合体，可以直接把它们作为构成组合体的基本形体，不必做过细的分解。如图 5-7 所示，这些常见的组合体，都可以直接当作基本形体。

图 5-8 所示的组合体是由底板、搭子、竖板在叠加的基础上，再在底板上挖出四棱柱，在搭子上挖出圆柱头长方体，在竖板上挖出圆柱而构成。搭子在底板上方居中，竖板在底板上方靠右侧且与底板右端面共面。

图 5-9 所示的组合体是在长方体上挖出Ⅰ、Ⅱ、Ⅲ三个简单形体而构成。

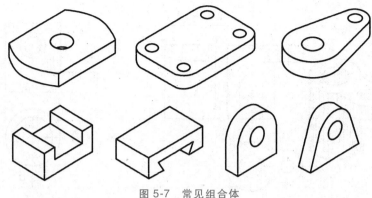

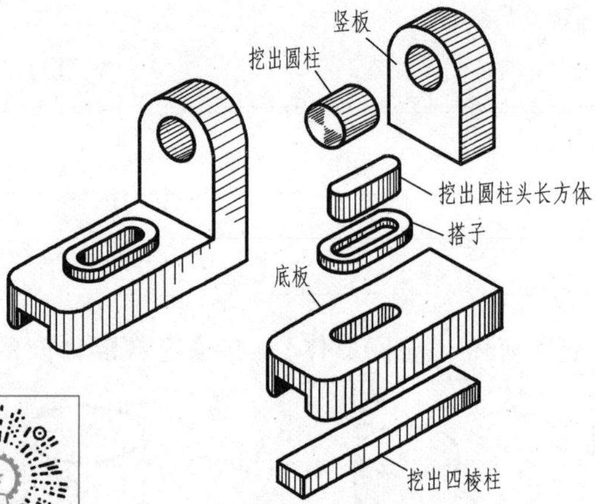

图 5-7　常见组合体

图 5-8　组合体形体分析法（一）

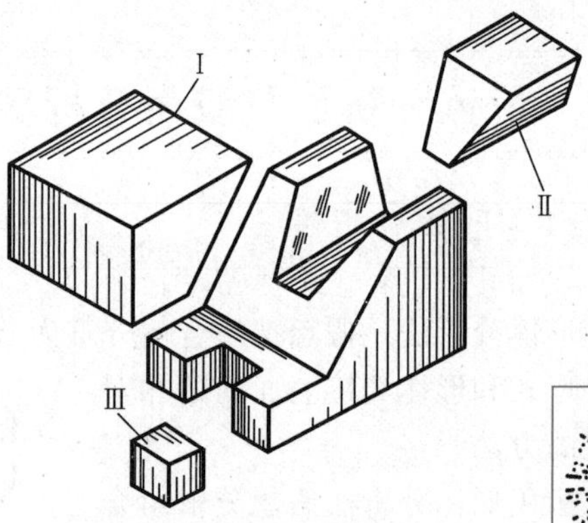

图 5-9　组合体形体分析法（二）

形体分析法是画组合体三视图、读组合体三视图和组合体尺寸标注最基本的方法之一。把组合体分解为若干个基本形体，仅是一种分析问题的方法，分解过程是假想的，组合体仍是一个整体。

5.2.2　线面分析法

形体分析法是组合体最基本的分析方法，线面分析法是形体分析法的补充。线面分析法是根据面、线的空间性质和投影规律，分析组合体的表面或表面间的交线与视图中的线框或图线的对应关系，进行画图和读图的方法。

在组合体的画图、读图、构型的实践中，一般以形体分析法为主。但当组合体的某些表面是投影面的垂直面或一般位置平面，或者邻接表面相交、相切、共面后产生较为复杂的连接关系时，常常运用线面分析法做进一步的分析。

由正投影理论，视图中的一个点可表示：顶点的投影；立体上一条棱线的积聚性投影。图线可表示：具有积聚性的表面（平面或柱面）的投影；两个邻接表面（平面或曲面）交线的投影；曲面的转向线的投影。线框可表示：形体表面（平面或曲面）的投影；孔洞的投影；相切表面的投影。相切表面的投影既可能是封闭的线框，也可能是不封闭的线框。

构成组合体的形体可以看作是由形体各表面围成的实体。形体分析法是从"体"的角度分析组合体，线面分析法是从"线""面"的角度分析形体的表面或表面间的交线。画形体的投影实际上是画形体表面或表面间的交线的投影，这些线、面的视图之间必须符合投影规律。

运用线面分析法时，应注意利用线、面投影的积聚性、实形性和类似性来解题。积聚性和实形性一般较容易掌握，而类似性在画图中容易产生错误。投影面平行面和投影面垂直线的投影具有实形性和积聚性见表 5-2，而图 5-10 所示的投影面垂直面和一般位置平面的投影具有类似性。

表 5-2　投影面平行面和投影面垂直线的投影具有实形性和积聚性

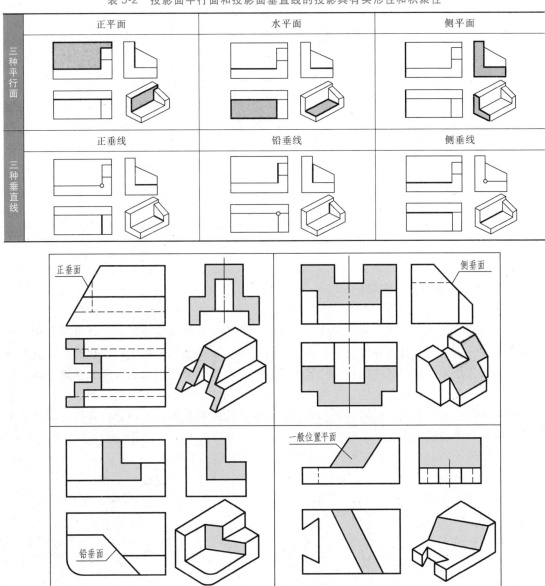

图 5-10　投影面垂直面和一般位置平面的投影具有类似性

图 5-11a 所示的立体是长方体经过多次切割而成，通过分析，平面 P 为正垂面。根据平面的正投影特性，平面 P 的正面投影应积聚为一条直线，侧面和水平投影均为空间平面 P 的类似形。

图 5-11b 所示的立体也是长方体经过多次切割构成，通过分析，平面 Q 为侧垂面。根据平面的正投影特性，平面 Q 的正面、水平面投影均为空间平面 Q 的类似形，侧面投影积聚为一条直线。同理，平面 R 为正垂面，根据平面的正投影特性，平面 R 的正面投影积聚为一条直线，侧面和水平面投影均为空间平面 R 的类似形。

在画图和读图过程中，一般先采用形体分析法，当形体的邻接表面处于共面、相切或相交特殊关系时，或者形体的表面有投影面垂直面和一般位置平面时，常采用线面分析法。也可以采用形体分析法解题后，再采用线面分析法来验证所得的结果。

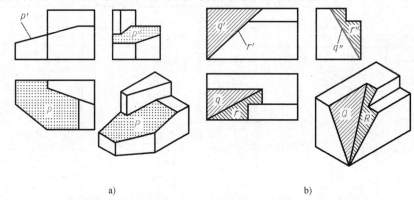

图 5-11　组合体的线面分析法
a）线面分析法（一）　b）线面分析法（二）

5.3　画组合体的三视图

画组合体的三视图，通常采用形体分析法，它是将复杂形体简单化的一种思维方法。首先运用形体分析法把组合体分解为若干基本形体，并分析确定各形体之间的相对位置及组合形式，判断各形体邻接表面间的相对位置关系。然后再根据分析结果和投影关系逐个画出各基本形体的三视图，同时分析检查那些处于共面、相切或相交关系的邻接表面的投影是否正确，即有无漏线和多余线。最后对局部难懂的结构运用线面分析法重点分析校核，以保证正确地绘制组合体的三视图。

下面以图 5-12a 所示轴承座为例，说明画组合体三视图的步骤。

1. 形体分析

如图 5-12b 所示，轴承座可分解为底板、肋板、立板、圆柱筒 1 和圆柱筒 2 五部分，它是以叠加为主的组合体。立板位于底板上方后侧，其后端面与底板后端面平齐，立板的左、右侧面与圆柱筒 1 的外表面相切，立板上

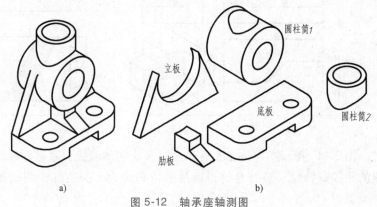

图 5-12　轴承座轴测图

表面与圆柱筒 1 相交；肋板位于底板上方左右居中，肋板后端面与立板前端面平齐，肋板上表面与立板上表面共柱面；顶部圆柱筒 2 与圆柱筒 1 相贯。

2. 视图确定

画组合体三视图时，应首先确定组合体的摆放位置和主视图的投影方向。主视图一经确定，俯、左两视图也随之确定。

1）组合体的摆放位置。一般选择组合体的自然位置或将组合体主要表面和主要轴线放置成与投影面平行或垂直的位置，作为组合体的摆放位置。

2）主视图的投影方向。选择能较多地反映组合体的形状特征及其相对位置，并能减少俯、左视图中细虚线的方向，作为主视图的投影方向。

如图 5-13 所示，将轴承座按自然位置放正后，分析图中 A、B、C 三个投影方向，A 向投影最能反映形状特征且视图中细虚线最少，故确定 A 向为主视图的投影方向。

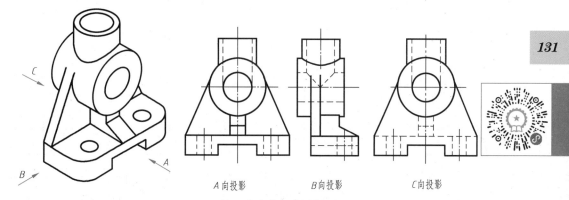

A 向投影　　　　B 向投影　　　　C 向投影

图 5-13　轴承座主视图的选择

3. 选比例、定图幅

画图时，在可能的情况下尽量选用 1∶1 的比例，这样既便于直接估量组合体的大小，也便于画图。按选定的比例，根据组合体的长、宽、高大致估算出三个视图所占面积，并在各视图之间留出标注尺寸的位置和适当的间距，并据此选用合适的标准图幅。

4. 布图、画基准

综合考虑各视图尺寸大小，在视图之间留足尺寸标注的位置，将各视图均匀、合理地布置在作图框中，用细点画线或细实线画出基准线以确定各视图的位置。基准线是指画图时测量尺寸的基准，每个视图需要确定两个方向的基准线。基准线一般选用组合体的底面、重要端面、对称面以及重要轴线。

5. 绘制底稿

绘制底稿时应注意以下几点：

1）绘制图时按基本形体的叠加顺序一部分一部分地画，每一部分的绘图顺序一般是从最能反映该基本形体形状特征的视图入手，先画主要部分，后画次要部分；先画可见部分，后画不可见部分；先画弧线，后画直线。

2）绘制基本形体时，要三个视图联系起来绘制，并注意各基本形体邻接表面间相对位置关系的正确表达。

图 5-14 所示为轴承座三视图的具体绘制图步骤。

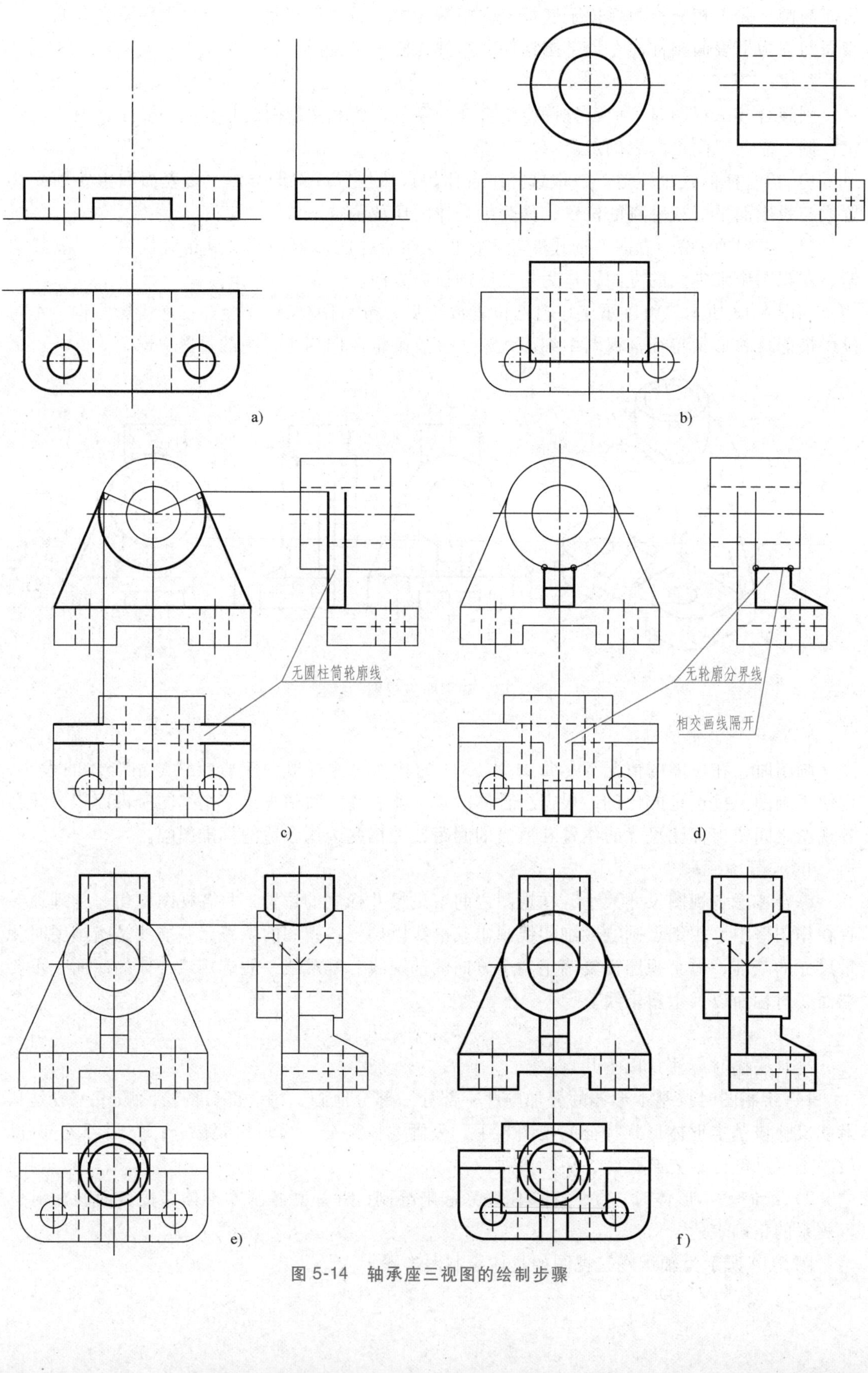

a)

b)

无圆柱筒轮廓线

c)

无轮廓分界线

相交画线隔开

d)

e)

f)

图 5-14　轴承座三视图的绘制步骤

如图 5-14a 所示，绘制基准线，并绘制底板的三视图。底板的俯视图最能反映其形状特征，应先绘制其俯视图，再绘制主、左视图。

如图 5-14b 所示，绘制圆柱筒 1 的三视图，圆柱筒应先绘制主视图，再绘制俯、左视图，注意遮挡关系的处理。

如图 5-14c 所示，绘制立板的三视图，立板应先绘制主视图，注意立板和圆柱筒表面相切关系的正确表达和各组成部分之间遮挡关系的处理。

如图 5-14d 所示，绘制肋板的三视图，肋板应主、左视图结合起来绘制，注意肋板和圆柱筒表面相交及共面关系的正确表达，同时注意遮挡关系的处理。

如图 5-14e 所示，绘制圆柱筒 2 的三视图，圆柱筒应先绘制俯视图，再绘制主、左视图，注意圆柱筒 1 和圆柱筒 2 的外圆柱表面和内圆柱孔之间相贯关系的正确表达，同时注意遮挡关系的处理。

6. 检查、描深

底稿画完后，应逐个仔细检查基本形体的投影，并对组合体上主要表面及处于共面、相切、相交等特殊位置的邻接表面重点校核，纠正错误和补充遗漏，最后描深图线，如图 5-14f 所示。

【例 5-1】 画出图 5-15a 所示组合体的三视图。

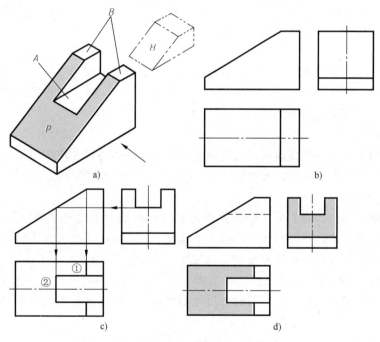

图 5-15 画三视图

【作图】

1）形体分析。图 5-15a 所示组合体是对中挖去四棱柱 H 形成一个侧垂通槽，其表面 P 是正垂面。

2）确定主视图。选择图 5-15a 中箭头所指的方向为主视图投影方向。

3）选比例、定图幅。按 1：1 的比例确定图幅。

4）布图画基准。

5）绘制底稿。逐个画出形体的三视图，如图 5-15b 所示。再画挖去四棱柱的三视图，注意：交线①、②的水平投影利用有积聚性的正面投影和侧面投影按投影规律求得，如图 5-15c 所示。

6）检查描深。根据类似性检查正垂面 P 的投影是否正确，如图 5-15d 所示。

5.4 组合体的尺寸标注

尺寸是图样的重要组成部分。视图只能表达组合体的形状，各形体的大小及其相对位置则要靠尺寸来确定。组合体尺寸标注的基本要求是正确、完整、清晰。

1. 标注正确

尺寸标注应确保尺寸数值正确无误，标注的尺寸（包括尺寸数字、符号、箭头、尺寸线和尺寸界线等）要符合国家标准的有关规定。

2. 标注完整

标注尺寸必须将组合体中各基本形体的大小及相对位置完全确定下来，无遗漏、无重复尺寸。形体分析法是保证组合体尺寸标注完整的基本方法。为了将尺寸标注得完整，应先按形体分析法标注确定各基本形体的定形尺寸，再标注确定它们之间相对位置的定位尺寸，最后根据组合体的结构特点，标注总体尺寸。

3. 标注清晰

要求标注的尺寸排列适当、整齐、清楚，便于读图。为了读图方便，应尽可能把尺寸标注在形体特征明显的视图上，有关联的尺寸应尽量集中标注，尺寸的布置要清晰整齐。

5.4.1 基本几何体的尺寸注法

组合体是由基本形体经叠加或挖切构成的。基本几何体的尺寸注法，是组合体尺寸标注的基础。基本几何体的大小通常是由长、宽、高三个方向的尺寸来确定的。

1. 平面立体的尺寸注法

棱柱、棱锥及棱台，除了标注确定其顶面和底面形状大小的尺寸外，还要标注高度尺寸。为了便于读图，确定顶面和底面形状大小的尺寸，应标注在反映其实形的视图上。标注正方形尺寸时，在正方形边长尺寸数字前，加注正方形符号"□"。

表 5-3 中的正六棱柱，除必须标注其高度尺寸外，底面的两个尺寸只需标注其一即可，因为另一尺寸可由几何关系确定。若两个尺寸都要标注，则应将其中之一作为参考尺寸，加上括号。

2. 曲面立体的尺寸注法

圆柱、圆锥、圆台和圆环，应标注圆的直径和高度尺寸，并在直径数字前加注直径符号"ϕ"。因为回转体某些方向尺寸相同，一般只需标注两个尺寸，有时只需标注一个尺寸。一般圆柱和圆台需标注底面直径（尺寸数字前加 ϕ）和高度尺寸，并且直径尺寸常标注在其投影为非圆的视图上，这时，只要一个视图就可以确定回转体的形状和大小，其他视图可以省略不画；圆环需标注母线圆和中心圆的直径；圆球只需要一个视图，标注球面直径（尺寸数字前加 S）即可。

表 5-3　常见基本形体的尺寸注法及其数量

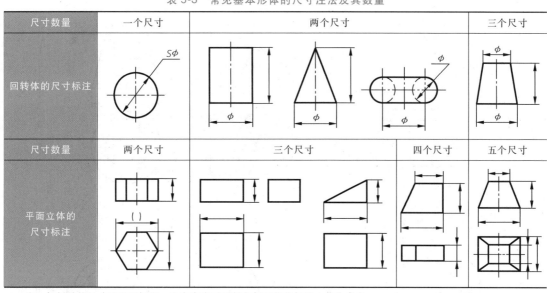

注：加括号的尺寸可以不标注，生产中为了下料方便又往往标注上作为参考。

5.4.2　切割体和相贯体的尺寸标注

1. 切割体的尺寸标注

基本形体被切割后，形成切割体，这时，除了要标注基本形体的定形尺寸外，还需要标注截切面的定位尺寸，并把该尺寸集中标注在切口、切槽的特征视图上。因为截切面与基本形体的相对位置确定后，截交线已经完全确定，所以不需要在切口的交线上标注尺寸。切割体的尺寸标注示例如图 5-16 所示。

2. 相贯体的尺寸标注

基本形体相贯时，除了要分别标注各基本形体的定形尺寸外，还需要标注各基本形体之间的定位尺寸，并把定位尺寸集中标注在反映基本形体相对位置明显的特征视图上。

影响相贯线的因素有基本形体的形状、大小、相对位置，当这些因素确定以后，相贯线则自然形成，所以不需要给相贯线标注尺寸。相贯体的尺寸标注示例如图 5-17 所示。

5.4.3　组合体的尺寸标注

1. 组合体的尺寸分类

组合体的尺寸分为定形尺寸、定位尺寸和总体尺寸三类。另外，在标注尺寸之前还要确定组合体长、宽、高各方向的尺寸基准。下面以图 5-18 所示形体为例，介绍组合体的三类尺寸。

（1）尺寸基准　尺寸基准是标注尺寸的起点。标注组合体尺寸时，应首先在其长、宽、高各方向上至少确定一个尺寸基准。可作为尺寸基准的几何要素一般是对称形体的对称平面、形体的较大平面（底面、重要端面）和主要回转结构的轴线和中心线等。

根据图 5-18a 所示组合体的结构特点，选择左右对称平面为长度方向主要基准；底面为高度方向主要基准；后端面为宽度方向主要基准，如图 5-18b 所示。

根据组合体具体形状，有些组合体在某些方向还需要确定辅助基准，辅助基准和主要基

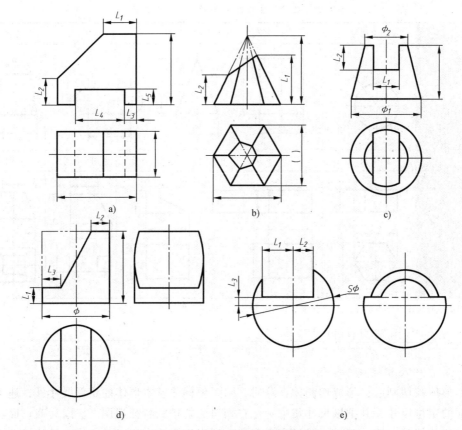

图 5-16   切割体的尺寸标注示例

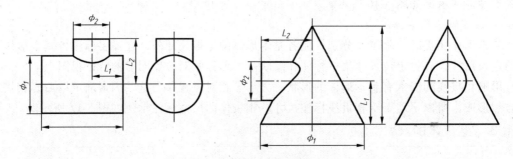

图 5-17   相贯体的尺寸标注示例

准之间要有联系尺寸。如图 5-18b 所示，底面为高度方向主要基准，上顶面半圆柱和圆柱孔的回转轴线为高度方向辅助基准，主要基准和辅助基准之间有联系尺寸 "62"。

（2）定形尺寸   定形尺寸是确定组合体各组成部分形状和大小的尺寸。如图 5-18b 中的尺寸 "148" "60" "14" "$R15$" 是分别反映底板长、宽、高及圆角半径的定形尺寸。

（3）定位尺寸   定位尺寸是确定组合体各组成部分之间相对位置，以及各组成部分内部各要素之间相对位置的尺寸。图 5-18b 中的尺寸 "62" 是反映各组成部分之间相对位置的尺寸；尺寸 "118" "30" 是反映组成部分内部各要素之间相对位置的尺寸。

（4）总体尺寸   总体尺寸是指组合体的总长、总宽、总高尺寸，如图 5-18b 中的尺寸 "148" "70"。

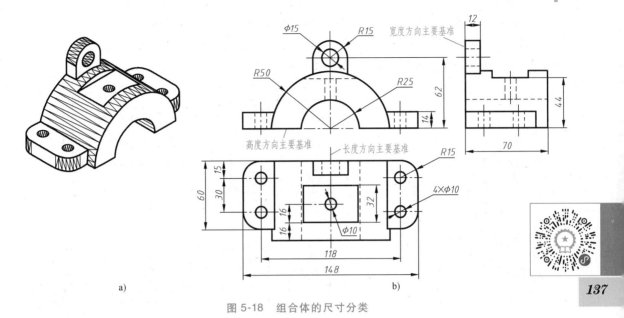

图 5-18　组合体的尺寸分类

注意:

1) 尺寸的分类不是严格的, 有些尺寸同时起几个尺寸的作用, 如图 5-18b 所示的尺寸 70 既是定形尺寸也是组合体的总宽尺寸。

2) 当组合体的某一方向为回转体时, 一般不直接标注总体尺寸, 而用回转体中心的定位尺寸和回转体半径共同反映该方向总体尺寸, 如图 5-18b 中总高尺寸由尺寸 "62" "R15" 共同确定。如图 5-19 所示, 总长尺寸由尺寸 L_1、R 确定, 总高尺寸由尺寸 L_2、R_1 确定。

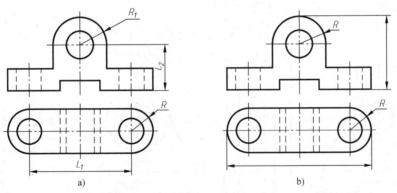

图 5-19　组合体的总体尺寸标注
a) 正确　b) 错误

2. 组合体尺寸标注的步骤

叠加组合体和挖切组合体标注尺寸的方法有所不同, 下面分别讲解其尺寸标注的方法和步骤。

(1) 叠加组合体的尺寸标注——以轴承座为例说明

1) 形体分析, 并确定长、宽、高尺寸标注基准。如图 5-20a 所示, 按照形体分析法, 把组合体分成底板、圆柱筒 1、立板、肋板、圆柱筒 2 几个组成部分, 并选择图示平面为长、宽、高尺寸标注的主要基准。

2）标注各组成部分独立的定形尺寸。由于把组合体分解为相对简单的组成部分是一个假想行为，组合体实际是一个整体，故只需要标注各组成部分独立的定形尺寸，与其他组成部分相关的定形尺寸不标注，如图 5-20b 所示。

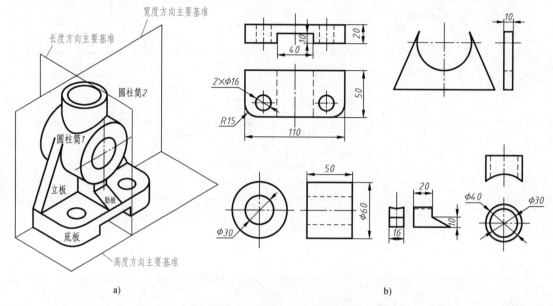

a)   b)

图 5-20　叠加组合体尺寸标注步骤（一）

3）标注各组成部分的定位尺寸。根据所选定的长、宽、高尺寸标注的主要基准，相对于主要基准标注各组成部分之间的定位尺寸"70""15""25""120"和各组成部分内部各要素之间的定位尺寸"70""35"，如图 5-21a 所示。

4）标注和调整总体尺寸，校核完成。分析总体尺寸，并检查所有尺寸是否有遗漏或重

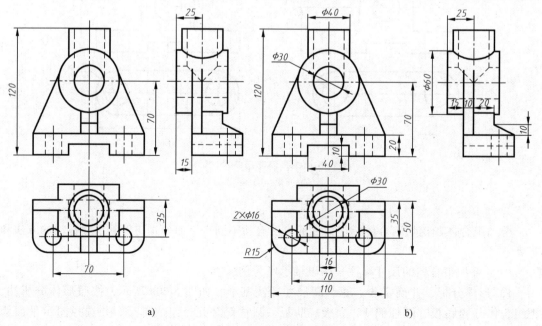

a)   b)

图 5-21　叠加组合体尺寸标注步骤（二）

复，布置是否清晰，最后完成的尺寸标注如图 5-21b 所示。轴承座的总长"110"，与轴承座底板长度方向的定形尺寸重合；总宽由底板宽度"50"和圆柱筒 1 在立板后面伸出的长度"15"所确定；总高"120"与圆柱筒 2 上表面的定位尺寸重合，不另行标出。

（2）切割组合体的尺寸标注——以长方体被切割为例说明

1）形体分析，并确定长、宽、高尺寸标注基准。如图 5-22 所示，按照形体分析法，组合体可以看作是长方体的左边被切去一个角，右上方被挖去一个燕尾槽而成，分析并选择图示平面为长、宽、高尺寸标注的主要基准。

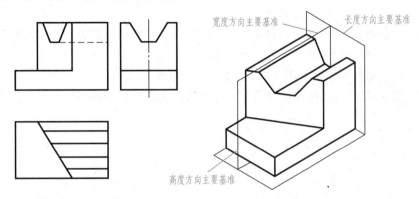

图 5-22 切割组合体尺寸标注步骤（一）

2）标注长方体的尺寸，如图 5-23a 所示。

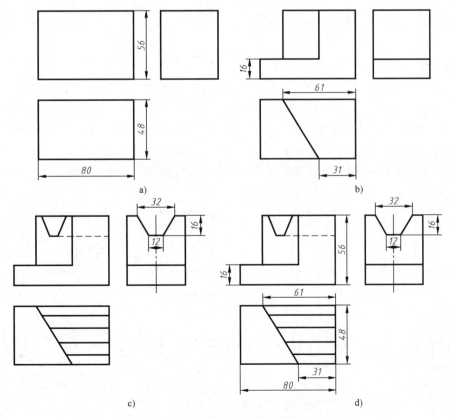

图 5-23 切割组合体尺寸标注步骤（二）

3）按切割顺序标注各切割面的定位尺寸，截交线的尺寸不标注，通过作图求出。

图 5-22 左边的斜角是一个铅垂面和一个水平面共同截切而成，铅垂面需要两个定位尺寸，水平面需要一个定位尺寸，如图 5-23b 所示。

图 5-22 上方的燕尾槽是两个侧垂面和一个水平面共同截切而成，侧垂面需要两个定位尺寸（注意对称结构应对称标注），水平面需要一个定位尺寸，如图 5-23c 所示。

4）标注和调整总体尺寸，校核完成。分析总体尺寸，并检查所有尺寸是否有遗漏或重复，布置是否清晰，最后完成的尺寸标注如图 5-23d 所示。

3. 组合体的尺寸标注的注意事项

1）尺寸尽量标注在特征明显的视图上。定形尺寸尽可能标注在表示形体特征明显的视图上，定位尺寸尽可能标注在位置特征清楚的视图上。如图 5-24a 所示，将五棱柱的五边形尺寸标注在主视图上，比分开标注（图 5-24b）要好。如图 5-24c 所示，腰形板的俯视图形体特征明显，"R4""R7"等尺寸标注在俯视图上是正确的，而图 5-24d 所示的标注是错误的。

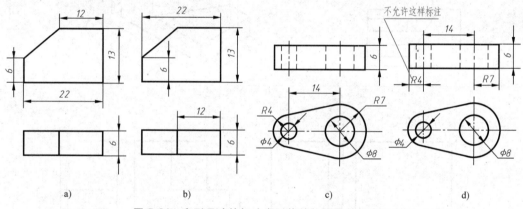

图 5-24　定形尺寸的标注在形体特征明显的视图上
a）好　b）不好　c）正确　d）错误

2）同一形体的尺寸应尽量集中标注。圆柱开槽后表面产生截交线，其尺寸集中标注在主视图上比较好，如图 5-25a 所示。两圆柱相交表面产生相贯线，其尺寸的正确注法如图 5-25c 所示。相贯线本身不需标注尺寸，图 5-25d 所示的标注是错误的。

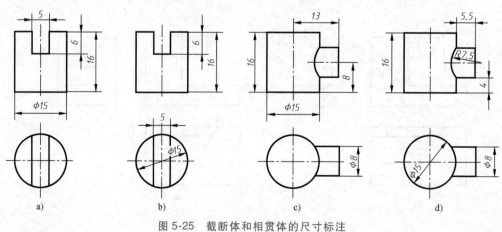

图 5-25　截断体和相贯体的尺寸标注
a）好　b）不好　c）正确　d）错误

3）直径尺寸尽量标注在投影为非圆的视图上，圆弧的半径应标注在投影为圆的视图上，尺寸尽量不标注在细虚线上。如图 5-26a 所示，圆的直径"$\phi20$""$\phi30$"标注在主视图上是正确的，标注在左视图上是错误的（图 5-26b）。而尺寸 14 标注在左视图上是为了避免在细虚线上标注尺寸。"$R20$"只能标注在投影为圆的左视图上，而不允许标注在主视图上。

4）标注同一方向尺寸时，应按"小尺寸在内，大尺寸在外"的原则标注，尽量避免尺寸线与尺寸界线相交。如图 5-26a 所示，"12""16"两个尺寸应标注在"42"的里面，标注在"42"的外面是错误的，如图 5-26b 所示。

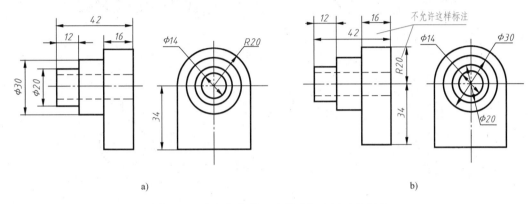

图 5-26　直径与半径、大尺寸与小尺寸的标注
a）正确　b）错误

5）尺寸尽量标注在两个相关视图之间，尽量标注在视图的外面。同一方向上连续标注的几个尺寸应尽量配置在少数几条线上，如图 5-27 所示。应根据尺寸大小依次排列，尽量避免尺寸线与尺寸界线、轮廓线相交。

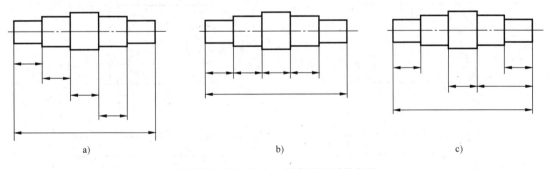

图 5-27　同一方向上的连续尺寸的标注
a）不好　b）好　c）好

6）组合体的端部是回转面时，该方向一般不直接标注总体尺寸，而是由确定回转面轴线的定位尺寸和回转面的定形尺寸（半径或直径）来间接确定，如图 5-28 所示。

7）在标注回转体的定位尺寸时，一般是确定其轴线的位置，而不应以其转向线来定位，如图 5-29 所示。

8）常见底板结构的尺寸标注示例如图 5-30 所示。

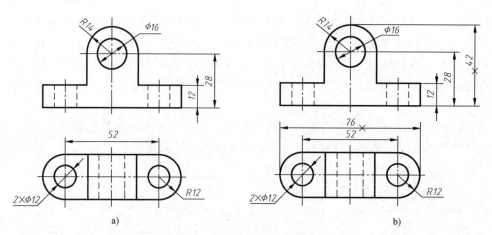

图 5-28 不标注总体尺寸的情况

a) 正确 b) 错误

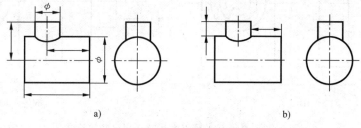

图 5-29 回转体定位尺寸的标注

a) 好 b) 不好

142

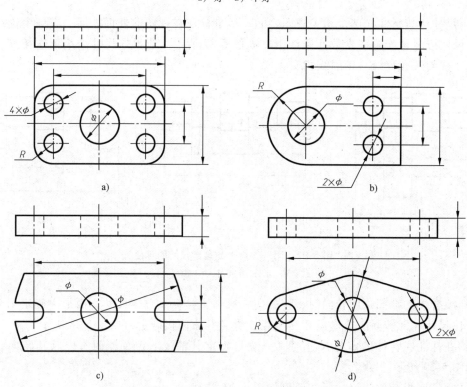

图 5-30 常见底板结构尺寸标注示例

5.5　读组合体的视图

读图是画图的逆过程。画图是把三维空间的组合体用投影法表示在二维平面上，而读图则是根据已知视图，应用投影规律，想象出组合体的空间结构形状。画图与读图是相辅相成的，画图是读图的基础。要想正确、迅速地读懂视图，必须掌握读图的基本要领和基本方法，总结各类形体的形成过程及特点，通过反复实践，不断培养空间思维能力，提高读图能力。

5.5.1　读图的基本要领

读图一般是以形体分析法为主，线面分析法为辅。根据形体的视图，逐个识别出各个形体，并确定形体的组合形式、相对位置及邻接表面关系。初步想象出组合体后，还应验证给定的每个视图与所想象的组合体的视图是否相符，当二者不一致时，必须按照给定的视图来修正想象的形体，直至各个视图都相符为止，此时想象的组合体即为所求。

1. 将几个视图联系起来读图

在工程图样中，是用几个视图共同表达物体形状的。组合体一般用三视图来表达，每个视图只能反映组合体一个方向的投影形状，而不能概括其全貌，如图 5-31 所示，形体 1 和形体 2 的主视图和左视图相同，但它们是不同形状的组合体；形体 3 和形体 4 的主视图和俯视图相同，但它们是不同形状的组合体。所以，只根据一个或两个视图不能确定组合体的形状，必须将几个视图联系起来读图。

2. 从反映形体特征的视图入手

在视图上，形体特征是对形体进行识别的关键信息，形体特征包括形状特征和位置特征。特征视图最能反映组合体的形状特征和位置特征。对特征视图进行分析，有助于想象组合体空间形状。组合体上每一组成部分的特征并不集中在一个视图上，但一般主视图能够较多地反映组合体的形体特征。因而在读图时，常从主视图入手，再结合组合体的各组成部分的形体特征进行分析。如图 5-32 所示，俯视图最能反映形体 1 的形状特征；左视图最能反映形体 2 的形状特征；结合主视图和俯视图最能反映形体 3 和形体 4 的形状特征和各组成部分的位置特征。

3. 理解视图中图线和线框的含义

视图是由一个个封闭线框组成的，而线框又是由图线构成的。因此，分析清楚图线及线框的含义是十分必要的。

（1）视图上的图线　视图中常见的图线有粗实线、细虚线和细点画线。细点画线可以表示回转体的轴线、对称中心线。视图上的图线可以表示形体上面与面的交线、曲面的转向轮廓线或某面的积聚性投影。如图 5-33 所示，图线 3′为面与面的交线；图线 6″为曲面的转向轮廓线；图线 1 为平面的积聚性投影。

（2）视图上的封闭线框　视图上的封闭线框可以表示形体的平面、曲面、以及曲面和其切平面的组合投影。如图 5-33 所示，封闭线框 8″表示平面；封闭线框 2 表示圆柱面；封闭线框 7″表示平面和圆柱面的组合面。

（3）视图上相邻的封闭线框　视图上相邻的封闭线框表示两个不同位置的表面：两表

面若相交，则封闭线框的公共边为两表面的分界交线，如图 5-33 所示的线框 8″和 9″；两表面若不相交，则公共边为把两表面错开的第三个表面的投影，如图 5-34 所示的线框 1′和 2′，线框 6″和 7″。

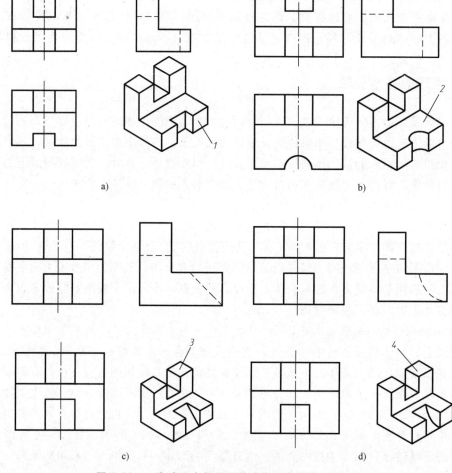

图 5-31   一个或两个视图不能确定组合体的空间形状

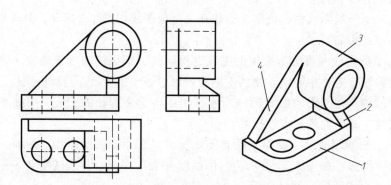

图 5-32   根据特征视图分析组合体的空间形状

　　视图上的嵌套封闭线框，一般表示形体的凹凸关系或通孔，如图 5-34 所示的线框 3′、4′、5′。3′是在 5′表面上的凸起，4′则是 5′表面上开的圆柱孔。

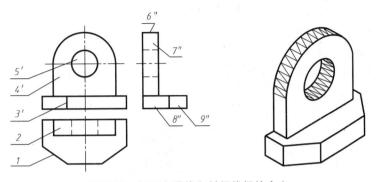

图 5-33　视图上图线和封闭线框的含义

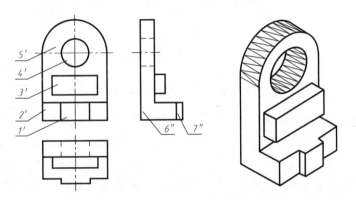

145

图 5-34　视图上相邻封闭线框和嵌套封闭线框的含义

　　（4）对组合体线框进行合理划分　分析线框想象形体是读组合体视图常用的一种方法。表示形体的封闭线框可能是单一的基本形体（平面立体或回转体），也可能是基本形体的组合。所以，划分形体的封闭线框范围时也是比较灵活的，要以方便形体构思为原则。图 5-35 所示为三种不同划分法，比较而言，方法三比较复杂。在划分组合体的每一部分时，哪个视图形状位置特征明显，就应从该视图入手，这样就能较快地将其分解成若干组成部分。

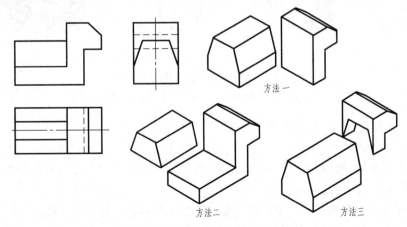

方法一

方法二　　　　　方法三

图 5-35　合理划分线框分析组合体

4. 反复构思修正立体形象

读图的过程是把想象中的组合体与给定视图反复对照、不断修正的过程。根据给定的主、俯视图想象立体，默画出想象中形体的视图，再根据视图的差异来修正想象中的形体，直至与给定的视图完全相符。

如图 5-36a 所示，在主视图上看到的是矩形线框，可以想象出很多形体，如四棱柱、圆柱、四棱柱上挖去半圆柱等；如图 5-36b 所示，在主视图上看到的是圆形线框，可以想象是圆锥、圆柱、圆球等。

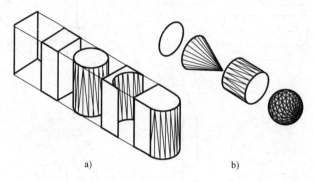

图 5-36　读组合体视图形体构思（一）

如图 5-37a 所示，主视图是一个矩形线框，俯视图是一个圆形线框，可以想象其组合体应该是一个圆柱，再联系左视图是一个三角形线框，主视图矩形线框内有半个椭圆，俯视图中圆形线框中间有一条粗实线，分析出组合体是圆柱被两个侧垂面切去了前后两块。

读图的过程就是根据视图不断修正想象中组合体的思维过程。如图 5-37b 所示，根据主、俯两视图有可能构思出第一种形体，但对照左视图就会发现所构思的形体与视图不相符，此时需根据它们左视图之间的差异来修正所构思的形体，最后构思出第二种形体。

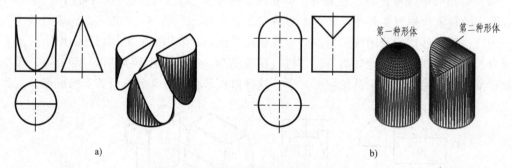

图 5-37　读组合体视图形体构思（二）

a）组合体形体构思　b）组合体形体构思与修正

5.5.2　读图的基本方法和步骤

读组合体视图的方法有两种，即形体分析法和线面分析法。一般以形体分析法为主，以线面分析法为辅。读图的一般步骤如下。

（1）联系视图抓特征　"联系视图"就是以主视图为主，配合其他视图进行初步的投影分析和空间分析。"抓特征"就是找出反映物体特征较多的视图，在较短的时间里，对物体有个大概的了解。

（2）分解形体对投影　"分解形体"就是参照特征视图来分解形体。"对投影"就是利用"三等"关系，找出每一部分的三个投影，想象出它们的形状。

（3）综合起来想整体　在读懂每部分形体的基础上，进一步分析它们之间的组合方式和相对位置关系，从而想象出整体的形状。

（4）线面分析攻难点　一般情况下，形体清晰的零件，用上述形体分析法读图就可以解决。但对于一些较复杂的零件，特别是由切割体组成的零件，单独采用形体分析法还不够，还需要采用线面分析法。

1. 形体分析法读图

形体分析法是读图的基本方法，基本思路是根据已知视图，将图形分解成若干组成部分，然后按照投影规律和各视图之间的联系，想象各组成部分的形状和位置，从而想象出整个组合体的空间形状。

如图 5-38a 所示，利用形体分析法把组合体分解成 1、2、3 三个部分，然后逐个构思各线框的空间形状和位置，在初步想象出组合体后，应按照投影特性验证各组成部分的投影及表面关系是否正确，最后综合起来想象整个组合体的空间形状。分析过程如图 5-38b、c、d、e、f 所示。

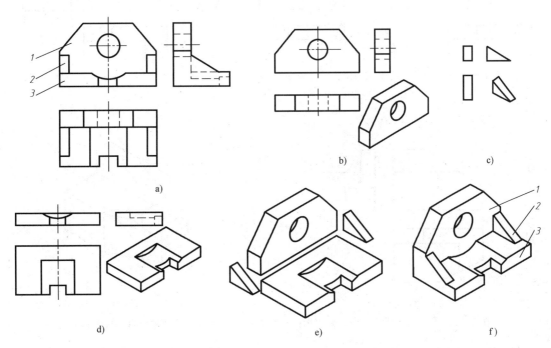

图 5-38　根据组合体三视图，用形体分析法想象组合体空间形状

a）组合体三视图　b）线框 1 形状分析　c）线框 2 形状分析　d）线框 3 形状分析
e）分析各组成部分相对位置　f）综合起来想象组合体形状

2. 线面分析法读图

线面分析法是形体分析法读图的补充。由线、面的投影知识可知，构成组合体的各交线和表面，它们的投影如果不具有积聚性，投影就是空间形状的实形或类似形。在读图过程

中，对于形状复杂的组合体，一些不易读懂的部分，常用线、面的投影特性来分析其形状和相对位置，从而想象出组合体的整体形状。

如图 5-39a 所示，用形体分析法可以把组合体看成由一个长方体经过多次切割而成。主视图表示长方体的左前方切去一个角；俯视图表示长方体的左前方切去一个角；左视图表示长方体的前方切去一个长方体。每次切割后是什么形状，需要进一步采用线面分析法进行分析。

1）如图 5-39b 所示，利用投影对应关系分析主视图线框 p' 的对应投影，俯视图只能对应一斜线 p，左视图上对应一类似形 p''，可知平面 P 是铅垂面，是一个五边形。

2）如图 5-39c 所示，利用投影对应关系分析俯视图线框 q 的对应投影，主视图只能对应一斜线 q'，左视图上对应一类似形 q''，可知平面 Q 是正垂面，是个六边形。

3）如图 5-39d 所示，左视图的缺口由一个正平面和一个水平面共同切割而成，分析左视图上的直线 $a''b''$ 的对应投影，AB 为一般位置直线，是 P、Q 两平面的交线。

4）通过形体分析法，结合线面分析法，得到组合体的整体形状，如图 5-39e 所示。

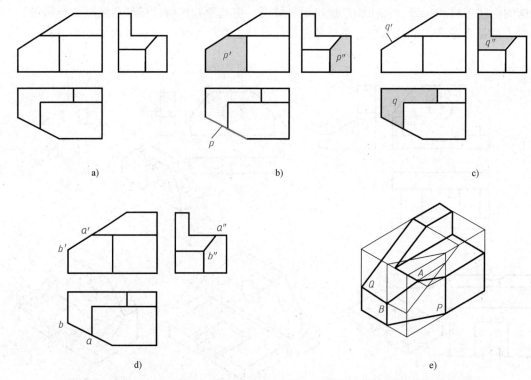

图 5-39　根据组合体三视图，采用形体分析法结合线面分析法想象组合体空间形状

5.5.3　读图举例分析

已知两视图补画第三视图，是训练读图能力、培养空间想象力的重要手段。补画视图实际上是读图和画图的综合练习，一般可分如下两步进行：

1）根据已知视图按前述方法将视图读懂，并想象出物体的形状。

2）在想象出形状的基础上，应根据已知的两个视图，按各组成部分逐个画出第三视图，进而画出整个物体的第三视图。

【**例 5-2**】 补画支架的左视图，如图 5-40a 所示。

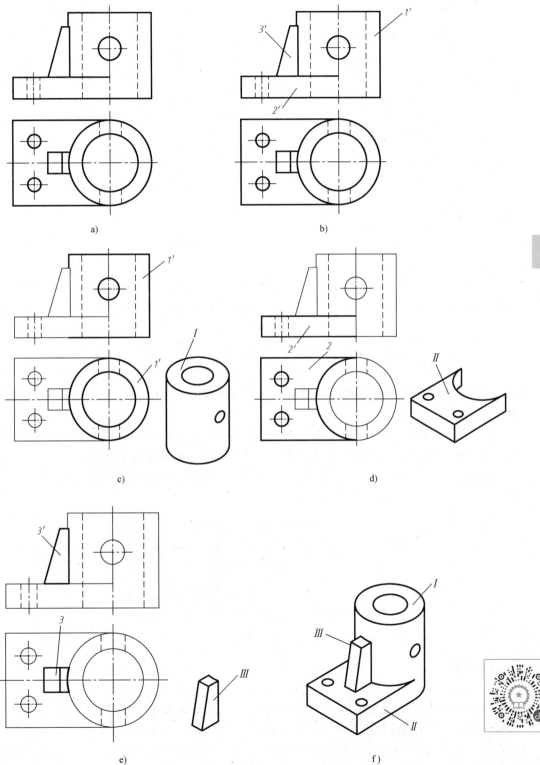

图 5-40 组合体读图举例（一）

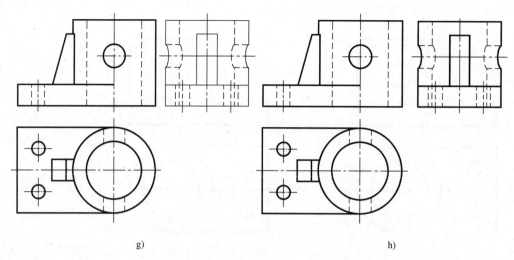

g)   h)

图 5-40　组合体读图举例（一）（续）

【分析】

1）确定基本形体。如图 5-40a 所示，给出了主、俯视图。该支架大体是由右边的空心圆柱（尚有一横穿圆柱孔）、左下部的方板（板上开两圆柱孔）及梯形块所构成，整体前后对称。

2）划分线框，找对应投影，分析各组成部分形状。将主视图划分成三个线框 1′、2′、3′，如图 5-40b 所示。找对应投影，在俯视图上找到对应的线框 1、2、3。据此，即可想象出形体Ⅰ、Ⅱ和Ⅲ，如图 5-40c ~ e 所示。综合起来想象整个形体，支架的形状如图 5-40f 所示。

3）绘制左视图。在读图基础上，由主、俯视图按投影画出支架左视图，如图 5-40g 所示。注意横穿圆柱孔处内外相贯线的画法，图 5-40h 所示为描深的左视图。

【例 5-3】　如图 5-41 所示，已知组合体主、左视图，想象组合体空间形状，补画俯视图。

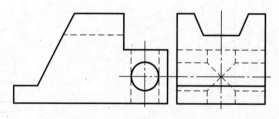

图 5-41　组合体主、左视图

【分析】

1）确定基本形体。根据主、左视图，可以看作组合体是由长方体经多次切割而成的。

2）划分线框，找对应投影，分析切割情况。分析主视图可以看出长方体在左上方被一个水平面和一个正垂面切去一个缺口，在右上方被一个水平面和一个侧平面切去一个缺口（图 5-42a）；分析左视图可以看出长方体在上方被两个对称的侧垂面和一个水平面共同从左往右挖去一个燕尾槽（图 5-42b）。通过分析主、左视图并结合相贯线的知识，可以看出在长方体的右方被从前往后和从上往下挖去两个直径相等的圆柱孔，综合起来想象整个形体，如图 5-42c 所示。

3）绘制俯视图。按形体分析法一部分一部分地画，首先画长方体的水平投影，然后画左、右切割面的水平投影（图 5-42d），再画从左往右燕尾槽的水平投影（图 5-42e）。最后画挖去圆柱孔的水平投影，并用线面分析法分析 *P* 面的投影是否正确，检查、加深，完成俯视图的绘制（图 5-42f）。

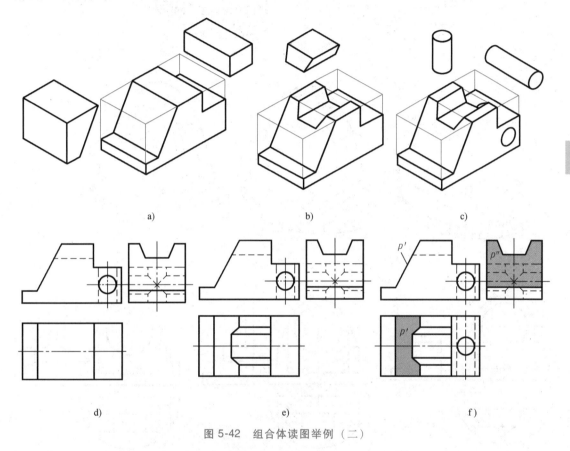

图 5-42　组合体读图举例（二）

【例 5-4】　如图 5-43a 所示，已知组合体主、俯视图，想象组合体空间形状，补画左视图。

【分析】

1）确定基本形体。根据主、俯视图，首先可以看出组合体基本形状由图 5-43b 所示的半圆柱底座和两个三角形肋板、一个直立"U"形柱叠加而成。

2）划分线框，找对应投影，分析各组成部分形状。可以看出底座是在左、右方各挖去一个缺口，并在前方挖去一个缺口而形成。将各部分按位置关系叠加在一起，再从前往后挖一个圆柱形通孔。综合起来想象整个形体，如图 5-43c 所示。

3）绘制左视图。按形体分析法一部分一部分地画，首先画底座的侧面投影（图 5-43d），然后画叠加的直立"U"形柱和三角形肋板的侧面投影（图 5-43e），最后再画挖去的圆柱孔的侧面投影。检查、加深，完成后的左视图如图 5-43f 所示。

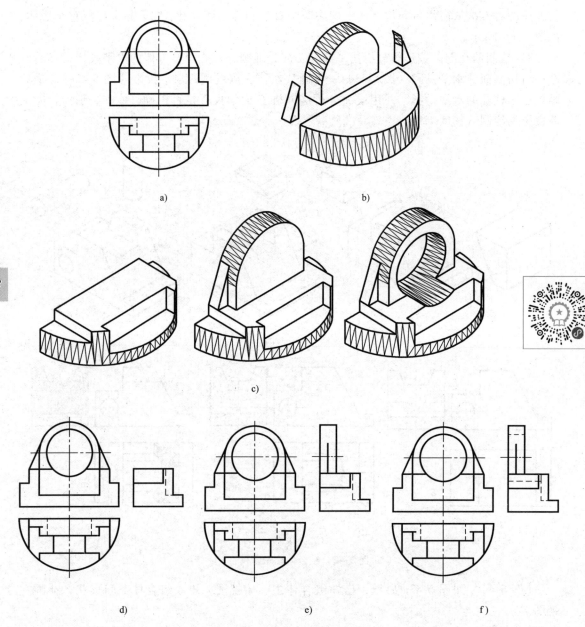

图 5-43　组合体读图举例（三）

a）组合体三视图　b）组合体基本形状构思　c）组合体细部结构分析　d）左视图绘制过程分析

e）直立"U"形柱和三角形肋板的侧面投影　f）左视图

第6章

轴 测 图

主要内容

轴测图的形成；轴间角及轴向伸缩系数的概念；正等测图及斜二测图的画法。

学习要点

了解轴测图的形成、画法及应用；熟悉轴测图的投影特点；熟悉正等测图中轴测椭圆长短轴的方向及椭圆的画法；掌握正等测图及斜二测图的画法。

工程实际中最广泛使用的图样是用投影法绘制的多面投影图，多面投影图作图方便，度量性好（图6-1a）。但是，多面投影图缺乏立体感，读图时必须应用投影原理把几个视图联系起来，需要读图者有一定空间思维能力。轴测图是单面投影图，它能同时反映物体的长、宽、高三个方向的形状特征，故立体感较强（图6-1b）。但轴测图不能反映物体表面的实

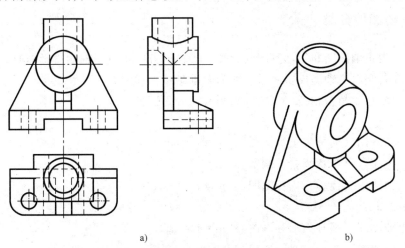

a)   b)

图 6-1   多面投影图与轴测图的比较

a）三视图   b）轴测图

形，且度量性差，作图也较复杂，因此工程上常用轴测图作为辅助图样。

6.1 轴测图的基本知识

6.1.1 轴测图的形成

用平行投影法将物体连同其参考直角坐标系一起，沿不平行于任意一坐标面的方向投射到单一投影面上所得到的具有立体感的图形，称为轴测图，如图 6-2 所示。

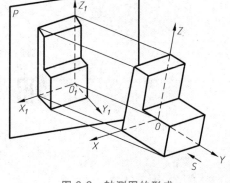

投影面 P 称为轴测投影面，投射线方向 S 称为投射方向，空间直角坐标轴 OX、OY、OZ 在轴测投影面上的投影 O_1X_1、O_1Y_1、O_1Z_1 称为轴测投影轴，简称轴测轴。

图 6-2 轴测图的形成

6.1.2 轴间角和轴向伸缩系数

在轴测图中，任意两轴测轴之间的夹角（$\angle X_1O_1Y_1$、$\angle X_1O_1Z_1$、$\angle Y_1O_1Z_1$）称为轴间角。随着空间直角坐标轴、投射方向与轴测投影面的相对位置不同，轴间角大小也不同。在轴测图中不允许任何一个轴间角等于零。

轴测轴上的单位长度与相应空间直角坐标轴上的单位长度的比值，称为轴向伸缩系数，简称为伸缩系数。OX、OY、OZ 轴的伸缩系数分别用 p_1、q_1、r_1 表示。若在空间直角坐标轴 OX、OY、OZ 上分别取单位长度为 u 的线段，则它们在轴测轴 O_1X_1、O_1Y_1、O_1Z_1 上的投影长度 i、j、k 称为轴测单位长度。

1）$p_1 = i/u$（沿 OX 轴的轴向伸缩系数）。

2）$q_1 = j/u$（沿 OY 轴的轴向伸缩系数）。

3）$r_1 = k/u$（沿 OZ 轴的轴向伸缩系数）。

6.1.3 轴测图的分类

轴测图分为正轴测图和斜轴测图两大类。当投射方向垂直于轴测投影面时，称为正轴测图，当投射方向倾斜于轴测投影面时，称为斜轴测图，如图 6-3 所示。

按轴向伸缩系数是否相等，每类轴测图又可分为三种。

1. 正轴测图

1）正等轴测图（简称为正等测图）：$p_1 = q_1 = r_1$。

2）正二轴测图（简称为正二测图）：$p_1 = r_1 \neq q_1$ 或 $p_1 = q_1 \neq r_1$ 或 $q_1 = r_1 \neq p_1$。

3）正三轴测图（简称为正三测图）：$p_1 \neq q_1 \neq r_1$。

2. 斜轴测图

1）斜等轴测图（简称为斜等测图）：$p_1 = q_1 = r_1$。

2）斜二轴测图（简称为斜二测图）：$p_1 = r_1 \neq q_1$ 或 $p_1 = q_1 \neq r_1$ 或 $q_1 = r_1 \neq p_1$。

3）斜三轴测图（简称为斜三测图）：$p_1 \neq q_1 \neq r_1$。

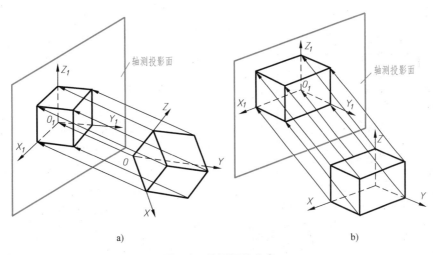

图 6-3   轴测图的分类

a）正等轴测图   b）斜二轴测图

机械工程中应用广泛的是正等轴测图和斜二轴测图。本章主要介绍正等轴测图和斜二轴测图的画法。

6.1.4   轴测图的基本性质

轴测图是用平行投影法得到的单面投影图，因此它仍具有平行投影的特性。

（1）平行性   空间相互平行的两直线，经轴测投影后仍保持平行。

（2）等比性   与轴测轴平行的线段（轴向线段）有相同的轴向伸缩系数，空间相互平行的线段之比等于它们的轴测投影之比。

（3）从属性   空间从属于 OX 轴、OY 轴、OZ 轴的点，其轴测投影仍从属于相应的轴测轴 O_1X_1、O_1Y_1、O_1Z_1。

根据以上特性，若已知各轴向伸缩系数，在轴测图中即可画出平行于轴测轴的各线段的长度，空间平行于某坐标轴的线段，其投影长度等于该坐标轴的轴向伸缩系数与线段长度的乘积。这就是轴测图中"轴测"两字的含义。

在画物体的轴测图时，Z 轴常画在铅垂位置处，物体的可见轮廓线用粗实线画出，不可见轮廓线一般不画。

6.2   正等轴测图

6.2.1   正等轴测图的形成

如图 6-4 所示，当投射方向 S 垂直于轴测投影面 P，且参考坐标系的三根坐标轴对轴测投影面的倾角相等时，在这种情况下画出的轴测图称为正等轴测图，简称为正等测图。

6.2.2   正等轴测图的画图参数

正等轴测图三个轴间角相等且等于 120°，即 $\angle X_1O_1Y_1 = \angle X_1O_1Z_1 = \angle Y_1O_1Z_1 = 120°$。

画正等测图时，一般将轴测轴 O_1Z_1 画在铅垂位置处，此时 O_1X_1 轴和 O_1Y_1 轴与水平线成 $30°$ 角，利用 $30°$ 三角板可作出 O_1X_1 轴和 O_1Y_1 轴，轴测轴方向如图 6-5 所示。

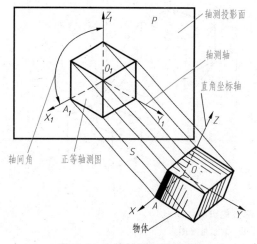

图 6-4　正等轴测图的形成

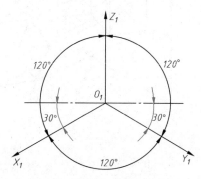

图 6-5　正等轴测图的轴间角

因为正等轴测图的三根坐标轴与轴测投影面的倾角相等，所以三个轴向伸缩系数也相等，即 $p_1=q_1=r_1=0.82$。在实际作图时，为了作图方便，避免计算的麻烦，常采用简化轴向伸缩系数，即 $p=q=r=1$。

采用简化轴向伸缩系数作图时，沿各轴向的所有尺寸都用实长度量，比较简便。按简化轴向伸缩系数作图时，画出的轴测图沿各轴向的长度均放大至原图的 $1/0.82 \approx 1.22$ 倍，但并不影响立体感，如图 6-6 所示。

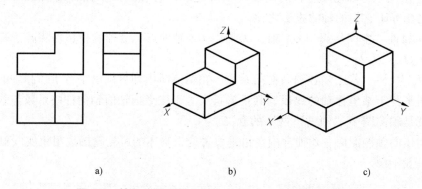

a)　　　　　　　　　b)　　　　　　　　　c)

图 6-6　轴向伸缩系数分别为 0.82 和 1 的正等轴测图
a）正投影图　b）正等轴测图（轴向伸缩系数为 0.82）　c）正等轴测图（轴向伸缩系数为 1）

6.2.3　正等轴测图的画法

1. 平面立体正等轴测图的画法

画轴测图常用的方法是坐标法和切割法。坐标法是基本方法，切割法以坐标法为基础。

（1）坐标法　根据物体表面上各顶点的坐标值，分别画出它们的轴测投影，然后顺次连接各点的轴测投影，可见的棱线画成粗实线，不可见的棱线一般省略不画。一般作图步骤如下：

1）选择坐标原点位置。坐标原点位置的选择，应以作图简便为原则。一般选择物体某个顶点或对称中心为原点，或把原点定在对称面上或主要轮廓线上。

2）画轴测轴。根据轴间角画出轴测轴 O_1X_1、O_1Y_1、O_1Z_1。

3）按物体上点的坐标作点、线的轴测图。最后，擦去多余作图线，加深可见的棱线，完成作图。

【例 6-1】 画出点 $A(10,20,30)$ 的正等轴测图。

【作图】

1）沿 OX 轴截取 $O_{ax}=10$mm。

2）过点 a_X 作 $a_Xa//OY$，截取 $a_Xa=20$mm。

3）过点 a 作 $aA//OZ$，截取 $aA=30$mm，即得点 A 的轴测投影，如图 6-7 所示。

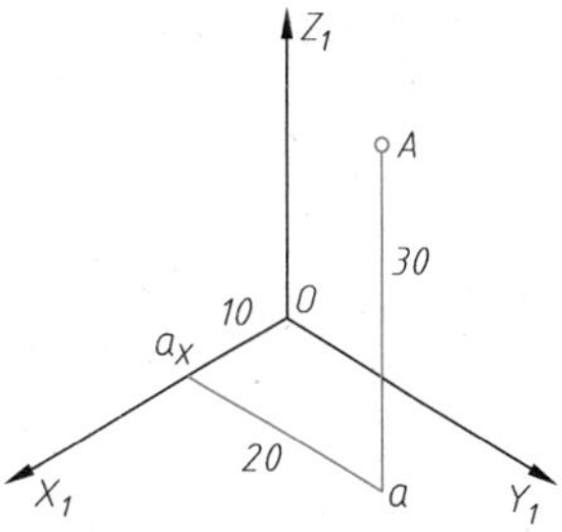

【例 6-2】 画出图 6-8a 所示的正六棱柱的正等轴测图。

【分析】 如图 6-8a 所示，正六棱柱顶面、底面是平行于水平面的正六边形，六条棱线平行于坐标轴 Z'。在轴测图中，顶面可见，底面不可见，应从顶面画起。

图 6-7 点的轴测投影

157

【作图】

1）选择正六棱柱顶面中心 O 作为坐标原点，确定坐标轴。

2）画轴测轴，在 OX 轴上量取 $O1=O4=a/2$，得 1、4 两点，如图 6-8b 所示。

3）根据尺寸 b、c 作出 2、3、5、6 四点，然后由顶面上各顶点向下画棱线，并截取尺寸 h，即得底面上各点（只需画出可见点），如图 6-8c 所示。

4）连接各点，擦去作图线，加深各可见棱线，即完成正六棱柱的正等轴测图。

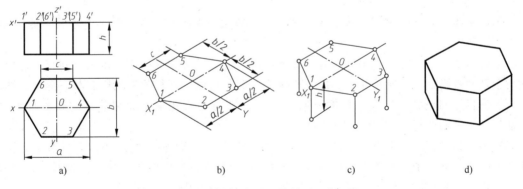

图 6-8 正六棱柱的正等轴测图的画法

（2）切割法 对不完整的形体，可先按完整形体画出，然后用切割的方法画出其不完整部分，此法称为切割法。

【例 6-3】 画出图 6-9a 所示立体的正等轴测图。

【分析】 由投影图可知，该物体是由长方体切割而成，因此作图时适合采用切割法，即先画出完整长方体的轴测图，然后逐步画出其被切去的部分，最后得到该物体的轴测图。

【作图】

1）画轴测轴，用坐标法画长方体的正等轴测图，如图 6-9b 所示。

2）量尺寸 a、b，切去左上角，如图 6-9c 所示。

3）量尺寸 e，平行 XOY 面由前向后切，量尺寸 d，平行 XOZ 面由上向下切，两面相交切去四棱柱，如图 6-9d 所示。

4）擦去多余图线，加深可见的棱线，完成轴测图，如图 6-9e 所示。

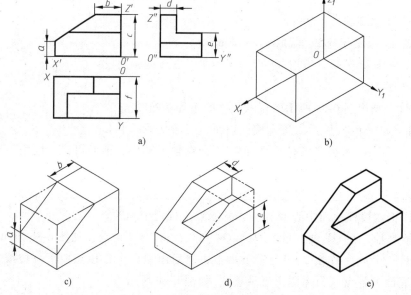

图 6-9　用切割法画正等轴测图

2. 回转体正等轴测图的画法

画回转体的正等轴测图，都需要画平行于坐标面的圆（即水平圆、正平圆、侧平圆）的正等轴测图。

坐标面上或其平行面上圆的正等轴测图画法为：在正等轴测图中，因为空间三坐标面都倾斜于轴测投影面，且倾角相等，故三坐标面及其平行面内直径相等的圆，其正等轴测图均为长短轴相等的椭圆，但长短轴的方向不同（长轴与其所在坐标面相垂直的轴测轴垂直，短轴与该轴测轴平行），如图 6-10 所示。

椭圆 1 为平行于水平投影面圆的投影，其长轴垂直于 Z_1 轴；椭圆 3 为平行于正立投影面圆的投影，其长轴垂直于 Y_1 轴；椭圆 2 为平行于侧立投影面圆的投影，其长轴垂直于 X_1 轴。采用简化系数时各椭圆的长轴，$AB \approx 1.22d$，各椭圆的短轴 $CD \approx 0.7d$。

为了作图简便，正等轴测图中的椭圆常采用菱形法近似画出。作图时，可把坐标面或其平行面内的圆看作正方形的内切圆，先画出正方形的正等轴测图——菱形，则圆的正等轴测图——椭圆内切于该菱形。然后四段圆弧分别与菱形相切并光滑连接成椭圆。现以水平面内圆的正等轴测图为例，说明作图方法，具体过程如图 6-11 所示。

1）在视图上以圆心为原点建立坐标轴，并作圆的外切正方形，如图 6-11a 所示。

2）画轴测轴，并作圆外切正方形的正等轴测图，其形状为一菱形，如图 6-11b 所示。

3）连接 $1D$、$1C$，它们与对角线 24 分别相交于 O_1 和 O_2。分别以 1、3 为圆心，以 $1C$、

$3B$ 为半径作大圆弧 CD、AB，如图 6-11c 所示。

4）分别以 O_1、O_2 为圆心，以 O_1A、O_2B 为半径作小圆弧 AD、BC，与两大圆弧光滑连接，所得椭圆即为圆的正等轴测图，如图 6-11d 所示。

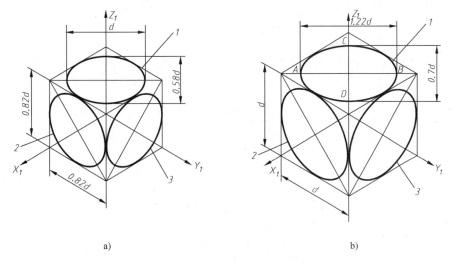

a)   b)

图 6-10　坐标面上圆的轴测投影

a）坐标上圆的轴测投影　b）采用简化轴向伸缩系数时的椭圆

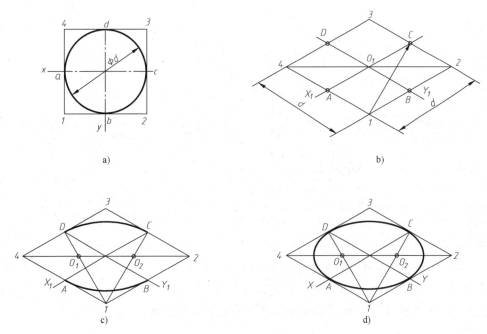

图 6-11　圆的正等轴测图的画法

正平面和侧平面上圆的正等轴测图——椭圆的画法与水平椭圆画法相同，只是其外切菱形的方向有所不同。选好圆所在坐标面上的两根轴，组成方位菱形，菱形的长、短对角线分别为椭圆的长、短轴方向。

表 6-1 为常见曲面立体正等轴测图的画法。

表 6-1　常见曲面立体正等轴测图的画法

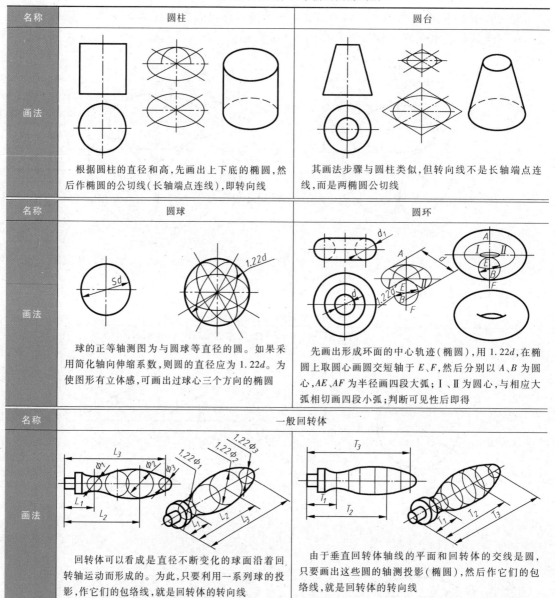

名称	圆柱	圆台
画法	根据圆柱的直径和高，先画出上下底的椭圆，然后作椭圆的公切线（长轴端点连线），即转向线	其画法步骤与圆柱类似，但转向线不是长轴端点连线，而是两椭圆公切线
名称	圆球	圆环
画法	球的正等轴测图为与圆球等直径的圆。如果采用简化轴向伸缩系数，则圆的直径应为 $1.22d$。为使图形有立体感，可画出过球心三个方向的椭圆	先画出形成环面的中心轨迹（椭圆），用 $1.22d$，在椭圆上取圆心画圆交短轴于 E、F，然后分别以 A、B 为圆心，AE、AF 为半径画四段大弧；Ⅰ、Ⅱ 为圆心，与相应大弧相切画四段小弧；判断可见性后即得
名称	一般回转体	
画法	回转体可以看成是直径不断变化的球面沿着回转轴运动而形成的。为此，只要利用一系列球的投影，作它们的包络线，就是回转体的转向线	由于垂直回转体轴线的平面和回转体的交线是圆，只要画出这些圆的轴测投影（椭圆），然后作它们的包络线，就是回转体的转向线

【例6-4】　画出带正垂切口圆柱的正等轴测图（图6-12）。

【分析】　圆柱的轴线是铅垂线，其两端面为平行于水平面且直径相等的圆，按平行 XOY 坐标面圆的正等轴测图的画法画出即可。

【作图】

1）在圆柱两面投影图上确定坐标轴，如图6-13所示。

2）画出轴测轴，定出上下端面的位置后，画出圆柱的轴测图，如图6-13a所示。

3）根据两面投影图上截平面的位置，在轴测图上画出截交线的投影，如图6-13b所示。

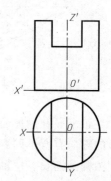

图6-12　带切口圆柱

4）去掉多余的线，加深可见轮廓线，得带切口圆柱的正等轴测图，如图 6-13c 所示。

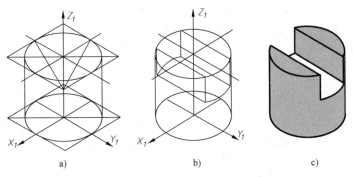

图 6-13　带切口圆柱的正等测图画法

6.2.4　组合体正等轴测图的画法

1. 常见结构的画法

（1）圆角的画法　圆角一般是圆的四分之一，作出对应的四分之一菱形，便能近似画出圆角的轴测图，作图过程如图 6-14 所示。

1）带有圆角长方体的投影图（图 6-14a）。

2）画出长方体的正等轴测图，沿角的两边量取圆角半径 R 分别得到八个切点，分别自八个切点作边线的垂线，两垂线的交点 O_1、O_2 即为圆心（图 6-14b）。

3）分别以 O_1、O_2 为圆心，垂线长为半径画弧，所得弧即为轴测图上的圆角。将顶面圆角的圆心 O_1、O_2 下移长方体的高度，切点也同时下移，画出长方体底面的圆角，并画出 r_2 圆弧的顶面与底面圆角的公切线。擦去多余的作图线，加深可见轮廓线，即完成带有圆角长方体的正等轴测图（图 6-14c）。

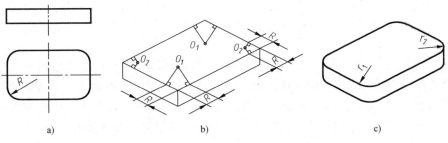

图 6-14　圆角的正等轴测图画法

（2）连接线段的画法

1）用直线连接两圆弧时，先画出被连接圆弧的椭圆，再画出椭圆的公切线（图 6-15）。

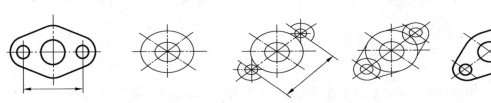

图 6-15　直线连接圆弧的画法

2）用圆弧连接两圆弧，如图6-16a中的 R_1 和 R_2 作图时，先用坐标 x_2、y_2 找出连接弧中心的轴测投影 O_2，见图6-16b，然后用近似画法画 R_2 的椭圆。如果连接弧半径 R_1 太大，不便作椭圆时，可用坐标法找出连接弧上各点的轴测投影，如点 $K(x_1, y_1)$，最后用曲线板连接各点。

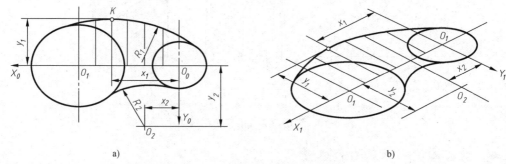

图 6-16　圆弧连接两圆弧的画法

3）在轴测图中角度的画法。圆变为椭圆，角度也不是真实大小。因此组合体上的角度或以角度定位的结构在画轴测图时，只能采用直角坐标定位的方法画出，如图6-17所示。

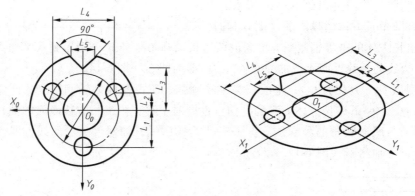

图 6-17　孔的定位和角度的画法

4）在轴测图中凸台、凹坑及长圆孔的画法。凸台和凹坑都有两个平行而且大小相等的椭圆，两椭圆中心距离即为它们的高或深（图6-18）。画图时，画好第一个椭圆后，可采用"移心法"画第二个椭圆的可见部分。长圆孔两端各为半个圆，故其轴测图两端各为半个椭圆，大弧加小弧画图时，用"移心法"较简便，且不易错位（图6-19）。

图 6-18　凸台与凹坑的画法

图 6-19　长圆孔的画法

5）在轴测图中小圆角与过渡线的画法。小圆角可徒手画出，但要注意趋势。平面之间、回转面之间和平面与回转面之间的小圆角过渡，用不到头的过渡线表示，也可画一系列弧线和细实线，如图 6-20 所示。

6）在轴测图中大圆角的画法。回转体上有大圆角时，可按圆环面处理，如图 6-21 所示。

2. 组合体的画法

画组合体的正等轴测图时，要先进行形体分析，分析组合体的组成特点，然后再作图。轴测图中一般不画虚线，于是从立体的左、前、上面开始作图，可省略擦除不可见部分多余线条的步骤。在绘图过程中，合理地建立坐标系，灵活地利用各种平行、垂直、共线、共面、上下左右等位置关系，可以加快作图速度，提高作图准确性。

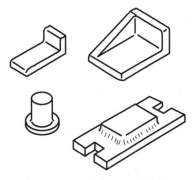

图 6-20　小圆角与过渡线的画法

画组合体正等轴测图的常用方法有如下两种。

（1）切割法　把组合体看成由一个简单的基本立体切割而成。

（2）叠加法　把组合体看成由一些简单的基本立体叠加而成。

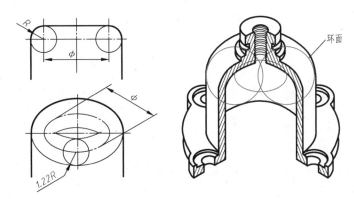

图 6-21　大圆角的画法

【例 6-5】　画出支座的正等轴测图（图 6-22）

【分析】支座由圆柱、底板、支承板组成，分清各部分的位置后，即可作图。

【作图】

1）在支座的两视图中选定坐标轴，因为支座左右对称，取后底边的中点为原点。

2）画出轴测轴，根据坐标画出底板的轴测图，如图 6-23a 所示。

3）画出底板上方圆柱的轴测图，圆柱的端面与 XOZ 坐标面平行，注意圆柱与底板的相对位置关系，如图 6-23b 所示。

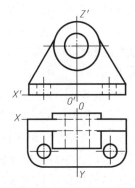

图 6-22　支座的两视图

4）画出底板与圆柱之间的支承板，注意支承板的斜面与圆柱面相切，如图 6-23c 所示。

5）画底板上两个圆柱孔，作出上表面两椭圆中心，画出椭圆，如图 6-23d 所示。

6）画底板圆角，从底板顶面上圆角的切点作切线的垂线，交得圆心 A、B，再分别在切点间作圆弧，得底板顶面上圆角的轴测投影，底板底面上圆角可沿底板厚度平移顶面圆角得到，最后作右边两圆弧的公切线即可，如图 6-23e 所示。

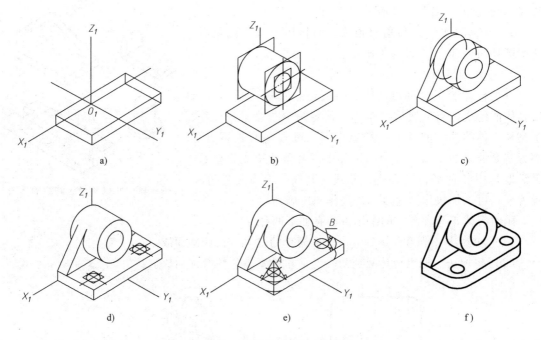

图 6-23　支座的正等轴测图画法

a）画底板　b）画圆柱　c）画支承板　d）画底板圆柱孔　e）画底板圆角　f）完成轴测图

7）最后擦去多余线，加深可见轮廓线，即得支座的正等轴测图，如图 6-23f 所示。

3. 组合体上交线的画法

组合体上的交线主要是指组合体表面上的截交线和相贯线。画组合体轴测图上的交线有两种方法：

1）坐标法。根据三视图中截交线和相贯线上点的坐标，画出截交线和相贯线上各点的轴测图，然后用曲线板光滑连接。

2）辅助面法。根据组合体的几何性质直接作出轴测图，如同在三视图中借助辅助面求截交线和相贯线的方法一样。为便于作图，辅助面应取平面，并尽量使它与各形体的截交线为直线。

【例 6-6】　画出圆柱截交线的正等轴测图。

【作图】　首先在三视图上定出截交线上各点的坐标，如图 6-24a 所示。

1）坐标法。用坐标法画出圆柱截交线，如图 6-24b 所示。以三视图上点 D 和 E 为例，沿轴量取，在对应轴测图上找到坐标为（x，y，z）的点 D 和点 E。其他点也用同样方法求得。然后用曲线板光滑连接即为圆柱截交线的正等轴测图。

2）辅助面法。用辅助面法画出圆柱截交线，如图 6-24c 所示。选取一系列平行于圆柱轴线的辅助面截圆柱，并与截平面 P 相交，得 A、B、C、D、F、G、H、I、J、K 等一系列截交线上的点，然后用曲线板光滑连接即为圆柱截交线的正等轴测图。

【例 6-7】　画出两圆柱相贯线的正等轴测图。

【作图】　首先在三视图上定出相贯线上各点的坐标，如图 6-25a 所示。

1）坐标法。用坐标法画出两圆柱相贯线，如图 6-25b 所示。三视图上的 a、b、m 、d、

e 点对应轴测图上轴向直径的端点和长短轴端点，是特殊位置点，所以只需沿轴量取 z 坐标即得 A、B、M、D、E 点，再沿轴量取 y_1、z_1 得点 H，沿轴量取 y_2、z_2 可得点 F。然后用曲线板光滑连接即为圆柱相贯线的正等轴测图。

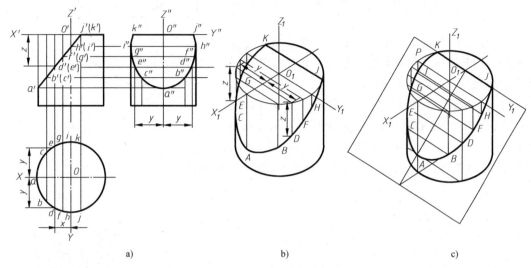

图 6-24　截交线正等轴测图的画法

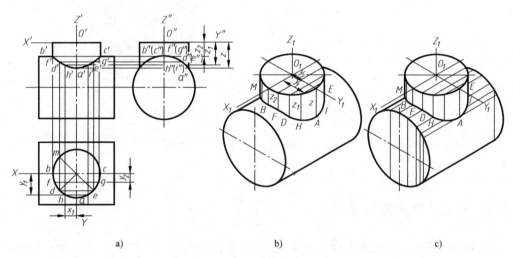

图 6-25　相贯线正等轴测图的画法

2）辅助面法。用辅助面法画出圆柱相贯线，如图 6-25c 所示。选一系列辅助面截两圆柱，截交线交点 A、B、C、D、F、G、H、I 即为相贯线上得点。然后用曲线板光滑连接即为圆柱相贯线的正等轴测图。

6.3　轴测图的尺寸标注

轴测图上的尺寸标注规定如下：

1）轴测图上的线性尺寸，一般应沿轴测轴方向标注。尺寸数值为机件的公称尺寸。

2）尺寸线必须和所标注的线段平行；尺寸界线一般应平行于某一轴测轴；尺寸数字应按相应的轴测图形标注在尺寸线的上方。当在图形中出现数字字头向下时，应用引出线引出标注，并将数字按水平位置标注，如图 6-26 所示。

3）标注角度的尺寸时，尺寸线应画成与该坐标平面相应的椭圆弧，角度数字一般写在尺寸线的中断处，字头向上，如图 6-27 所示。

4）标注圆的直径时，尺寸线和尺寸界线应分别平行于圆所在平面内的轴测轴。标注圆弧半径或较小圆的直径时，尺寸线可从（或通过）圆心引出标注，但标注尺寸数字的横线必须平行于轴测轴，如图 6-28 所示。

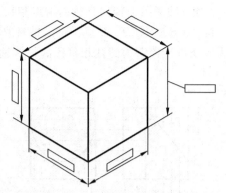

图 6-26　轴测图线性尺寸的注法

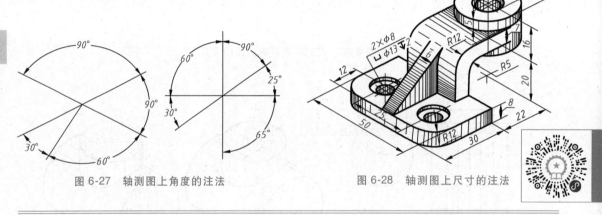

图 6-27　轴测图上角度的注法　　　　　　图 6-28　轴测图上尺寸的注法

6.4　斜二等轴测图

6.4.1　斜二等轴测图的形成

如图 6-29a 所示，将物体上参考坐标系的 OZ 轴铅垂放置，并使 XOZ 坐标面平行于轴测投影面，当投射方向倾斜于轴测投影面时，形成正面斜轴测图。这时，轴间角 $\angle X_1 O_1 Z_1 = 90°$，X 和 Z 轴的轴向伸缩系数 $p_1 = r_1 = 1$。但是轴测轴 $O_1 Y_1$ 的方向和轴向伸缩系数 q_1 可随着投射方向的改变而变化。若取 $\angle X_1 O_1 Y_1 = 135°$，$q_1 = 0.5$，就得到正面斜二等轴测图，简称斜二测图。

6.4.2　斜二等轴测图的画图参数

图 6-29b 所示为斜二等轴测图的轴间角和轴向伸缩系数，即

$$\angle X_1 O_1 Z_1 = 90°, \quad \angle X_1 O_1 Y_1 = 135°, \quad \angle Y_1 O_1 Z_1 = 135°$$

$$p_1 = r_1 = 1, \quad q_1 = 0.5$$

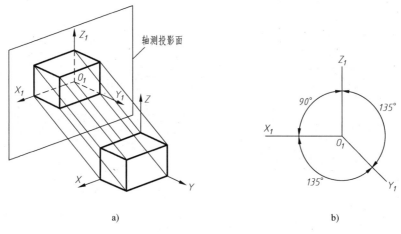

图 6-29　斜二等轴测图的形成及参数

a）斜二等轴测图的形成　b）斜二等轴测图的轴间角

6.4.3　斜二等轴测图的画法

1. 平行于各坐标面的圆的斜二等轴测图画法

图 6-30 所示为立方体表面上的三个内切圆的斜二等轴测图。平行于 $X_1O_1Z_1$ 坐标面的圆的斜二等轴测投影反映圆的实形，平行于 $X_1O_1Y_1$ 和 $Y_1O_1Z_1$ 坐标面的圆的斜二等轴测投影是椭圆。各椭圆的长轴长度为 $1.06d$，短轴长度为 $0.33d$。其长轴分别与 O_1X_1 和 O_1Z_1 轴倾斜约 $7°$，短轴与长轴垂直。

用近似画法画出的平行于 XOY 坐标面的圆的斜二等轴测图，其作图步骤如下：

1）在平行于 $X_1O_1Y_1$ 坐标面的圆上作出其外切正方形，如图 6-31a 所示。

2）画出轴测轴，画圆的外切正方形的斜二等轴测投影得各边中点 1、2、3、4，并作出长、短轴 AB、CD，如图 6-31b 所示。

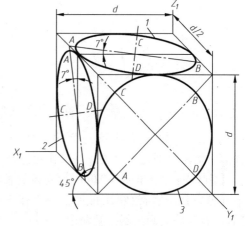

图 6-30　平行于各坐标面的圆的斜二等轴测图

3）在短轴上下截取圆的直径 D，得 5、6 两点，即为短轴两端圆弧的中心，连接 5、2 两点及 6、1 两点，分别交长轴于 7、8 两点，7、8 即为长轴两端圆弧的中心，如图 6-31c 所示。

4）以所得四点 5、6、7、8 为圆心，分别以 5、2 两点之间的长度及 7、1 两点之间的长度为半径，作圆弧连接，即得所求椭圆，如图 6-31d 所示。

2. 组合体的斜二等轴测图画法

斜二等轴测图的画法与正等轴测图的画法基本相同，也是采用坐标法、叠加法、切割法等。

由于斜二等轴测图仅在平行于 $X_1O_1Z_1$ 坐标面上反映实形，因此，斜二等轴测图适合表

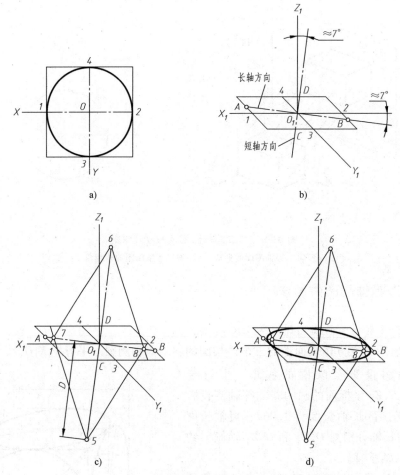

图 6-31　平行于 XOY 坐标面的圆的斜二等轴测图画法

达一个方向有圆或形状较复杂的物体，作图时应尽量把形状复杂的平面或圆摆放在与 $X_1O_1Z_1$ 坐标面平行的位置，以求作图简洁。

【例 6-8】　画出图 6-32a 所示立体的轴测图。

【分析】　从所给视图可见，该立体上部为带孔的半圆柱面，下部为带槽的平面立体，仅前后有圆，故画出斜二轴测图。

【作图】

1）分析视图，选定坐标原点，如图 6-32a 所示。

2）作斜二等轴测图，如图 6-32b 所示。

3）以 O 为圆心、OZ 轴为对称轴，画出立体前表面的轴测图，如图 6-32c 所示。

4）在 OY 轴上距 O 点 $L/2$ 处取一点作为圆心，重复上一步骤的画法，画出立体后表面的轴测图，并画出立体上部两半圆右侧的公切线及 OY 方向的轮廓线，如图 6-32d 所示。

5）整理全图，擦去多余线段并加粗可见轮廓线，立体的斜二轴测图如图 6-32e 所示。

3. 正等轴测图与斜二等轴测图的比较

正等轴测图和斜二等轴测图的轴间角和轴向伸缩系数不同，使得轴测图的立体感（直观性）和作图难易程度不同。在选用哪一种轴测图来表达机件时，应考虑三方面：第一，

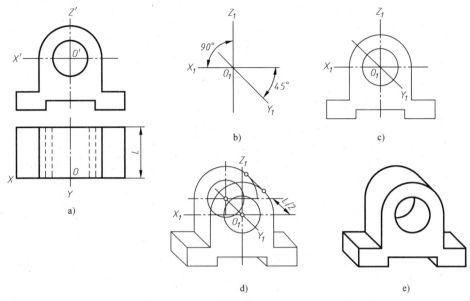

图 6-32　组合体的斜二等轴测图的画法

机件结构表达清晰明了；第二，立体感强；第三，作图简便。

　　清晰地表达机件的形状，要尽量避免轴测图上的面和棱线有积聚或重叠现象，避免棱线共线、过分遮挡等。

　　通常正等轴测图与斜二轴测图相比，立体感较好，其三个轴向伸缩系数相等且简化为1，度量方便。平行于各坐标面的圆的轴测投影为形状相同的椭圆，其近似画法简单，一般情况下首先考虑选用，特别是当表达与三个坐标面平行的平面上都有圆的复杂机件时，更应选用正等轴测图。

　　斜二等轴测图的最大特点是物体正面形状的轴测投影不变形，最适合表达只有一个方向形状复杂（如有曲线或圆较多）而其他两个方向形状简单的物体时使用，此时作图简便。

　　图 6-33b 所示为正等轴测图，垫块的斜面 A 因为与投射方向一致积聚成一条线，因而看不见 A 面。B、C 两条棱线投影成一条线，使得 D、E 两个面是相交还是平行表达得不够清晰，图 6-33c 所示为斜二轴测图，它把垫块表达得很清晰，立体感也很好。

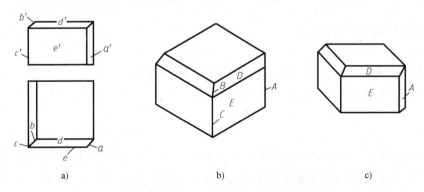

图 6-33　垫块的两种轴测图比较

a）两个视图　b）正等轴测图　c）斜二轴测图

图 6-34b 所示为夹子，若采用正等轴测图，图中的 D 面与投射方向一致而积聚成一条线，右边的孔和夹子中间的通槽也没有表达清晰，图 6-35c 所示为斜二轴测图，它将夹子表达得比较清晰。

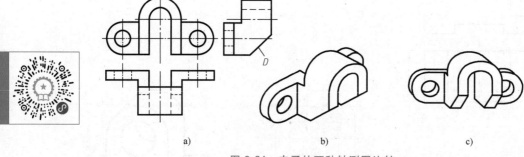

a)   b)   c)

图 6-34 夹子的两种轴测图比较

a）三视图   b）正等轴测图   c）斜二轴测图

有时为了把机件表示得更清晰，就要选择有利的投射方向。如图 6-35 所示，列出了由常用的四种投射方向所得的正等轴测图和轴测轴之间的关系。

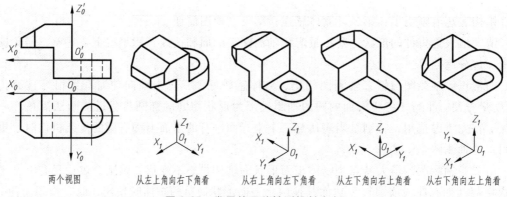

两个视图   从左上角向右下角看   从右上角向左下角看   从左下角向右上角看   从右下角向左上角看

图 6-35 常用的四种轴测投射方向

因此，在由三个（或两个）视图画轴测图时，要根据机件的形状特点，首先选择采用哪种轴测图，再选择坐标系，画出轴测轴，然后再具体作图。

6.5 轴测剖视图的画法

为了表达组合体的内部结构形状或装配体的工作原理及装配关系，可以假想用剖切平面将组合体或装配体剖开，用轴测剖视图来表达。

6.5.1 剖切平面的位置

为了使组合体的内外形状或装配体的工作原理及装配关系表达清楚，通常采用两个平行于坐标面的相交平面剖切组合体或装配体的 1/4，如图 6-36a、图 6-40 所示。一般不采用切去一半的形式，以免破坏组合体或装配体的完整性。图 6-36b 所示的剖切方法就使外形不够完整清晰。

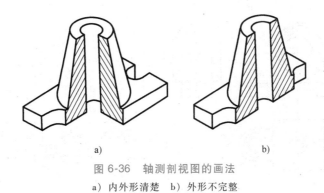

图 6-36　轴测剖视图的画法

a）内外形清楚　b）外形不完整

6.5.2　剖面线的画法

用剖切平面剖切组合体或装配体所得的断面要填充剖面符号以区别于未剖切到的区域。不论什么材料的剖面符号，一律画成等距、平行的细实线，称其为剖面线。剖面线方向随不同轴测图的轴测轴方向和轴向伸缩系数而有所不同，如图 6-37 所示。

当剖切平面通过机件的肋或薄壁结构的纵向对称平面时，在肋或薄板上不画剖面线，而用粗实线把它和相邻部分分开。当在图中表达不清楚时，可加点以示区别，如图 6-38a 所示。在轴测装配图中，相邻零件的剖面区域中，剖面线方向或间隔应有明显的区别，如图 6-38b 所示。

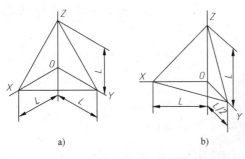

图 6-37　轴测图剖面线的画法

a）正等测　b）斜二测

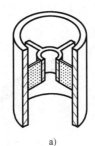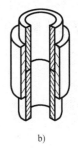

图 6-38　轴测装配图的剖面线

6.5.3　组合体轴测剖视图的画法

常用下列两种画法：

1）先画出组合体的外形，如图 6-39b 所示，然后按所选定的剖切位置画出剖面区域，如图 6-39c 所示，再将可见的内部形状画出，最后将被剖去的部分擦掉，画出剖面线并描深，如图 6-39d、e 所示。

2）先画出剖面区域，然后画出和剖面区域有联系的形状，如图 6-39d 所示，再将其余可见形状画出并描深，如图 6-39e 所示。

6.5.4　装配体轴测剖视图的画法

图 6-40 所示为千斤顶的轴测剖视图，是用一平行于正立投影面和一平行于侧立投影面

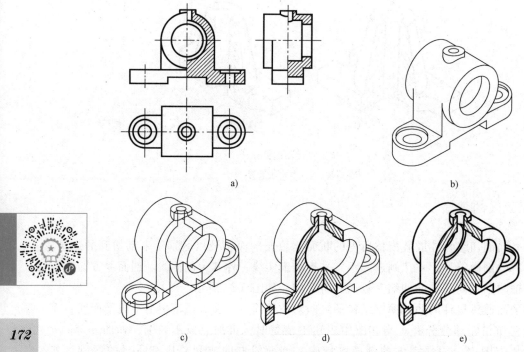

a)   b)

c)   d)   e)

图 6-39　组合体轴测剖视图的画法

的两个相交的平面将千斤顶剖去 1/4 后画出的。如果此图不剖开画出，它的工作原理及装配
关系也就难以表达清楚。

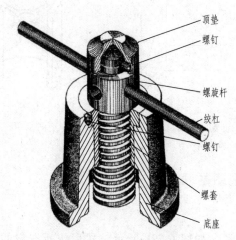

顶垫
螺钉
螺旋杆
绞杠
螺钉
螺套
底座

图 6-40　装配体的轴测剖视图

国家标准 GB/T 4457.5—2013《机械制图　剖面区域的表示法》规定，在轴测装配图
中，当剖切平面通过轴、销、螺栓等实心机件的轴线时，这些机件应按未剖切绘制。因此，
图中螺旋杆绞杠、螺钉等均按未剖切画出。

第 7 章

机件常用表达方法

主要内容

四种视图（基本视图、向视图、局部视图、斜视图）、三种剖视图（全剖视图、半剖视图、局部剖视图）、两种断面图（移出断面图、重合断面图）、局部放大图和一些简化画法。

学习要点

熟记各种表达方法的名称、概念、应用场合；掌握各种表达方法的规定画法；能根据机件的特点确定正确的表达方法。

在实际生产中，机件的结构形状是多种多样的，要想完整、清晰、简捷地表达它们，仅用三视图是不够的。为此，在国家标准《技术制图》和《机械制图》中规定了机件的各种表达方法，如视图、剖视图、断面图、局部放大图和一些简化画法等。掌握机件各种表达方法的特点、画法、图形配置和标注方法，灵活地运用各类表达方法，是绘制零件图和装配图的基础。

7.1 视图

视图通常用于表达机件的外部结构形状，一般只画出机件的可见部分，必要时才用虚线表达其不可见部分。根据机件的结构特点，GB/T 17451—1998《技术制图 图样画法 视图》中规定了视图有基本视图、向视图、局部视图和斜视图四种。

7.1.1 基本视图

基本视图是将机件向基本投影面投射得到的视图。在原有三个基本投影面的基础上，再增设三个基本投影面，相当于正六面体的六个表面。将机件放在正六面体当中，如图 7-1 所示，分别向六个基本投影面投射，得到的六个视图称为基本视图，如图 7-2 所示。六个基本视图的名称和投射方向如下：

1）主视图——将机件由前向后投射得到的视图。

2）俯视图——将机件由上向下投射得到的视图。

3）左视图——将机件由左向右投射得到的视图。

4）右视图——将机件由右向左投射得到的视图。

5）仰视图——将机件由下向上投射得到的视图。

6）后视图——将机件由后向前投射得到的视图。

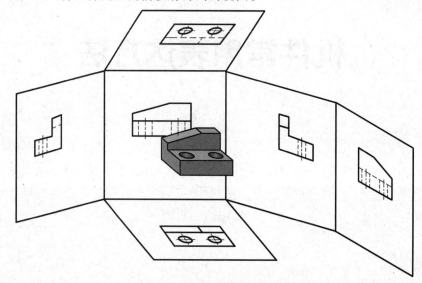

图 7-1 六个基本投影面的展开

六个基本投影面的展开方法如图 7-1 所示。六个投影面展开后的配置关系如图 7-2 所示。在同一张图纸内按照这种规定位置配置视图时，不标注视图的名称。六个基本视图之间的仍然要符合"长对正、高平齐、宽相等"的投影规律，如图 7-3 所示。

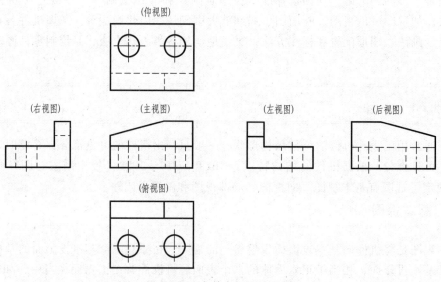

图 7-2 六个基本视图的配置

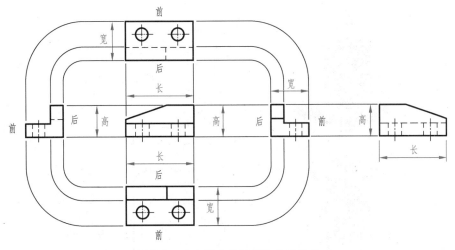

图 7-3　六个基本视图间的投影关系

7.1.2　向视图

　　向视图是可自由配置的视图。为了合理的利用图幅，某个基本视图不按规定的位置关系配置时，可自由配置，但应在该视图上方标注视图的名称 "×"（"×" 为大写拉丁字母），并在相应视图附近用箭头指明投射方向，并注上相同的字母，如图 7-4 所示。

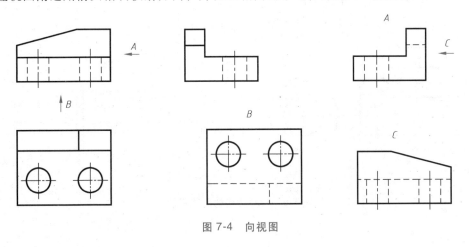

图 7-4　向视图

7.1.3　局部视图

　　当机件的某一部分外形没有表达清楚，又没有必要画出整个基本视图时，可以只将机件的这一部分向基本投影面投射，得到的视图称为局部视图。如图 7-5 所示，机件的表达采用了主视图、俯视图及局部视图 A 和局部视图 B，既简化了作图，又使其图形表达简单明了。

　　局部视图的断裂边界用波浪线或双折线表示，如图 7-5 所示的局部视图 A。如果需要表示的结构是完整的，外轮廓为封闭图形时，波浪线可以省略，如图 7-5 所示的右侧凸台结构，采用了局部视图 B 来表达。但应注意：波浪线不应与轮廓线重合或在轮廓线的延长线上；波浪线不应超出物体的轮廓线，不应穿空而过。

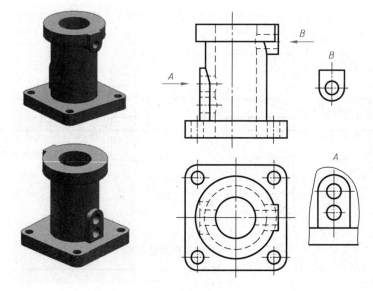

图 7-5　局部视图

画局部视图时，一般在局部视图上方用大写拉丁字母标出视图名称"×"，并在相应视图附近用箭头指明投射方向，并注上相同的大写拉丁字母，如图 7-5 所示。当局部视图按投影关系配置，中间又没有其他图形隔开时，可省略标注字母。

机件上对称结构的局部视图，可按图 7-6 所示的方法绘制。

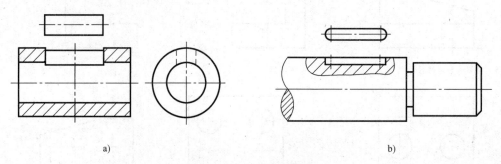

a)　　　　　　　　　　　　　　　　　　　　　b)

图 7-6　对称结构的局部视图

7.1.4　斜视图

当机件上有不能在基本视图上反映实形的倾斜表面形状时，会影响读图且不便标注尺寸，此时可增加平行于倾斜表面的平面，然后将倾斜部分向该平面投射，所得到的视图称为斜视图，如图 7-7 所示。机件右侧倾斜结构在主、俯视图中均不能表达出其实际形状，这时可以假想设立一平行于倾斜表面的新投影平面，将倾斜结构向新投影面投射，再将所得到的投影旋转到与水平面重合，即可得到反映其实形的视图。用拉丁字母及箭头指明投影部分的位置及投射方向，在斜视图上方注明"A"，如图 7-8 所示。

斜视图一般按投影关系配置，如图 7-8a 所示，必要时也可配置在其他适当位置，如图 7-8b 所示。在不致引起误解时，允许将图形旋转。经过旋转后的斜视图，必须标注旋转

符号 "⌒"（以字高为半径的半圆弧，箭头方向与旋转方向一致）。表示该视图名称的大写
字母应靠近旋转符号的箭头端 "A⌒"。注意：不论斜视图如何配置，指明投影方向的箭头
一定垂直于被表达的倾斜部分，字母按水平位置书写。

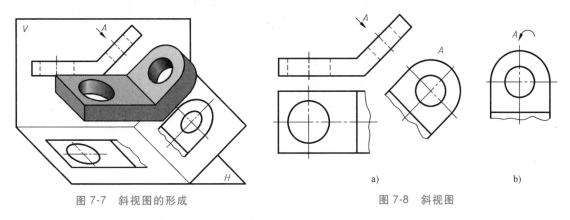

图 7-7　斜视图的形成　　　　　　　　　　图 7-8　斜视图

7.2　剖视图

　　如果机件的内部结构形状比较复
杂，在视图中，就会出现较多的虚线，
如图 7-9 所示，既不便于读图，也不
便于标注尺寸。为了清楚地表达机件
内部或被遮盖部分的结构形状，以免
绘制内部结构复杂的机件时，图形上
出现过多的虚线，导致层次不清楚而
影响图形表达，给绘图、读图带来困
难，绘图时可选择绘制剖视图。

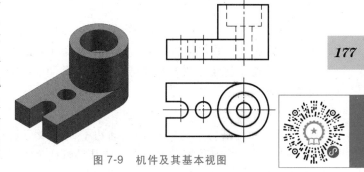

图 7-9　机件及其基本视图

7.2.1　剖视图的概念、画法及其标注

1. 剖视图的概念

　　假想用剖切面剖开机件，将处在观察者和剖切面之间的部分移去，而将其余部分向投影
面投射所得到的视图称为剖视图，简称剖视，如图 7-10a 所示。剖视图主要用来表达机件的
内部结构或被遮盖部分的结构。

　　通过比较图 7-9 的基本视图与图 7-10b 的剖视图，可以看出，由于主视图采用了剖视的
画法，这样原来机件上不可见的内部结构在剖视图上成为可见的部分，图中原有的虚线变成
了实线，再加上剖面线的作用，使机件的内部结构形状表达既清晰又有层次感，这使画图、
读图、标注尺寸都更加方便。

　　在剖视图中，剖切面与物体的接触部分，称为剖面区域（或断面），在断面图形上要画
上剖面符号。不需在剖面区域中表示材料的类别时，可采用通用剖面线。通用剖面线用与图
形的主要轮廓线或剖面区域的对称线成 45° 的相互平行的细实线画出，如图 7-11 所示。当剖
面线与图形的主要轮廓线或剖面区域的对称线平行时，该图形的剖面线应画成 30° 或 60°，

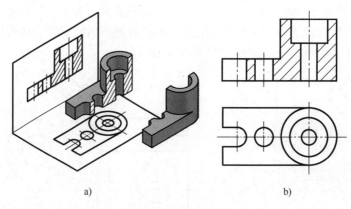

图 7-10　剖视图

a）剖视图的形成　b）剖视图

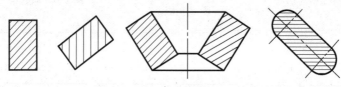

图 7-11　剖面线的画法（一）

其倾斜方向仍与其他图形的剖面线方向一致，如图 7-12 所示。注意：同一物体的各个剖面区域的剖面线方向和间隔要一致。若需在剖面区域表示材料类别，应采用表 7-1 中的特定剖面符号表示。

2. 剖视图的画法

（1）确定剖切平面的位置　剖切平面一般应通过物体内部孔、槽等的对称面或轴线，且使其平行或垂直于某一投影面，以便使剖切后孔、槽的投影反映实形，如图 7-10 所示。

（2）画剖视图时应注意的问题

1）由于剖切是假想的，因此一个视图取剖视后，其他视图仍应完整画出，如图 7-10b 中的俯视图。若需要在一个零件上进行几次剖切，则要认为每次都是对完整零件进行剖切的，即与其他的剖切无关。根据物体内部形状、结构表达的需要，可把几个视图同时画成剖视图。这些剖视图之间相互独立，互不影响，但是它们的剖面线方向和间隔要一致。

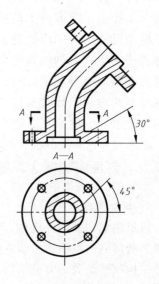

图 7-12　剖面线的画法（二）

2）剖切平面一般应通过机件的对称面或通过内部回转结构的轴线，以便反映结构的实形，避免出现不完整要素或不反映实形的截断面。

3）剖切平面后的可见轮廓线，应全画出，不可见的轮廓线（虚线），一般省略不画。只有当机件的某些结构没有表达清楚时，为了不增加视图，应画出必要的虚线，如图 7-13 所示。

178

表 7-1　剖面符号

材料名称	剖面符号	材料名称	剖面符号	材料名称	剖面符号
金属材料(已有规定剖面符号者除外)		木材(纵断面)		液体	
非金属材料(已有规定剖面符号者除外)		线圈绕组元件		砖	
转子、电枢、变压器和电抗器等的叠钢片		钢筋混凝土		木质胶合板(不分层数)	
型砂、填砂、粉末冶金、砂轮、陶瓷刀片、硬质合金刀片等		混凝土		玻璃及供观察用的其他透明材料	

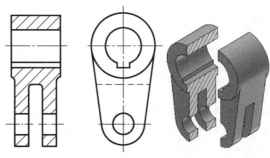

图 7-13　必要的虚线

4）要认真分析被剖切孔、槽等结构的形状。分析结构间是否有交线，是否相切或相交，以免错漏或多画。图 7-14 所示为几种不同结构孔的投影区别。

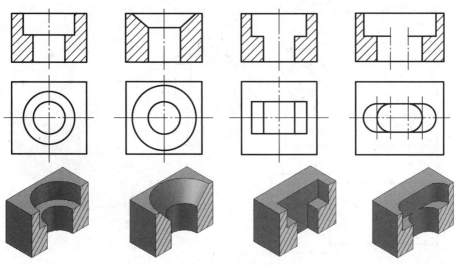

图 7-14　不同结构孔的投影

5）画剖视图时，在剖切平面后的可见轮廓线都必须用粗实线画出，如图 7-15 所示。

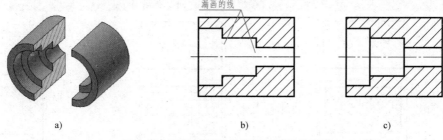

漏画的线

图 7-15　不漏画剖切平面后的可见轮廓线

a）立体图　b）错误　c）正确

3. 剖视图的标注

为了便于读图，一般情况下剖视图均要进行标注，国家标准规定，剖视图的标注应包含以下三个方面（图 7-16）：

1）在剖视图的上方用大写的拉丁字母标出剖视图的名称"×—×"。

2）在相应的视图上用剖切线（细点画线）表示剖切位置，也可省略不画。

3）在剖切面两端的起止和转折位置画上剖切符号 [线宽约（1~1.5）d、长度约 5~10mm 的粗短画线]，在表示剖切面起止位置的粗短画线外侧画出箭头表示剖视图的投射方向，并在旁边标注相应的大写拉丁字母"×"。粗短画线不能与机件轮廓线相交。

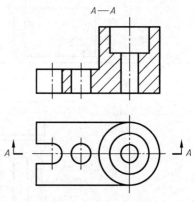

图 7-16　剖视图的标注

剖视图在下列情况下可以简化或省略标注：

1）当剖视图按投影关系配置，中间又没有其他图形隔开时，可省略箭头。如图 7-17 所示的 A—A 剖视图。

2）当单一剖切平面通过机件的对称面或基本对称面，且剖视图按投影关系配置，中间

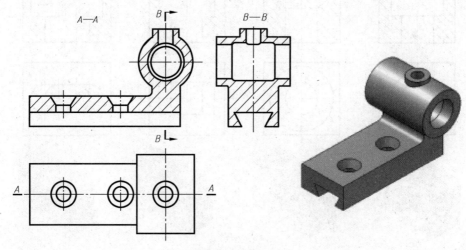

图 7-17　剖视图

又没有其他图形隔开时可省略标注。如图 7-17 所示的 *A—A* 剖视图，可以完全省略标注，但图 7-17 的 *B—B* 剖视图的标注不能省略。

7.2.2 剖视图的种类

画剖视图时，可以将整个视图全部画成剖视图，也可以将视图中的一部分画成剖视图。按剖切范围可将剖视图分为全剖视图、半剖视图和局部剖视图三种。

1. 全剖视图

用剖切面完全将机件剖开后所得到的剖视图称为全剖视图，图 7-16、图 7-18 等均为全剖视图。当物体的外形比较简单或外形已在其他视图表达清楚，内部结构比较复杂时，常采用全剖视图来表达物体的内部结构。

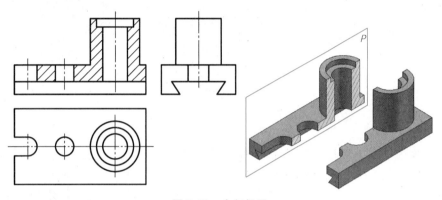

图 7-18　全剖视图

2. 半剖视图

为同时表达物体的内、外结构形状且当机件具有对称平面时，向垂直于对称平面的投影面上投射所得到的图形，可以以对称中心线为界，一半画成剖视图，另一半画成视图，用这种表达方法绘制的剖视图称为半剖视图。图 7-19c 就是将图 7-19a 的视图和图 7-19b 的剖视

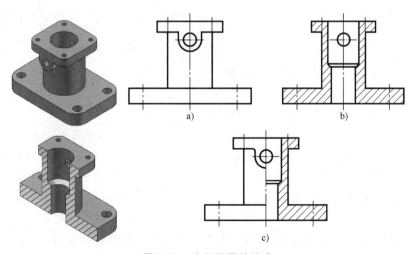

图 7-19　半剖视图的构成

a）外形视图　b）剖视图　c）半剖视图

图组合之后的结果。

半剖视图中剖视部分表达了机件的内部结构，另一半外形视图部分表达了机件的外部形状，所以很容易据此想象出整个机件内、外部的结构形状。半剖视图适用于内、外部都需要表达，而形状对称（或接近于对称）的机件。

半剖视图的标注方法与全剖视图相同，如图 7-20 所示。

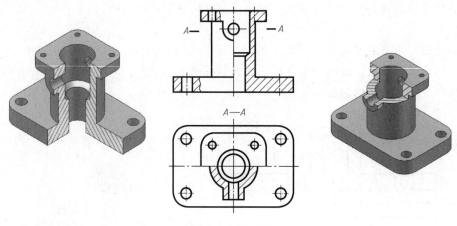

图 7-20 半剖视图

当机件形状接近于对称，且其不对称部分已另有视图表达清楚时，也允许画成半剖视图，如图 7-21 所示。

画半剖视图时应注意：

1）视图与剖视图分界线是点画线，不能画成粗实线。

2）由于图形对称，机件的内部形状已在半个剖视图中表达清楚，所以在表达外形的半个视图中，虚线可以省略不画，如图 7-19c、图 7-20 所示。

3. 局部剖视图

用剖切面局部剖开机件所得的剖视图称为局部剖视图。如图 7-22 所示机件，在主视图和俯视图中都剖切一部分，用来表达机件的内部结构，保留的局部外形部分，用来表达凸缘形状及其位置。

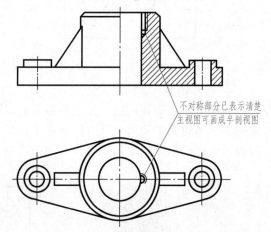

不对称部分已表示清楚主视图可画成半剖视图

图 7-21 接近对称机件的半剖视图

局部剖视图具有同时表达机件内、外结构的优点，适用于不宜采用全剖和半剖的情况。局部剖视不受机件是否对称的限制，在什么位置剖切、剖切范围有多大，均可根据需要而定，因此应用比较广泛。如图 7-20 所示，主视图除了采用半剖之外，还采用两个局部剖来表达机件的上下两底板的孔的投影。

画局部剖视图时应注意：

1）局部剖视与视图应以波浪线分界，波浪线不可与图形轮廓线重合，如图 7-23 所示。

2）当对称机件的轮廓线与对称中心线重合时，不宜采用半剖视图（图 7-24a），可采用局部剖视图，如图 7-24b 所示。

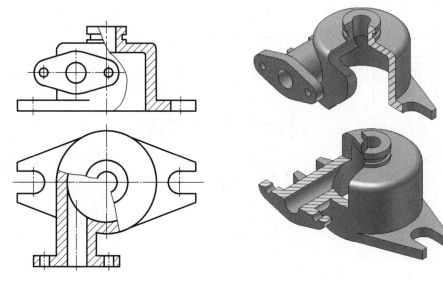

图 7-22　局部剖视图

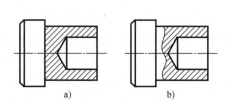

图 7-23　波浪线与轮廓线不可重合

a）错误　b）正确

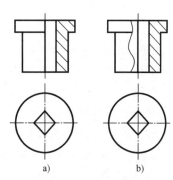

图 7-24　对称机件剖视的画法

183

3）波浪线不应画在通孔、通槽内或画在轮廓线外，因为这些地方没有断裂痕迹，如图 7-25 所示。

4）剖切位置明显的局部剖视图可以不标注。

5）在一个视图中，采用局部剖视图的部位不宜过多，以免使图形显得过于破碎而影响读图。

7.2.3　剖切面的分类和剖切方法

实际工作中，机件的结构形状比较复杂，画图时应根据各种机件不同的结构特点，采用适当的剖切面和剖切方法来表达机件。剖视图能否清晰地表达机件的结构形状，剖切面的选择是很重要的。剖视图的剖切面有三种：单一剖切面、几个平行的剖切面和几个相交的剖切面。

1. 单一剖切面

单一剖切面包括单一剖切平面、单一斜剖切平面、单一剖切柱面。

1）用单一剖切平面剖切机件。全剖视图、半剖视图和局部剖视图，均由单一剖切平面剖得，并且剖切平面都平行于某一个基本投影面，如图 7-18、图 7-20、图 7-22 所示。

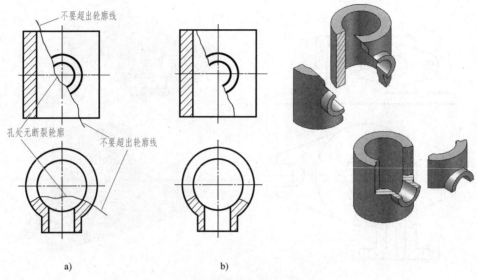

不要超出轮廓线

孔处无断裂轮廓

不要超出轮廓线

a)   b)

图 7-25　局部剖视图中的波浪线的画法

a）错误　b）正确

2）用单一斜剖切平面剖切机件。当机件上倾斜部分的内部结构需要表达时，用不平行于任何基本投影面（一般为投影面的垂直面）的剖切平面剖开机件，从而真实地反映机件倾斜部分的内部结构。这种剖视图一般按投影关系配置在与剖切符号相对应的位置上，也可以平移到其他适当的地方，在不致引起误解的情况下，也允许将图形旋转配置，但必须在剖视图上方标注旋转符号，如图 7-26 所示。

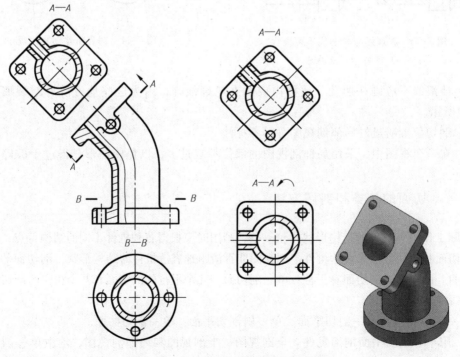

图 7-26　单一斜剖切平面获得的剖视图

3）用单一剖切柱面剖切机件。对于在机件上沿圆周分布的孔、槽等结构，常采用圆柱面剖切。采用柱面剖切时，应将剖切柱面和机件的剖切结构展开成平行于投影面的平面后再向投影面投射得到剖视图，而且在剖视图的名称后需加注"展开"二字，如图 7-27 所示。

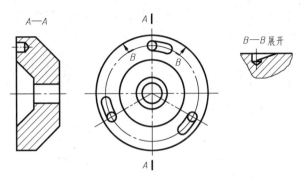

图 7-27　单一柱面剖切机件

2. 几个平行的剖切面

当机件的内部结构分布在相互平行的平面上时，用一个剖切面无法将其都剖开时，可采用几个平行的剖切面剖开机件，如图 7-28 所示。

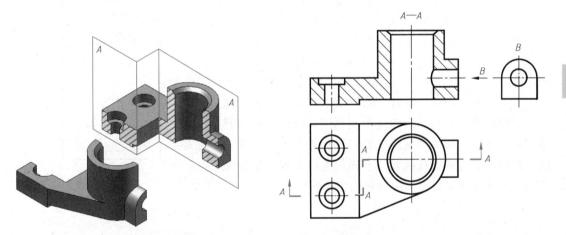

图 7-28　几个平行的剖切面获得的剖视图

采用几个平行的剖切面剖切时，应注意以下几个问题：

1）由于剖切是假想的，因此在剖视图中，不应画出剖切面转折处的界限，如图 7-29a 所示。

2）剖切面的转折处不应与图中的轮廓线（粗实线或虚线）重合，如图 7-29a 所示。

3）在图形内，不应出现不完整要素（图 7-29b）。仅当两个要素在图形上具有公共对称中心线或轴线时，才可各画一半，此时应以对称中心线和轴线为界，如图 7-30 所示。

4）采用这种方法画剖视图时必须进行标注。

如图 7-28 所示，在剖切面的起止和转折处应画出剖切符号，并用与剖视图名称"×—×"同样的字母进行标注，在两端用箭头（垂直于剖切符号）表示投射方向。当转折处的位置有限且不会引起误解时，允许省略字母。按投影关系配置，而中间又没有其他图形隔开时，可以省略箭头。

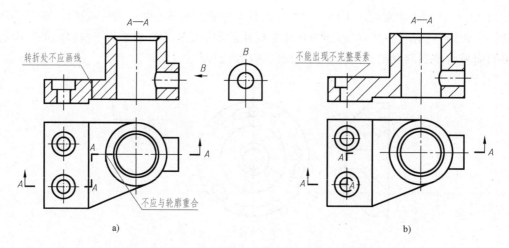

图 7-29 几个平行的剖切面容易出现的画法错误

3. 几个相交的剖切面

当需要表达具有公共回转轴线的机件，如轮、盘、盖等机件上孔、槽的内部结构时，若采用单一剖切面，机件上的内部结构不能同时剖开，这时可以采用几个相交的剖切面剖开机件，如图 7-31 所示。

在图 7-31 中，采用一个剖切面不能同时剖开机件上的小孔、中心孔及凸台。现采用两个剖切面 *A* 剖开机件，其交线是中心孔的轴线，且垂直于正立投影面，这样可同时剖开三个孔。绘制这种剖视图时要注意将与投影面不平行的剖切面绕交线旋转到与投影面平行，即与侧立投影面平行后进行投射，这样就可以在同一剖视图上表达出两个相交剖切面所剖开的结构图形。

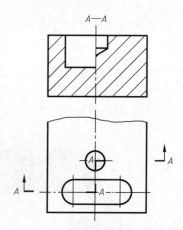

图 7-30 几个平行的剖切面的特殊情况

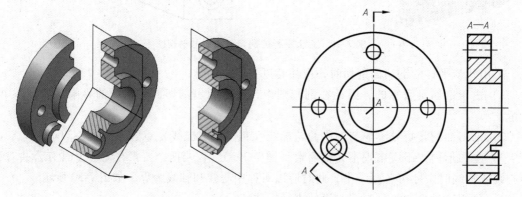

图 7-31 采用两个相交的剖切面剖切（一）

采用几个相交的剖切面剖切时，画图时应注意以下几点：

1）先假想按剖切位置剖开机件，然后将被剖切平面剖开的结构及其有关部分旋转到与选定的投影面平行再进行投射，使剖开结构的投影反映实形。而剖切面后的其他结构应按原来的位置投射，如图 7-32b 所示的油孔。

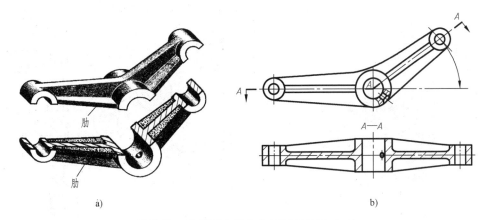

肋

肋

a)   b)

图 7-32　采用两个相交的剖切面剖切（二）

2）采用两个相交剖切面剖开机件后，若产生不完整要素时，则该部分按不剖处理，如图 7-33b 所示的臂。

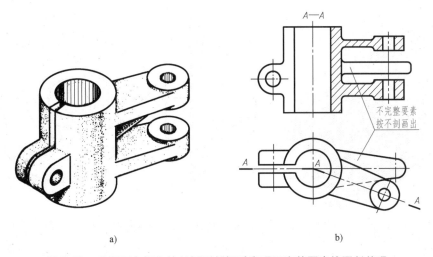

187

不完整要素
按不剖画出

a)   b)

图 7-33　采用两个相交的剖切面剖切时出现不完整要素按不剖处理

3）在剖视图上方应标注剖视图名称"×—×"，在剖切平面的起、止和转折处应画出剖切符号（粗短画线），并标注相同字母"×"。若转折处的位置有限，而又不致引起误解时，可省略字母。箭头仅表示剖视图的投射方向，与剖切面的旋转方向无关，所以当剖视图按投射关系配置，中间又没有其他图形隔开时，可省略箭头。

用几个相交的剖切面剖开机件可采用展开画法，如图 7-34 所示，用四个相交平面（一个侧平面和三个正垂面）剖切机件，将三个正垂面剖开机件所得的结构都旋转至与侧立投影面平行后再投射。在剖视图上方要注写"A—A 展开"。展开图中，各轴线间的距离不变。

几个相交的剖切面可以是平面，也可以是柱面。可将几种剖切面组合起来，图 7-35 所示为用几个剖切面组合剖切机件。

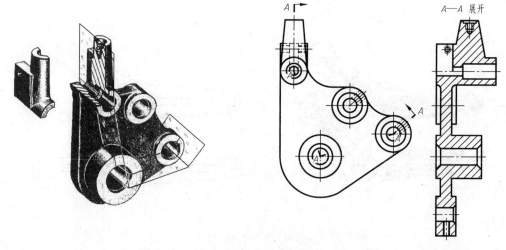

图 7-34 几个相交剖切面剖切机件的展开画法

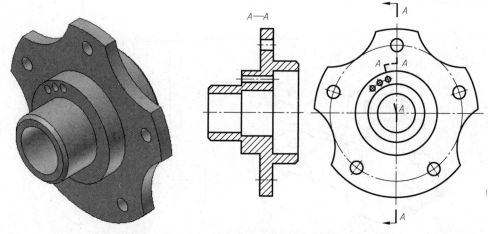

图 7-35 采用几个相交的剖切面剖开机件所得的剖视图

7.3 断面图

7.3.1 断面图的概念

图 7-36 所示的轴的左端有一键槽，在主视图上能表示它的形状和位置，但不能表达其深度。此时可假想用垂直于轴线的剖切面切断键槽，然后画出断面处的形状，并画上符号。这种假想用剖切面将机件的某处切断，仅画截断面的图形称为断面图，简称断面。

断面图与剖视图的区别在于：断面图只是机件上剖切处断面的投影，而剖视图则是除画出断面形状外还需画出剖切面后方结构的投影。如图 7-36 所示，由于在轴的主视图上标注尺寸时，可标注上直径符号以表示其各段为圆柱体，因此在这种情况下画成剖视图是没必要的。

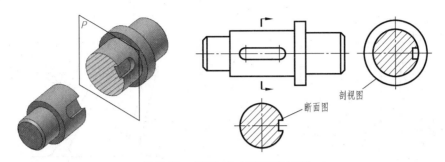

图 7-36　断面图与剖视图的区别

7.3.2　断面图的种类及其画法

根据断面在图中位置不同，断面图分为移出断面图和重合断面图两种。

1. 移出断面图

画在视图轮廓外的断面图称为移出断面图，如图 7-37、图 7-38 所示。

移出断面的轮廓线用粗实线绘制。为了便于读图，应尽量将断面图配置在剖切符号（粗短画线）的延长线上或剖切线（表示剖切面位置的细点画线）的延长线上。当断面图形对称时，也可将断面图画在原有图形的中断处。为了能够表示断面的真实形状，剖切面一般应垂直于机件的轮廓线。

189

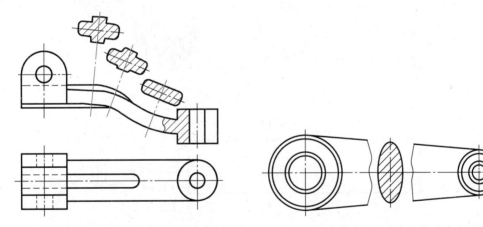

图 7-37　布置在剖切线延长线上的移出断面图　　图 7-38　布置在视图中断处的移出断面图

在不致引起误解的情况下，允许将图形旋转配置，此时应在断面图上方标注旋转符号，如图 7-39 所示。当几个相交的剖切面剖开机件时，其断面图中间应断开画出，如图 7-40 所示。

在一般情况下，断面图仅画出被切断截面的形状，但当剖切面通过回转面形成的孔或凹坑的轴线时，或者当剖切面通过非圆孔时会导致出现完全分离的两断面时，这些结构应按剖视绘制，如图 7-41、图 7-42a 所示。而图 7-42b、c 的两个键槽不是回转面，因此画成缺口，即按断面图绘制。

由于考虑到局部视图的配置及图形安排紧凑，也可以将移出断面配置在其他适当位置，如图 7-42c 所示的断面图 "A—A"。

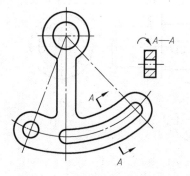

图 7-39　经旋转的移出断面图

图 7-40　用两个相交剖切面剖切的移出断面图

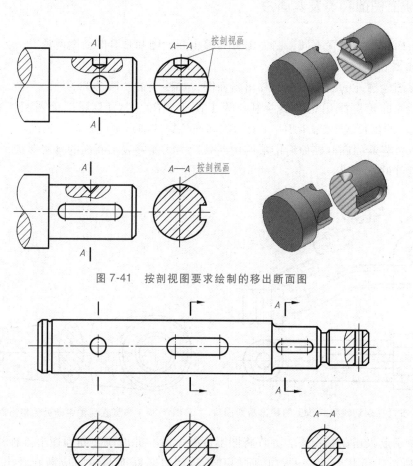

图 7-41　按剖视图要求绘制的移出断面图

图 7-42　移出断面图画法

2. 重合断面图

图 7-43 所示的机件，其左右两个肋板的断面形状采用两个断面来表达。由于这两个结构剖切后的图形较简单，将断面直接画在视图内的剖切位置上，并不影响图形的清晰，且能使图形的布局紧凑。这种画在视图内的断面图称为重合断面图。重合断面图的轮廓

线用细实线绘制，当它与视图中轮廓线重叠时，视图中的轮廓线仍应连续画出，不可中断，如图 7-44、图 7-45 所示。

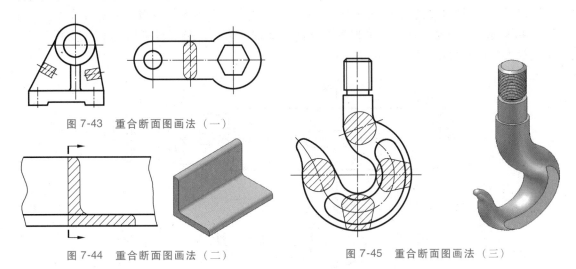

图 7-43　重合断面图画法（一）

图 7-44　重合断面图画法（二）　　　　　图 7-45　重合断面图画法（三）

7.3.3　断面图的标注

1. 移出断面图的标注

移出断面图一般应标注剖切符号，用粗短画线表示剖切面的起止与转折位置，用箭头表示投射方向，还应在粗短画线附近标注字母"×"，并在相应断面图上方以同样的字母标注断面图的名称"×—×"，如图 7-42c 所示。经过旋转的移出断面，还要标注旋转符号，如图 7-39 所示。

移出断面图的标注在下述情况下可以省略。

1）配置在剖切符号或剖切线延长线上的不对称移出断面，由于剖切位置很明确，可省略断面图的名称和粗短画线附近的字母，如图 7-42b 所示。

2）当不对称的移出断面按投影关系配置，或移出断面图对称时，可以省略表示投射方向的箭头，如图 7-41 所示。

3）当对称的移出断面配置在剖切线或剖切符号的延长线上（图 7-42a），或配置在视图中断处（图 7-38），不必标注。

2. 重合断面图的标注

由于重合断面图是直接画在视图内的剖切位置处，因此标注时可一律省略字母。

不对称重合断面图，一般应标注剖切符号及表示投射方向的箭头，如图 7-44 所示。对称的重合断面图不必标注，如图 7-45 所示。

7.4　其他表达方法

7.4.1　局部放大图

将机件上的部分结构用大于原图形的比例画出的图形，称为局部放大图。当机件的某些细小结构的图形不清晰或不便于标注尺寸时，可采用局部放大图表示，如图 7-46 所示轴上的退刀槽和挡圈槽。

局部放大图可画成视图、剖视图或断面图，它与原图形被放大部分的表达方式无关，如图 7-46 所示。局部放大图应尽量配置在被放大部位的附近，必要时可用几个图形表达同一个被放大部分的结构，如图 7-47 所示。

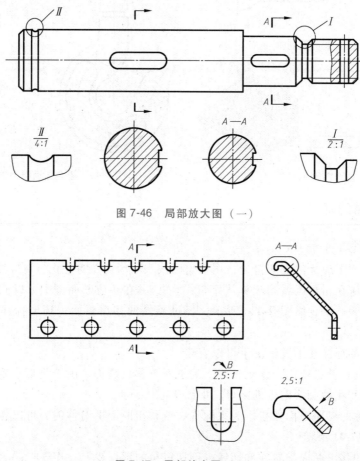

图 7-46　局部放大图（一）

图 7-47　局部放大图（二）

绘制局部放大图时，应在原图形上用细实线圈出被放大的部位。当同一机件上有多处结构被放大时，必须将各处用罗马数字依次编号，并在局部放大图上方标出相应的罗马数字和采用的比例，如图 7-46 所示。当机件上只有一处放大结构时，在局部放大图的上方只需注明所采用的比例，如图 7-47 所示。

同一机件上不同部位局部放大图相同或对称时，只需画出一个放大图。局部放大图应和被放大部分的投影方向一致，若为剖视图和断面图时，其剖面线的方向和间隔应与原图相同。

必须指出，局部放大图上标注的比例是指该图形与机件实际大小之比，而不是与原图之比。为简化作图，国家标准规定在局部放大图表达清楚的情况下，允许简化被放大部位的原图。

7.4.2 简化画法

绘图时，在不影响机件表达完整和清晰的前提下，应力求绘制简便。为此国家标准规定了一些简化画法。下面介绍几种常用的简化画法。

1）当机件具有若干相同结构（如孔、槽等）且按一定规律分布时，可以仅画出一个或几个完整的结构，其余用单点画线表示其中心位置，并将分布范围用细实线连接，如图 7-48 所示。

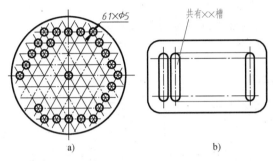

图 7-48　相同结构的简化画法

2）当较长的机件，如轴、杆、型材、连杆等，沿长度方向的形状一致或按一定规律变化时，可断开后缩短画出，但标注时要标实际尺寸，如图 7-49 所示。

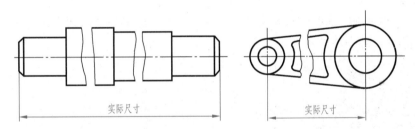

图 7-49　较长机件的简化画法

3）在不致于引起误解时，零件图中的小圆角、锐边的倒角或 45° 小倒角允许省略不画，但必须注明尺寸或在技术要求中加以说明，如图 7-50 所示。

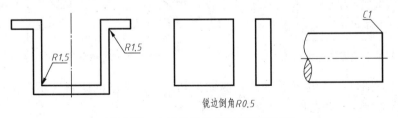

锐边倒角 R0.5

图 7-50　小圆角及小倒角的简化画法

4）圆柱形法兰和类似的机件上均匀分布的孔可按图 7-51 所示方法表达。

5）当回转轴体的平面不能充分表达时，可用平面符号（相交的两条细实线）表示。如图 7-52 所示，轴的一端圆柱被平面切割，由于不能在这一视图上明确看清它是一个平面，所以加上平面符号。如果其他视图已经把这个平面表达清楚，则平面符号可以省略。

193

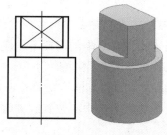

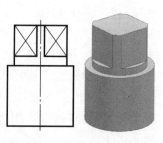

图 7-51　均匀分布的孔的简化画法　　　　　图 7-52　平面符号

6）零件上对称结构的局部视图可按图 7-53 所示的方法绘制，在不致于引起混淆的情况下，允许将交线用轮廓线代替。

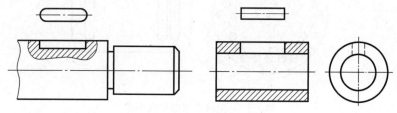

图 7-53　对称结构的局部视图

7）与投影面倾斜角度小于或等于 30° 的圆或圆弧，其投影可用圆或圆弧代替，如图 7-54 所示。

194

8）对于对称机件的视图可只画 1/2 或 1/4，并在对称中心线的两端画出两条与其垂直的平行细实线，如图 7-55 所示。

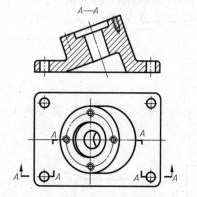

图 7-54　倾斜的圆或圆弧的简化画法

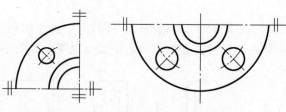

图 7-55　对称机件的简化画法

9）对于机件的肋、轮辐等，如果按纵向剖切，通常按不剖绘制（不画剖面符号），而用粗实线将其与邻接部分隔开，如图 7-56、图 7-57 所示。

10）当机件回转体上均匀分布的肋、轮辐、孔等结构不处于剖切面上时，可将这些结构旋转到剖切面上画出，如图 7-58 所示。

11）需要表示位于剖切面前的结构时，这些结构用双点画线绘制，如图 7-59 所示。

12）在不致引起误解时，图样中允许省略剖面符号，也可用涂色代替剖面符号，但剖切位置和断面图的标注必须遵照本章所述的规定，如图 7-60 所示。

13）机件上的滚花部分，一般采用在轮廓线附近用粗实线局部画出的方法表示，也可省略不画，而在机件上或技术要求中注明其具体要求，如图 7-61 所示。

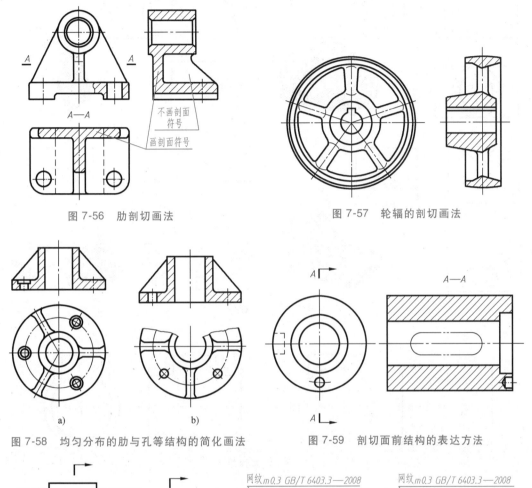

图 7-56　肋剖切画法

图 7-57　轮辐的剖切画法

图 7-58　均匀分布的肋与孔等结构的简化画法

图 7-59　剖切面前结构的表达方法

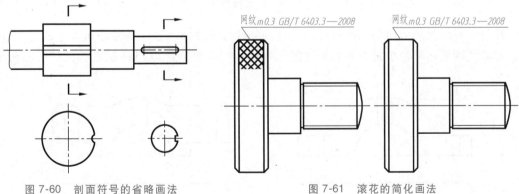

图 7-60　剖面符号的省略画法

图 7-61　滚花的简化画法

7.4.3　过渡线的画法

由于铸件上有圆角、起模斜度的存在，铸件表面上相贯线就不明显了，这种线称为过渡线（图 7-62）。过渡线的画法实质上就是按没有圆角的情况求出相贯线的投影，即画到理论上的交点处为止（图 7-63）。

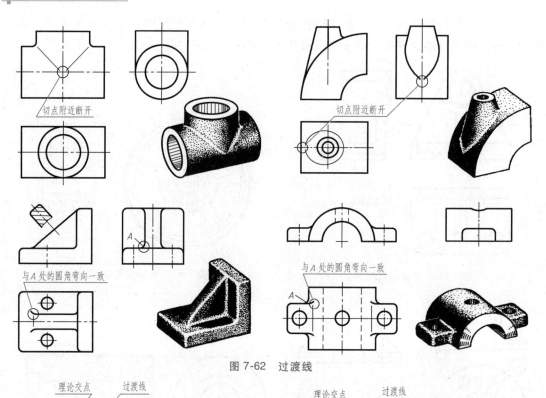

图 7-62　过渡线

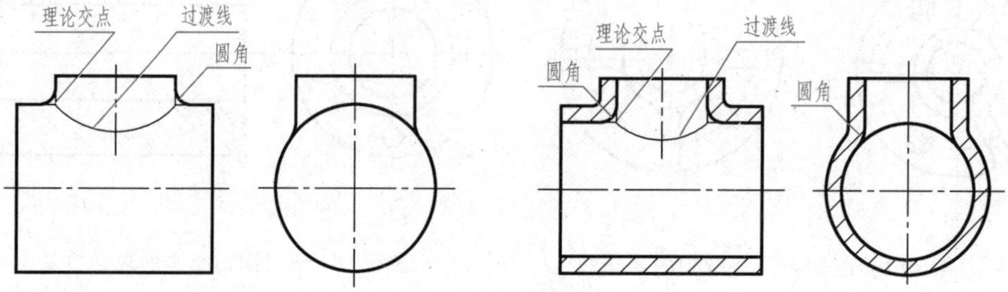

图 7-63　过渡线画法

　　铸件底板的上表面与圆柱面相交，当交线位置与圆柱圆心连线的圆心角大于或等于 60°时，过渡线画成两端带小圆角的直线（图 7-64a）；当交线位置与圆柱圆心连线的圆心角小

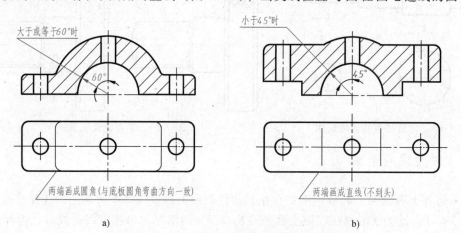

a)　　　　　　　　　　　　　　　　b)

图 7-64　圆柱面与平面相交时过渡线的画法

于 45°时，过渡线画成两端不到头的直线（图 7-64b）。

零件上的肋板与圆柱和底板相交（或相切）时，过渡线的画法取决于肋板的断面形状，以及相交或相切的关系（图 7-65）。

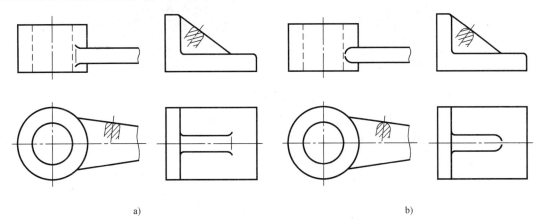

a)   b)

图 7-65　肋板过渡线的画法

a）肋板断面为方头　b）肋板断面为圆头

7.4.4　第三角画法

第三角画法是将物体放置于第三分角内，并使投影面处于观察者与物体之间，按照观察者—投影面—物体的位置关系进行投射，把投影面假设成透明的，采用正投影法，这种方法称为第三角画法，如图 7-66 所示。

第一角画法、第三角画法的主要区别是视图配置关系不同。和第一角画法一样，第三角画法也可以向六个基本投影面投射而得到六个基本视图，其视图的配置关系以主视图为基准，如图 7-67 所示。在同一张图样中，如果按图 7-67 配置视图，一律不标注视图名称。

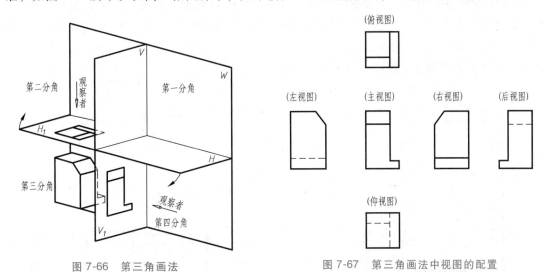

图 7-66　第三角画法　　　　　　　图 7-67　第三角画法中视图的配置

第一角画法、第三角画法的读图习惯是不同的。为了区别这两种画法所得的图样，国家标准规定，采用第三角画法时，必须在图样中画出第三角画法的识别符号，采用第一角画法时，必要时也应画出其识别符号。如图 7-68 所示，h 为图中尺寸字体高度（$H = 2h$），d 为图中网格宽度。图 7-69 所示为采用第一角画法与第三角画法的比较。

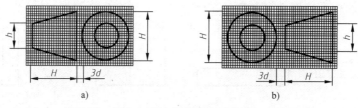

图 7-68　第一角画法和第三角画法的识别符号

a）第一角画法符号　b）第三角画法符号

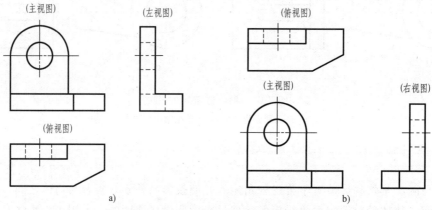

a)

图 7-69　第一角画法与第三角画法的比较

a）第一角画法　b）第三角画法

局部视图可按基本视图的配置形式配置，也可按照向视图的形式配置，还可按照第三角画法配置。

GB/T 4458.1—2002《机械制图　图样画法　视图》规定：按第三角配置的局部视图，应配置在视图上所需表示物体局部结构的附近，并用点画线将两者连接。例如：如图 7-70 所示，按第三角画法在主视图右方配置了右视方向的局部视图，如图 7-71 所示，按第三角画法在主视图上方配置了俯视方向的局部视图。

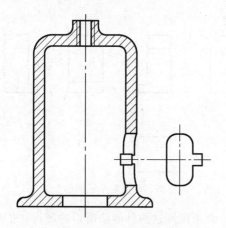

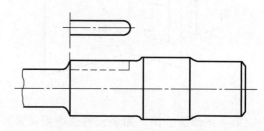

图 7-70　按第三角画法配置的局部视图示例（一）　　图 7-71　按第三角画法配置的局部视图示例（二）

7.5 机件的各种表达方法综合举例

在绘制图样时，应根据零件的内外结构形状的特点，综合运用视图、剖视图、断面图等表达方法，以完整、清晰地表达机件，同时使得图形数量较少，力求制图简便且便于读图。

【例 7-1】 分析图 7-72a 所示支架的表达方案。

【分析】 如图 7-72b 所示，该机件共用四个图形表达。主视图采用了局部剖视图，既表达了支架的十字肋板、圆筒和斜板等外部结构形状，又表达了上部圆柱的通孔以及下部斜板上的四个小通孔。为了表达上部圆柱与十字肋板的相对位置关系，采用了一个局部视图。为了表达十字肋板的断面形状采用了一个移出断面图。斜视图 "$A \frown$" 表达了下部斜板的实形及其与十字肋板的相对位置。

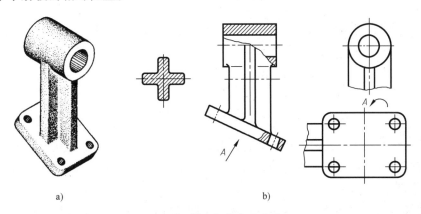

a)   b)

图 7-72 斜支架的表达方法

a) 机件 b) 表达方法

【例 7-2】 根据轴承座的轴测剖视图（图 7-73），选择适当的表达方案。

【分析】

1. 形体分析

轴承座的主体是一个圆柱体，它的前后两侧都有圆柱形凸缘；沿着圆柱体轴线从前往后的方向，前方被切割为一个上下壁为圆柱面而左右壁为侧平面的沉孔，后方有一个圆柱形通孔；圆柱体的顶部有一个圆柱形凸台；轴承座的底板下部有一长方形通槽，底板的左右两侧有带沉孔的圆柱形通孔；主体圆柱与底板之间由截面为十字形的肋板连接，十字肋板左右两侧面与主体圆柱面相切。

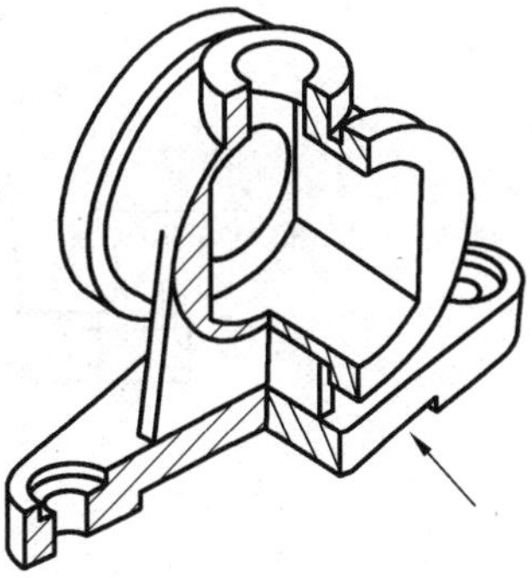

图 7-73 轴承座

2. 表达方案的确定与比较

（1）方案一（图 7-74） 按图 7-73 所示的投射方向和位置确定主视图。分析形体可知，需要表达的内部结构有上部的圆柱形凸台和底板上的圆柱形通孔，主视图虽然为对称图形，但可采用局部剖视以表达局部内部结构；主视图采用局部剖视后，还需用较少的虚线表示出主体圆柱体与十字形肋板的连接关系。左视图由于上下、前后不对称，外形比较简单，所以采用全剖视图，使主体内部结构得以清楚地展现。

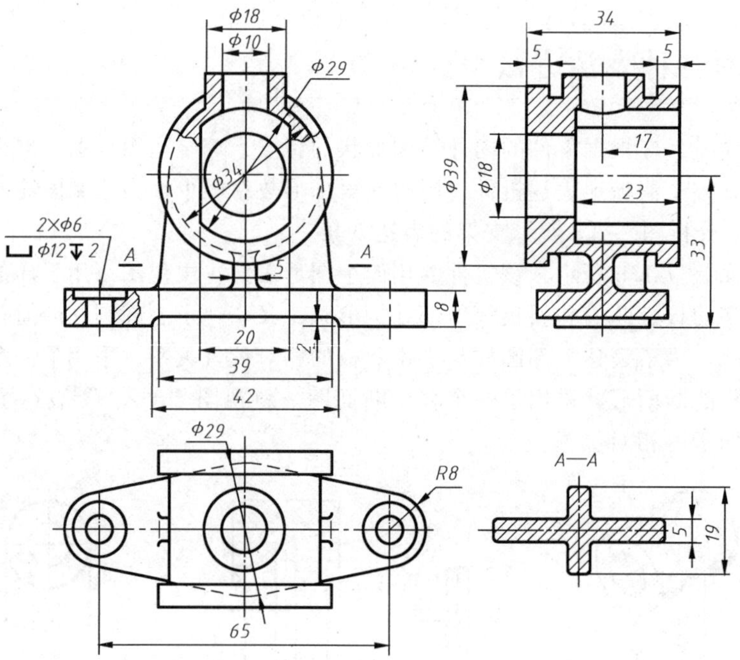

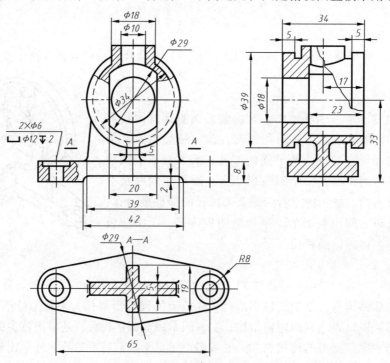

图 7-74 轴承座的表达方案（一）

200

由于内部结构在主、左视图中已表达清楚，俯视图可只画外形，但为了完整地表达底板的结构，应画出它在俯视图中的虚线投影。为了更清楚地显示支承板的结构，添加了"A—A"移出断面图。

（2）方案二（图 7-75）　方案二与方案一不同之处，只是俯视图直接采用水平面剖切后

图 7-75　轴承座的表达方案（二）

的"A—A"剖视图，就不需另画移出断面图，但圆柱凸台的外形却不能在俯视中表达了，因此，左视图则保留一小部分外形而画成局部剖视图，由相贯线来表达凸台的形状。

（3）方案三（图 7-76） 主视图采用了半剖视图，俯视图采用了全剖视图，左视图采用了局部剖视图。

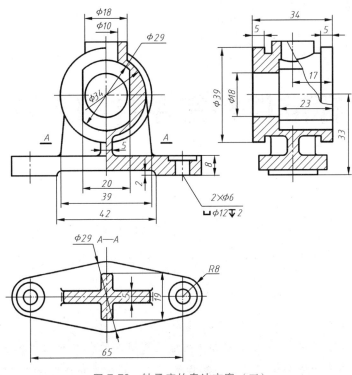

图 7-76 轴承座的表达方案（三）

第 8 章

标准件和常用件的表达

主要内容

螺纹及螺纹紧固件、键、销和滚动轴承等标准件的应用场合、规定画法和标记，齿轮及弹簧的作用、种类和规定画法。

学习要点

熟悉标准件的概念；掌握螺纹的画法及螺纹紧固件的种类和应用场合；熟悉齿轮各部分的名称并掌握圆柱齿轮的画法；了解弹簧、轴承的种类和作用以及规定画法。

工业生产中广泛使用标准件和常用件。标准件是国家对其结构形状、尺寸大小、表示方法、表面质量等全部标准化的零部件，常见的标准件如螺栓、螺母、垫圈、键、销、滚动轴承等。由于各行各业对标准件的需求量很大，标准件通常由专门厂家用专用设备进行大批量生产，生产效率高，成本低廉，普通用户只需按照国家标准进行选购即可。还有一些零件如齿轮、弹簧等，它们应用也很广泛，其结构形状、尺寸大小和表示方法也有统一的规定，部分主要参数实现了标准化、系列化，习惯上称其为常用件。

本章主要介绍一些标准件和常用件的基本知识和规定画法。

8.1 螺纹

任何机器或者部件都是由零件组成的，要把零件装配在一起需要用一定的方式把它们连接起来，螺纹连接是最常用的一种连接方式。螺纹按用途可分为连接螺纹和传动螺纹，按牙型可分为普通螺纹、管螺纹、梯形螺纹、锯齿形螺纹，按螺纹要素标准化的程度可分为标准螺纹、特殊螺纹和非标准螺纹。

8.1.1　螺纹的形成和结构

1. 螺纹的形成

在圆柱（或圆锥）表面上，沿着螺旋线形成的具有相同轴向断面的连续凸起和沟槽，称为螺纹。在圆柱（或圆锥）零件外表面上加工的螺纹称为外螺纹，在其内表面上加工的螺纹称为内螺纹。加工螺纹的方法有很多，图 8-1 所示为螺纹加工的常用方法和手工加工螺纹使用的常用工具。

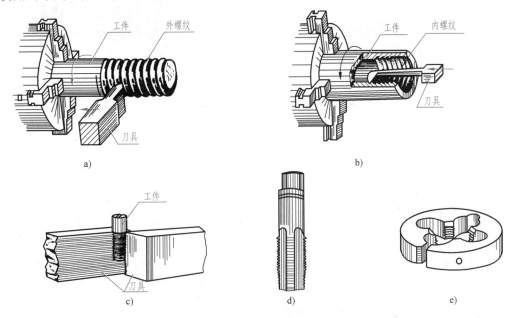

图 8-1　螺纹的加工

a）在车床上加工外螺纹　b）在车床上加工内螺纹　c）用模具碾制外螺纹

d）丝锥（加工内螺纹）　e）板牙（加工外螺纹）

2. 螺纹的结构

图 8-2、图 8-3 所示为螺纹的末端、收尾和退刀槽。普通螺纹的倒角和退刀槽见表 D-3。

（1）螺纹的末端　为了便于装配和防止螺纹起始圈损坏，常在螺纹的起始处加工成一定的形式，如倒角、倒圆等，如图 8-2 所示。

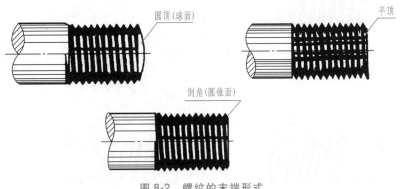

图 8-2　螺纹的末端形式

（2）螺纹的收尾和退刀槽 车削螺纹时，刀具接近螺纹末尾处要逐渐离开工件，因此螺纹收尾部分的牙型是不完整的，螺纹这一段不完整的收尾部分称为螺尾。为了避免产生螺尾，可以预先在螺纹末尾处加工出退刀槽，然后再车削螺纹，如图 8-3 所示。

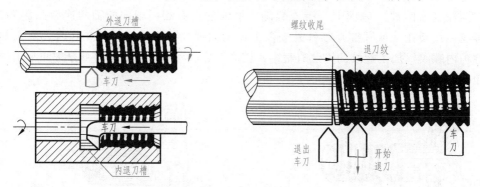

图 8-3 螺纹的退刀槽和收尾

8.1.2 螺纹的要素

1. 牙型

在通过螺纹轴线的断面上，螺纹的轮廓形状称为螺纹牙型。不同的螺纹牙型有不同的用途。螺纹可分为两类：用于连接或紧固的连接螺纹和用于传递动力或运动的传动螺纹。连接螺纹中的普通螺纹牙型为三角形，牙型角为 60°；55°密封管螺纹和 55°非密封管螺纹的牙型也为三角形，但牙型角为 55°；传动螺纹中的梯形螺纹和锯齿形螺纹的牙型分别为梯形和锯齿形。在工程图样中，螺纹牙型用螺纹特征代号表示，见表 8-1。

表 8-1 螺纹分类、牙型及特征代号

螺纹分类	螺纹种类	外形及牙型图	螺纹特征代号	螺纹种类	外形及牙型图	螺纹特征代号
连接螺纹	粗牙普通螺纹	60°	M	55°非密封管螺纹	55°	G
	细牙普通螺纹			55°密封管螺纹	55°	圆锥外螺纹用 R_1、R_2 表示（与圆柱内螺纹旋合用 R_1，与圆锥内螺纹旋合用 R_2）；圆锥内螺纹用 Rc 表示；圆柱内螺纹用 Rp 表示
传动螺纹	梯形螺纹	30°	Tr	锯齿形螺纹	3° 30°	B

2. 公称直径

螺纹有大径、小径和中径，但在表示螺纹时采用的是公称直径，公称直径就是代表螺纹尺寸的直径。普通螺纹的公称直径就是大径，管螺纹公称直径用管子的通径（英寸）命名，用尺寸代号表示。

螺纹的大径、小径和中径，如图 8-4 所示。

1）大径——与外螺纹牙顶和内螺纹牙底重合的假想圆柱的直径称为螺纹的大径，内、外螺纹的大径分别用 D 和 d 表示。

2）小径——与外螺纹牙底和内螺纹牙顶重合的假想圆柱的直径称为螺纹的小径，内、外螺纹的小径分别用 D_1 和 d_1 表示。

3）中径——母线通过牙型上沟槽和凸起宽度相等处的一个假想圆柱的直径称为螺纹的中径，内、外螺纹的中径分别用 D_2 和 d_2 表示，它是控制螺纹精度的主要参数之一。

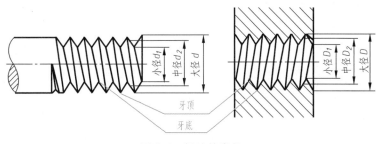

图 8-4 螺纹的直径

3. 线数 n

螺纹有单线和多线之分。沿一条螺旋线形成的螺纹称为单线螺纹，沿轴向等距分布的两条或两条以上的螺旋线形成的螺纹称为双线或多线螺纹，如图 8-5 所示。

4. 导程 P_h 与螺距 P

同一条螺旋线上的相邻两牙在中径线上对应两点间的轴向距离称为导程，以 P_h 表示。相邻两牙在中径线上对应两点间的轴向距离称为螺距，以 P 表示。单线螺纹的导程等于螺距，即 $P_h = P$；多线螺纹的导程等于线数乘以螺距，即 $P_h = nP$。图 8-5 所示的双线螺纹 $P_h = 2P$。

5. 旋向

螺纹旋向分右旋（RH）和左旋（LH）两种，如图 8-6 所示。顺时针方向旋转时旋入的螺纹是右旋螺纹；逆时针方向旋转时旋

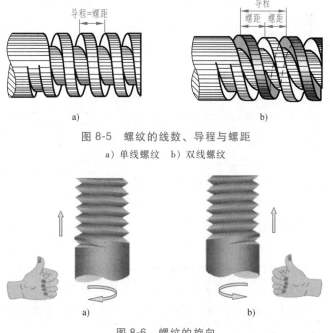

图 8-5 螺纹的线数、导程与螺距

a）单线螺纹 b）双线螺纹

图 8-6 螺纹的旋向

a）左旋 b）右旋

205

入的螺纹称为左旋螺纹，也可按图 8-6 所示方法来判断。工程上以右旋螺纹应用为多。

为了便于设计计算和加工制造，国家标准对螺纹要素做了规定。在螺纹要素中，牙型、直径和螺距是决定螺纹的最基本的要素，通常称为螺纹三要素。螺纹三要素符合国家标准的螺纹称为标准螺纹，而牙型符合标准，直径或螺距不符合国家标准的称为特殊螺纹。牙型不符合国家标准的称为非标准螺纹。标准螺纹的公差带和螺纹标记均已标准化。螺纹的线数和旋向，如果没有特别注明，则为单线和右旋。

若要使内、外螺纹正确旋合在一起构成螺纹副，那么内、外螺纹的五要素必须一致。

8.1.3　螺纹的规定画法

真实投影螺纹并作图比较麻烦。为了简化作图，GB/T 4459.1—1995《机械制图　螺纹及螺纹紧固件表示法》规定了在机械图样中螺纹和螺纹紧固件的画法，按此画法作图并加以标注，就能清楚地表示螺纹的类型、规格和尺寸。

1. 外螺纹的规定画法

1）外螺纹不论其牙型如何，螺纹的大径 d 用粗实线表示，小径 d_1 用细实线表示，且画入倒角内。作图时 $d_1 \approx 0.85d$。螺杆的倒角或倒圆部分也应画出（图 8-7）。

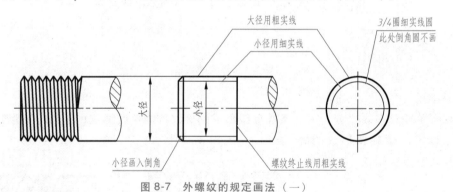

图 8-7　外螺纹的规定画法（一）

2）螺纹终止线用粗实线表示。在剖视图中则按图 8-8 所示的主视图的画法绘制，即剖切部分的螺纹终止线画到小径处，剖面线必须画到表示大径的粗实线为止。

3）在投影为圆的视图中，表示小径的细实线圆只画约 3/4 圈，此时表示倒角的圆省略不画（图 8-7）。

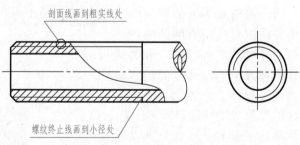

图 8-8　外螺纹的规定画法（二）

2. 内螺纹的规定画法

1）内螺纹不论其牙型如何，在剖视图中，螺纹的小径用粗实线表示，大径用细实线表示。螺纹终止线用粗实线表示。剖面线应画到表示小径的粗实线为止（图 8-9）。

2）在投影为圆的视图中，表示大径的细实线圆只画约 3/4 圈，此时表示倒角的圆省略不画（图 8-9）。

3）绘制不穿通的螺孔时，一般应将钻孔深度与螺纹部分的深度分别画出。如图 8-10a

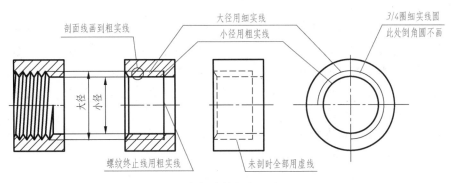

图 8-9　内螺纹的规定画法（一）

所示，钻孔深度一般比螺纹深度大 $0.5D$，其中 D 为螺纹大径。钻头端部的圆锥锥顶角为 118°，不穿通孔（也称盲孔）底部形成一圆锥面，在画图时钻孔底部圆锥锥顶角可以简化为 120°。螺孔与螺孔或光孔相交时，只需画出螺纹小径产生的相贯线（图 8-10b）。

4）当螺纹不可见时，其所有图线按虚线绘制（图 8-9）。

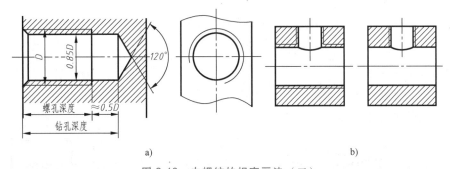

a)　　　　　　　　　　　　　　　　　　　b)

图 8-10　内螺纹的规定画法（二）

a）不穿通螺孔（盲孔）的画法　b）螺孔中相贯线的画法

3. 内、外螺纹连接的规定画法

在剖视图中，内、外螺纹的旋合部分应按外螺纹画法绘制，其余部分仍按各自的画法绘制。

画图时必须注意，表示外螺纹牙顶（大径）的粗实线、牙底（小径）的细实线，必须分别与表示内螺纹牙底（大径）的细实线、牙顶（小径）的粗实线对齐。按规定，当实心螺杆通过轴线剖切时按不剖处理，如图 8-11 所示。

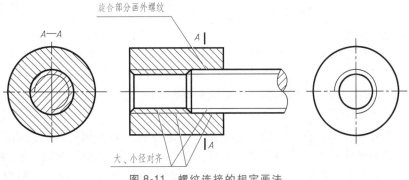

图 8-11　螺纹连接的规定画法

4. 螺纹其他结构的规定画法

在实际生产中当刀具快到达螺纹终止处时，要逐渐离开工件，因而螺纹终止处附近的牙型将逐渐变浅，形成不完整的螺纹牙型，这段螺纹称为螺尾，如图 8-12a 中的 *l* 处，当需要表示螺纹收尾时，螺尾部分的牙底用与轴线成 30°的细实线表示。从图 8-12 中可以看出，螺纹终止线并不画在螺尾末端而是画在完整螺纹终止处。螺纹的长度是指完整螺纹的长度，也就是不包括螺尾在内的有效螺纹长度。

为了避免出现螺尾，可在螺纹终止处先制出一个槽，便于刀具退出，这个槽称为退刀槽，如图 8-12b 所示。螺纹收尾、退刀槽已标准化，各部分尺寸见表 D-3。

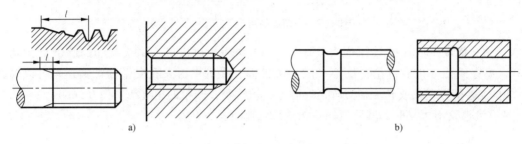

图 8-12　螺纹其他结构的规定画法

a）螺尾及其画法　b）退刀槽画法

5. 圆锥螺纹的规定画法

画圆锥内、外螺纹时，在投影为圆的视图上，不可见端面牙底圆的投影不画，牙顶圆的投影为虚线圆时可省略不画（图 8-13）。

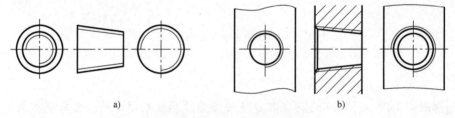

图 8-13　圆锥螺纹的规定画法

a）外螺纹　b）内螺纹

6. 非标准螺纹的画法

非标准螺纹指牙型不符合国家标准的螺纹，所以应画出螺纹牙型，并标注出牙型所需加工尺寸及有关要求，如图 8-14 所示。

8.1.4　螺纹的标注

螺纹采用统一的规定画法后，在图样上反映不出螺纹的要素和类型，因此国家标准规定标准螺纹用规定的标记标注，以区别不同种类的螺纹。

1. 普通螺纹的标注

普通螺纹用得最广泛，在相同的直径条件下，螺距最大的普通螺纹称为粗牙普通螺纹，而其余螺距的普通螺纹称为细牙普通螺纹，它们的直径、螺距等相关参数可见表 A-1。在标注细牙螺纹时，必须标注螺距。由于细牙螺纹的螺距比粗牙螺纹的螺距小，所以细牙螺纹多

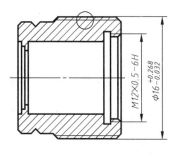 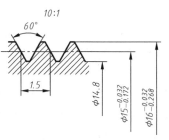 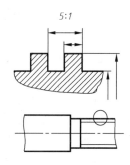

图 8-14 非标准螺纹的画法

用于细小的精密零件和薄壁零件上。

普通螺纹的完整标记形式为

| 螺纹特征代号 | 尺寸代号 | - | 公差带代号 | - | 旋合长度代号 | - | 旋向代号 |

（1）螺纹特征代号　普通螺纹特征代号用"M"表示。

（2）尺寸代号　普通螺纹的公称尺寸为螺纹大径。单线螺纹的尺寸代号为"公称直径×螺距"，不必注出"P"字样。多线螺纹的尺寸代号为"公称直径×Ph 导程 P 螺距"，需注出"Ph"和"P"字样。粗牙普通螺纹不标注螺距。

标记示例："M24"表示公称直径为 24mm 的粗牙普通螺纹；"M24×1.5"表示公称直径为 24mm，螺距为 1.5mm 的细牙普通螺纹。

（3）公差带代号　螺纹公差带代号包括中径公差带代号和顶径（指内螺纹小径和外螺纹大径）公差带代号。它由表示其大小的公差等级数字和表示其位置的基本偏差字母（内螺纹用大写字母，外螺纹用小写字母）组成，如 6H、6g。

如果中径公差带代号和顶径公差带代号不同，则分别注出代号，其中径公差带代号在前，顶径公差带代号在后，如 M10-5g6g；如果中径和顶径公差带相同，则只注出一个代号，如 M10×1-5H。

常用的中等公差精度螺纹（公称直径≥1.6mm 的 6g 和 6H）不标注公差带代号。

内、外螺纹旋合时，其配合公差带代号用斜线分开，左边表示内螺纹公差带代号，右边表示外螺纹公差带代号，如 M10-6H/6g。

（4）旋合长度代号　国家标准对普通螺纹的旋合长度，规定为短（S）、中（N）、长（L）三组。在一般情况下，不标注螺纹的旋合长度，其螺纹公差带按中等旋合长度（N）确定；必要时在螺纹公差带代号之后加注旋合长度代号 S 或 L，如 M10-5g6g-S。

（5）旋向代号　左旋螺纹以"LH"表示，右旋不标注。

标记示例：

1）"M10×1-5H-LH"表示公称直径为 10mm，螺距为 1mm，细牙普通螺纹（内螺纹），中径和顶径公差带均为 5H，中等旋合长度，旋向左旋。

2）"M10-5g6g-S"表示公称直径为 10mm，粗牙普通螺纹（外螺纹），中径公差带为 5g，顶径公差带为 6g，短旋合长度，旋向右旋。

2. 梯形螺纹的标注

梯形螺纹用来传递双向动力，如机床的丝杠。梯形螺纹不按粗、细牙分类，其直径和螺距系列、公称尺寸，可见表 A-1。

209

梯形螺纹的完整标记形式为

| 螺纹特征代号 | 尺寸代号-旋向代号-公差带代号-旋合长度代号 |

（1）螺纹特征代号　单线梯形螺纹的螺纹特征代号用"Tr"表示。

（2）尺寸代号　尺寸代号用公称直径、导程、螺距代号"P"和螺距组成。公称直径和导程之间用"×"分开；螺距代号"P"和螺距用圆括号括上。

对于标准左旋梯形螺纹，应标注左旋代号"LH"，右旋不标注旋向代号。

（3）公差带代号　梯形螺纹的公差带代号只标注中径公差带代号。

（4）旋合长度代号　梯形螺纹的旋合长度分为中（N）和长（L）两组，精度分为中等、粗糙两种。采用中等精度时，不标注旋合长度代号"N"。

标记示例："Tr32×12（P6）LH-7e-L"表示公称直径为32mm，螺距为6mm，导程为12mm的双线左旋梯形螺纹（外螺纹），中径公差带为7e，长旋合长度。

内、外螺纹旋合时，其标记示例：Tr40×7-7H/7e。

3. 锯齿形螺纹的标注

锯齿形螺纹用来传递单向动力，如千斤顶中的螺杆。锯齿形螺纹标注的具体格式与梯形螺纹相同。其特征代号用"B"表示，除此项与梯形螺纹不同外，其余各项的含义与标注方法均同梯形螺纹。

标记示例：

1）"B40×7-7H"表示公称直径为40mm，螺距为7mm的右旋锯齿形内螺纹，中径公差带为7H，中等旋合长度。

2）"B40×7-7e"表示公称直径为40mm、螺距为7mm的右旋锯齿形外螺纹，中径公差带为7e，中等旋合长度。

3）"B40×14（P7）-8e-L"表示公称直径为40mm，螺距为7mm，导程为14mm的双线右旋锯齿形外螺纹，中径公差带为8e，长旋合长度。

内、外螺纹旋合时，其标记示例：B40×7-7H/7e

4. 管螺纹的标注

管螺纹是位于管壁上用于管子连接的螺纹，分为55°密封管螺纹和55°非密封管螺纹。密封管螺纹一般用于密封性要求高一些的水管、油管、煤气管等和高压管路系统中。非密封管螺纹一般用于低压管路连接的旋塞等管件附件中。

非密封管螺纹连接由圆柱外螺纹和圆柱内螺纹旋合获得，密封管螺纹连接则由圆锥外螺纹和圆锥内螺纹或圆柱内螺纹旋合获得。圆锥螺纹设计牙型的锥度为1：16。管螺纹的设计牙型、尺寸代号及基本尺寸、标记示例可见表A-2。

密封管螺纹的标记形式为

| 螺纹特征代号 | 尺寸代号-旋向代号 |

非密封管螺纹的标记形式为：

| 螺纹特征代号 | 尺寸代号 | 公差等级代号-旋向代号 |

（1）螺纹特征代号　密封管螺纹是一种螺纹副本身具备密封性能的管螺纹，它包括圆锥螺纹和圆柱螺纹，圆锥外螺纹的螺纹特征代号用"R_1、R_2"表示（与圆柱内螺纹旋合用R_1，与圆锥内螺纹旋合用R_2）；圆锥内螺纹的螺纹特征代号用"Rc"表示；圆柱内螺纹的

螺纹特征代号用"Rp"表示。

非密封管螺纹是一种螺纹副本身不具备密封性能的圆柱管螺纹，其螺纹特征代号用"G"表示。

（2）尺寸代号　尺寸代号是指管子的内径（通径）尺寸（英寸），而不是螺纹大径，用1/2、3/4、1等表示。例如，尺寸代号为"1"时，螺纹的大径为33.249mm。

（3）公差等级代号　只有螺纹特征代号为G的非密封管螺纹的外螺纹才有公差等级，其公差等级为中径公差带等级，分为A、B两种，其他管螺纹无公差等级。内螺纹公差带只有一种，不标记。

（4）旋向代号　右旋螺纹省略标注，左旋螺纹标明"LH"。

标记示例：

1）"G1/2"表示尺寸代号为1/2、右旋、非密封的内螺纹。

2）"G1/2A—LH"表示尺寸代号为1/2、左旋、中径公差等级为A级、非密封的外螺纹。

3）"$R_1 1/2$—LH"表示尺寸代号为1/2、左旋、与圆柱内螺纹旋合的密封圆锥外螺纹。

4）"Rc3/4"表示尺寸代号为3/4、右旋、与圆锥外螺纹旋合的密封圆锥内螺纹。

普通螺纹、梯形螺纹和锯齿形螺纹的公称直径均以mm为单位，它们的标记应直接注在螺纹大径的尺寸线或其引出线上。管螺纹的标注采用旁注法，引出线应从螺纹大径处引出或由对称中心处引出。表8-2给出了部分螺纹的标记示例。

表 8-2　部分螺纹的标记示例

螺纹类别		特征代号	标记示例	说明
连接螺纹	普通螺纹	M	粗牙 	粗牙普通螺纹，公称直径为10mm，螺距为1.5mm（查表A-1获得），右旋，外螺纹中径和顶径公差带都是6g，内螺纹中径和顶径公差带都是6H，中等旋合长度
			细牙 	细牙普通螺纹，公称直径为10mm，螺距为0.75mm（查表A-1获得），左旋，外螺纹中径和顶径公差带都是6g，内螺纹中径和顶径公差带都是7H；中等旋合长度
	管螺纹	G	55°非密封管螺纹 	55°非密封管螺纹，外管螺纹的尺寸代号为1，中径公差等级为A级；内管螺纹的尺寸代号为3/4，中径公差带等级只有一种，不注
		Rc Rp R_1 R_2	55°密封管螺纹 	55°密封圆锥管螺纹，与圆锥内螺纹旋合的圆锥外螺纹（R_2）的尺寸代号为1/2，右旋；圆锥内螺纹（Rc）的尺寸代号为3/4，左旋，公差等级省略

211

（续）

螺纹类别		特征代号	标记示例	说明
传动螺纹	梯形螺纹	Tr	*Tr40×14(P7)-7e*	梯形右旋外螺纹,公称直径为 10mm,双线,导程为14mm,螺距为 7mm,中径公差带代号为 7e,中等旋合长度
	锯齿形螺纹	B	*B32×6-7e*	锯齿形外螺纹,公称直径为 32mm,单线,螺距为 6mm,右旋,中径公差带代号为 7e,中等旋合长度
	矩形螺纹	—	2.5:1	矩形螺纹为非标准螺纹,无螺纹特征代号和螺纹标记,要标注螺纹的所有尺寸,图中给出了两种尺寸注法,如果无特殊说明,则表示单线、右旋

8.2　螺纹紧固件

8.2.1　常用螺纹紧固件的种类、用途及其规定标记

1. 螺纹紧固件的种类及用途

　　螺纹紧固件是通过一对内、外螺纹的连接作用来连接和紧固一些零部件。常用的螺纹紧固件有螺钉、螺栓、螺柱、螺母和垫圈等,如图 8-15 所示。螺纹紧固件的结构、尺寸都已

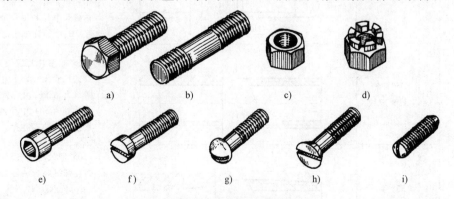

图 8-15　常用螺纹紧固件

a）六角头螺栓　b）双头螺柱　c）六角螺母　d）六角开槽螺母　e）内六方圆柱头螺钉

f）开槽圆柱头螺钉　g）半圆头螺钉　h）开槽沉头螺钉　i）紧固螺钉

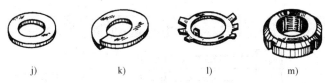

图 8-15 常用螺纹紧固件（续）

j）平垫圈 k）弹簧垫圈 l）止退垫圈 m）圆螺母

标准化，并由专业工厂大量生产。根据螺纹紧固件的规定标记，就能在相应的标准中，查出有关尺寸。因此，对符合标准的螺纹紧固件，不需要再详细地画出它们的零件图。

2. 螺纹紧固件的标记

GB/T 1237—2000《紧固件标记方法》规定螺纹紧固件有完整标记和简化标记两种标记方法，其完整标记形式如下。

| 名称 | 标准编号 |-| 尺寸规格 |-| 产品型号 |-| 机械性能等级或材料 |-| 产品等级 |-| 表面处理 |

一般情况下，螺纹紧固件采用简化标记，主要标记前四项，常用螺纹紧固件的标记示例见表 8-3。

表 8-3 常用螺纹紧固件的图例及简化标记示例

名称	图例与标记	标记说明
六角头螺栓	螺栓 GB/T 5782 M10×45	A 级六角头螺栓，其螺纹规格：公称直径 d = 10mm，公称长度 l = 45mm
1 型六角螺母	螺母 GB/T 6170 M12	A 级 1 型六角头螺母，其螺纹规格：公称直径 d = 12mm
双头螺柱	螺柱 GB/T 897 M10×40	B 型双头螺柱，两端均为粗牙普通螺纹，旋入端长度 b_m = 10mm。其螺纹规格：公称直径 d = 10mm，公称长度 l = 40mm
开槽沉头螺钉	螺钉 GB/T 68 M8×35	开槽沉头螺钉，其螺纹规格：公称直径 d = 8mm，公称长度 l = 35mm
开槽圆柱头螺钉	螺钉 GB/T 65 M10×45	开槽圆柱头螺钉，其螺纹规格：公称直径 d = 10mm，公称长度 l = 45mm

（续）

名称	图例与标记	标记说明
内六角圆柱头螺钉	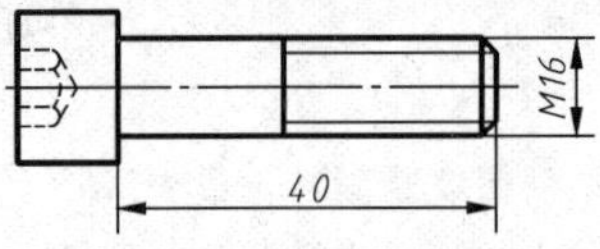 螺钉 GB/T 70.1 M16×40	内六角圆柱头螺钉，其螺纹规格：公称直径 $d=16$mm，公称长度 $l=40$mm
开槽锥端紧定螺钉	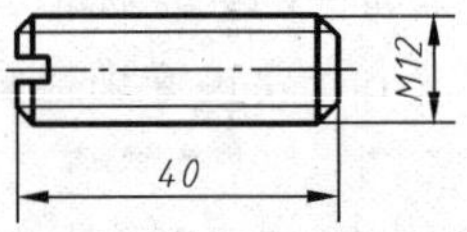 螺钉 GB/T 71 M12×40	开槽锥端紧定螺钉，其螺纹规格：公称直径 $d=12$mm，公称长度 $l=40$mm
平垫圈	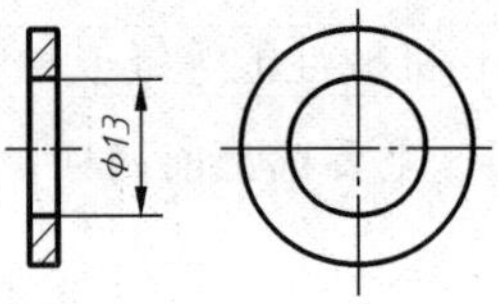 垫圈 GB/T 97.1 12-140HV	标准系列 A 级平垫圈，公称尺寸 $d=12$mm（表示与螺纹规格 $d=12$mm 的螺栓配用），内径 $d_1=13$mm，性能等级为 140HV
标准型弹簧垫圈	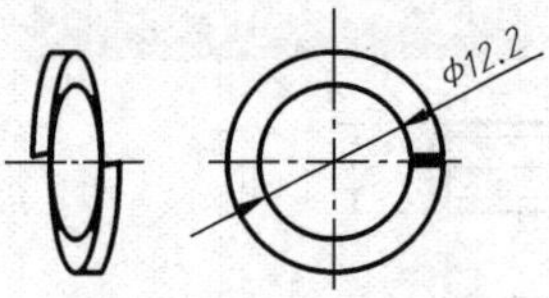 垫圈 GB/T 93 12	标准型弹簧垫圈，公称尺寸 $d=12$mm（表示与螺纹规格 $d=12$mm 的螺栓配用），内径 $d_1=12.2$mm

8.2.2 单个螺纹紧固件的画法

在装配图中为表示连接关系还需画出螺纹紧固件。绘制螺纹紧固件的方法有两种：查表画法和比例画法。

1. 查表画法

查表画法是通过查阅设计手册，按手册中国家标准规定的数据画图，所有螺纹紧固件都可用查表画法绘制。

例如，要画螺母 GB/T 6170 M24 的两个视图，就需要从国家标准中查出 1 型六角螺母的相关尺寸：$D=24$mm、$D_1=20.752$mm、$d_w=33.3$mm，$e=39.55$mm、$s=36$mm、$m=21.5$mm，然后按表 8-4 所示的画图步骤画出即可。

表 8-4　螺母的查表画法

序号	1	2	3	4	5
画图步骤	以 $s=36$mm 为直径画圆	作圆外切正六边形，以 $m=21.5$mm 为高作六棱柱	以 $D=24$mm 画 3/4 圆（螺纹大径），以 $D_1=20.752$mm 画圆（螺纹小径）	以 $d_w=33.3$mm 为直径作圆，找出点 $1'$、$2'$，过两点作与端面成 30° 的斜线，并画出双曲线	描深（双曲线可用合适的圆弧代替）

（续）

序号	1	2	3	4	5
图形	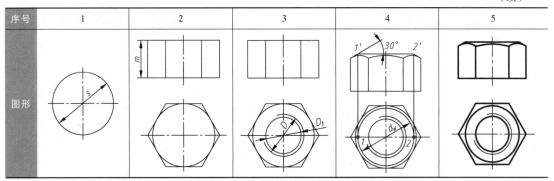				

注：所有的螺纹紧固件都可用查表画法绘制。常用标准件的数据可见附录 B。

2. 比例画法

为了提高画图速度，可将螺纹紧固件各部分的尺寸（公称长度 l 和旋合长度 b_m 除外）都与规格 d（或 D）建立一定的比例关系，并按此比例画图，这就是比例画法。由于画图速度较快，也不影响表达，所以工程上常用比例画法，常用的螺纹紧固件的比例画法见表 8-5。

表 8-5　常用螺纹紧固件的比例画法

名称	比例画法
螺栓、螺母	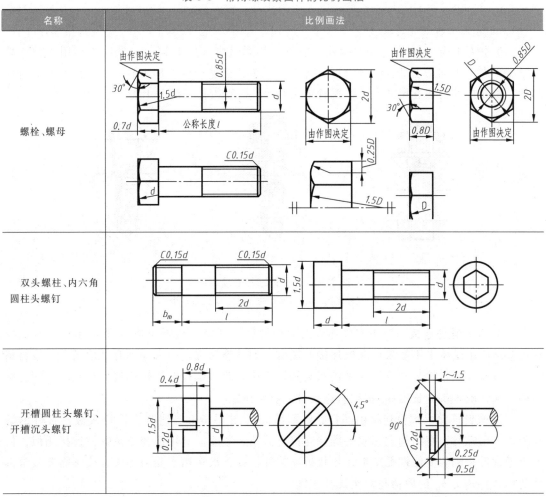
双头螺柱、内六角圆柱头螺钉	
开槽圆柱头螺钉、开槽沉头螺钉	

（续）

名称	比例画法
垫圈、弹簧	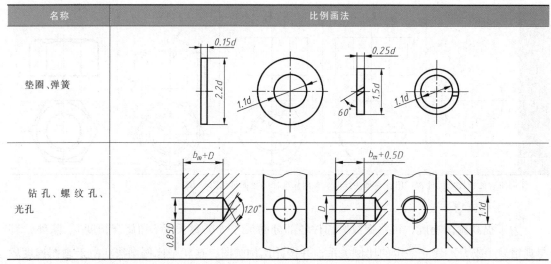
钻孔、螺纹孔、光孔	

注：画图时，螺纹紧固件的公称长度 l 根据被连接件的厚度确定，旋合长度 b_m 与被连接件材料有关。

8.2.3　螺纹紧固件的连接画法

1. 常见的三种螺纹连接

（1）螺栓连接　螺栓连接由螺栓、螺母、垫圈组成（图 8-16a）。螺栓连接用于被连接件厚度不大，可加工出通孔时的情况，优点是无须在被连接件上加工螺纹。设计和绘图时应注意，被连接件的通孔尺寸应大于螺栓的大径 d，一般通孔直径取 $1.1d$。

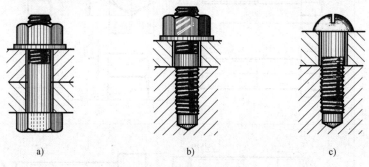

图 8-16　常见的三种螺纹连接

a）螺栓连接　b）双头螺柱连接　c）螺钉连接

（2）双头螺柱连接　双头螺柱连接由双头螺柱、螺母、垫圈组成（图 8-16b）。双头螺柱连接适用于结构上不能采用螺栓连接的场合，如被连接件之一太厚不宜制成通孔，或材料较软，且需要经常拆装时，往往采用双头螺柱连接。双头螺柱旋入被连接件螺孔的一端，称为旋入端，旋入端的长度 b_m 根据被连接件的材料确定。

（3）螺钉连接　螺钉连接由螺钉、垫圈组成（图 8-16c）。螺钉直接拧入被连接件的螺孔中，不用螺母，在结构上比双头螺柱连接更简单、紧凑。其用途和双头螺柱连接相似，但如果经常拆装则容易使螺孔磨损，导致被连接件报废，故多用于受力不大，或不需要经常拆装的场合，其中 b_m 的取值与双头螺柱相同。

2. 常见螺纹紧固件的连接画法

由于螺纹紧固件是标准件，因此只需在装配图中画出连接图即可。画连接图时要在保证投影正确的前提下，必须符合装配图的规定画法。螺栓、螺柱、螺钉的比例画法如图 8-17 所示。

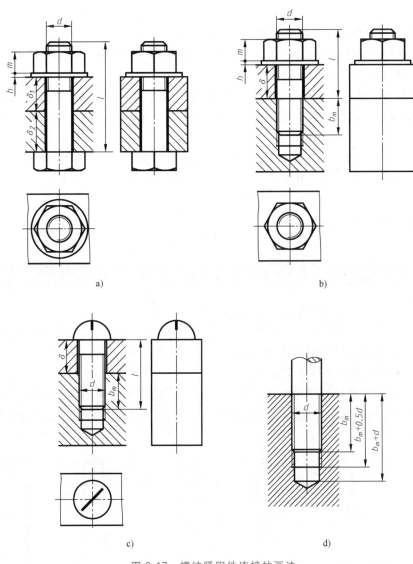

图 8-17 螺纹紧固件连接的画法

a）螺栓连接   b）双头螺柱连接   c）螺钉连接   d）旋入端长度、钻孔和螺孔深度

（1）规定画法

1）两零件接触面处画一条粗实线，非接触面处画两条粗实线。

2）当剖切面通过实心零件或标准件（如螺栓、螺柱、螺钉、螺母、垫圈、挡圈等）的轴线，这些零件可按不剖绘制，仍画外形。必要时，可采用局部剖视。

3）在剖视图中，两零件相邻接时，不同零件的剖面线方向应相反，或者方向一致而间隔不等，而同一零件在各剖视图中，剖面线的方向和间隔应相同。

（2）螺纹紧固件公称长度的确定

1）螺栓公称长度 l 的确定。螺栓连接时为了确保连接的可靠性，一般螺栓末端要伸出螺母约 $0.3d$。由图 8-17a 可知，螺栓公称长度 $l \geqslant \delta_1 + \delta_2 + h + m + 0.3d$，其中垫圈厚度 $h = 0.15d$，螺母厚度 $m = 0.8d$，根据上式的估计值，选取与其相近的标准长度值作为公称长度 l。

例如，设 $d = 20mm$，$\delta_1 = 32mm$，$\delta_2 = 30mm$，则

$$l \geqslant \delta_1 + \delta_2 + 0.15d + 0.8d + 0.3d = 32mm + 30mm + 3mm + 16mm + 6mm = 87mm$$

从表 B-2 中查出与其相近的数值为 $l = 90mm$

2）双头螺柱公称长度 l 的确定。双头螺柱的公称长度 l 是指双头螺柱上无螺纹部分长度与螺柱紧固端长度之和，而不是双头螺柱的总长。由图 8-17b 可知，螺柱公称长度 $l \geqslant \delta + h + m + 0.3d$。

3）螺钉公称长度 l 的确定。开槽圆柱头螺钉和半圆头螺钉的公称长度 $l \geqslant \delta + b_m$，沉头螺钉的公称长度是螺钉的全长。其中 b_m 是螺钉旋入螺孔的长度，它与被旋入零件的材料有关，见表 8-6。

图 8-17d 所示为旋入端长度、钻孔和螺孔深度的关系。

表 8-6　旋入长度

被旋入零件的材料	旋入长度 b_m	被旋入零件的材料	旋入长度 b_m
钢、青铜	$b_m = d$	铝	$b_m = 2d$
铸铁	$b_m = 1.25d$ 或 $b_m = 1.5d$		

（3）螺纹紧固件连接的画图步骤　以螺栓连接为例，其画图步骤如图 8-18 所示，其中螺栓、螺母、垫圈的尺寸如图 8-17a 所示。

（4）螺纹紧固件连接的简化画法　画螺纹连接装配图时可采用简化画法，即不画倒角和因倒角而产生的截交线。对于不穿通的螺纹孔，可以不画钻孔深度，仅画螺纹部分的深度，如图 8-19 所示。

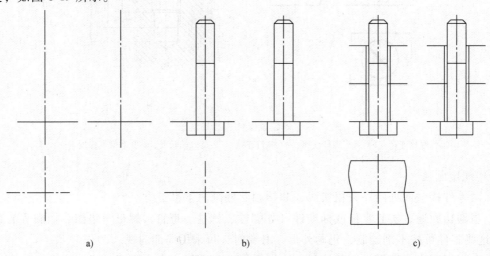

a)　　　　　　　　b)　　　　　　　　c)

图 8-18　螺栓连接的画图步骤

a）画基准线　b）画螺栓（按不剖绘制）　c）画连接件（孔径为 1.1d）

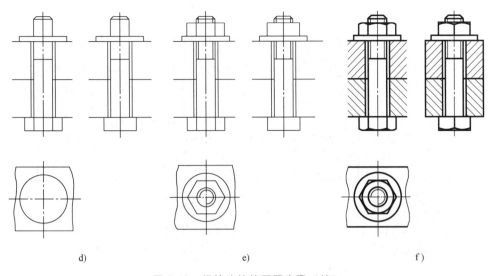

图 8-18 螺栓连接的画图步骤（续）

d）画垫圈 e）画螺母、螺杆的螺纹小径 f）画剖面线、螺母的截交线并描深

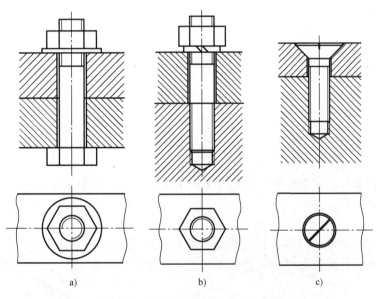

图 8-19 螺纹紧固件连接的简化画法

a）螺栓连接 b）双头螺柱连接 c）螺钉连接

219

　　螺纹紧固件连接的画法比较烦琐，容易出错。要特别注意：螺柱旋入端螺纹要全部旋入螺孔内，因此旋入端螺纹终止线应与被连接的两零件的接合面平齐；螺钉的螺纹终止线要高于两被连接件的接合面。

　　下面以图 8-20 所示的双头螺柱连接图为例进行正误对比：①被连接件的孔径为 $1.1d$，此处应画两条粗实线（间隙适当夸大）；②应有交线（粗实线）；③俯、左视图宽度应相等；④应有螺纹小径（细实线）；⑤内、外螺纹的大、小径分别对齐，小径应画到倒角处；⑥钻孔锥角应为 120°；⑦剖面线应画到粗实线；⑧同一零件在不同视图上剖面线方向、间隔应相同。还应注意，俯视图上的螺柱末端应有 3/4 圈细实线，倒角圆不画。

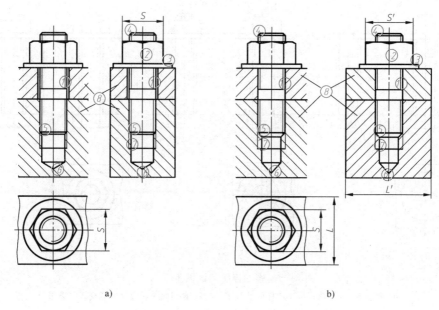

a)   b)

图 8-20　双头螺柱连接图正误对比

a）正确　b）错误

8.3　键和销

8.3.1　键

1. 键的种类和标记

在机器中键主要用于连接轴和轴上的传动件（如带轮、齿轮等），使轴和传动件一起转动以传递转矩。

如图 8-21 所示，在被连接的轴和齿轮的轮毂上均加工出键槽，将键嵌入键槽内，再将其对准轮毂槽推入则成键连接。当轴转动时，齿轮就与轴同步转动，达到传递动力的目的。

键的种类有很多，常用的有普通型平键、半圆键和钩头型楔键三种，如图 8-22 所示。

键是标准件，常用键的图例和标记见表 8-7。

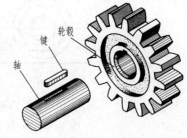

图 8-21　键连接

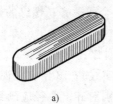 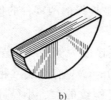 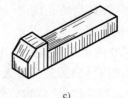

a)   b)   c)

图 8-22　键

a）普通型平键　b）普通型半圆键　c）钩头型楔键

表 8-7　常用键的图例和标记

名称	图例	标记	标记示例
普通型平键 A 型		GB/T 1096 键 $b×h×L$	标记：GB/T 1096　键 8×7×25 表示宽度 $b=8$mm，高度 $h=7$mm，长度 $L=25$mm 的普通 A 型平键（"A"字省略不标）
普通型半圆键		GB/T 1099.1 键 $b×h×D$	标记：GB/T 1099.1　键 6×10×25 表示宽度 $b=6$mm，高度 $h=10$mm，直径 $D=25$mm 的半圆键
钩头型楔键		GB/T 1565 键 $b×h×L$	标记：GB/T 1565　键 6×10×25 表示宽度 $b=6$mm，高度 $h=10$mm，长度 $L=25$m 的钩头型楔键

2. 普通型平键的画法

普通型平键根据其头部结构的不同可以分为圆头普通平键（A 型）、平头普通平键（B 型）和单圆头普通平键（C 型）三种类型，如图 8-23 所示。

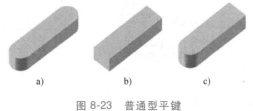

图 8-23　普通型平键

a）A 型　b）B 型　c）C 型

（1）键槽的画法及尺寸标注　键的参数一旦确定，轴的键槽深度 t_1 和轮毂的键槽深度 t_2 可按轴径查表 B-6。平键键槽的画法和尺寸标注如图 8-24 所示。

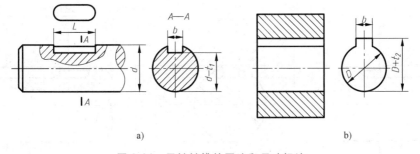

图 8-24　平键键槽的画法和尺寸标注

a）轴　b）轮毂

（2）普通型平键连接的画法　图 8-25 所示为普通型平键连接的画法。绘图时应注意：

1）键的两侧面为工作面，键与轴、轮毂上的键槽两侧面相接触，应画一条线。

2）键的上、下底面为非工作面，上底面与轮毂槽顶面之间留有一定的间隙，画两条线，下底面与轴上键槽的底面接触，也应画一条线。

3）在反映键长方向的剖视图中，轴采用局部剖视，键按不剖处理。

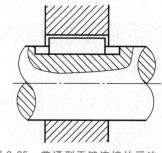
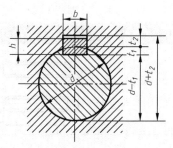

图 8-25　普通型平键连接的画法

3. 普通型半圆键的画法

普通型半圆键常用在载荷不大的传动轴上，连接情况、画图要求与普通型平键类似，键的两侧和键底应与轴和轮毂的键槽表面接触，顶面应有空隙，如图 8-26 所示。

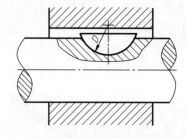
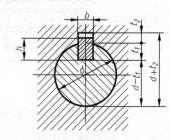

图 8-26　普通型半圆键连接的画法

4. 楔键的画法

楔键有普通型楔键和钩头型楔键两种，普通型楔键有 A 型（圆头）、B 型（方头）和 C 型（单圆头）三种。楔键顶面的斜度为 1∶100，装配时打入键槽，键的顶面和底面为工作面，其与轴和轮毂都接触，画图时上下接触面均应画一条线，如图 8-27 所示。

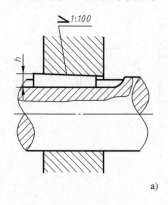
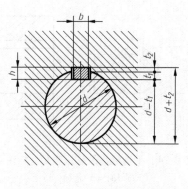
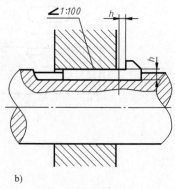

a)　　　　　　　　　　　　　　　　　　　　　b)

图 8-27　楔键连接的画法
a）楔键　b）钩头楔键

8.3.2　销

1. 销的种类和标记

销也是标准件，通常用于零件间的连接和定位，也可用于轴与轮毂的连接，传递不大的载荷，还可作为安全装置中的过载剪断元件。常用的销有圆柱销、圆锥销和开口销等，如图 8-28 所示。

图 8-28 销

a）圆柱销 b）圆锥销 c）开口销

圆柱销有由 GB/T 119.1—2000《圆柱销 不淬硬钢和奥氏体不锈钢》规定的圆柱销和由 GB/T 119.2—2000《圆柱销 淬硬钢和马氏体不锈钢》规定的圆柱销两种，它们的形式与尺寸和标记可见表 B-7。

圆锥销可查阅 GB/T 117—2000《圆锥销》，它的形式、尺寸和标记见表 B-8。

开口销可查阅 GB/T 91—2000《开口销》，在用带孔螺栓和六角开槽螺母时，将它穿过螺母的槽口和螺栓的孔，并在销的尾部叉开，防止螺母与螺栓松脱。

常用销的图例和标记见表 8-8。

表 8-8 常用销的图例和标记

名称及国家标准	图例	标记示例	作用
圆柱销 GB/T 119.1—2000		标记:销 GB/T 119.1 A8×50 表示公称直径 $d = 8mm$，公称长度 $l = 50mm$ 的 A 型圆柱销	定位、连接
圆锥销 GB/T 117—2000		标记:销 GB/T 117 A8×50 表示公称直径 $d = 8mm$，公称长度 $l = 50mm$ 的 A 型圆锥销	定位、连接
开口销 GB/T 91—2000		标记:销 GB/T 91 5×50 表示公称直径 $d = 5mm$，公称长度 $l = 50mm$ 的开口销	防松

2. 销的画法

销常用于零件之间的连接和定位。

常用的销有圆柱销、圆锥销和开口销。圆柱销是靠销孔间的过盈量实现连接，因此不宜经常拆装，否则会降低定位精度和连接的紧固性；圆锥销安装方便，多次拆装对定位精度影响不大，应用较广。圆柱销和圆锥销的装配要求很高，销孔一般要求在被连接件装配后一起加工，这一要求体现在零件图上需要用"装配时作"或"与××零件配作"字样在销孔尺寸标注时注明（图 8-29）。开口销常与六角开槽螺母配合使用，它穿过螺母上的槽和螺杆上的孔以防止螺母松动。

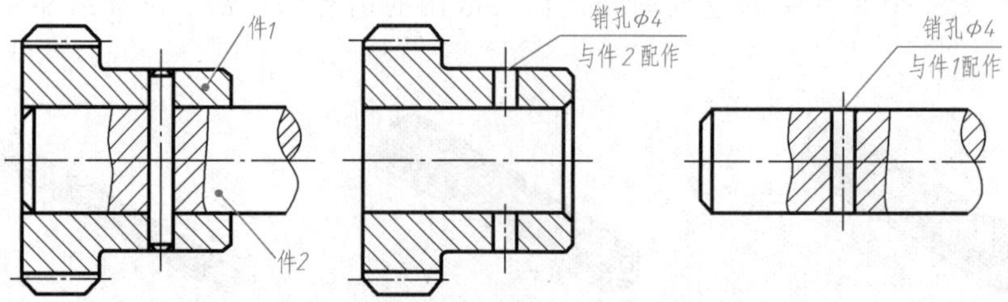

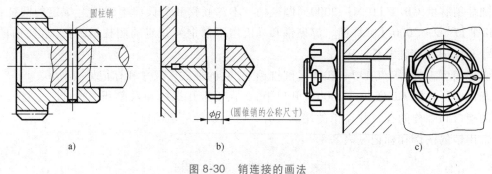

图 8-29　圆柱销连接及销孔的标注

销是标准件，圆锥销的公称直径是小端直径。画销连接图时，当剖切面通过销的轴线时，销按不剖绘制，轴采取局部剖。销连接的画法如图 8-30 所示。

图 8-30　销连接的画法

a）圆柱销　b）圆锥销　c）开口销

8.4　滚动轴承

8.4.1　滚动轴承的结构及分类

滚动轴承是用来支承转轴的组件，具有结构紧凑，摩擦阻力小的特点，因此在工业中应用十分广泛。滚动轴承也是标准部件，其形式和尺寸可查阅有关手册。

滚动轴承的类型有很多，但结构大体相同，一般由外圈（座圈）、内圈（轴圈）、滚动体和保持架四部分组成，如图 8-31 所示。外圈装在机体或轴承座内，一般固定不动；内圈装在轴上，与轴紧密配合且随轴转动；滚动体装在内外圈之间的滚道中，有滚珠、滚柱、滚锥、滚针等类型；保持架用来均匀分隔滚动体，防止滚动体之间相互摩擦与碰撞。

图 8-31　滚动轴承结构

滚动轴承按承受载荷的方向可分为以下三种类型：

1）向心轴承——主要承受径向载荷，常用的有深沟球轴承。

2）推力轴承——只承受轴向载荷，常用的有推力球轴承。

3）向心推力轴承——同时承受轴向和径向载荷，常用的有圆锥滚子轴承。

8.4.2 滚动轴承的画法

1. 规定画法和特征画法

滚动轴承是标准部件，不必画出它的零件图，只需在装配图中根据给定的轴承代号，从轴承标准中查出外径 D、内径 d、宽度 B（T）三个主要尺寸，按照 GB/T 4459.7—2017《机械制图 滚动轴承表示法》中的规定画法或特征画法画出，常用滚动轴承的规定画法和特征画法见表 8-9。

表 8-9 常用滚动轴承的规定画法和特征画法

轴承名称及代号	结构形式	规定画法	特征画法
深沟球轴承 GB/T 276—2013，类型代号为 6（主要参数有 D、d、B）	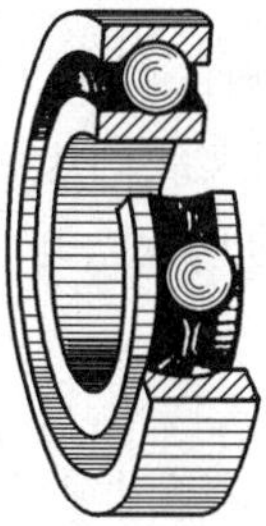	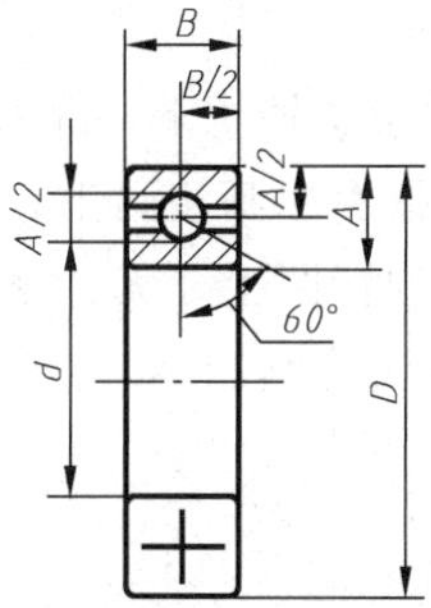	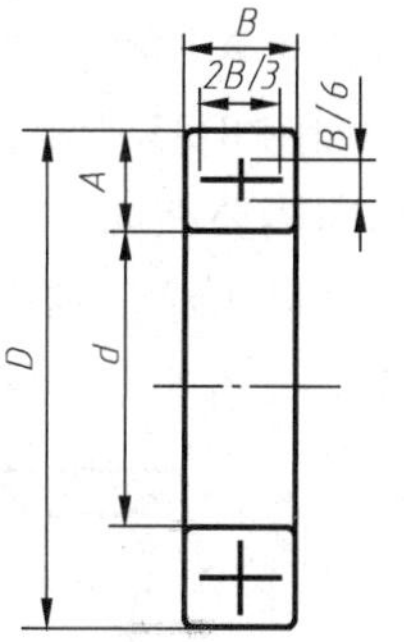
圆锥滚子轴承 GB/T 297—2015，类型代号为 3（主要参数有 D、d、T）	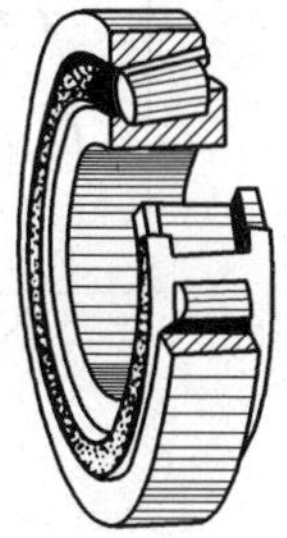	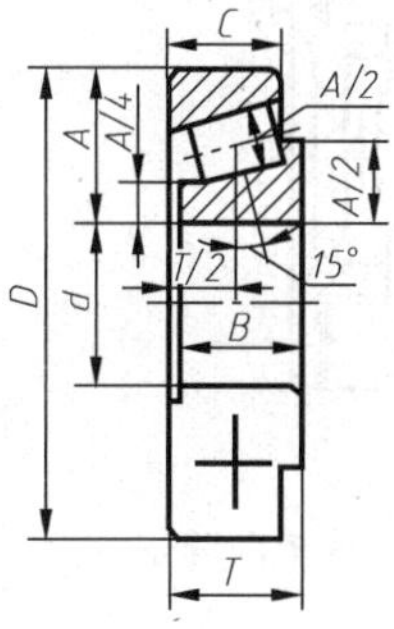	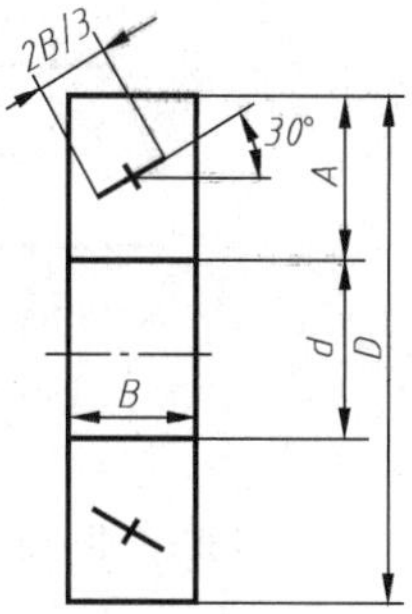
推力球轴承 GB/T 301—2015，类型代号为 5（主要参数有 D、d、T）		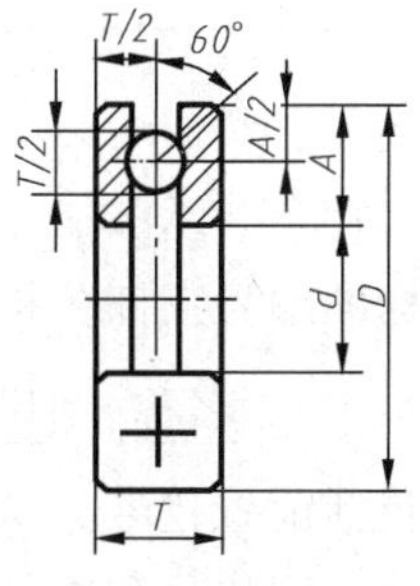	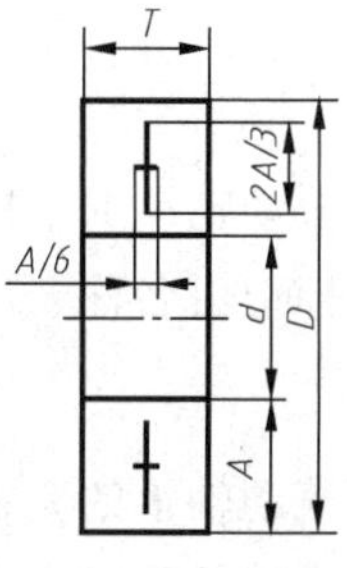

2. 通用画法

当不需确切表示轴承的外形轮廓、载荷特征、结构特征时，可将轴承按通用画法画出，如图 8-32 所示。

滚动轴承的三种画法中，通用画法和特征画法属于简化画法，在同一图样中一般只采用这两种简化画法的一种。国家标准对这三种画法做了如下规定：

1）三种画法的各种符号、矩形线框和轮廓线均用粗实线绘制。

2）绘制滚动轴承时，其矩形线框或外框轮廓的大小应与滚动轴承的外形尺寸一致，并与所属图样采用同一比例。

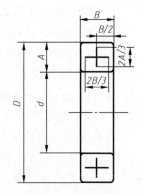

图 8-32　滚动轴承的通用画法

3）在剖视图中，用通用画法和特征画法绘制滚动轴承时，一律不画剖面符号。采用规定画法绘制时，轴承的滚动体不画剖面线，其各圈等可画成方向和间隔相同的剖面线。

4）如不需要确切地表示滚动轴承的外形轮廓、载荷特性时，可采用通用画法；如需较详细地表示滚动轴承的主要结构时，可采用规定画法；如需较形象地表示滚动轴承的结构特征时，可采用特征画法。

如图 8-33 所示，圆锥滚子轴承上一半按规定画法画出，轴承的内圈和外圈的剖面线方向和间隔要相同，另一半按通用画法画出，即用粗实线画出正十字。

在表示滚动轴承端面的视图上，无论滚动体的形状（球、柱、锥、针等）和尺寸如何，一般均按图 8-34 所示的方法绘制。

226

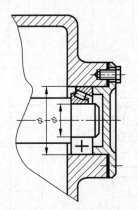

图 8-33　装配图中滚动轴承的画法

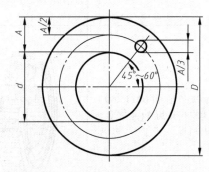

图 8-34　滚动轴承端面视图的画法

8.4.3　滚动轴承的标记

1. 滚动轴承的标记介绍

滚动轴承的结构形式、特点、承载能力、类型和内径尺寸等均采用代号来表示。滚动轴承的标记由名称、代号和标准编号三部分构成。其格式如下。

| 名称 | 代号 | 标准编号 |

滚动轴承的完整代号包括前置代号、基本代号、后置代号。通常用基本代号表示。基本代号由轴承类型代号、尺寸系列代号和内径代号构成。基本代号的格式如下。

| 类型代号 | 尺寸系列代号 | 内径代号 |

滚动轴承类型代号用数字或字母表示，见表 8-10。

表 8-10　滚动轴承类型代号

代号	轴承类型	代号	轴承类型	代号	轴承类型
0	双列角接触球轴承	5	推力球轴承	U	外球面球轴承
1	调心球轴承	6	深沟球轴承	QJ	四点接触球轴承
2	调心滚子轴承	7	角接触轴承	NN	双列与多列圆柱滚子轴承
3	圆锥滚子轴承	8	推力圆柱滚子轴承		
4	双列深沟球轴承	N	圆柱滚子轴承		

　　为适应不同的工作（受力）情况，在内径一定的情况下，轴承有不同的宽（高）度和不同的外径，它们形成一定系列，称为轴承的尺寸系列。尺寸系列代号由轴承的宽（高）度系列代号和直径系列代号组合而成，用数字表示。

　　常用滚动轴承的内径见表 8-11。

表 8-11　常用滚动轴承的内径

内径代号	00	01	02	03	04～96
公称内径 d/mm	10	12	15	17	内径代号数字×5

　　其中表内未列入的轴承公称内径 d 为 0.6～10mm、22mm、28mm、32mm，$d \geq 500$mm 时，内径代号用公称内径毫米数值直接表示，内径与尺寸系列代号之间用"／"分开。如"深沟球轴承 62/32"表示其内径为 $d = 32$mm。

　　表 B-9 给出了深沟球轴承、圆锥滚子轴承和推力球轴承的各部分尺寸。

　　当轴承在结构形状、尺寸、公差、技术要求等方面有改变时，可在基本代号左右添加补充代号。在基本代号后面添加的代号称为前置代号，用字母表示；在基本代号后面添加的代号称为后置代号，用字母（或加数字）表示。前置代号和后置代号的有关规定可查阅有关手册。

　　2. 滚动轴承的标记示例

　　滚动轴承的标记示例如下：

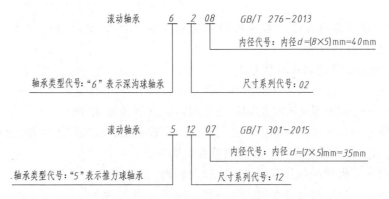

8.5　直齿圆柱齿轮

8.5.1　齿轮的作用及分类

　　齿轮是广泛应用于机器或部件中的传动零件，用以传递动力和运动，并具有改变转速和转向的作用。根据两啮合齿轮轴线在空间的相对位置不同，可将齿轮的传动分为三种形式（图 8-35）。

　　（1）圆柱齿轮传动　常用于两平行轴之间的传动。

　　（2）圆锥齿轮传动　常用于两相交轴之间的传动。

　　（3）蜗杆蜗轮传动　常用于两交叉轴之间的传动。

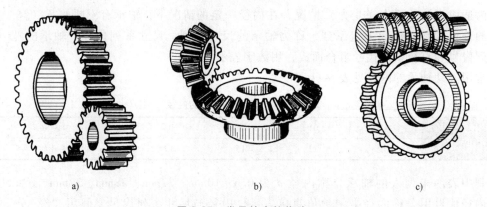

a)　　　　　　　　　　　b)　　　　　　　　　　　c)

图 8-35　常见的齿轮传动

a）圆柱齿轮　b）圆锥齿轮　c）蜗杆蜗轮

　　齿轮属于常用件，一般由轮体和轮齿圈两部分组成。轮体根据设计要求有平板式、轮辐式、辐板式等。在运动中为了传动平稳、啮合正确，轮齿的齿廓曲线可以制成渐开线、摆线或圆弧，其中渐开线齿廓最常见。轮齿的方向有直齿、斜齿、人字齿和弧形齿。

　　齿轮有标准齿轮与非标准齿轮之分，具有标准轮齿的齿轮称为标准齿轮。下面仅介绍齿廓曲线为渐开线的标准齿轮的基本知识和规定画法。

8.5.2　直齿圆柱齿轮的基本参数和基本尺寸间的关系

　　直齿圆柱齿轮简称直齿轮，图 8-36 所示为相互啮合的两个齿轮的一部分，从中可以看出直齿轮各部分的几何要素。

　　（1）直齿轮各部分的名称及代号

　　1）齿顶圆——齿轮顶部所在的圆称为齿顶圆，其直径用 d_a 表示。

　　2）齿根圆——齿槽根部所在的圆称为齿根圆，其直径用 d_f 表示。

　　3）分度圆——介于齿顶圆和齿根圆之间的一个假想圆，在该圆上齿厚 s 与槽宽 e 相等，其直径用 d 表示。分度圆是设计、计算制造齿轮的基准。

　　4）齿顶高——齿顶圆与分度圆之间的径向距离，用 h_a 表示。

　　5）齿根高——齿根圆与分度圆之间的径向距离，用 h_f 表示。

6）齿高——齿顶圆与齿根圆之间的径向距离，用 h 表示。

7）齿厚与槽宽——分度圆上一个轮齿齿廓间（实体部分）的弧长称为齿厚，用 s 表示；分度圆上一个齿槽齿廓间（空心部分）的弧长称为槽宽，用 e 表示。标准直齿轮在分度圆周上齿厚 s 与齿槽宽 e 相等。

8）齿距——分度圆上相邻两齿对应点间的弧长。由于标准齿轮有 $s \approx e$，$p = s + e$，则 $s \approx e \approx p/2$。

9）中心距——两啮合齿轮轴线之间的距离，用 a 表示。

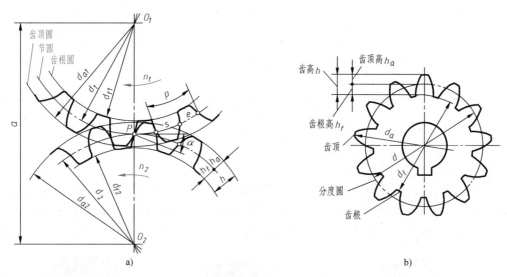

图 8-36　直齿轮各部分名称及其代号

a）一对啮合齿轮　b）单个齿轮

（2）直齿圆柱齿轮的基本参数与各部分的尺寸关系

1）齿数——轮齿的数量，用 z 表示。

2）模数——当齿轮齿数为 z 时，则分度圆周长为 $\pi d = pz$，有 $d = pz/\pi$。由于 π 为无理数，为计算方便，国家标准将 p/π 给以规定，并称之为模数 m，其数值已标准化，模数的系列值见表 8-12。

表 8-12　渐开线圆柱齿轮标准模数　　　　　（单位：mm）

第一系列	1　1.25　1.5　2　2.5　3　4　5　6　8　10　12　16　20　25　32　40　50
第二系列	1.75　2.25　2.75　（3.25）　3.5　（3.75）　4.5　5.5　（6.5）　7　9　（11）　14　18　22　28　36　45

注：优先选用第一系列，其次选用第二系列，括号内尽量不用。

模数是反映轮齿大小的一个重要参数，模数越大，齿轮各部分尺寸按比例增大，其承载能力越强。模数是齿轮设计、制造中的重要参数，不同模数的齿轮，要用不同模数的刀具来加工制造。

3）压力角（啮合角、齿形角）——相互啮合的一对齿轮，其受力方向（齿廓曲线的公法线方向）与运动方向之间所夹的锐角，称为压力角，用 α 表示。同一齿廓的不同点上的压力角是不同的，在分度圆上的压力角，称为标准压力角。国家标准规定，标准压力角为 20°。

齿轮的模数 m 确定后，按照与 m 的关系可算出轮齿部分的各基本尺寸。标准直齿轮各基本尺寸的计算公式见表 8-13。

表 8-13 标准直齿轮各基本尺寸的计算公式

基本参数:模数 m 和齿数 z			
序号	名称	代号	计算公式
1	齿距	p	$p = \pi m$
2	齿顶高	h_a	$h_a = m$
3	齿根高	h_f	$h_f = 1.25m$
4	齿高	h	$h = 2.25m$
5	分度圆直径	d	$d = mz$
6	齿顶圆直径	d_a	$d_a = m(z+2)$
7	齿根圆直径	d_f	$d_f = m(z-2.5)$
8	中心距	a	$a = m(z_1 + z_2)/2$

8.5.3 圆柱齿轮的规定画法

1. 单个圆柱齿轮的画法

国家标准规定齿轮的齿顶圆（线）用粗实线绘制，分度圆（线）用细点画线绘制，齿根圆（线）用细实线绘制（也可省略不画）。在剖视图中，剖切面通过齿轮的轴线时，轮齿按不剖处理，如图 8-37a 所示。若为斜齿或人字齿，则该视图可画成半剖视图或局部剖视

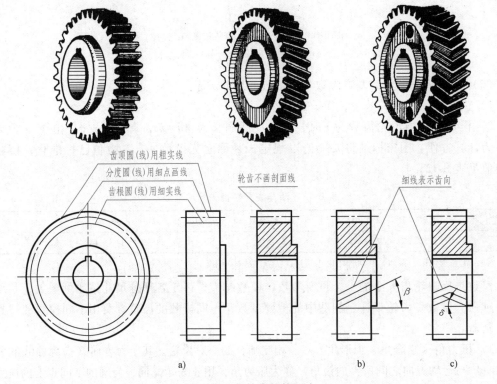

齿顶圆(线)用粗实线
分度圆(线)用细点画线
齿根圆(线)用细实线
轮齿不画剖面线
细线表示齿向

a)　　　　　　　　b)　　c)

图 8-37 圆柱齿轮的画法
a）直齿　b）斜齿　c）人字齿

图，并用三条细实线表示轮齿的方向，如图 8-37b、c 所示，其中 β 和 δ 为齿轮螺旋角，相关参数的计算参见有关规范和标准。

2. 圆柱齿轮的啮合画法

两个相互啮合的圆柱齿轮，一般可采用两个视图表达，在端面视图中，啮合区内的齿顶圆均用粗实线绘制，如图 8-38a 所示。有时也可省略，如图 8-38b 所示。用细点画线画出相切的分度圆。两齿根圆用细实线画出，也可省略。

在径向视图中，若取剖视，则如图 8-38c 所示，其中有一条齿顶线画成细虚线，其投影关系如图 8-39 所示。若画外形图时，如图 8-38d 所示，啮合区的齿顶线不画，分度线用粗实线绘制，非啮合区的分度线仍用细点画线绘制。

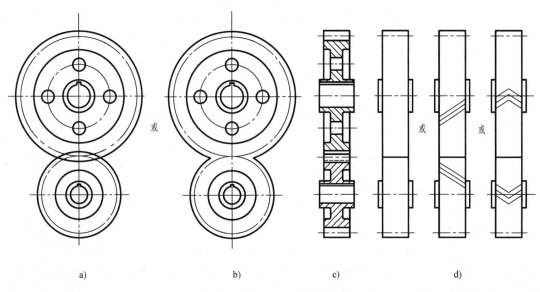

图 8-38　圆柱齿轮的啮合画法

a）规定画法　b）省略齿顶圆　c）剖视图　d）外形图

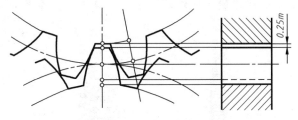

图 8-39　齿轮啮合区的画法

3. 直齿圆柱齿轮工作图

图 8-40 所示为齿轮零件工作图。在齿轮工作图中，应包括足够的视图及制造时所需的尺寸和技术要求。除具有一般零件工作图的内容外，齿轮齿顶圆直径、分度圆直径及有关齿轮的基本尺寸必须直接注出，齿根圆直径规定不注出。在图样右上角的参数表中注出模数、齿数等基本参数。

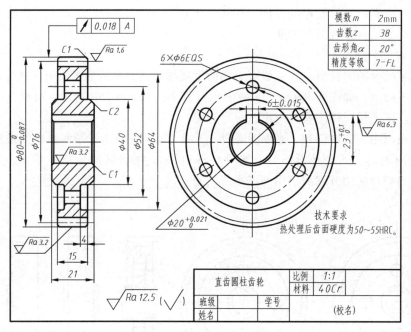

模数 m	$2mm$
齿数 z	38
齿形角 α	$20°$
精度等级	$7-FL$

$6×\phi6EQS$

$6±0.015$

$23^{+0.1}_{0}$ $\sqrt{Ra\,6.3}$

$\phi20^{+0.021}_{0}$

技术要求

热处理后齿面硬度为50～55HRC。

直齿圆柱齿轮		比例	$1:1$
		材料	$40Cr$
班级		学号	
姓名			（校名）

$\sqrt{Ra\,12.5}$ （ $\sqrt{}$ ）

图 8-40　直齿圆柱齿轮零件图

8.6　圆柱螺旋压缩弹簧

8.6.1　弹簧的类型及功用

弹簧是利用材料的弹性和结构特点，通过变形和存储能量来工作的一种机械零件，主要用于减震、夹紧、储存能量和测力等方面。

弹簧的种类有很多，按其外形可分为螺旋弹簧（图 8-41）、板弹簧（图 8-42）、平面涡卷弹簧（图 8-43）、碟形弹簧（图 8-44）等。圆柱螺旋弹簧根据受力方向不同，又分为圆柱螺旋压缩弹簧、圆柱螺旋拉伸弹簧、圆柱螺旋扭转弹簧三种。本节以圆柱螺旋压缩弹簧为例，介绍弹簧的基本知识。

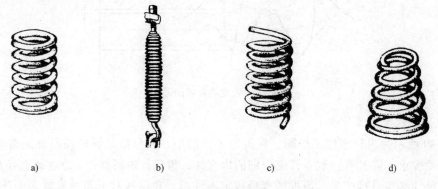

a)　　　　　　b)　　　　　　c)　　　　　　d)

图 8-41　螺旋弹簧

a）圆柱螺旋压缩弹簧　b）圆柱螺旋拉伸弹簧　c）圆柱螺旋扭转弹簧　d）圆锥螺旋压缩弹簧

图 8-42　板弹簧

图 8-43　平面涡卷弹簧

图 8-44　碟形弹簧

8.6.2　圆柱螺旋压缩弹簧各部分的参数名称及尺寸关系

如图 8-45 所示，圆柱螺旋压缩弹簧各部分的参数名称及尺寸关系如下：

1）材料直径 d。缠绕弹簧所用的金属丝直径。

2）弹簧外径 D_2。弹簧的外圈直径，即弹簧的最大直径。

3）弹簧内径 D_1。弹簧的内圈直径，即弹簧的最小直径，$D_1 = D-2d$。

4）弹簧中径 D。弹簧轴剖面内簧丝中心所在柱面的直径，既弹簧内径和外径的平均值，$D = (D_2+D_1)/2 = D_1+d = D_2-d$。

5）有效圈数 n。保持相等节距且受力变形参与工作的圈数，它是计算弹簧受力的主要依据。

6）支承圈数 n_z。为了使弹簧工作平衡，端面受力均匀，制造时将弹簧两端的 3/4~5/4 圈并紧且磨平（锻平）。这些圈主要起支承和定位作用，所以称为支承圈。支承圈数 n_z 表示两端支承圈数的总和，一般有 1.5 圈、2 圈、2.5 圈三种。

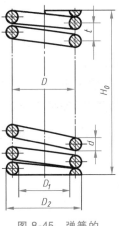

图 8-45　弹簧的参数名称

7）总圈数 n_1。有效圈数和支承圈数的总和，即 $n_1 = n+n_z$。

8）节距 t。除两端的支承圈外，相邻两有效圈截面中心线的轴向距离。

9）自由高度（长度）H_0。弹簧无负荷作用时的高度（长度），$H_0 = nt+(n_z-0.5)d$。

10）弹簧丝展开长度 L。缠绕弹簧时所需的金属丝长度，$L \approx n_1 \sqrt{(\pi D)^2+t^2}$。

11）旋向。与螺旋线的旋向意义相同，分为左旋和右旋两种。

8.6.3　圆柱螺旋压缩弹簧的标记

弹簧的标记由类型代号、规格、精度代号、旋向代号和国家标准号组成，规定如下：

$\boxed{类型代号}$　$d×D×H_0$-$\boxed{精度代号}$　$\boxed{旋向代号}$ GB/T 2089。

（1）类型代号：类型代号有两种，YA 为两端圈并紧磨平的冷卷压缩弹簧，YB 为两端圈并紧制扁的热卷压缩弹簧。

（2）规格 $d×D×H_0$：材料直径×弹簧中径×自由高度。

（3）精度代号：精度代号包括 2 级和 3 级，2 级精度制造不表示，3 级精度制造应注明"3"级。

（4）旋向代号：左旋弹簧的旋向代号需标注"左"，右旋不表示。

标记示例：

1）YA 型弹簧，材料直径为 1.2mm，弹簧中径为 8mm，自由高度为 40mm，精度等级为

2 级，左旋的两端圈并紧磨平的冷卷压缩弹簧，

标记：YA 1.2×8×40 左 GB/T 2089。

2）YB 型弹簧，材料直径为 30mm，弹簧中径为 160mm，自由高度为 200mm，精度等级为 3 级，右旋的并紧制扁的热卷压缩弹簧。

标记：YB 30×160×200-3　GB/T 2089。

8.6.4　圆柱螺旋压缩弹簧的画法

1. 单个弹簧的规定画法

国家标准 GB/T 4459.4—2003《机械制图　弹簧表示法》对弹簧的画法作了如下规定：

1）在平行于螺旋弹簧轴线的投影面的视图中，其各圈的轮廓应画成直线。

2）有效圈数在 4 圈以上时，可以每端只画出 1~2 圈（支承圈除外），其余省略不画。

3）螺旋弹簧均可画成右旋，但左旋弹簧不论画成左旋或右旋，均需注明"LH"。

4）如果要求螺旋压缩弹簧两端并紧且磨平（锻平）时，不论支承圈是多少均可按支承圈 2.5 圈绘制，必要时也可按支承圈的实际结构绘制。

弹簧的表示方法有剖视、视图和示意图，如图 8-46 所示。圆柱螺旋压缩弹簧的画图步骤，如图 8-47 所示。

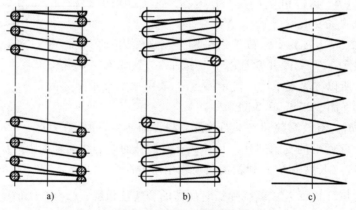

图 8-46　圆柱螺旋压缩弹簧的表示方法

a）剖视　b）视图　c）示意图

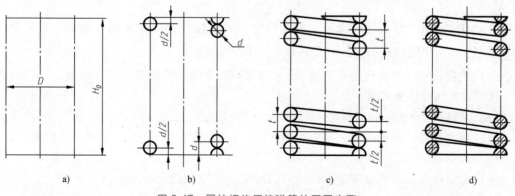

图 8-47　圆柱螺旋压缩弹簧的画图步骤

a）确定弹簧中径和自由高度　b）画支承圈　c）按节距画工作圈　d）画簧丝剖面

2. 圆柱螺旋压缩弹簧的工作图

图 8-48 所示为一个圆柱螺旋压缩弹簧的零件图，弹簧的参数应直接标注在视图上，若直接标注有困难，可在技术要求中说明；图中还应标注完整的尺寸、尺寸公差和几何公差及技术要求。当需要表明弹簧的机械性能时，须在零件图中用图解表示。

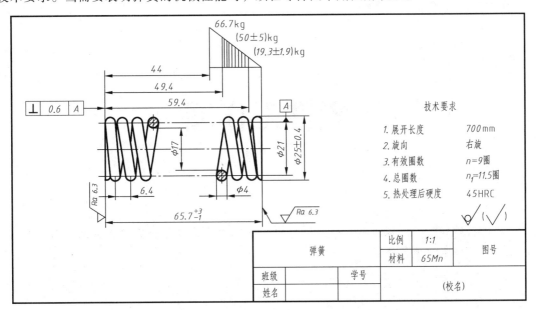

图 8-48　圆柱螺旋压缩弹簧零件图

3. 弹簧在装配图中的画法

在装配图中，国家标准 GB/T 4459.4—2003《机械制图　弹簧表示法》对弹簧的画法作了如下规定：

1）在装配图中，弹簧被看作实心物体，因此，被弹簧挡住的结构一般不画出。可见部分应画至弹簧的外轮廓或弹簧中径处（图 8-49a）。

2）在装配图中，当簧丝直径在图形上小于或等于 2mm 并被剖切时，其剖面可以涂黑表示，且允许只画出簧丝剖面，如图 8-49b 所示。也可采用示意画法，如图 8-49c 所示。

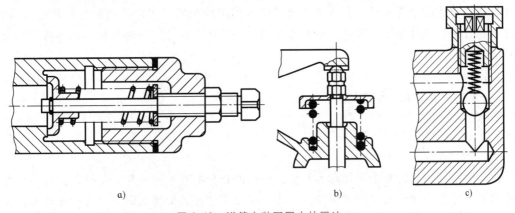

图 8-49　弹簧在装配图中的画法

a）被弹簧遮挡结构的画法　b）只画出簧丝剖面　c）示意画法

235

第9章

9

<<<<<<<<

零件工作图

主要内容

零件图的作用和内容；零件的工艺结构；零件的表达方案；零件图的尺寸标注；零件图的技术要求；读零件图。

学习要点

了解零件图的作用和内容，掌握零件工艺结构的作用和画法；熟悉典型零件的结构特点，确定合适的表达方案来表达零件；熟悉设计基准和工艺基准的概念和作用，能够准确标注零件的尺寸；熟悉表面粗糙度、极限偏差、几何公差的概念，能按图样进行标注；掌握读零件图的方法和步骤。

零件是机械制造最基本的单元。表达单一零件的图样称为零件工作图，简称零件图。零件图是设计部门提交给生产部门的重要技术文件，它反映了设计者的意图，表达了对零件的要求，是生产中进行加工制造与检验零件质量的重要技术性文件。因此，必须具备一定的设计和工艺知识才能学好零件图。本章主要讨论零件图的内容、零件的结构分析和工艺分析、零件表达方案的选择原则、零件图的技术要求、零件图中尺寸的合理标注、画零件图和读零件图的方法和步骤等。

9.1　零件与零件图概述

9.1.1　零件概述

机器中单独加工的制造单元称为零件，按功能划分的装配单元称为部件。部件中包含若干零件，各零件为完成同一功能而协同工作。少数零件在装配机器时，不参加任何部件而单独作为一个装配单元与其他部件一起直接装配在机器上。因此，从制造的角度来看，任何机器或部件都由零件装配而成。

根据零件在机器或部件上的应用频率，一般将零件分为以下三种类型：

1）标准件是结构、尺寸和加工要求、画法等均标准化、系列化的零件，如螺栓、螺母、垫圈、键、销、滚动轴承等。

2）常用件是部分结构、尺寸和参数标准化、系列化的零件，如齿轮、蜗轮、蜗杆、弹簧等。

3）一般零件通常可分为轴套类、轮盘类、叉架类、箱体类等，这类零件必须画出零件图以用于加工制造。

零件的形状各式各样，但构成零件形状的主要因素总是与零件的设计要求、加工方法、装配关系及使用和维护密切相关，需要根据其在机器中的功能，制造过程中工艺的要求并且考虑经济、美观等因素确定出零件的结构、形状和尺寸。

9.1.2　零件图概述

零件图是制造和检验零件的依据。在机械产品的生产过程中，加工和制造各种不同形状的零件时，先根据零件图对零件材料和数量的要求进行备料，然后按图样中零件的形状、尺寸与技术要求进行加工制造，同时还要根据图样上的全部技术要求，检验被加工零件是否达到规定的质量指标。一般情况下，产品中的每个零件都应绘制出零件图。如图 9-1 所示，零件图通常包括下列几项内容。

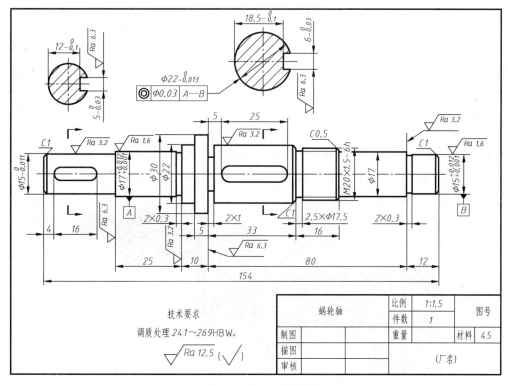

图 9-1　蜗轮轴零件图

1. 一组视图

用一组视图（其中包括视图、剖视图、剖面图、局部放大图和简化画法等），正确、完整、清晰和简便地表达出零件的内、外部结构形状。

2. 完整的尺寸

零件图中应正确、完整、清晰、合理地标注出制造零件所需的全部尺寸。

3. 技术要求

零件图必须用规定的代号、数字、字母和文字简明地表达出零件制造和检验时应达到的一些技术要求（包括表面结构要求、尺寸公差、几何公差、表面处理、材料和热处理要求等）。

4. 标题栏

在零件图的右下角，标题栏中应写出该零件的名称、材料、比例、图号以及设计、制图、校核人员姓名等。

9.2 零件的结构

零件需要有合理的结构、形状和尺寸。合理是指在满足设计性能要求的前提下，尽可能使零件的形状简单、便于制造、结构紧凑、重量轻、成本低等。

零件在机器中的作用和地位不同，其结构形状也各不相同。零件的结构形状、大小和技术要求由其设计要求、加工方法、装配关系、使用要求和工业美学等多方面因素决定，但主要因素是设计要求和工艺要求。从设计要求看，零件在机器（部件）中，起到支承、容纳、传动、配合、连接、安装、定位、密封和防松等一项或几项功能，这是决定零件主要结构的根据；从工艺要求看，为了使得零件的毛坯制造、加工、测量以及装配和调整等工作能顺利、方便地进行，应设计出铸造圆角、起模斜度、倒角等结构，这是决定零件局部结构的根据。

9.2.1 零件的功能结构

零件的形状、大小必须满足性能要求，所设计的零件在机器正常运转中，需要发挥它预期的作用。图 9-2 所示为一台齿轮油泵，每个零件的主要功用如图注所示。

图 9-2　齿轮油泵

零件不是孤立存在的，它必须与其他零件组合成机器或机构来完成一定的工作任务，因此零件之间往往有连接、定位、协调和配合等要求，零件往往也可以分为工作、安装、连接三个组成部分。工作部分满足零件的功能要求，安装部分使零件与其他零件连接、装配，连接部分把"工作部分"和"安装部分"连成一体。例如，轮盘类零件中的齿轮，其轮齿部分可看成是"工作部分"，带有轴孔和键槽的轮毂是"安装部分"，而轮辐（或辐板）则是"连接部分"。

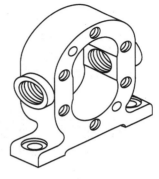

对零件进行结构分析，可以加深对零件上的每一个结构功用的认识，从而正确、完整、清晰和简便地表达出零件的结构形状，标出零件的尺寸和技术要求。

图 9-3 所示为齿轮油泵中的泵体，它的主要功用是容纳、支承齿轮轴，并与齿轮油泵中的左、右端盖连接，其结构形状的形成过程和需要考虑的主要问题见表 9-1。

图 9-3　齿轮油泵泵体

表 9-1　泵体的结构分析

结构形状形成过程	主要考虑的问题	结构形状形成过程	主要考虑的问题
1.	为了容纳齿轮轴,泵体做成长圆形内腔	3.	为了与左、右泵盖对准连接,泵体的两端面应有定位销孔和连接螺栓孔
2.	为了进出油,前后做有进出油孔与泵体内腔相连。进出油孔内制有内螺纹,起到与管路的连接作用	4.	为了使泵体固定在安装面上,在泵体的下部加一底板,并做出安装孔。同时,由于工艺要求,上面还设计出铸造圆角、起模斜度、倒角、凹槽等

9.2.2　零件的常见工艺结构

从设计角度出发分析零件在部件（或机器）中的功用，可以确定零件的主要结构，从工艺角度考虑，零件的结构形状还应满足加工、测量、装配等制造过程所提出的一系列工艺要求，使零件具有良好的工艺结构。

零件毛坯的制造主要有铸造、锻造、焊接三种方法，大多数零件的毛坯是通过铸造获得的，为了达到规定的尺寸和技术要求，往往还需要进行机械加工。

1. 零件上的铸造结构

（1）起模斜度　在铸造时，为了便于将木模从砂型中取出，在铸件的内外壁上常沿起模方向设计出起摸斜度（图9-4b）。起模斜度的大小：木模通常为1°~3°；金属模用手工造型时为1°~2°，用机械造型时为0.5°~1°。

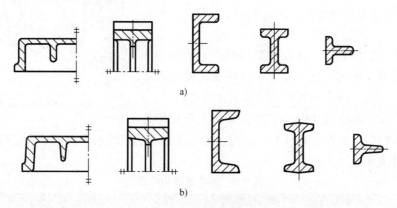

图9-4　铸件上的起模斜度
a）无起模斜度　b）有起模斜度

绘制零件图时，起模斜度在图上一般不必画出，而在技术要求中用文字说明。若起模斜度已在某一个视图中画出且已表达清楚时，其他视图允许只按小端画出（图9-5）。

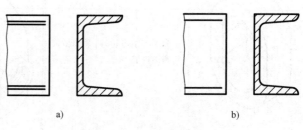

图9-5　起模斜度的画法
a）真实投影　b）按小端画出

（2）铸造圆角　为满足铸造工艺要求，防止砂型落砂、铸件产生裂纹和缩孔，在铸件各表面相交处都做成圆角而不做成尖角（图9-6）。

铸造圆角半径一般取壁厚的20%~40%，也可从机械设计手册中查取。在同一铸件上圆角半径的种类应尽可能少（图9-7）。铸造圆角半径在图中不标注，而是在技术要求中统一标注。

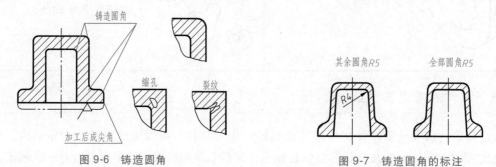

图9-6　铸造圆角　　　　　　　图9-7　铸造圆角的标注

（3）铸件壁厚　铸件的壁厚若不均匀，则厚壁与薄壁部分的冷却速度不同，易形成缩孔或裂纹。故在设计铸件时，应尽量使壁厚均匀。

1）使各处壁厚尽量一致，防止局部壁厚过大（图 9-8）。在设计时，可用作内切圆的方法来检验，内切圆的直径差别不能大于 20%～25%。

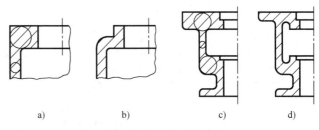

2）不同壁厚的连接要逐渐过渡（图 9-9）。

3）内部的壁厚应适当减小，从而使整个铸件能均匀冷却（图 9-10）。

图 9-8　铸件壁厚应均匀
a）不好　b）好　c）不好　d）好

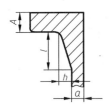
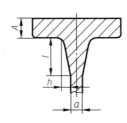
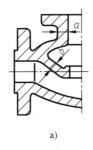
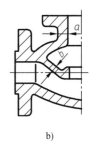

图 9-9　不同壁厚逐渐过渡

图 9-10　内部壁厚较小
a）不好（$a=b$）　b）好（$a>b$）

4）为补偿壁厚减薄后对铸件强度及刚度的影响，可增设加强肋（图 9-11）。肋的厚度通常为 70%～90% 壁厚，高度不大于壁厚的 5 倍。

（4）铸件外形　为了便于制模、分型、清理，去除浇冒口和机械加工，铸件外形应尽可能平直，内壁也应减少凸起或分支部分（图 9-12）。

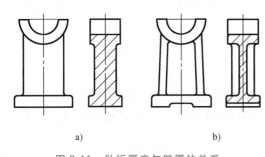
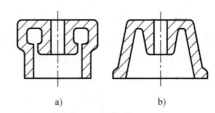

图 9-11　肋板厚度与壁厚的关系
a）不好　b）好

图 9-12　铸件各部分形状应尽量简化
a）不好　b）好

由于铸件上有圆角、起模斜度的存在，铸件表面相贯不明显，这时需要画过渡线，过渡线的画法见第 7 章，实质上就是按没有圆角的情况求出相贯线的投影，即画到理论上的交点处为止（图 9-13）。

2. 零件上的机械加工结构

（1）倒角和圆角　为了便于装配和保护装配表面，常在轴或孔的端部等处加工成倒角。其画法及尺寸注法如图 9-14 所示，倒角多为 45°、30° 或 60°。45° 倒角注成 C2 形式；其他角度的倒角应分别标注倒角宽度 C 和角度。倒角宽度 C 的数值可根据轴径或孔径由

241

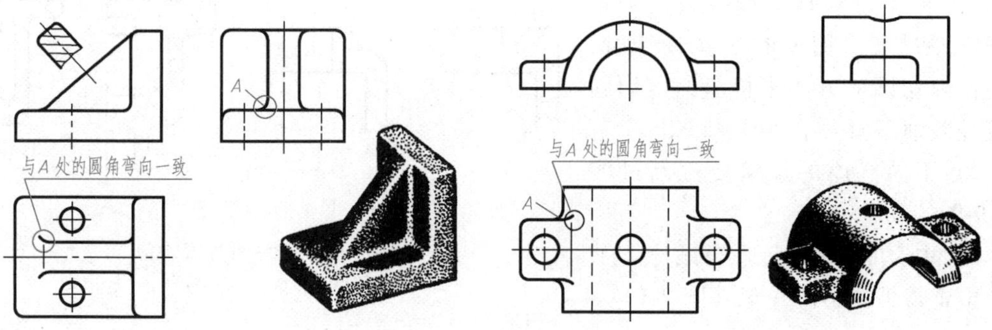

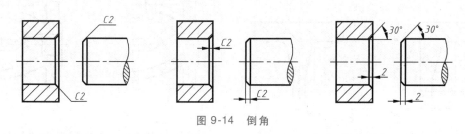

图 9-13　表面相贯过渡线

图 9-14　倒角

标准查取。

　　为避免在台肩等转折处由于应力集中而生产生裂纹，常加工出圆角，如图 9-15 所示。圆角半径 r 的数值可根据轴径或孔径由标准查取。

　　零件上的小圆角、锐边的小倒角或 45° 的小倒角，在不致引起误解时允许省略不画，但必须标注尺寸或在技术要求中加以说明，如"锐边倒钝"或"全部倒角 $C0.5$"等。

　　（2）退刀槽和砂轮越程槽　为了在切削时容易退出刀具，保证加工质量及装配时与相关

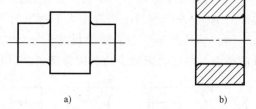

a)

b)

图 9-15　圆角

零件易于靠紧，常在加工表面的台肩处先加工出退刀槽或越程槽。常见的有螺纹退刀槽、插齿退刀槽、砂轮越程槽、刨削越程槽等，其画法如图 9-16b 所示，其中槽的数值可由标准查

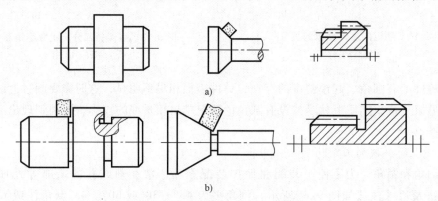

a)

b)

图 9-16　退刀槽和砂轮越程槽

取。如图 9-16a 所示，没有设置退刀槽和砂轮越程槽是不正确的。

（3）钻孔结构 零件上有各种不同形式和不同用途的孔，多数是由钻头加工而成。图 9-17 所示为用钻头加工盲孔（不通的孔）和两直径不同的钻头钻孔。

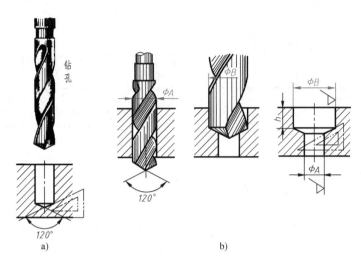

图 9-17 钻头加工孔的过程和画法
a）盲孔 b）通孔及台阶孔

用钻头钻孔时，要尽量使钻头垂直于被钻孔的零件表面，以保证钻孔准确和避免钻头折断，如果遇有斜面或曲面，应预先做出凸台或凹坑（图 9-18）。同时还要保证钻孔工具有最方便的工作条件（图 9-19）。

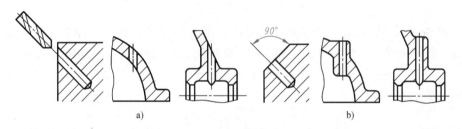

图 9-18 钻头要垂直于被钻孔的零件表面
a）不正确 b）正确

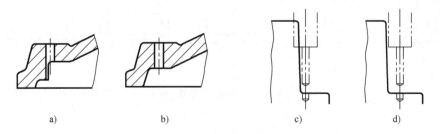

图 9-19 保证钻孔的工作条件
a）不好 b）好 c）不好 d）好

钻孔时，同时要考虑钻孔加工的可能性，如图 9-20a 所示小孔无法加工，此时可在其上方设计一工艺孔，如图 9-20b 所示。图 9-21b 所示的 C 孔无法加工，可将其一侧打通，加工好 C 孔后用工艺堵塞封口（图 9-21a）。

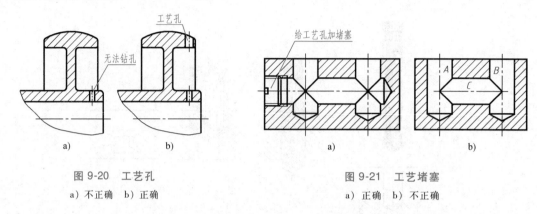

图 9-20　工艺孔　　　　　　　　　　　图 9-21　工艺堵塞
a）不正确　b）正确　　　　　　　　　　a）正确　b）不正确

为了便于加工，同一轴线上的孔径不同时，必须依次递减，不应出现中间大两头小的情况（图 9-22）。

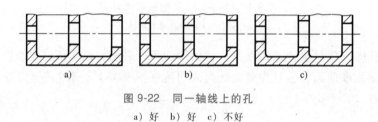

图 9-22　同一轴线上的孔
a）好　b）好　c）不好

（4）凸台、凹坑和沉孔　为了保证零件间的接触面接触良好，零件上凡与其他零件接触的表面一般都要加工，但为了减少加工面、降低加工费用并且保证接触良好，一般采用在零件上设计凸台或凹坑的方法尽量减少加工面（图 9-23）。为便于加工和保证加工质量，凸台应在同一平面上。

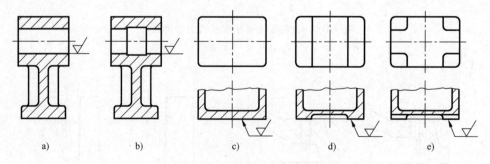

图 9-23　平面凹坑和凸台
a）不好　b）好　c）不好　d）好　e）好

在螺纹连接的支承面上，常加工出凹坑或凸台，如图 9-24a。图 9-24b 所示为螺栓连接用的沉孔形式及其加工方法。图 9-25 所示为螺钉连接用的沉孔形式。

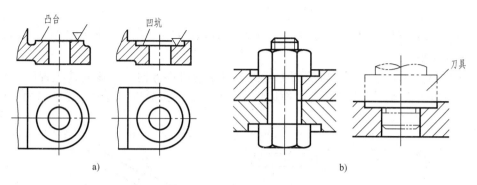

图 9-24 凸台、凹坑和沉孔

a）凸台和凹坑　b）螺栓连接用的沉孔形状及其加工方法

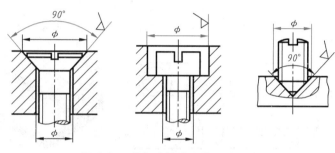

图 9-25 螺钉连接常用的沉孔形式

9.3 零件的表达方案

零件图要求正确、完整、清晰地表达零件的全部内、外部结构形状，并且还应考虑易于画图和读图。要达到这些要求，需根据零件的复杂程度，合理地选择一个较好的表达方案。它包括如下内容。

1）分析零件的结构形状。

2）主视图的选择。

3）其他视图的选择。

4）表达方案的选择。

9.3.1 分析零件的结构形状

零件的结构形状是由零件在机器中的作用、装配关系和制造方法等因素决定的。零件的结构形状及其工作位置或加工位置不同，视图选择也往往不同。因此，在零件的视图选择之前，应首先对零件进行形体分析和结构分析，并了解零件的工作和加工情况，以便确切地表达零件的结构形状，反映零件的设计和工艺要求。

9.3.2 主视图的选择

主视图是一组图形的核心，所以主视图选择得是否合理，直接关系到读图和画图是否简明方便。选择主视图时，应考虑下述几方面的问题。

1. 确定零件主视图的投影方向

零件主视图的投影方向，应以能清楚地表达零件的形状、结构特征及各结构之间的相互位置关系为原则。

如图9-26所示，轴和尾座轴测图上箭头1所指的投影方向，为该零件主视图的投影方向，此方向能较多地反映出零件的结构形状，而箭头2所指的投影方向，反映出的零件结构形状较少。

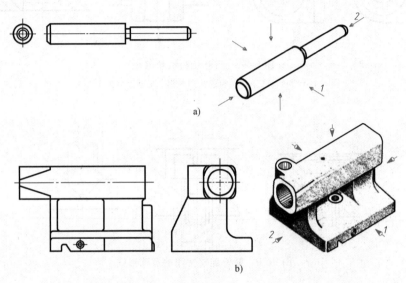

图 9-26　轴和尾座的主视图要能反映出零件的形状、结构特征

a）轴　b）尾座

2. 确定零件的安放位置

当零件主视图的投影方向确定后，该视图应如何放置在图纸上还没有完全确定。零件主视图的安放位置应尽量符合它的工作位置或主要加工位置。

（1）工作位置原则　按零件在机器或部件中工作时所处的位置画主视图。对加工工序较多的零件应尽量使零件的主视图与零件的工作位置一致，这样便于把零件和机器（部件）联系起来，能更深入地分析其工作原理及结构特征。图9-26所示的尾座，其安放位置应与工作位置一致。

（2）加工位置原则　即按制造过程中，特别是切削加工中零件的位置来放置。对在车床上加工的轴、套、轮和盘等零件，一般应按加工位置画主视图，即将其主要轴线水平放置。

必须指出，按上述原则选择主视图的安放位置，只能作为画图时的主要参考，一般还需注意：在按零件的形状、结构特征确定主视图的投影方向的前提下，对于某些零件来说，其主视图的安放位置不宜采用上述某一原则时，就应根据具体情况定，通常可按习惯位置（即自然安放位置）绘制。例如，机器中的一些运动零件（如连杆等）没有固定的位置，机器中的叉架等零件结构形状大多不规则，此时可按习惯位置画主视图。

（3）合理利用图幅　对于长、宽相差悬殊的零件，应使零件的长方向与图纸的长方向一致。

9.3.3　其他视图的选择

主视图确定后，应根据零件结构形状的复杂程度，主视图是否已表达完整和清楚，来确定是否需要和需要多少其他视图（包括采用的表达方案），以弥补主视图表达的不足，达到完整、清晰表示出零件形状的目的。

图 9-27 所示的顶尖、手把、轴套和曲轴，它们由锥、柱、球、环等回转体同轴组合而成，或是轴线同方向但不同轴组合而成，它们的形体和位置关系简单，注上必要的尺寸，一个视图就可表达得完整、清晰。

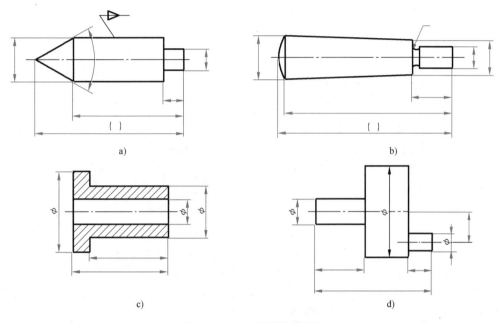

图 9-27　一个视图表达完整

a）顶尖　b）手把　c）轴套　d）曲轴

图 9-28 所示的垫片、齿轮和压盖，它们由具有同方向（或不同方向）但不同轴的几个回转的基本形体（特别是不完整的）组合而成，它们的形体虽简单，但位置关系略复杂，一个视图不能表达完整，所以需要两个视图。而图 9-28a 所示的垫片由于高度一样，若加上注解 t，一个视图也可完整表达，如图 9-28c 所示。

图 9-29 所示的弯板支架和压板，需要三个视图才可表达清楚。

因而对一个不太复杂的零件，一般用一个视图、两个视图，最多用三个视图可以表达清楚。而对一个复杂的零件，则需要多个视图才可表达清楚。

9.3.4　表达方案的选择

在确定视图数量的同时，应考虑采用何种表达方案来表达零件，以使各视图表达的重点明确，简明易懂。

表达方案要根据零件内、外结构形状的复杂程度和零件的结构特点适当、灵活地选用。

在选择时，要处理好以下四个问题：

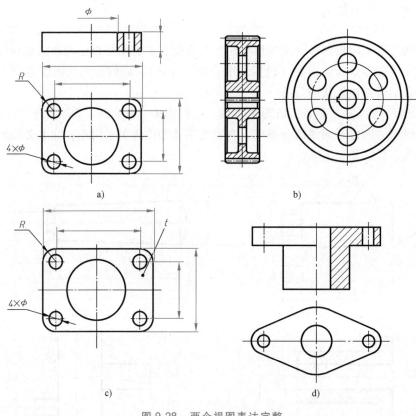

图 9-28　两个视图表达完整

a）垫片　b）齿轮　c）注上 t 一个视图也可表达完整　d）压盖

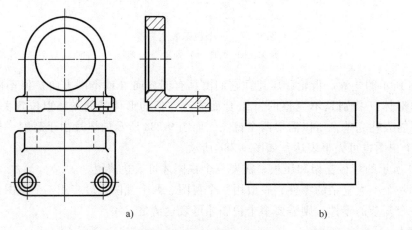

图 9-29　三个视图表达完整

a）弯板支架　b）压板

1）零件的内、外部结构形状的表达问题。为了表达零件的内、外部结构形状，当零件的某一方向有对称平面时，可采用半剖视，当无对称平面且外部结构形状简单时，可采用全剖视；当无对称平面，而外部结构形状与内部结构形状都很复杂且投影并不重叠时，也可采用局部剖视；当投影重叠时，可根据实际分别表达。

2）集中与分散的表达问题。对于局部视图、斜视图和一些局部剖视图等分散表达的图形，若属同一个方向的投影，可以适当地集中和结合起来，优先采用基本视图。若在一个方向仅有一部分结构没有表达清楚时，可采用一个分散图形表达，则更加清晰和简便。注意各视图都应有明确的表达重点。

3）是否用虚线表达的问题。在一般情况下，为了便于读图和标注尺寸，不用虚线表达。如果零件上的某部分结构的大小已经确定，仅形状或位置没有表达完全，且不会造成读图困难时，可用虚线表达。

4）最好拟出几种表达方案进行比较，以确定一种较好的表达方法。

【例 9-1】　试选择图 9-30 所示零件的表达方案及视图数量。

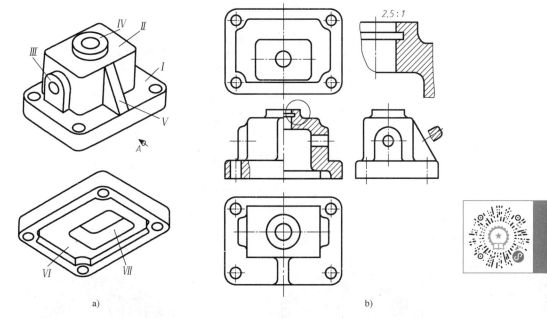

a) b)

图 9-30　零件表达方案举例

a）示意图　b）零件表达方案

【分析】　该零件可分为七个部分，如图 9-30a 所示的 I 、II 、III 、IV 、V 、VI 、VII ，零件左右对称，底板下部有凹槽。属箱体类零件，内、外部结构形状都需表达。

【选择表达方案】

1）选择主视图的投影方向，如图 9-30a 所示箭头 A 的方向，并按零件的自然位置放置。

2）视图数量的选择。可采用四个基本视图（主、俯、仰、左）、一个断面图和一个局部放大图来表达该零件，如图 9-30b 所示。

3）表达方案的选择。由于零件左右对称，所以主视图采用半剖视图，在一个视图上同时表达零件的内、外部结构形状，为了把上部孔中的退刀槽表达清楚并使尺寸标注清晰，可再增加一个局部放大图，其左侧的局部剖视图表达了底板上的通孔；俯、仰、左三视图均未剖切，采用视图来表达，俯视图的表达重点是底板及基本形体 II 的形状，仰视图重点表达底板上的凹槽和基本形体 II 的内部形状，左视图重点表达基本形体 III 和肋板的形状；移出断面图（采用重合断面图也可以）表达肋板的断面形状。

【讨论】 在同一视图中，几个部分按同一方向投影均未被遮住，则用一个视图就可以表达清楚。如果在某一视图中，有的部分按同一投影方向投影被遮住，那就应该再增加一个视图才能表达清楚。如图 9-30 所示，零件的内部左、右两侧面加一凸台，则左视图方向就得再增加一个视图，视图数量及表达方案如图 9-31 所示。由于在内部左、右两侧加一凸台后，在左视图中，外部结构形状遮住了它的形状特征，因此，左视图采用全剖视图，为了表达侧面外部结构的凸台形状，增加一个局部视图（A 向）。

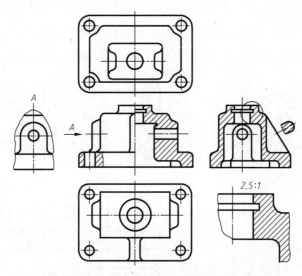

图 9-31　添加内部结构后的零件表达方案

【例 9-2】　试选择图 9-32 所示零件的表达方案及视图数量。

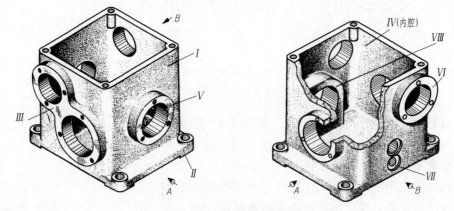

图 9-32　确定主视图的投影方向

【分析】　该零件由八部分组成，如图 9-32 所示的 Ⅰ、Ⅱ、Ⅲ、Ⅳ、Ⅴ、Ⅵ、Ⅶ、Ⅷ，零件的外部结构形状前后相同，左右各异，上下不完全一样，其内部结构形状前后基本相同，左右各异，零件的内、外部结构形状均较复杂，因此在选择视图数量和表达方案时，最好将外形与内形结合起来表达。

【选择表达方案】

1）选择主视图的投影方向，如图 9-32 所示箭头 A 的方向，并将零件按照工作位置放置。

2）视图数量和表达方案的选择。该零件可采用七个视图（主、俯、左、C—C、D 向、E 向、F 向）来表达，如图 9-33 所示。该零件的内、外部结构形状均较复杂，其外部结构形状前后相同，左右各异，上下不完全一样，因此在选择视图数量和表达方案时，在前后方向上采用一个视图、在左右方向上各采用一个视图、在上下方向上各采用一个视图来表达，这样至少需要五个视图来表达外形。而该零件的内部结构形状前后基本相同，左右各异，在选择视图数量和表达方案时，须同时考虑将内部结构形状表达清楚，具体表达时，要看它的外形能否与内形结合起来表达。如果能结合起来表达，可以采用半剖视图或局部剖视图，如图 9-33 中的主视图。在主视图投影方向上，零件的内、外形都需表达，但内部结构形状较复杂，外部结构形状较简单，故采用了"A—A"局部剖视图。若内、外形不能结合起来表达，则需要分别表达，这时需增加视图（包括剖视图）。在左视图投影方向上采用了"D 向"局部视图表达零件的外部结构形状；用"B—B"全剖视图表达其内部结构形状。

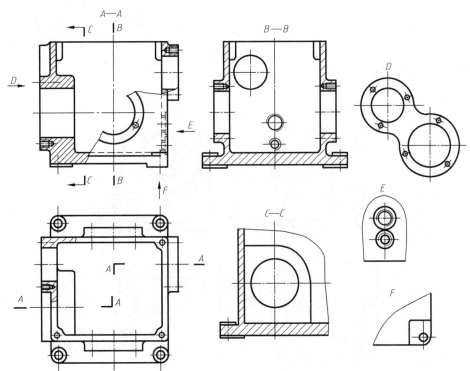

图 9-33　零件的表达方案

【讨论】　在某一投影方向上，究竟是以视图为主，还是以剖视图为主，需要根据零件的结构形状特点来决定。如果内部结构形状较复杂，应以剖视图为主；如果外部结构形状较复杂，应以视图为主。在某一投影方向上，究竟采用完整的基本视图还是局部视图，也需根据零件的结构形状特点来决定。如果零件的大部分形状未表达清楚，则采用完整的基本视图；如果仅是部分形状未表达清楚，则采用局部视图。如图 9-33 所示，用"A—A"局部剖视图（在主视图中）和"C—C"局部剖视图来表达尚未表达清楚的内部结构形状Ⅷ；用

"E 向"和"F 向"局部视图分别表达尚未表达清楚的外部结构形状Ⅶ和底座凸台。"A—A"局部剖视图中还用虚线表达出内部结构形状和右壁上螺孔（Ⅶ）的结构及其位置关系。

9.3.5 零件表达方案的比较分析

零件表达方案的选择并不是唯一的，对于任意一个具体零件来讲，应该灵活应用上述原则选择表达方案，做到正确、完整、清晰和简便地表达零件，在表达正确、完整的基础上，尽量做到清晰和简便，以便读图和画图。

【例 9-3】 试比较蜗轮减速器箱体（图 9-34）的表达方案。

【选择表达方案】

1）第一种方案，如图 9-35 所示，采用了四个视图和剖视图以及一个重合剖面图。主视图采用全剖视图，清楚地反映了箱体的结构、形状特征；俯、左视图均采用半剖视图，将内、外形结合起来表达。在左视图中，还采用简化画法表达前、后端面上螺孔的分布情况；"C 向"局部视图采用简化画法表达安装部分底板的凹槽。整个方案视图配置较好，简明易懂，是一个较优的表达方案。

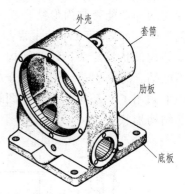

图 9-34 蜗轮减速器箱体

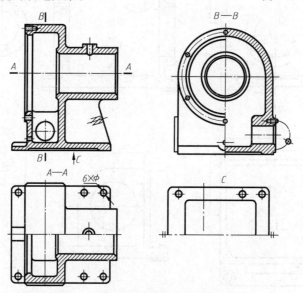

图 9-35 蜗轮减速器箱体表达方案（一）

2）第二种方案，如图 9-36 所示，采用了六个视图和剖视图以及一个重合剖面图。其主视图未能清楚地反映该零件的结构特征，整个方案视图数量较多，显得零散，不够简便。

3）第三种方案，如图 9-37 所示，采用了四个视图和一个重合剖面图。主、左视图分别采用全剖视图和局部剖视图，清楚地表达了箱体的内部结构；俯视图采用半剖视图，进一步表达箱体的内部结构，其中虚线表达安装部分底板的凹槽，节省了一个局部视图，也是一个可用的表达方案。

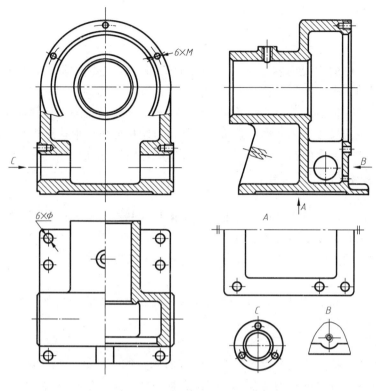

图 9-36 蜗轮减速器箱体表达方案（二）

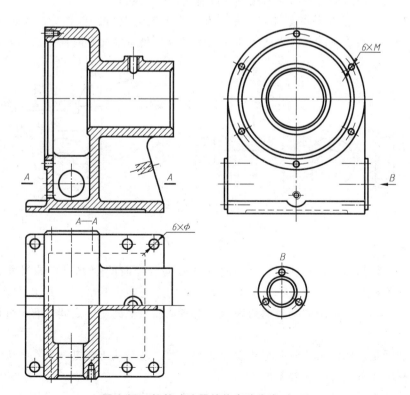

图 9-37 蜗轮减速器箱体表达方案（三）

9.4 零件图的尺寸标注

尺寸是零件图中的主要内容之一，是零件加工制造的主要依据。尺寸标注必须满足正确、完整、清晰的要求。在零件图中标注尺寸，除了这三方面要求外，还需满足合理的要求。尺寸标注合理是指标注的尺寸既要满足设计要求，又要满足加工、测量和检验等制造工艺要求。为了能做到尺寸标注合理，必须对零件进行结构分析、形体分析和工艺分析，据此确定尺寸基准，选择合理的标注形式，结合零件的具体情况标注尺寸。

9.4.1 设计基准与工艺基准

在前面组合体中已经介绍过尺寸基准。零件的尺寸基准是指零件装配到机器上或在加工测量时，用以确定其位置的一些面、线、点。

根据基准的作用不同，一般将基准分为设计基准和工艺基准。

1. 设计基准

根据机器的结构和设计要求，用以确定零件在机器中位置的一些面、线、点，称为设计基准。

2. 工艺基准

根据零件加工制造、测量和检验等工艺要求所确定的一些面、线、点，称为工艺基准。工艺基准又可分为定位基准和测量基准。加工过程中确定零件位置时所用的基准称为定位基准，测量、检验零件已加工表面时所用的基准称为测量基准。

如图 9-38 所示，轴线是该零件表面 I 、II 、III 的设计基准，但作为基准的轴线并不具体存在，在加工表面 II 时需要以表面 I 作为定位基准，测量表面 III 时同样需以表面 I 作为测量基准。

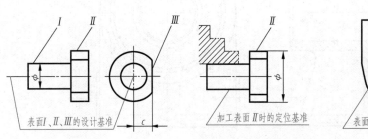
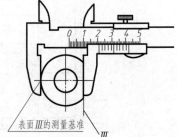

图 9-38　尺寸基准

任何一个零件都有长、宽、高三个方向（或轴向、径向两个方向）的尺寸，每个尺寸都有基准，因此每个方向至少有一个基准。同一方向上有多个基准时，其中必定有一个是主要的，称为主要基准，其余的则为辅助基准。主要基准与辅助基准之间应有尺寸联系。

3. 基准的选择

选择基准就是在标注尺寸时，是从设计基准出发，还是从工艺基准出发。无论从哪一个出发，选择基准要首先确定主要基准。

主要基准应为设计基准，同时最好也为工艺基准；辅助基准可以是设计基准，也可以是工艺基准。从设计基准出发标注尺寸，能反映设计要求，保证零件在机器中的工作性能；从工艺基准出发标注尺寸，能把尺寸标注与零件加工制造联系起来，保证工艺要求，方便加工和测量。因此，标注尺寸时应尽可能将设计基准与工艺基准统一。

一般情况下，标注尺寸时工艺基准与设计基准是可以统一的，这样既满足设计要求，又满足工艺要求。当两者不能统一时，应保证以设计要求为主，在满足设计要求前提下，力求满足工艺要求。

可作为设计基准或工艺基准的面、线、点主要有：对称平面、主要加工面、接合面、底平面、端面、轴肩平面；轴线、对称中心线；圆心、球心等。应根据零件的设计要求和工艺要求，结合实际情况恰当选择尺寸基准。

如图 9-39 所示，主动齿轮轴的轴线和齿轮左端面确定轴在泵体中的安装位置，轴线和左端面分别是主动轴轴向和

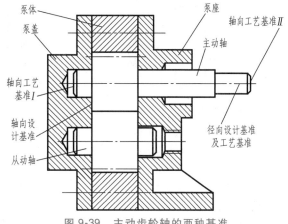

图 9-39　主动齿轮轴的两种基准

径向设计基准。在零件加工过程中，主动轴在机床上装夹的径向基准为轴线，轴向的加工基准为左右两端面。

9.4.2　尺寸标注的形式

根据尺寸在图上的布置特点，尺寸标注的形式有下列三种。

1. 链状式

零件同一方向的几个尺寸依次首尾相接，后一个尺寸以前一个尺寸的终点为起点（基准），注写成链状，称为链状式，如图 9-40 所示。链状式可保证所注各段尺寸的精度要求，但由于基准依次推移，使各段尺寸的位置误差相互影响。

从图 9-40 中可以看出，加工制造该零件时，以右端面为基准加工测量尺寸 30mm，以轴肩右端面为基准加工测量尺寸 18mm，以轴肩左端面为基准加工测量尺寸 20mm，这样每段尺寸的误差不受其他尺寸误差的影响，容易保证每段尺寸的精度。但是每段尺寸的位置由于基准不统一，则受前几个尺寸的

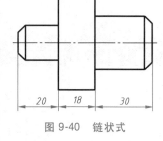

图 9-40　链状式

误差影响，其位置误差为前几个尺寸误差之和，造成位置误差积累。因此，当阶梯状零件对总长精度要求不高而对各段长度的尺寸精度要求较高时，或对零件中各孔中心距的尺寸精度要求较高时，均可采用这种注法。

2. 坐标式

零件同一方向的几个尺寸由同一基准出发进行标注，称为坐标式，如图 9-41 所示。坐标式所注各段尺寸的尺寸精度只取决于本段尺寸加工误差，故能保证所注尺寸的精度要求，各段尺寸精度互不影响，不产生位置误差积累。因此，当需要从同一基准定出一组精确的尺寸时，常采用这种注法。

255

3. 综合式

零件同一方向的尺寸标注既有链状式又有坐标式，这两种注法的综合称为综合式，如图 9-42 所示。综合式具有链状式和坐标式的优点，既能保证一些精确尺寸，又能减少阶梯状零件中尺寸误差积累。所以标注零件图中的尺寸时，用得最多的注法是综合式。

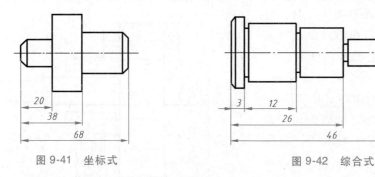

图 9-41　坐标式　　　　　　　　图 9-42　综合式

9.4.3　合理标注尺寸的注意事项

要合理地标注尺寸，除恰当地选择尺寸基准和标注形式外，还应注意下述几个问题。

1. 认真贯彻国家标准

认真贯彻国家标准，有利于提高产品质量和劳动生产率，降低产品的制造成本。在标注尺寸时，除了要认真贯彻制图国家标准中尺寸注法的有关规定外，还要贯彻其他方面的有关标准。

1）对于零件中长度、直径、角度、锥度以及尺寸极限偏差值等，应尽量按有关标准选取。

2）零件的标准结构要素，如中心孔、螺孔、通孔、沉孔、倒角、砂轮越程槽等，凡是有标准的，都应该按标准规定标注尺寸及数值。常见典型结构的尺寸注法见表 9-2。

表 9-2　零件上常见典型结构的尺寸注法

结构类型	标注方法		说明
	旁注法	普通注法	
光孔（一般孔）	4×φ5▽10　　4×φ5▽10	4×φ5	表示四个直径为 5mm 均匀分布的光孔，深度为 10mm
光孔（精加工孔）	4×φ5H7▽10　孔▽12　　4×φ5H7▽10　孔▽12	4×φ5H7	钻孔深为 12mm，钻孔后需精加工至 φ5H7，深度为 10mm

（续）

结构类型		标注方法		说明
		旁注法	普通注法	
螺孔	通孔	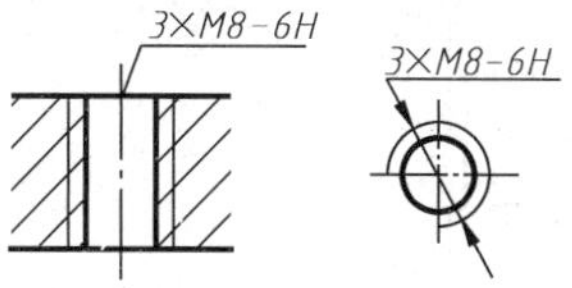 3×M8-6H　3×M8-6H	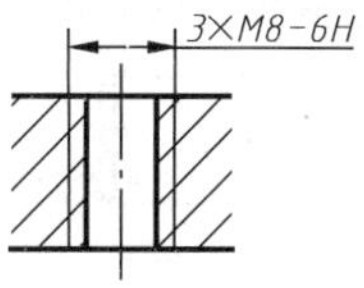 3×M8-6H	表示三个均匀分布的直径为 8mm 的螺孔，螺纹中径、顶径公差带为 6H
	盲孔	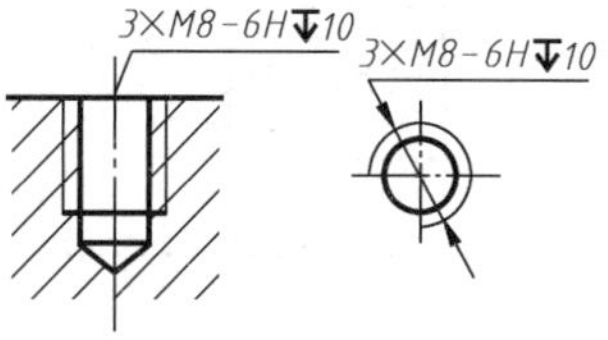 3×M8-6H▼10　3×M8-6H▼10	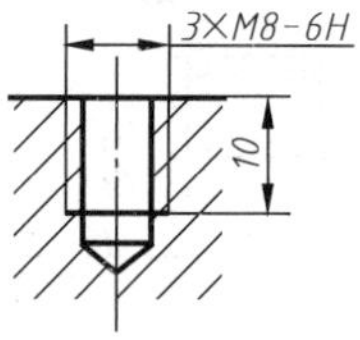 3×M8-6H	表示三个均匀分布的直径为 8mm 的螺孔，螺纹中径、顶径公差带为 6H，螺孔的深度为 10mm
		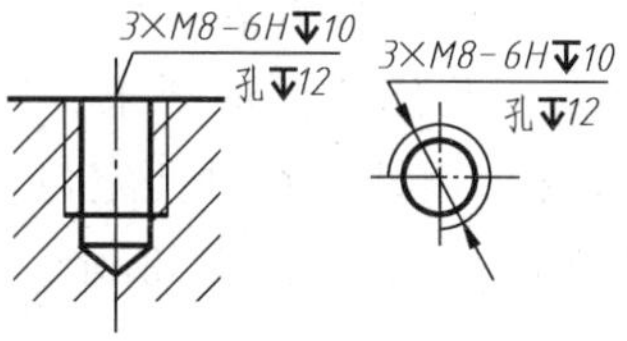 3×M8-6H▼10 孔▼12　3×M8-6H▼10 孔▼12	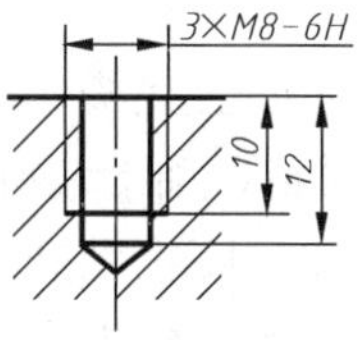 3×M8-6H	需要注出钻孔深度时，应明确标注孔深尺寸
沉孔	锥形沉孔	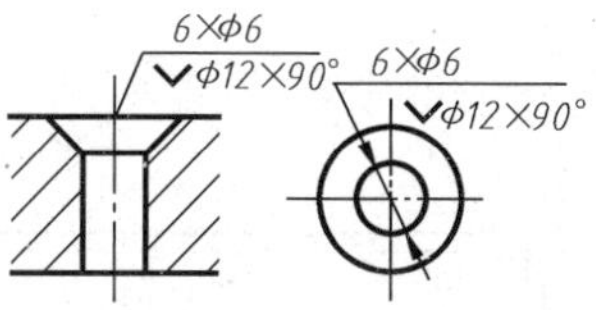 6×φ6 ∨φ12×90°　6×φ6 ∨φ12×90°	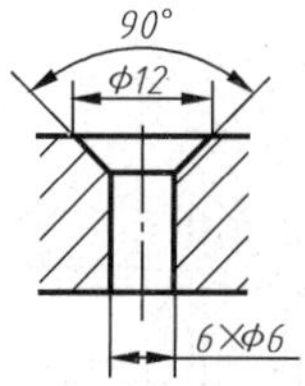 90° φ12 6×φ6	表示 6 个直径为 6mm 均匀分布的孔，沉孔的直径为 12mm，锥角为 90°
	柱形沉孔	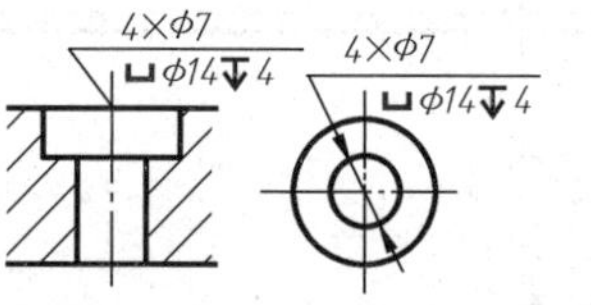 4×φ7 ⊔φ14▼4　4×φ7 ⊔φ14▼4	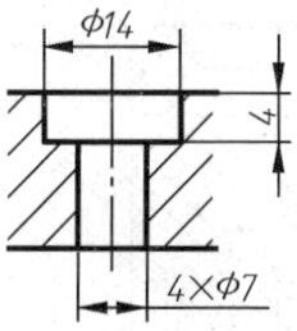 φ14 4×φ7	柱形沉孔的直径为 14mm，深度为 4mm，通孔直径为 7mm
	锪平面	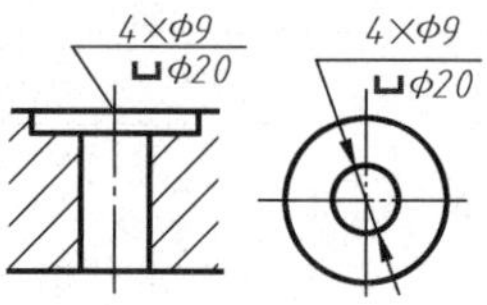 4×φ9 ⊔φ20　4×φ9 ⊔φ20	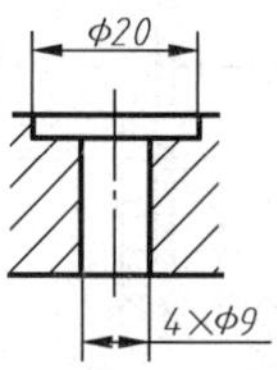 φ20 4×φ9	锪平面 φ20 的深度不需标注，一般锪平到不出现毛面为止
45°倒角注法		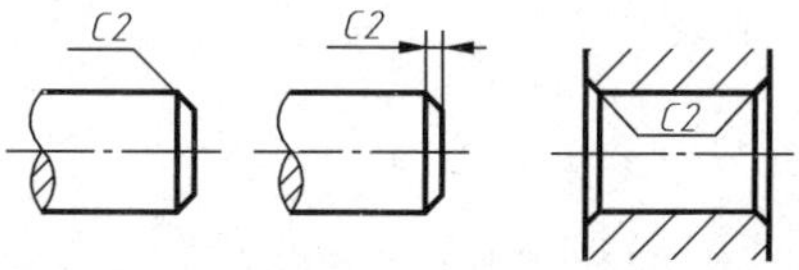 C2　C2	C2	C 表示倒角为 45°，2 表示倒角的距离

257

（续）

结构类型	标注方法		说明
	旁注法	普通注法	
30°倒角注法			除倒角为 45°用 C 表示外，其余角度都要注出数值，2 表示倒角的距离
退刀槽、越程槽注法			3×2 表示槽宽为 3mm，深度为 2mm；3×φ10 表示槽宽为 3mm，槽的直径为 10mm

2. 考虑设计要求

（1）功能尺寸直接注出　保证零件在机器中的正确位置和装配精度的尺寸称为功能尺寸。直接注出功能尺寸，能够直接提出尺寸公差、几何公差的要求，以保证设计要求。如图 9-43a 所示，上边的一根轴，轴上装有齿轮和套，用挡圈在轴向定位。为了保证这个齿轮与下面轴上的齿轮正确啮合，尺寸 C 必须直接注出，如图 9-43b 所示。另外，孔的中心距、中心高等都是功能尺寸，必须直接注出。

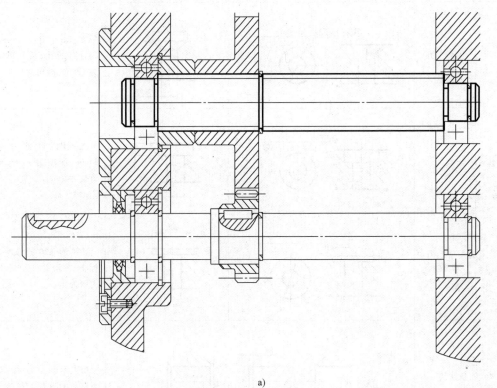

a)

图 9-43　功能尺寸直接注出

a）轴的工作位置

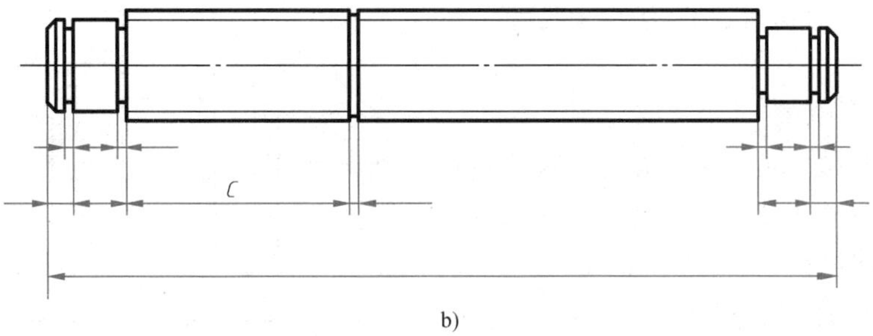

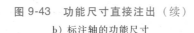

b)

图 9-43　功能尺寸直接注出（续）

b）标注轴的功能尺寸

（2）从两零件的接合面起标注尺寸　为了保证设计要求，在相互配合的两零件中，标注与两零件的接合面有关的几何要素的定位尺寸时，应从接合面注起。图 9-44 所示的零件 1、2 的接合面为 A，在标注零件 1 上小孔的定位尺寸 b 和零件 2 上小孔的定位尺寸 c 时，均应以接合面 A 为基准直接注出。

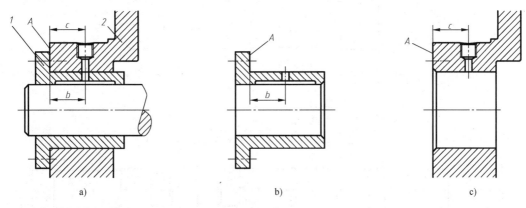

a)　　　　　　　　　　　b)　　　　　　　　　　　c)

图 9-44　从接合面起标注定位尺寸

a）装配图尺寸　b）零件 1 的定位尺寸　c）零件 2 的定位尺寸

（3）避免注成封闭尺寸链　如图 9-45a 所示，封闭尺寸链是头尾相连，绕成一整圈的一组尺寸，每个尺寸都是尺寸链中的一环。

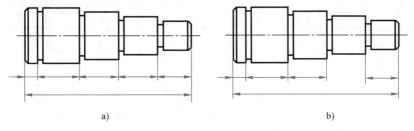

a)　　　　　　　　　　　　　　　　b)

图 9-45　尺寸链

a）封闭尺寸链　b）开口环

这样标注尺寸在加工时往往难以保证设计要求，因此，应选取其中不重要的一环作为开口环，即不标注尺寸，如图 9-45b 所示。这样可以使制造误差全部集中在这一开口环上，从而保证了其他尺寸。有时为了设计或加工的需要，也可注成封闭尺寸链，但应根据需要把某一环的尺寸数字加括号，作为参考尺寸，如图 9-46 所示。

3. 考虑工艺要求

标注非功能尺寸时，应考虑加工顺序和测量方便。非功能尺寸是指不影响零件的工作性能和装配精度的尺寸。

（1）尽量符合加工顺序　图 9-47 所示的小轴是按加工顺序标注尺寸的，这样便于加工和测量。考虑到该零件在车床上要调头加工，因此其轴向尺寸以两端面为基准，而尺寸 51±

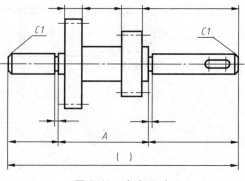

图 9-46　参考尺寸

0.1 是功能尺寸（长度方向），故直接注出。加工该轴的工序，如图 9-48 所示。

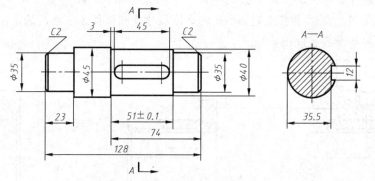

图 9-47　按加工顺序标注轴的尺寸

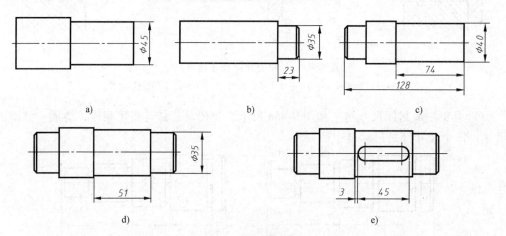

图 9-48　轴的加工顺序

a）下料后，加工 $\phi45$　b）加工 $\phi35$ 和长度 23　c）调头，加工 $\phi40$
和长度 74 及总长 128　d）加工 $\phi35$ 和长度 51　e）加工键槽

（2）同一加工方法的相关尺寸尽量集中标注　一个零件一般要经过几种加工方法（如车、铣、刨、磨、钻……）才能制成。标注尺寸时，应尽量将同一加工方法的有关尺寸集中标注。如图 9-47 所示，轴上的键槽是经过铣削加工而成的，所以键槽的尺寸集中在两处（3、45 和 12、35.5）标注，这样便于加工时测量。

（3）应考虑测量方便　如图 9-49a 所示的键槽尺寸，测量困难，若标注成图 9-49b 所示的形式，则便于测量。

标注尺寸时，在满足设计要求的前提下，还应尽量考虑使用通用测量工具进行测量，避免或减少使用专用量具。图 9-49 中所注高度方向尺寸 A 在加工和检验时测量均较困难，改为标注高度方向尺寸 C、D，则使测量较为方便。

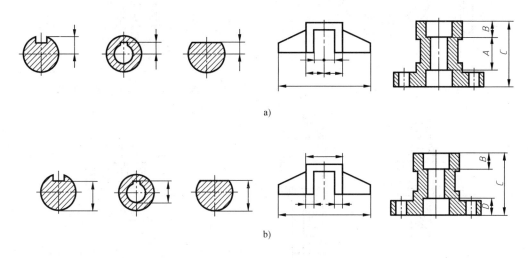

图 9-49　考虑测量方便的尺寸注法

a）不便于测量　b）便于测量

（4）毛坯面的尺寸标注　毛坯面之间的尺寸一般应按形体单独注出，因为这种尺寸是靠铸造毛坯时保证的。对于经铸、锻后再机械加工的零件，应使其中一个毛坯面和某一加工面联系起来标注。如图 9-50a 所示，这种注法为不合理注法，当加工右端面时，由于铸造误差，要同时满足尺寸 18、20、100 和 108 是困难的。如图 9-50b 所示，这种注法为合理注法，其中尺寸 88 和 8 为铸造尺寸，铸造面只应有一个尺寸 20 与加工基准面相连接。

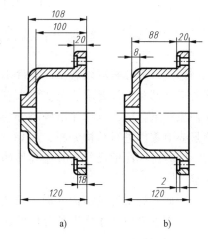

图 9-50　毛坯面尺寸单独注出

a）不合理　b）合理

（5）考虑刀具尺寸及加工的可能性　凡由刀具保证的尺寸，应尽量给出刀具的相关尺寸，刀具轮廓可用双点画线画出，如图 9-51 所示的衬套，在其左视图中给出了铣刀直径。

图 9-52 所示为加工斜孔时标注尺寸的实例。根据加工的可能性，孔 A 的定位尺寸 5 最好从外面标注，因为钻头只能从外面加工；孔 B 则应从里面标注定位尺寸 2.4，因钻头只能从里面进行加工。如果将孔的定位尺寸标注成图 9-52 中的尺寸 A_1 和 B_1 的形式，将给加工造成困难。

（6）标注时加以说明　对于一些装配后一起加工的零件，在零件图上，标注相应尺寸时须加以说明，如图 9-53 所示。

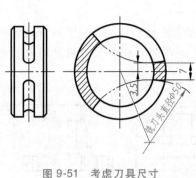

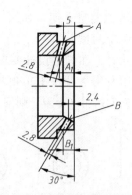

图 9-51　考虑刀具尺寸　　　　　　　　　　图 9-52　考虑加工的可能性

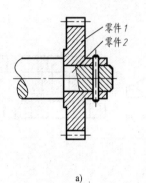

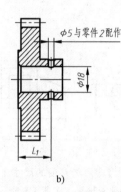

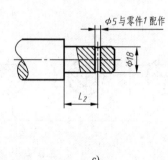

a)　　　　　　　　　　b)　　　　　　　　　　c)

图 9-53　配作零件的尺寸注法

a）装配图尺寸　b）零件 1 的尺寸　c）零件 2 的尺寸

9.4.4　合理标注零件尺寸的方法步骤

262

通过以上分析可以看出，零件不同于组合体，它不是孤立存在的纯几何体，它的每一部分的形状都和设计要求、工艺要求有关。因此，标注零件尺寸时，既要进行形体分析，把零件抽象成组合体，以标注出各部分的定形和定位尺寸，使得标注的尺寸完整、清晰；更重要的是要对零件进行结构分析，考虑该零件与其他零件的装配关系及该零件与加工工艺的关系，使得所标注的尺寸与其他零件的尺寸配合协调且符合加工要求等，达到尺寸标注合理的要求。

因此，需要通过结构分析、表达方法确定，对零件的工作性能和加工工艺及测量方法进行充分理解之后，才能做到合理标注尺寸。标注的方法和步骤可归纳如下：

1）选择基准。

2）考虑设计要求，标注出功能尺寸。

3）考虑工艺要求，标注出非功能尺寸。

4）用形体分析法、结构分析法补全尺寸和检查尺寸，同时计算长、宽、高三个方向的尺寸链是否正确，尺寸数值是否符合标准参数系列。

【例 9-4】　试标注蜗轮轴的尺寸，蜗轮轴的结构分析如图 9-54 所示。

【标注步骤】

1）选择基准。如图 9-55a 所示，径向设计基准和工艺基准选择轴线；为了使蜗轮的对

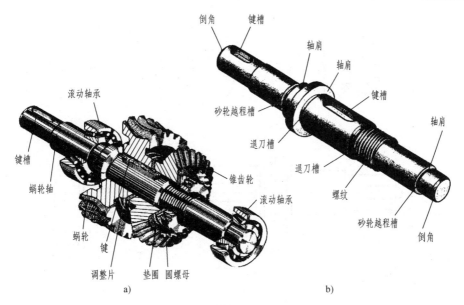

图 9-54　蜗轮轴的结构分析

a）蜗轮轴上的各种零件　b）蜗轮轴上的各种结构

称平面与蜗杆的轴线在同一平面上，蜗轮的轴向位置要由蜗轮轴的轴肩来保证，所以选用轴上蜗轮的定位轴肩作为轴向尺寸的设计基准。

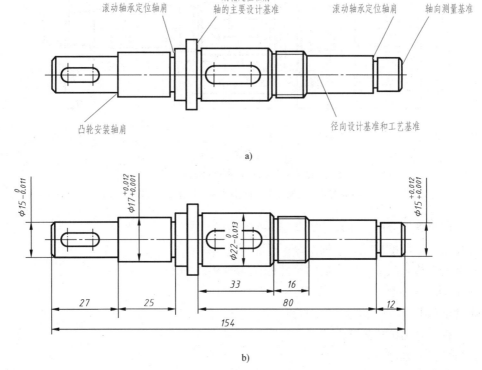

图 9-55　蜗轮轴尺寸标注的步骤

a）选择基准　b）标注功能尺寸

263

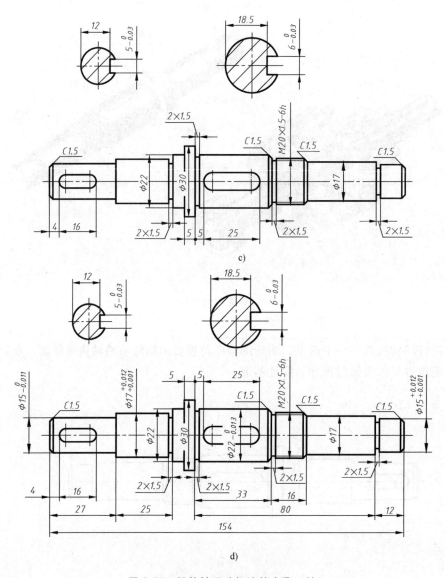

图 9-55　蜗轮轴尺寸标注的步骤（续）

c）标注非功能尺寸　　d）检查所注尺寸是否合理

2）标注出各部分的功能尺寸，如图 9-55b 所示。

3）标注出非功能尺寸，如图 9-55c 所示。

4）补全并检查尺寸，完成后的尺寸标注如图 9-55d 所示。

【例 9-5】　试标注出座体（支架）的尺寸（图 9-56）。

【标注步骤】

1）分析零件的结构形状。

2）选择尺寸基准。

3）标注出功能尺寸。

4）标注出非功能尺寸。

5）检查调整，补遗删多，如图 9-56 所示。

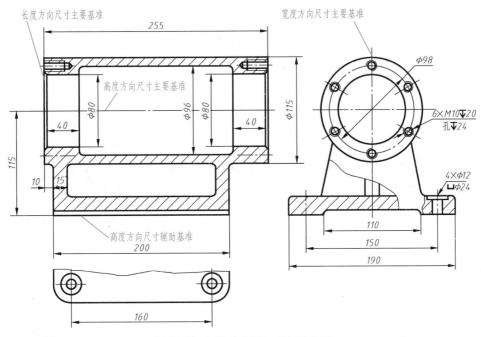

图 9-56　座体（支架）的尺寸标注

9.5　零件图上的技术要求

在零件图中，除了表达零件结构形状与大小的视图和尺寸外，还应使用符号或文字注明制造零件时应该达到的一些质量要求，一般称为技术要求。通常零件图中注写的技术要求内容如下：表面粗糙度；尺寸公差；几何公差；材料的热处理、表面处理。

9.5.1　表面粗糙度

1. 表面粗糙度的概念

无论采用哪种加工方法所获得的零件表面，都不是绝对的平整和光滑的，放在显微镜（或放大镜）下观察，都可以看到刀具加工过程中留下的微观的峰谷高低不平的痕迹，如图 9-57a 所示。表面上这种微观不平滑情况，一般是由刀具与零件的运动、摩擦，机床的振动及零件的塑性变形等各种因素的影响而形成的。表面上较小间距和峰谷所组成的微观几何形状特征，称为表面粗糙度。

表面粗糙度是评定零件表面质量的一项技术指标，它对零件的配合性质、耐磨性、抗腐蚀性、接触刚度、抗疲劳强度、密封性和外观等都有影响。因此，在图样上要根据零件的功能要求，对零件的表面粗糙度做出相应的规定。

评定表面粗糙度的主要参数是轮廓算术平均偏差 Ra，它是指在取样长度 l 范围内，被测轮廓线上各点至基准线的距离 $Z(x)$ 绝对值的算术平均值，如图 9-57b 所示，可用下式表示为

$$Ra = \frac{1}{l} \int_0^l \left| Z(x) \right| \mathrm{d}x$$

或近似表示为

$$Ra = \frac{1}{n} \sum_{i=1}^n \left| Z_i \right|$$

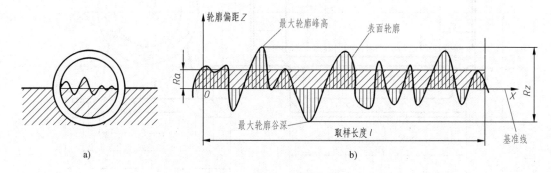

图 9-57　表面粗糙度的概念和表面粗糙度参数

a）表面粗糙度的概念　b）轮廓算术平均偏差 Ra 和轮廓最大高度 Rz

轮廓算术平均偏差可用电动轮廓仪测量，运算过程由仪器自动完成。根据国家标准规定，轮廓算术平均偏差 Ra 的数值越小，零件表面越平整光滑；Ra 数值越大，零件表面越粗糙。

表面粗糙度有时还使用轮廓最大高度 Rz 来评定，它是指在一个取样长度内最大轮廓峰高和最大轮廓谷深之间的距离。

2. 表面粗糙度的选用

零件表面粗糙度参数值的选用，既要满足零件表面的功能要求，又要考虑经济合理性。具体选用时，可参照生产中的实例和已有的类似零件图，用类比法确定。目前生产中评定表面粗糙度参数值多采用轮廓算术平均偏差 Ra，Ra 的优先选用值为 0.4、0.8、1.6、3.2、6.3、12.5、25，单位为 μm。Ra 的数值越小，表面质量越高，但加工成本也越高。选用时应考虑下列问题。

1）在满足功用的前提下，尽量选用较大的表面粗糙度参数值，以降低生产成本。

2）在同一零件上，工作表面的表面粗糙度参数值应小于非工作表面的表面粗糙度参数值。

3）受循环载荷的表面及容易引起应力集中的表面（如圆角、沟槽），其表面粗糙度参数值较小。

4）配合性质相同时，零件尺寸小的比尺寸大的表面粗糙度参数值要小；同一公差等级，小尺寸比大尺寸、轴比孔的表面粗糙度参数值要小。

5）运动速度高、单位压力大的摩擦表面比运动速度低、单位压力小的摩擦表面的表面粗糙度参数值小。

6）一般来说，尺寸和表面形状要求精确度高的表面，其表面粗糙度参数值较小。

表面粗糙度参数值 Ra 与加工方法的关系及其应用举例见表 9-3，可供选用时参考。

表 9-3　表面粗糙度参数值 *Ra* 与加工方法的关系及应用举例

Ra/μm ≤	表面状况	加工方法	应用举例
50～100	明显可见刀痕	粗车、镗、刨、钻等	粗加工的表面，如粗车、粗刨、切断等的表面，用粗锉刀和粗砂轮等加工的表面，一般很少采用
25			
12.5	可见刀痕	粗车、刨、铣、钻等	一般非结合表面，如轴的端面、倒角、齿轮及带轮的侧面、键槽的非工作表面、减重孔眼表面等
6.3	可见加工痕迹	精车、精刨、精铣、粗磨、镗、铰等	不重要零件的非配合表面，如支柱、支架、外壳、衬套、轴、盖等的端面；和其他零件连接不形成配合的表面，如箱体、外壳、端盖等零件的端面；相对运动速度不高的接触面，如支架孔、衬套的工作面
3.2	微见加工痕迹		
1.6	看不清加工痕迹		
0.8	可辨加工痕迹的方向	精车、精镗、精拉、精磨等	要求保证定心及配合特性的表面，如锥销与圆柱销的表面；要求长期保持配合性质稳定的配合表面，IT7 级的轴、孔配合表面；工作时受变应力作用的重要零件的表面，如轴颈表面；要求气密的表面，如圆锥定心表面等
0.4	微辨加工痕迹的方向		
0.2	不可辨加工痕迹的方向		
0.1	暗光泽面	研磨、抛光、超级精细研磨等	精密量具的表面，极重要零件的摩擦面，如气缸的内表面、精密机床的主轴轴颈、坐标镗床的主轴颈
0.05	亮光泽面		
0.025	镜状光泽面		
0.012	雾状镜面		
0.006	镜面		

3. 标注表面结构的图形符号和代号

GB/T 131—2006《产品几何技术规范（GPS）技术产品文件中表面结构的表示法》规定了表面结构图形符号、代号及其标注方法。

（1）表面结构图形符号　图 9-58 所示为图样上表面结构图形符号的画图比例。

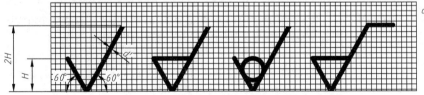

图 9-58　表面结构图形符号的画法

表面结构图形符号、名称及其含义见表 9-4。

当图样中某个视图上构成封闭轮廓的各表面有相同表面结构要求时，应在完整图形符号上加一圆圈，标注在封闭轮廓线上，如图 9-59 所示，图中的表面结构要求图形符号是指对图形中封闭轮廓的六个面的共同要求（不包括前后面）。

（2）表面结构代号　在表面结构图形符号中注写了具体参数代号和数值等要求后即称为表面结构代号。表面结构代号的示例及含义见表 9-5。

表9-4　表面结构图形符号

符号名称	符号	意义及说明
基本图形符号	✓	基本符号,未指定工艺方法的表面,没有补充说明不能单独使用。仅适用于简化代号标注
扩展图形符号	✓	基本图形符号加一短画,表示表面是用去除材料的方法获得的,如车、铣、钻、刨、磨等,仅当其含义为"被加工表面"时可单独使用
	✓	基本图形符号加一小圆,表示表面是用不去除材料的方法获得的,如铸、锻、轧、冲压等
完整图形符号	✓ ✓ ✓	在上述三个符号的长边上加一横线,以便注写对表面结构的各种要求

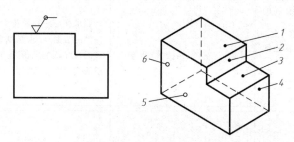

图9-59　封闭轮廓各表面有相同表面结构要求的注法

表9-5　表面结构代号的示例及含义

序号	代号示例	含　义
1	Ra 0.8	表示不允许去除材料,单向上限值,默认传输带,R 轮廓,算术平均偏差为 0.8μm,评定长度为 5 个取样长度(默认),16% 规则(默认)
2	Rz max 0.2	表示去除材料,单向上限值,默认传输带,R 轮廓,算术平均偏差为 0.2μm,评定长度为 5 个取样长度(默认),最大规则
3	0.008-0.8/Ra 3.2	表示去除材料,单向上限值,传输带 0.008~0.8,R 轮廓,算术平均偏差为 3.2μm,评定长度为 5 个取样长度(默认),16% 规则(默认)
4	-0.8/Ra3 3.2	表示去除材料,单向上限值,取样长度 0.8mm,R 轮廓,算术平均偏差为 3.2μm,评定长度包含 3 个取样长度,16% 规则(默认)
5	U Ra max 3.2 L Ra 0.8	表示不允许去除材料,双向极限值,两极限值均使用默认传输带,R 轮廓。上限值:算术平均偏差为 3.2μm,评定长度为 5 个取样长度(默认),最大规则。下限值:算术平均偏差为 0.8μm,评定长度为 5 个取样长度(默认),16% 规则(默认)

说明:

1) 取样长度。在测量表面粗糙度时应在基准线上选取一段适当的长度进行测量,这段长度称为取样长度。

2）评定长度。为获得可靠的表面粗糙度，一般应取几个连续的取样长度进行测量。在基准线上用于评定轮廓的、包含着一个或几个取样长度的测定长度称为评定长度。评定长度默认为 5 个取样长度，否则应注明个数。

3）传输带。由轮廓滤波器分离获得的轮廓波长范围称为传输带。轮廓滤波器是将轮廓分成长波和短波成分的仪器。

4）16% 规则。当被检验表面测得的全部参数值中超过极限值的个数不多于总个数的 16% 时，该表面合格。16% 规则是表面结构要求标注的默认规则，如 $Ra0.8$。

5）最大规则。当被检验表面测得的参数值全都没有超过给定的极限值，该表面合格。应用最大规则时应做注，如 $Ra\max 0.8$。

4. 表面结构要求在图形符号中的注写位置

为了表示表面结构要求，除了标注表面结构参数和数值外，必要时应标注补充要求，包括加工工艺、表面纹理及方向、加工余量等。这些要求在图形符号中的注写如图 9-60 所示，图中位置 a~e 分别注写以下内容：

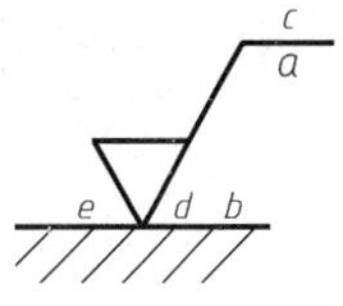

1）位置 a——注写表面结构的单一要求。

2）位置 a 和 b——注写两个或多个表面结构要求，在位置 a 注写第一表面结构要求，在位置 b 注写第二表面结构要求；

图 9-60　补充要求的注写位置

3）位置 c——注写加工方法，如车、磨、镀等加工方法。

4）位置 d——注写表面纹理和纹理的方向，如 "="、"X"、"M"。

5）位置 e——注写加工余量（单位为 mm）。

5. 表面结构要求在图样中的注法

1）表面结构要求对于每一个表面一般只标注一次，并尽可能标注在相应的尺寸及其公差的同一视图上。除非另加说明，否则所标注的表面结构要求是对完工零件表面的要求。

2）表面结构要求的注写和读取方向与尺寸的注写和读取方向一致。表面结构要求可注写在轮廓线上，其符号应从材料外指向并接触表面（图 9-61）。必要时，表面结构要求也可用带箭头或黑点的指引线指出标注（图 9-61、图 9-62）。

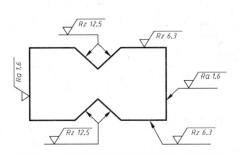

图 9-61　表面结构要求在轮廓线上的注法

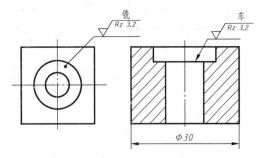

图 9-62　用指引线引出标注表面结构要求

3）不致引起误解时，表面结构要求可以标注在给定的尺寸线上（图 9-63）。

4）表面结构要求可标注在几何公差框格的上方（图 9-64）。

5）圆柱和棱柱的表面结构要求只标注一次（图 9-65）。如果每个棱柱表面有不同的表面结构要求，则应分别单独标注（图 9-66）。

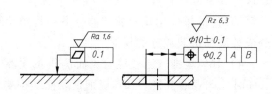

图 9-63　表面结构要求标注在尺寸线上　　　图 9-64　表面结构要求标注在几何公差框格上方

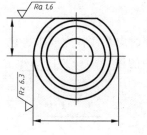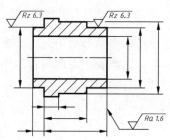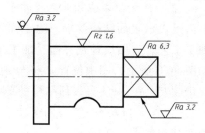

图 9-65　表面结构要求标注在圆柱特征的延长线上　　　图 9-66　圆柱和棱柱的表面结构要求注法

6. 表面结构要求在图样中的简化注法

（1）有相同表面结构要求的简化注法　如果工件的多数（包括全部）表面有相同的表面结构要求，则其表面结构要求可统一标注在图样的标题栏附近（不同的表面结构要求应直接标注在图形中）。此时，除全部表面有相同要求的情况外，表面结构要求的符号后应有如下内容。

1）在圆括号内给出无任何其他标注的基本符号（图 9-67a）。

2）在圆括号内给出不同的表面结构要求（图 9-67b）。

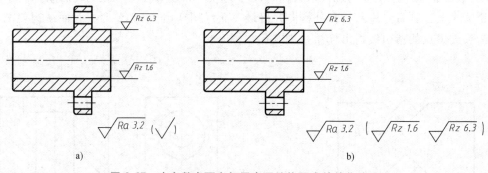

图 9-67　大多数表面有相同表面结构要求的简化注法

（2）多个表面有相同表面结构要求的简化注法

1）用带字母的完整图形符号的简化注法。如图 9-68 所示，用带字母的完整图形符号以等式的形式，在图形或标题栏附近对有相同表面结构要求的表面进行简化标注。

2）只用表面结构图形符号的简化注法。多个表面具有相同的表面结构要求时，可以简化表面结构图形符号，用等式的形式给出表面结构要求。图 9-69 所示为三个简化注法，分别表示未指定工艺方法、要求去除材料、不允许去除材料的表面结构代号。

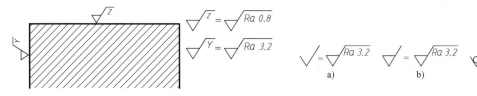

图 9-68　有相同表面结构要求的表面的简化注法　　　图 9-69　多个表面结构要求的简化注法

（3）两种或多种工艺活动的同一表面的注法　由几种不同的工艺方法获得的同一表面，当需要明确每种工艺方法的表面结构要求时，可按图 9-70 所示注法进行标注。

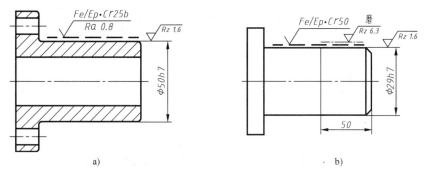

图 9-70　多种工艺获得同一表面结构要求的注法

如图 9-70a 所示，Fe 表示基体材料为钢，Ep 表示加工工艺为电镀。图 9-70b 所示为三个连续的加工工序的表面结构、尺寸和表面处理的标注。第一道工序：单向上限值，$Rz = 1.6\mu m$，16% 规则（默认），默认评定长度，默认传输带，表面纹理没有要求，去除材料的工艺。第二道工序：镀铬，无其他表面结构要求。第三道工序：一个单向上限值，仅对长为 50mm 的圆柱表面有效，$Rz = 6.3\mu m$，16% 规则（默认），默认评定长度，默认传输带，表面纹理没有要求，磨削加工工艺。

9.5.2　公差与配合

在装配一台机器或部件时，从一批规格相同的零件中任取一件，不经修配就能立即装到机器或部件上，并能满足使用要求，零件的这种性质称为互换性。零件具有互换性，不但给机器的装配、维修带来方便，更重要的是为机器的专业化、批量化生产提供了可能性。机器或部件中的零件，不论是标准件或非标准件要具有互换性，还需由极限制和配合制来保证。

　　1. 尺寸公差

在零件的加工过程中，由于机床精度、刀具磨损、测量误差等因素的影响，不可能把零件的尺寸做得绝对准确。为了保证互换性，必须将零件的尺寸控制在允许变动的范围内，这个允许的尺寸变动量称为尺寸公差。有关极限与配合的基本术语与定义见 GB/T 1800.1—2020《产品几何技术规范（GPS）　极限与配合　第 1 部分：公差偏差和配合的基础》，下面以图 9-71 为例说明极限与配合的一些主要术语。

1）公称尺寸是设计时根据零件的使用要求确定的尺寸。

2）实际尺寸是通过测量获得的某一孔、轴的尺寸。

3）极限尺寸是允许尺寸变动的两个极限值，其中较大的一个称为上极限尺寸，较小的

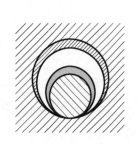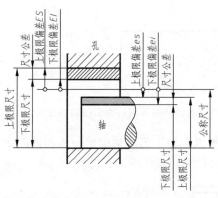

图 9-71　极限的有关术语

一个称为下极限尺寸。

4）极限偏差。极限尺寸减公称尺寸所得的代数差，即上极限尺寸和下极限尺寸减公称尺寸所得的代数差分别为上极限偏差和下极限偏差，统称为极限偏差。极限偏差可以为正值、负值或零。

$$上极限偏差=上极限尺寸-公称尺寸$$

$$下极限偏差=下极限尺寸-公称尺寸$$

国家标准规定：孔的上、下极限偏差代号分别用大写字母 ES 和 EI 表示；轴的上、下极限偏差代号分别用小写字母 es 和 ei 表示。

5）尺寸公差（简称公差）是允许尺寸的变动量。公差等于上极限尺寸减去下极限尺寸，也等于上极限偏差减去下极限偏差所得的代数差。尺寸公差是一个没有符号的绝对值，尺寸公差一定为正值。

$$尺寸公差=上极限尺寸-下极限尺寸$$

$$=上极限偏差-下极限偏差$$

6）公差带、公差带图。公差带是表示公差大小和相对于公称尺寸位置的一个区域。为便于分析，将尺寸公差与公称尺寸的关系，按比例放大画成简图，称为公差带图。在公差带图中，以表示公称尺寸的一条直线为基准确定极限偏差和尺寸公差。通常，该直线沿水平方向绘制，正极限偏差位于其上，负极限偏差位于其下，上、下极限偏差的距离应成比例，公差带方框的左右长度则根据需要任意确定。方框内绘制 45°细实线，用不同的方向与间隔分别表示孔、轴的公差带，如图 9-72 所示。

7）极限制。经标准化的公差与偏差制度，称为极限制。

【例 9-6】　如图 9-73 所示，孔的公称尺寸为 30mm，上极限尺寸为 30.010mm，下极限

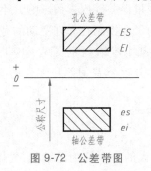

图 9-72　公差带图

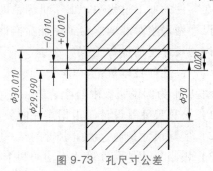

图 9-73　孔尺寸公差

尺寸为 29.990mm，求孔的尺寸公差。

$$上极限偏差 \ ES = 上极限尺寸 - 公称尺寸$$
$$= 30.010\text{mm} - 30\text{mm} = +0.010\text{mm}$$

$$下极限偏差 \ EI = 下极限尺寸 - 公称尺寸$$
$$= 29.990\text{mm} - 30\text{mm} = -0.010\text{mm}$$

$$尺寸公差 = 上极限尺寸 - 下极限尺寸$$
$$= 30.010\text{mm} - 29.990\text{mm} = 0.020\text{mm}$$
$$= ES - EI = +0.010\text{mm} - (-0.010\text{mm}) = 0.020\text{mm}$$

如果产品实际尺寸在 30.010mm 与 29.990mm 之间，产品即为合格。

2. 标准公差与基本偏差

为了满足不同的配合要求，国家标准规定，孔、轴公差带由标准公差和基本偏差两个要素组成。标准公差确定公差带大小，基本偏差确定公差带位置，如图 9-74 所示。

（1）标准公差（IT）　标准公差是在 GB/T 1800.1—2020 中所规定的任一公差。标准公差数值与公称尺寸分段和公差等级有关，其中公差等级确定尺寸的精确程度。国家标准将公差等级分为 20 级：IT01、IT0、IT1、IT2……IT18。从 IT01 至 IT18，

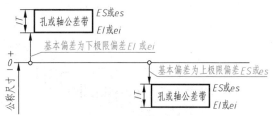

图 9-74　公差带大小及位置

IT 表示公差，数字表示公差等级，IT01 公差数值最小，精度最高；IT18 公差数值最大，精度最低。在 20 个标准公差等级中，IT01 ~ IT12 用于配合尺寸。标准公差的数值见表 C-1。

（2）基本偏差　基本偏差是用以确定公差带相对于公称尺寸位置的上极限偏差或下极限偏差。一般是指靠近公称尺寸的那个偏差，如图 9-75 所示，当公差带位于公称尺寸上方时，其基本偏差为下极限偏差，当公差带位于公称尺寸下方时，其基本偏差为上极限偏差。

图 9-75　基本偏差示意图

根据实际需要，国家标准对孔和轴各规定了 28 个不同的基本偏差，如图 9-76 所示。轴、孔的基本偏差数值见表 C-2、表 C-3。

从图 9-76 中可知如下内容。

1）基本偏差代号用拉丁字母（一个或两个）表示，大写字母表示孔的基本偏差代号，小写字母表示轴的基本偏差代号。由于图中用基本偏差只表示公差带的位置而不表示公差带的大小，故公差带一端画成开口。

2）孔的基本偏差从 A ~ H 为下极限偏差，从 J ~ ZC 为上极限偏差；轴的基本偏差从 a ~ h 为上极限偏差，从 j ~ zc 为下极限偏差。

3）孔和轴的另一个极限偏差可由基本偏差和标准公差算出，计算代数式如下：

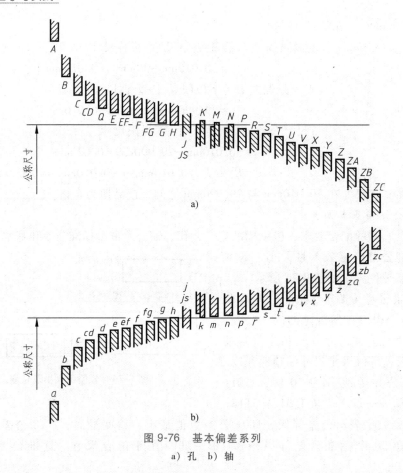

图 9-76 基本偏差系列

a) 孔 b) 轴

轴的另一个极限偏差（上极限偏差或下极限偏差）：$es = ei + IT$ 或 $ei = es - IT$

孔的另一个极限偏差（上极限偏差或下极限偏差）：$ES = EI + IT$ 或 $EI = ES - IT$

孔、轴的公差代号由基本偏差代号与公差等级代号组成，并且要用同一号字书写。例如：$\phi 60H6$，$\phi 60f8$。

【例 9-7】 说明 $\phi 60H6$ 的含义。

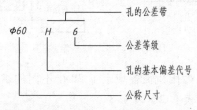

即公称尺寸为 60mm，基本偏差代号为 H，公差等级为 6 级的孔的公差带。

【例 9-8】 说明 $\phi 60f8$ 的含义。

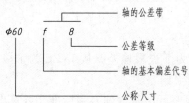

274

即公称尺寸为 60mm，基本偏差代号为 f，公差等级为 8 级的轴的公差带。

3. 配合

在机器装配中，将公称尺寸相同的、相互结合的孔和轴公差带之间的关系称为配合。由于制造完工后零件的孔和轴的尺寸不同，配合后会产生间隙或过盈。孔的尺寸与相配合的轴的尺寸之差为正时是间隙，为负时是过盈。

根据机器的设计需要、工艺要求和生产实际的需要，国家标准将配合分为三类：间隙配合、过盈配合和过渡配合。

1）间隙配合。孔的公差带完全在轴的公差带之上，任取其中一对孔和轴相配合都成为具有间隙的配合（包括最小间隙为零），如图 9-77a 所示。当孔与轴为间隙配合时，通常轴在孔中能相对运动。

2）过盈配合。孔的公差带完全在轴的公差带之下，任取其中一对孔和轴相配合都成为具有过盈的配合（包括最小过盈为零），如图 9-77b 所示。当孔与轴为过盈配合时，通常需要一定的外力或使带孔的零件加热膨胀后才能将轴装入孔中，所以轴与孔装配后不能做相对运动。

3）过渡配合。孔和轴的公差带相互交迭，任取其中一对孔和轴相配合，可能有间隙，也可能有过盈，如图 9-77c 所示。

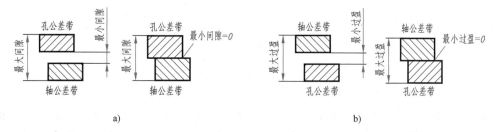

a)   b)

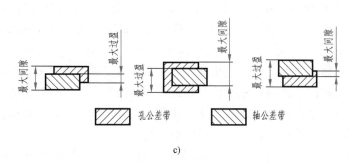

c)

图 9-77　三类配合

a）间隙配合　b）过盈配合　c）过渡配合

4. 配合制

同一极限制的孔和轴组成的一种配合制度，称为配合制。

为了实现配合的标准化，在制造相互配合的零件时，使其中一种零件作为基准件，它的基本偏差固定，通过改变另一种非基准件的偏差来获得各种不同性质的配合制度。根据实际生产需要，国家标准 GB/T 1800.1—2020 规定了两种配合制度，即基孔制和基轴制。

（1）基孔制　基孔制是基本偏差为一定的孔的公差带，与不同基本偏差的轴的公差带形成各种配合的制度。

基孔制配合的孔称为基准孔，其基本偏差代号为 H，下极限偏差为零，即它的下极限尺寸等于公称尺寸，如图 9-78a 所示。

（2）基轴制　基轴制是基本偏差为一定的轴的公差带，与不同基本偏差的孔的公差带形成各种配合的制度。

基轴制配合的轴称为基准轴，其基本偏差代号为 h，上极限偏差为零，即它的上极限尺寸等于公称尺寸，如图 9-78b 所示。

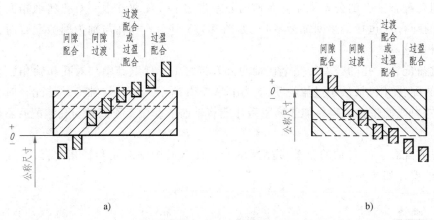

a)　　　　　　　　　　　　　　　　b)

图 9-78　基孔制和基轴制

a）基孔制　b）基轴制

5. 极限与配合的选用

1）选用优先公差带和优先配合。国家标准根据机械工业产品生产使用的需要，考虑到定值刀具、量具规格的统一，规定了公称尺寸至 3150mm 的孔、轴公差带的选择范围，并将允许选用的公称尺寸至 500mm 的孔、轴公差带分为优先选用、其次选用和最后选用三个层次，通常将优先选用和其次选用合称为常用。优先选用的轴、孔公差带见表 C-4、表 C-5。

2）优先选用基孔制。一般情况下，优先选用基孔制。因为加工孔比加工轴困难，所用的刀具、量具尺寸规格也较多。采用基孔制，可大大缩减刀具、量具的规格和数量。只有在具有明显经济效果或在同一公称尺寸的轴上装配几个不同配合的零件时，才采用基轴制。

与标准件配合时，基准制的选择通常依标准件而定。例如：与滚动轴承内圈配合的轴应采用基孔制；与滚动轴承外圈配合的孔应采用基轴制。

3）选用孔比轴低一级的公差等级。为降低加工成本，在满足使用要求的前提下，孔选用较低的公差等级。由于孔比同级轴加工困难，一般在配合中选用孔比轴低一级的公差等级，如 H8/h7。

6. 极限与配合的标注

（1）在装配图中的标注方法　配合的代号由两个相互配合的孔和轴的公差带代号组成，用分数形式表示，分子为孔的公差带代号，分母为轴的公差带代号，通用形式如图 9-79a 所示。

（2）在零件图中的标注方法

1）标注公差带代号。如图 9-79b 所示，在孔或轴的公称尺寸后面，注出孔或轴的公差带代号，用公称尺寸数字的同号字体书写，这种标注形式适应于大批量生产的零件图。

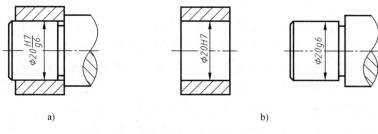

图 9-79　用代号标注公差配合

a）装配图　（b）零件图

2）标注极限偏差值。上极限偏差注在公称尺寸的右上方，下极限偏差注在公称尺寸的同一底线上，极限偏差值的数字应比公称尺寸的数字字体小一号。如果上极限偏差或下极限偏差值为零时，可简写为"0"，另一极限偏差仍标注在原来的位置上，如图 9-80b 所示。如果上、下极限偏差值相同时，则在公称尺寸之后标注"±"符号，再填写一个极限偏差值，这时，极限偏差值与公称尺寸同号，如图 9-81 所示。这种标注形式主要用于单件或小批量生产的零件图中。

3）同时标注公差带代号和极限偏差值（图 9-82b）。这种标注形式主要用于生产批量不定的零件图中。

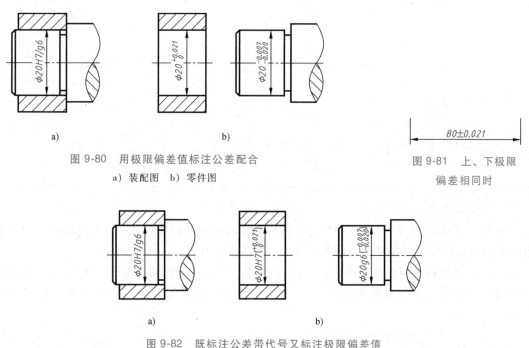

图 9-80　用极限偏差值标注公差配合

a）装配图　b）零件图

图 9-81　上、下极限偏差相同时

图 9-82　既标注公差带代号又标注极限偏差值

a）装配图　b）零件图

9.5.3　几何公差

1. 基本概念

零件加工后，不仅有尺寸的误差，而且零件几何要素的实际形状对理想形状或实际位置对理想位置也会有误差。若零件的形状或位置的误差过大，也会影响机器的质量。一般情况下，零件的几何公差可由尺寸公差、机床的精度和加工工艺保证，因此只有对某些精度要求较高的零件才在图样上标注几何误差和位置误差的允许范围。

将零件的几何误差和位置误差的最大允许变动量称为几何公差，允许的最大变动量的值称为公差值。由一个或几个理想的几何线或面所限定的、由线性公差值表示其大小的区域称为公差带。零件的几何公差包括形状、方向、位置和跳动公差（GB/T 1182—2018《产品几何技术规范（GPS）几何公差 形状、方向、位置和跳动公差标注》）。

形状公差为单一实际要素的形状所允许的变动全量，位置（方向、跳动）公差为关联实际要素的位置或方向对基准所允许的变动全量。构成零件几何特征的点、线、面统称为要素。用来确定被测要素的方向或位置的要素称为基准要素，理想的基准要素称为基准。

2. 几何特征和符号

国家标准规定了几何公差的几何特征和符号，见表9-11。

表9-6　几何特征和符号（GB/T 1182—2018）

分类	项目	符号	分类	项目	符号
形状公差	直线度	—	位置公差	平行度（定向）	//
	平面度	▱		垂直度（定向）	⊥
	圆度	○		倾斜度（定向）	∠
	圆柱度	⌭		同轴度（定位）	◎
形状或位置公差	线轮廓度	⌒		对称度（定位）	=
	面轮廓度	⌓		位置度	⊕
				圆跳动（跳动）	↗
				全跳动（跳动）	⌰

3. 附加符号及其标注

简要介绍 GB/T 1182—2018 中标注被测要素几何公差的附加符号——公差框格，以及基准要素的附加符号。需用其他的附加符号时，请查阅该标准。

（1）公差框格　用公差框格标注几何公差时，公差要求注写在划分成两格或多格的矩形框格内。各格自左至右顺序标注以下内容：几何特征符号、公差值和基准，如图9-83所示。

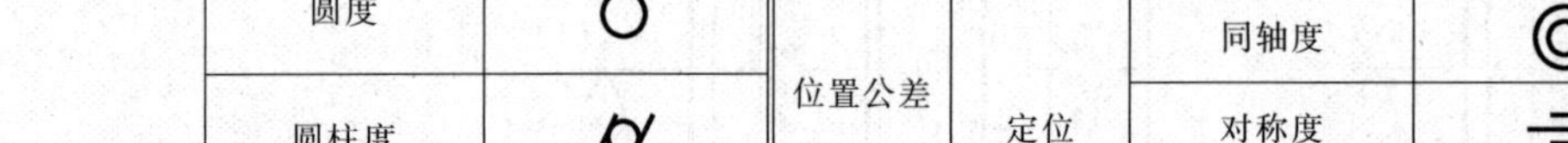

图 9-83　公差框格形式

1—几何特征符号　2—公差值　3—基准

公差值一般为线性值，若公差带为圆形或圆柱形时，需在公差值前加注 φ，若公差带是球形则加注 Sφ。需要时，可用一个或多个字母表示基准要素或基准体系。

（2）被测要素　按下列方式之一用指引线连接被测要素和公差框格。指引线引自框格的任意一侧，终端带一箭头。

1）当公差涉及轮廓线或轮廓面时，箭头指向该要素的轮廓线或其延长线（应与尺寸线明显错开），如图 9-84a、b 所示。箭头也可指向引出线的水平线，引出线引自被测面，如图 9-84c 所示。

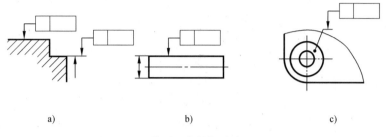

a)　　　　　　　　　b)　　　　　　　　　c)

图 9-84　被测要素的标注方法（一）

2）当公差涉及要素的中心线、中心面或中心点时，箭头应位于相应尺寸的延长线上，如图 9-85 所示。

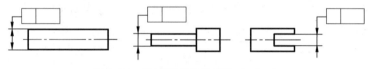

图 9-85　被测要素的标注方法（二）

（3）基准

1）与被测要素相关的基准用一个大写字母表示。字母标注在基准框格内，与一个涂黑的或空白的三角形相连以表示基准，如图 9-86 所示。表示基准的字母还应标注在公差框格内。涂黑的和空白的基准三角形含义相同。

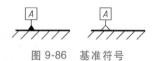

图 9-86　基准符号

2）带基准的基准三角形应按如下规定放置：

① 当基准要素是轮廓线或轮廓面时，基准三角形放置在要素的轮廓线或其延长线上（与尺寸线明显错开），如图 9-87a 所示；基准三角形也可放置在该轮廓面引出线的水平线上，如图 9-87b 所示。

② 当基准线是尺寸要素确定的轴线、中心面或中心点时，基准三角形应放置在该尺寸线的延长线上，如图 9-88a 所示。如果没有足够的位置标

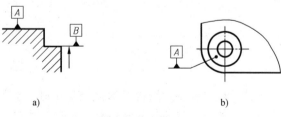

a)　　　　　　　　　b)

图 9-87　基准要素的常用标注方法（一）

注基准要素的两个尺寸箭头，则其中一个箭头可用基准三角形代替，如图 9-88b、c 所示。

3）以单个要素作为基准时，用一个大写字母表示，如图 9-89a 所示。以两个要素建立公共基准体系时，用中间加连字符的两个大写字母表示，如图 9-89b 所示。以两个或三个基准建立基准体系（即常用多基准）时，表示基准的大写字母按基准的优先顺序自左至右填写在各框格内，如图 9-89c 所示。

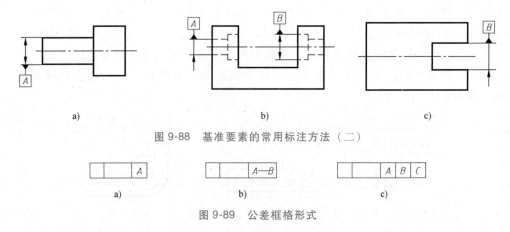

a)　　　　　　　　　　b)　　　　　　　　　　c)

图 9-88　基准要素的常用标注方法（二）

a)　　　　　　　　　　b)　　　　　　　　　　c)

图 9-89　公差框格形式

4. 几何公差的标注示例

几何公差的综合标注示例如图 9-90 所示，图中标注的各几何公差代号的含义如下：①基准 A 为 $\phi16f7$ 圆柱的轴线；②$\phi16f7$ 圆柱面的圆柱度公差为 0.005mm；③M8×1 的轴线相对基准 A 的同轴度公差为 0.1mm；④$\phi36_{-0.34}^{0}$ 的右端面对基准 A 的垂直度公差为 0.025mm；⑤$\phi14_{-0.24}^{0}$ 的右端面对基准 A 的轴向圆跳动公差为 0.1mm。

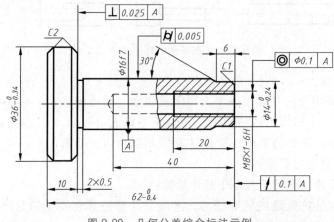

图 9-90　几何公差综合标注示例

9.6　典型零件的表达

零件的种类很多，结构形状也千差万别。通常根据零件的结构和用途相似的特点及加工制造方面的特点，将零件分为轴套、轮盘、叉架、箱体等四类典型零件。

9.6.1　轴套类零件的视图选择（图 9-91）

1. 用途

轴套类零件包括各种用途的轴和套。轴主要用来支承传动零件（如带轮、齿轮等）和传递动力。套一般是装在轴上或机体孔中，用于定位、支承、导向、连接或保护传动零件。

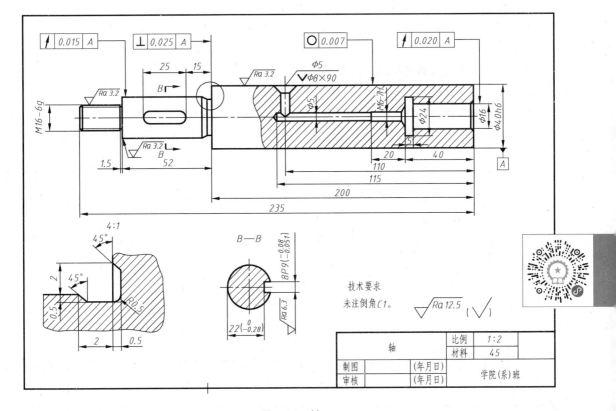

图 9-91　轴

2. 结构特点

轴套类零件结构形状通常比较简单，一般由大小不同的同轴回转体（圆柱、圆锥）组成，具有轴向尺寸大于径向尺寸的特点。轴有直轴和曲轴、光轴和阶梯轴、实心轴和空心轴之分。阶梯轴上直径不等，所形成的台阶称为轴肩，可供安装在轴上的零件轴向定位。轴类零件上常有倒角、倒圆、退刀槽、砂轮越程槽、挡圈槽、键槽、花键、螺纹、销孔、中心孔等结构。这些结构都是由设计要求和加工工艺要求所决定的，多数已标准化。

3. 表达方案选择

1）轴套类零件主要在车床上加工，一般按加工位置将轴线水平放来选择主视图。这样也基本上符合轴的工作位置（机器上多数的轴是水平安装的），同时也反映了零件的形状特征。通常将轴上的键槽、孔朝前或朝上，明显表达其形状和位置。

2）形状简单且较长的零件可采用折断画法；实心轴没有剖开的必要，但轴上个别部分的内部结构形状，可用局部剖视表达。空心套可根据内外结构复杂的实际情况用全剖、半剖、局部剖或不剖来表达。轴端中心孔不作剖视，用规定标准代号表示。

3）由于轴套类零件的主要结构开头是回转体，在主视图上注出相应的直径符号"φ"就可表示清楚形体特征，一般不必再选其他基本视图（结构复杂的轴例外）。

4）基本视图没有完整、清楚地表达局部结构形状（如键槽、退刀槽、孔等），可另用断面图、局部视图和局部放大图等补充表达，这样既清晰又便于标注尺寸。

4. 尺寸标注

1）轴套类零件宽度方向和高度方向的主要基准是回转轴线，长度方向的主要基准是端面。

2）主要形体是同轴组成的，因而省略了定位尺寸。

3）功能尺寸必须直接标注出来，其余尺寸多按加工顺序标注。

4）为了清晰和便于测量，在剖视图上，内外结构形状的尺寸分开标注。

5）零件上的标准结构（倒角、退刀槽、越程槽、键槽）较多，应按该结构标准的尺寸标注。

5. 技术要求

1）有配合要求的表面，其表面粗糙度参数值较小；无配合要求的表面，其表面粗糙度参数值较大。

2）有配合要求的轴颈尺寸公差等级较高，公差较小；无配合要求的轴颈尺寸公差等级较低，或不需标注。

3）有配合要求的轴颈和重要的端面应有几何公差的要求。

9.6.2　轮盘类零件的视图选择（图 9-92）

1. 用途

轮盘类零件包括各种用途的轮和盘盖零件，其毛坯多为铸件或锻件。轮一般用键、销与轴连接，用以传递转矩。盘盖可起支承、定位和密封等作用。

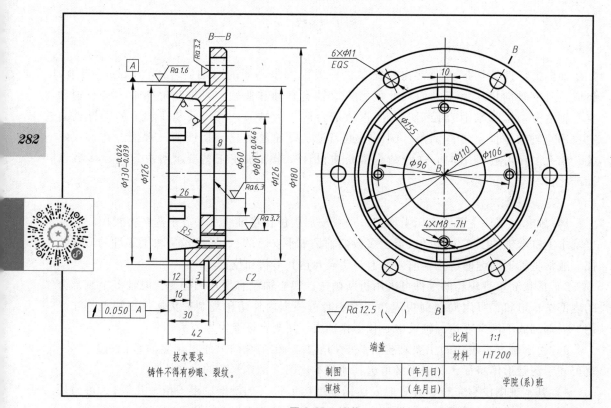

图 9-92　端盖

2. 结构特点

常见的轮有手轮、带轮、链轮、齿轮、蜗轮、飞轮等,盘盖有圆、方各种形状的法兰盘、端盖等。轮盘类零件主体部分多是回转体,一般径向尺寸大于轴向尺寸。其上常有均布的孔、肋、槽、耳板和齿等结构,透盖上常有密封槽。轮一般由轮毂、轮辐和轮缘三部分组成。较小的轮也可制成实体式。

3. 表达方案选择

1) 轮盘类零件的主要回转面和端面都在车床上加工,故与轴套类零件相同,也按加工位置将其轴线水平放来选择主视图。不以车削加工为主的某些盘盖零件也可按工作位置选择主视图。主视图的投影方向应反映结构形状特征。通常选投影为非圆的视图作为主视图,主视图通常侧重反映内部形状,故多采用各种剖视图。

2) 轮盘类零件的其他结构形状,如轮辐可采用移出剖面图或重合剖面图表达。

3) 根据轮盘类零件的结构特点(空心的),各个视图具有对称平面时,可采用半剖视图;无对称平面时,可采用全剖视图。

4. 尺寸标注

1) 其宽度和高度方向的主要基准是回转轴线,长度方向的主要基准是经加工的大端面。

2) 定形尺寸和定位尺寸都比较明显,尤其是在圆周上分布的小孔的定位圆直径是轮盘零件的典型定位尺寸,多个小孔一般采用"6×11/EQS"形式标注,均布就意味着等分圆周,角度定位尺寸就不必标注了。

3) 内、外结构形状仍应分开标注。

5. 技术要求

1) 有配合的内、外表面粗糙度参数值较小;轴向定位的端面,其表面粗糙度参数值也较小。

2) 有配合的孔和轴的尺寸公差较小;与其他运动零件相接触的表面应有平行度、垂直度的要求。

9.6.3 叉架类零件的视图选择 (图 9-93)

1. 用途

叉架类零件包括各种用途的叉杆和支架零件。叉杆零件多为运动件,通常起传动、连接、调节或制动等作用。支架零件通常起支承、连接等作用。其毛坯多为铸件或锻件。

2. 结构特点

叉架类零件形状不规则,外形比较复杂。叉杆零件常有弯曲或倾斜结构,其上常有肋板、轴孔、耳板、底板等结构,局部常有油槽、油孔、螺孔、沉孔等结构。

3. 视图选择

1) 叉架类零件加工时,各工序位置不同,较难区别主次,故一般都按工作位置画主视图。当工作位置是倾斜的或不固定时,可将其摆正画主视图。

2) 主视图常采用基本视图和局部剖视图表达主体外部形状和局部内部形状。其上的肋板剖切时应采用规定画法。表面过渡线较多,应仔细分析,正确表达。

3) 叉架类零件结构形状较复杂,通常需要两个或两个以上的基本视图,并多采用局部剖视图兼顾内外形状表达。

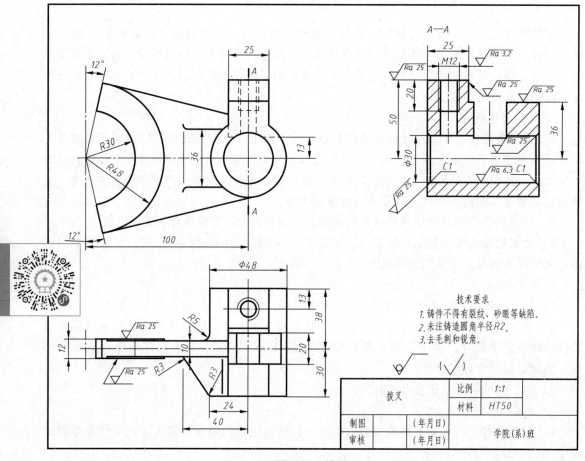

图 9-93 拨叉

4）叉杆零件的倾斜结构常用基本视图、局部视图和剖面视图等表达。与投影面处于特殊位置的局部结构可用局部视图或剖面视图表达。对某些较小的结构，也可采用局部放大图。此类零件采用适当分散表达较多。

4. 尺寸标注

1）其长度方向、宽度方向、高度方向的主要基准一般为孔的中心线、轴线、对称平面和较大的加工平面。

2）定位尺寸较多，要注意能否保证定位的精度。一般要标注出孔中心线（或轴线）间的距离，或孔中心线（轴线）到平面的距离，或平面到平面的距离。

3）定形尺寸一般都采用形体分析法标注尺寸，便于制作木模。一般情况下，内、外结构形状要注意保持一致。起模斜度、铸造圆角也要标注出来。

5. 技术要求

表面粗糙度、尺寸公差、几何公差无特殊要求。

9.6.4 箱体类零件的视图选择（图 9-94）

1. 用途

箱体类零件一般是机器的主体，起承托、容纳、定位、密封和保护等作用。其毛坯多为

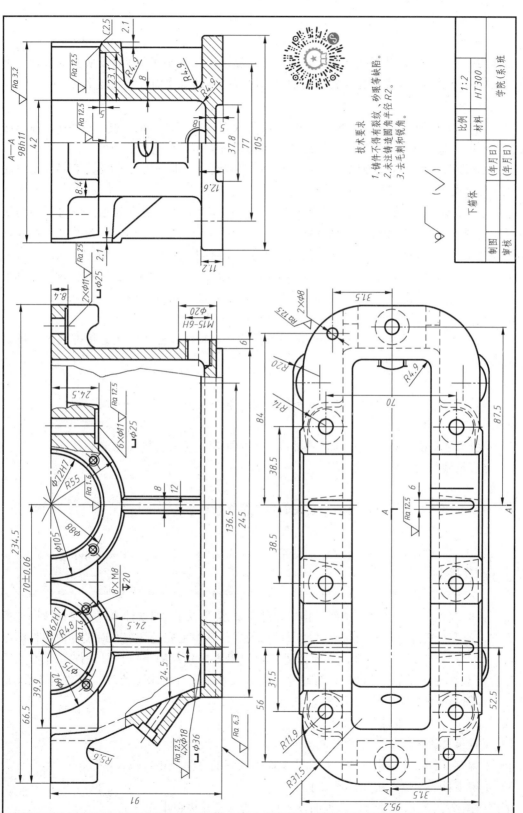

图 9-94 下箱体

铸件。

2. 结构特点

箱体类零件的结构形状复杂，尤其是内腔比较复杂。此类零件多有带安装孔的底板，上面常有凹坑或凸台结构。支承孔处常设有加厚凸台或加强肋。表面过渡线较多。

3. 视图选择

1）箱体类零件加工部位多，加工工序也较多（车、刨、铣、钻、镗、磨等），各工序加工位置不同，较难区分主次工序，因此这类零件都按工作位置选择主视图。

2）主视图常采用各种剖视图（全剖视图、半剖视图、局部剖视图）及其不同剖切方法来表达主要结构，其投影方向应反映形状特征。

3）箱体类零件一般都较复杂，常需用三个或三个以上的基本视图表达。对内部结构形状都采用剖视图表示。如果外部结构形状简单，内部结构形状复杂，且具有对称平面时，可采用半剖视图表达；如果外部结构形状复杂，内部结构形状简单，且具有对称平面时，可采用局部剖视图或用虚线表达；如果外、内部结构形状都较复杂，且投影并不重叠时，也可采用局部剖视图表达；投影重叠时，外部结构形状和内部结构形状应分别表达；对局部的外、内部结构形状可采用局部视图、局部剖视图和剖面视图来表达。

4）箱体类零件投影关系复杂，常会出现截交线和相贯线。由于它们是铸件毛坯，所以经常会出现过渡线，要认真分析。

4. 尺寸标注方面

1）其长度方面、宽度方向、高度方向的主要基准也是采用孔的中心线、轴线、对称平面和较大的加工平面。

2）定位尺寸更多，各孔中心线（或轴线）间的距离一定要直接标注出来。

3）定形尺寸仍用形体分析法标注。

5. 技术要求方面

1）重要的箱体孔和重要的表面，其表面粗糙度参数值较小。

2）重要的箱体孔和重要的表面应该有尺寸公差和几何公差的要求。

9.7 读零件图

在零件的设计、制造和生产实际工作中，都需要读零件图，如设计零件时要参考同类型的零件图，研究分析零件的结构特点，使所设计的零件结构更先进合理；对设计的零件图进行校对、审批；生产制造零件时，为制订适当的加工方法和检测手段，以确保零件加工质量；进行技术改造，研究改进设计；引进国外先进技术，进行技术交流等，都要读零件图。因而读零件图是一项非常重要的工作。

读零件图时，应该达到如下要求：

1）了解零件的名称、材料和用途。

2）了解零件各部分结构形状、尺寸、功能以及它们之间的相对位置。

3）了解零件的制造方法和技术要求。

下面以图 9-95 所示零件为例，说明读零件图的一般方法和步骤。

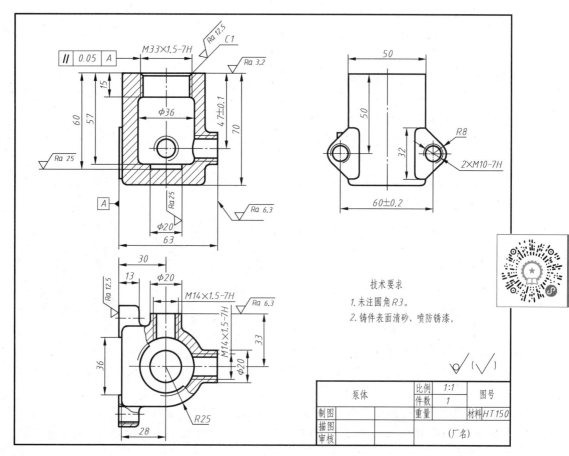

图 9-95　泵体

1. 概括了解

读零件图时，首先从标题栏中了解零件的名称、重量、材料、画图比例等，并粗看视图，大致了解该零件的结构特点和大小。

图 9-95 所示零件的名称为泵体，是内腔为空腔的箱体类零件，材料为铸铁，牌号为 HT150，绘图比例为 1∶1。可见该泵体属于小型零件。

2. 分析表达方案，研究清楚视图间的关系

要看懂零件图，想出零件形状，必须先分析表达方案，分析清楚各个视图间的关系。具体应抓住以下几点：选用了几个视图，哪个是主视图，哪些是基本视图，哪些是辅助视图，它们之间的关系如何；对于向视图、局部视图、斜视图、断面图及局部放大图等，要根据其标注找出它们的表达部位和投射方向；对于剖视图，还要分析清楚其剖切位置、剖切面形式和剖开后的投射方向。

泵体采用了主、俯、左三个基本视图。主视图是全剖视图，用单一剖切平面（正平面）通过零件的前后对称面剖切，由前向后投射。俯视图是局部剖视图，用单一剖切平面（水平面）通过 M10 的螺孔轴线剖切，由上向下投射。左视图为外形图，由左向右投射。

3. 分析形体，想象零件形状

在读懂视图关系的基础上，运用形体分析法和线面分析法分析零件的结构形状。

运用形体分析法读图，就是从视图中形状、位置特征明显的部位入手，在其他视图上找出对应投影，分别想象出各组成部分的形状并将其加以综合，进而想象出整个零件形状的过程。

通过分析，可将泵体分为如下三个组成部分：

1）半径为 25mm 的半圆柱形壳体，其内腔上部为 M33 的细牙圆柱螺纹孔、下部为直径为 36mm、20mm 的圆柱形台阶孔。

2）泵体左端前后各有一块三角形的安装板，其上有用于安装泵体的两个 M10 的螺纹孔。

3）泵体右方和后方有圆柱形进、出油孔，进、出油孔为 M14 的细牙螺纹孔，且与安装板在同一个高度位置上。

综合各部分结构形状，整个泵体的形状如图 9-96 所示。

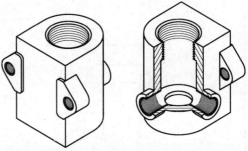

图 9-96　泵体轴测图

4. 分析尺寸

分析尺寸时，先分析零件长、宽、高三个方向上尺寸的主要基准。然后从基准出发，找出各组成部分的定位尺寸和定形尺寸，分析清楚哪些是功能尺寸。

从图 9-95 可以看出，长度方向的尺寸基准为泵体安装板的左端面，宽度方向的尺寸基准是泵体的前后对称面，高度方向的尺寸基准是泵体的上端面。进、出油孔中心高（47±0.1）mm，两安装螺纹孔的中心距（60±0.2）mm 是功能尺寸，在加工时必须保证。

5. 分析技术要求

对于零件图上标注的各项技术要求，如表面粗糙度、极限偏差、几何公差、热处理等要逐项识读，分析清楚其含义，把握住对技术要求较高的部位和要素，以便保证零件的加工质量。

例如，进、出油孔中心高（47±0.1）mm、两安装螺纹孔的中心距（60±0.2）mm 等功能尺寸，均标注出了极限偏差，限定了中心高的实际尺寸范围。$\boxed{// \ 0.05 \ A}$ 表明 M33 螺纹孔的轴线对安装板的左端面的平行度公差为 0.05mm，即该轴线必需位于距离为 0.05mm 且平行于基准平面 A 的两平行平面之间。从表明粗糙度的标注看，泵体顶面的表面粗糙度要求最高，其 Ra 上限值为 3.2μm；进、出油孔的端面等要与其他零件接触的表面，其 Ra 上限值为 6.3μm；安装板的左端面，其表面粗糙度上限值为 6.3μm。泵体的大部分表面为铸造毛坯表面。另外，在技术要求中注明了未注圆角的尺寸为 $R3$，铸件表面清砂、喷防锈漆。

6. 归纳、总结

在以上分析的基础上，应将零件各部分的结构形状、大小及其相对位置和加工要求进行归纳总结，从而形成一个清晰的认知。有条件时还应参考有关资料和图样，如产品说明书、装配图和相关零件图，以进一步了解零件的作用、工作情况及加工工艺。

第 10 章

装 配 图

◄◄◄◄◄◄◄

主要内容

装配图的作用和内容；装配图的工艺结构；装配图的表达方法；装配图的尺寸标注；装配图的画法；读装配图。

学习要点

了解装配图的作用和内容，掌握装配图的规定画法和特殊表达方法；熟悉常见的装配结构；掌握装配图的画图步骤；掌握读装配图的方法和步骤；能在读懂装配图的基础上拆画零件图。

装配图是表达机器（部件）的图样。按表达对象是机器还是部件，装配图可分为总装配图和部件装配图，它们都是表达设计思想，指导零部件装配和进行技术交流的重要图样。本章主要介绍装配图的作用和内容、机器（部件）的特殊表达方法、装配图的尺寸标注、装配图的绘制和阅读等内容。

10.1 装配图概述

装配图是设计部门提供给生产部门的重要技术文件。在进行设计、装配、调整、检验、安装、使用和维修机器时都需要装配图。在设计（或测绘）机器时，首先要绘制装配图，然后再根据装配图拆画零件图。装配图要反映设计者的意图，表达出机器（部件）的工作原理、性能要求，零件间的装配关系和零件的主要结构形状，以及在装配、检验、安装时所需要的尺寸数据和技术要求。

图 10-1 所示为球阀的轴测装配图。球阀是管道系统中控制流体流量和启闭的部件，它由阀体、阀盖、球形阀芯、阀杆、扳手及密封圈等 13 种零件组成。当球阀阀芯处于图 10-1 所示的位置时，阀门全部开启，管道畅通。转动扳手带动阀杆和球形阀芯旋转 90°时，阀门全部关闭，管道断流。

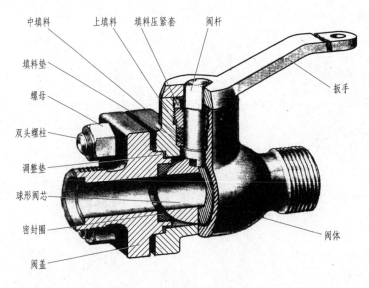

中填料　上填料　填料压紧套　阀杆

填料垫

螺母

双头螺柱

调整垫

球形阀芯

密封圈

阀盖

扳手

阀体

图 10-1　球阀的轴测装配图

图 10-2 所示为球阀在实际生产中所用的装配图。

290

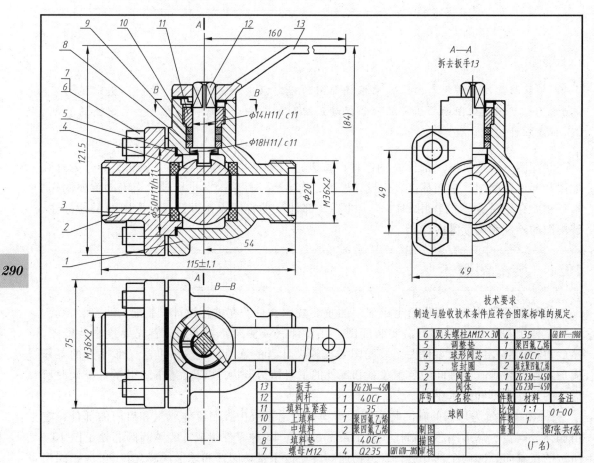

图 10-2　球阀装配图

从图10-2可以看出，一张完整的装配图应具有以下四个方面的内容：

1）一组图形。表达机器（部件）的工作原理、各零件之间的装配关系和零件的主要结构形状等。

2）必要的尺寸。包括机器（部件）的规格（性能）尺寸、零件间的配合尺寸和相对位置尺寸、机器（部件）的安装尺寸、外形尺寸及设计时确定的其他重要尺寸等。

3）技术要求。用文字或符号说明与机器（部件）的性能、装配、检验、安装、调试和使用与维护等方面相关的要求。

4）标题栏、零件序号和明细栏。标题栏填写机器（部件）的名称、图号、绘图比例、设计单位及设计、审核者的签名等。零件序号和明细栏是装配图和零件图的重要区别，用以说明零件的编号、名称、材料和数量等内容。

10.2 装配图的表达方法

机器（部件）与零件的表达目的相同，都是要反映它们的内、外结构形状。因此，机器（部件）的各种表达方法和选用原则，不仅适用于零件图，也同样适用于装配图。但是，零件图表达的是单个零件，而装配图表达的则是由若干零件组成的部件。两种图样的要求不同，表达的侧重面也不同。装配图是以表达机器（部件）的工作原理和装配关系为中心，采用适当的表达方法把机器（部件）的内、外部的结构形状和零件的主要结构表示清楚。因此，除了前面所讨论的各种表达方法外，还有一些装配图的规定画法和表达机器（部件）的特殊表达方法。

10.2.1 规定画法

装配图的规定画法如下：

1）两零件的接触面和配合面只画一条线，如图10-3中①所示；不接触面和非配合表面（即使间隙很小）也应画两条线，如图10-3中②所示的。

2）两个（或两个以上）金属零件相互邻接时，剖面线的倾斜方向应相反，或者方向一致但间隔必须不相等，如图10-3中③所示的剖面线画法。

但是同一装配图中的同一个零件，在各视图上的剖面线方向和间隔必须一致，如图10-2中主视图和左视图上阀体的剖面线。当零件厚度小于或等于2mm时，剖切时允许以涂黑代替剖面符号，如图10-3所示的④。

3）在装配图中，对于标准件（如螺纹紧固件、键、销等）和实心零件（如轴、连杆、拉杆、手柄、球），若按纵向剖切，且剖切平面通过其轴线或对称平面时，则按不剖处理，只画外形，如图10-3中⑤所示。当剖切平面垂直这些零件的轴线时，则应照常画出剖面线，如图10-2俯视图中的阀杆。如果实心零件上有些结构

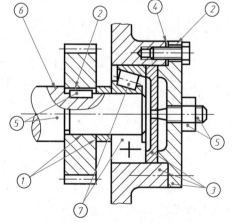

图 10-3 装配图的规定画法和简化画法

和装配关系需要表达时，可采用局部剖视图，如图10-3中⑥所示。

10.2.2 特殊表达方法

1. 拆卸画法

当一个或几个零件在装配图中的某一视图中遮住了需要表达的装配关系或其他结构，而它（们）在其他视图中又已表达清楚时，可假想将其拆去，只画出要表达部分的视图。需要说明时应在该视图的上方加注"拆去×-×"，如图10-4所示，其俯视图就是拆去轴承盖等零件画出的。

2. 沿接合面剖切画法

为表达内部结构，可采用沿两零件间的接合面剖切的画法。如图10-4所示，为表示轴瓦和轴承座的装配情况，俯视图的右半部沿轴承盖和轴承座的接合面剖开，拆去上面部分画出。如图10-5所示，转子油泵 A—A 剖视图就是沿泵体（零件1）和垫片（零件8）的接合面处剖切后画出的。但被剖到的螺纹紧固件等实心零件因为受横向剖切应画出剖面线，这与拆卸画法的零件被拆掉不同。

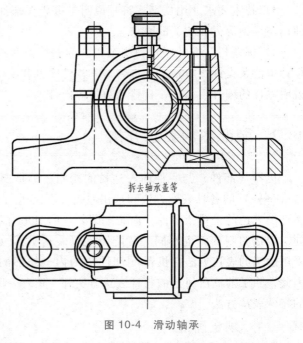

拆去轴承盖等

图 10-4 滑动轴承

3. 单独表示某个零件

当某个零件的形状或结构没有表达清楚，而又对理解装配关系、工作原理有影响时，可单独画出该零件的某一视图。如图10-5所示，在转子油泵装配图中单独画出了泵盖（零件9）的 B 和 C 两个方向的视图。

4. 夸大画法

在装配图中，对于薄片零件、细丝零件，微小间隙或较小的锥度、斜度等，当无法按实际尺寸画出，或者虽能如实画出，但不能明显地表示其结构时，均可采用夸大画法，即将该部分不按原图比例而适当夸大画出。如图10-5所示，转子油泵装配图中的垫片（零件8）的厚度就是夸大画出的。

5. 假想画法

为了表示与本部件有装配关系但又不属于本部件的其他零部件，可采用假想画法，用双点画线画出这些辅助零部件的轮廓线。如图10-6所示，与车床尾座相邻的车床导轨就是用细双点画线表示的。

为了表示运动零部件的运动范围和极限位置，可将运动件画在一个极限位置，而在另一个极限位置上用细双点画线画出其外部轮廓，如图10-6所示的手柄的极限位置画法。

6. 展开画法

为了表达传动系统的传动关系及各轴的装配关系，假想将空间轴系按传动顺序，沿它们

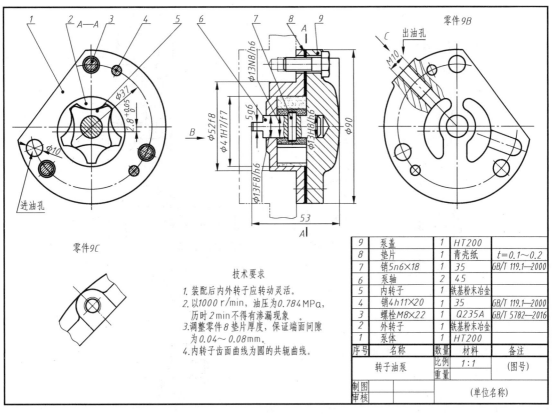

9	泵盖	1	HT200	
8	垫片	1	青壳纸	t=0.1～0.2
7	销5n6×18	1	35	GB/T 119.1—2000
6	泵轴	2	45	
5	内转子	1	铁基粉末冶金	
4	销4h11×20	1	35	GB/T 119.1—2000
3	螺栓M8×22	1	Q235A	GB/T 5782—2016
2	外转子	1	铁基粉末冶金	
1	泵体	1	HT200	
序号	名称	数量	材料	备注

转子油泵	比例	1:1	(图号)
	重量		
制图			(单位名称)
审核			

技术要求

1. 装配后内外转子应转动灵活。
2. 以1000 r/min，油压为0.784 MPa，
   历时2 min不得有渗漏现象。
3. 调整零件8垫片厚度，保证端面间隙
   为0.04～0.08 mm。
4. 内转子齿面曲线为圆的共轭曲线。

图 10-5　转子油泵装配图

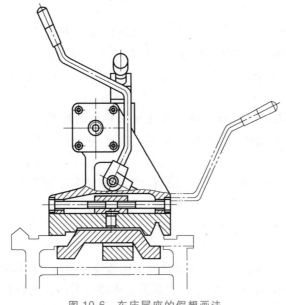

图 10-6　车床尾座的假想画法

的轴线剖开，并将这些剖切平面展开在同一平面上，画出其剖视图，这种画法称为展开画法，如图 10-7 所示。

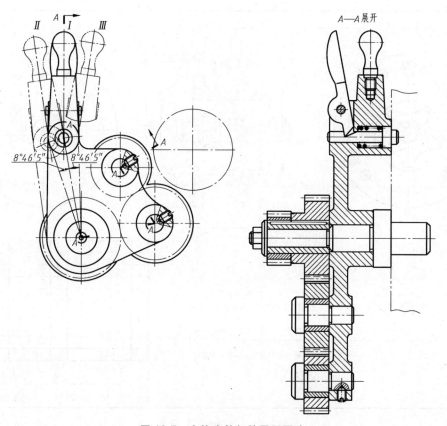

图 10-7　交换齿轮架的展开画法

7. 简化画法

1）在装配图中零件的工艺结构，如圆角、倒角、退刀槽等允许不画，如图 10-3 所示。

2）在装配图中，螺母、螺栓和螺钉的头部允许采用简化画法。当遇到螺纹紧固件等相同的零件组时，在不影响理解的前提下，允许只画出一处，其余可只用细点画线表示其中心位置，如图 10-3 所示。

3）在剖视图中，表示滚动轴承时，允许画出对称图形的一半，而另一半只画出其轮廓，按通用画法画出，即用粗实线画出正十字，如图 10-3 中⑦所示。

294

10.3　装配图中的尺寸标注、技术要求和序号明细

10.3.1　装配图中的尺寸标注

装配图与零件图的作用不同，零件图是为了制造零件用的，所以在图上需要注出全部尺寸；而装配图是为了装配机器（部件），或是拆、画零件时用，所以在图上只需注出与机器或部件的性能、装配、安装、运输有关的尺寸。通常，装配图中只需标注下列几类尺寸。

1. 性能尺寸（规格尺寸）

性能尺寸（规格尺寸）是表示机器（部件）的性能（规格）的尺寸，是设计机器（部

件）的主要数据，同时又是选用机器（部件）的依据。如图 10-2 中球阀的管口直径 $\phi20$，该尺寸显然与球阀的最大流量有关，又如图 10-5 中转子油泵的出油孔尺寸 M10，它和油泵的出油量有关。

2. 装配尺寸

装配尺寸有配合尺寸和相对位置尺寸。

1）配合尺寸表示两零件间配合性质的尺寸，如图 10-2 球阀装配图中的尺寸 $\phi18H11/c11$，又如图 10-5 转子油泵中的尺寸 $\phi41H7/f7$、$\phi13H8/h6$、$\phi13F8/h6$、$\phi13N8/h6$ 等。

2）相对位置尺寸表示装配时需要保证的零件间较重要的距离、间隙等尺寸，是设计零件和装配零件的依据。如图 10-5 中转子油泵的尺寸 $\phi37$、$2.8^{+0.05}_{0}$ 等。

3. 安装尺寸

安装尺寸是指将机器（部件）安装到其他零部件或基座上所必需的尺寸，或者是指机器（部件）的局部结构与其他零部件相连接时所需要的尺寸。如图 10-2 球阀装配图中的尺寸 84、54、M36×2 等。

4. 外形尺寸

外形尺寸是指机器（部件）的总长、总宽、总高的尺寸。它反映了机器（部件）的大小，提供了其在包装、运输和安装过程中所占空间的尺寸，如图 10-2 中球阀总长、总宽、总高的尺寸为 115±1.1、75 和 121.5。

5. 其他重要尺寸

其他重要尺寸是指设计时需要保证而又没有包括在以上四类尺寸之中的重要尺寸，如设计时的计算尺寸（包括装配尺寸链）、装配时的加工尺寸、运动件的极限位置尺寸以及某些重要的结构尺寸等。

以上所列的各类尺寸，彼此并不是绝然无关的。实际上，有的尺寸往往同时具有几种不同的含意。如图 10-2 中的尺寸 115±1.1，它既是外形尺寸，又与安装有关。此外，对每一个部件来讲不一定都具备上述五类尺寸。因此，在标注装配图尺寸时，应将上述五类尺寸与机器或部件的具体情况结合加以标注。

10.3.2　装配图中的技术要求

在装配图中，有些信息无法用图形表达清楚，一般需用文字在技术要求中说明，一般需注写出以下几方面的内容：

1. 装配要求

装配过程中的注意事项和装配后应满足的要求，如装配精度、保证间隙等。

2. 检验要求

装配过程中检验、试验以及调试的条件、规范和要求。

3. 使用要求

包装、运输、维护保养以及使用操作等注意事项。

4. 机器（部件）的性能规格参数

需用文字说明的机器（部件）的性能规格参数。

10.3.3　装配图的序号明细

在装配图中，为了便于读图，更为了便于生产和管理，必须对机器（部件）中的所有零件编排序号，并把相应信息填写在标题栏上方的明细栏中。

1. 编排零部件序号的一般规定

1）装配图中所有的零部件均应编号。

2）装配图中一个部件可以只编写一个序号，同一装配图中相同的零部件用一个序号，一般只标注一次，数量在明细栏中填写。

3）装配图中所有的零部件的序号应与明细栏中的序号一致。

2. 零部件序号的编排方法

装配图中编写零部件序号的方法应遵守以下规定：

1）在零部件的可见轮廓线内画一小圆点，然后从圆点开始画出指引线（细实线），在指引线的另一端画一水平线（细实线）或圆（细实线），在水平线上或圆内注写序号，序号的字高比该装配图所注尺寸数字高度大一号（图10-8a）或两号（图10-8b），也允许采用图10-8c所示的形式。但同一装配图中编写序号的形式应一致。

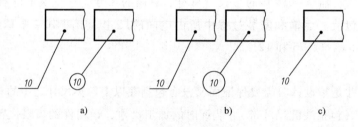

a)　　　　　　　　　　　b)　　　　　　　　　c)

图 10-8　装配图中零件的序号

2）若在所指部分（很薄的零件或涂黑的剖面）内不便画圆点时，可在指引线末端画箭头，并指向该部分的轮廓，如图10-9所示。

3）指引线不能彼此相交。指引线通过剖面区域时，不应与剖面线平行，必要时可画成折线，但只允许弯折一次，如图10-10所示。

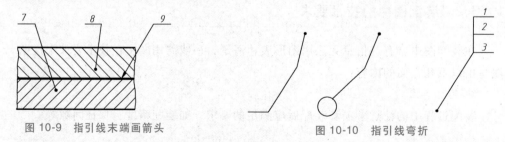

图 10-9　指引线末端画箭头　　　　　　　　图 10-10　指引线弯折

4）一组螺纹紧固件以及装配关系清楚的零件组，允许采用公共指引线，如图10-11所示。

5）装配图中的序号应按水平或垂直方向排列整齐，同时按顺时针或逆时针方向顺序排列。在整个图上无法连续时，可只在某个视图的水平或垂直方向顺序排列。

明细栏是装配图中说明组成机器（部件）的全部零件的详细目录，一般由零部件序号、

代号、名称、数量、材料以及备注等项
目组成，也可按实际需要增加或减少。

明细栏一般配置在标题栏的上方，
左右两侧外框画成粗实线，上面外框及
内框为细实线，并顺序地由下向上填写。
如果位置不够时，也可在标题栏的左方
顺次由下向上增加。在实际生产中，对
于较复杂的机器（部件）也可使用单独

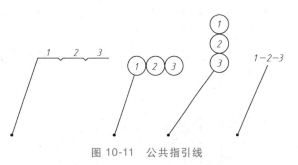

图 10-11　公共指引线

的明细栏，装订成册，作为装配图的附件。其编写顺序仍是由下向上，便于增加零件，且应
配置与装配图一致的标题栏。

明细栏的格式在 GB/T 10609.2—2009《技术制图　明细栏》中已有规定。教学中可采
用简化的明细栏。简化明细栏的格式及尺寸如图 1-6 所示。

10.4　装配结构

为了使零件装配成机器（部件）后能达到设计性能要求并考虑到拆装方便，要求装配
结构有一定的合理性。本节讨论几种常见的装配结构及其合理性。

10.4.1　接触面与配合面的结构

1）两零件的接触面，在同一方向上只能有一组接触面。如图 10-12 所示，若 $a_1 > a_2$ 就
可避免在同一方向上同时有两组接触面。

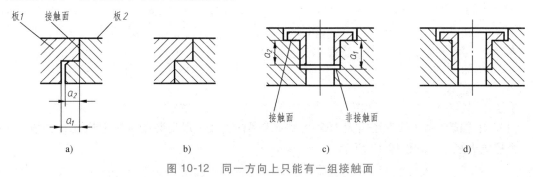

图 10-12　同一方向上只能有一组接触面

a）正确　b）错误　c）正确　d）错误

2）当轴和孔配合，且轴肩与孔的端面相互接触时，应将孔的端面制成倒角或在轴肩的
根部切槽（退刀槽），以保证两零件接触良好，如图 10-13 所示。

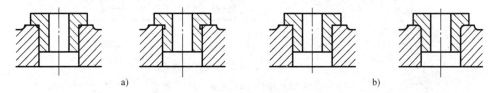

图 10-13　接触面转角处的结构及画法

a）正确　b）错误

297

3）对于轴颈和孔的配合，若 ϕA 已是配合表面，ϕB 和 ϕC 间就不应再形成配合关系，即必须使 $\phi B > \phi C$（图 10-14）。

4）对于锥面配合，要使 $L_1 < L_2$，即锥体顶部与锥孔底部间需留有间隙，否则不能保证锥面配合（图 10-15）。

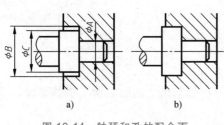
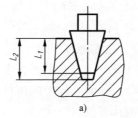
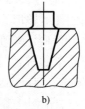

图 10-14　轴颈和孔的配合面
a）正确　b）错误

图 10-15　锥面的配合
a）正确　b）错误

5）为了保证连接件（螺栓、螺母、垫圈）与被连接件间的良好接触，在被连接件上加工出沉孔、凸台等结构（图 10-16）。沉孔的尺寸，可根据连接件的尺寸从机械设计手册中查取。

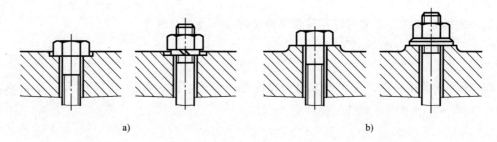

图 10-16　沉孔和凸台
a）沉孔　b）凸台

10.4.2　螺纹连接的结构

1）被连接件通孔的直径应大于螺纹大径或螺杆直径，以便装配。一般通孔直径取 $1.1d$（d 为螺纹大径），如图 10-17 所示。

298

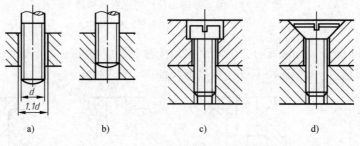

图 10-17　光孔直径应大于螺杆直径
a）正确　b）错误　c）正确　d）正确

2）为了保证螺纹连接的可靠性，要适当加长螺纹尾部，或在螺杆上加工出退刀槽；在螺孔上加工出凹坑或倒角（图 10-18）。

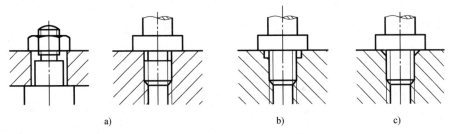

图 10-18　螺纹连接的合理结构

a）螺杆上加工出退刀槽　b）螺孔上加工出凹坑　c）螺孔上加工出倒角

3）为了便于拆装，必须留出扳手的活动空间（图 10-19），以及拆装螺栓的空间（图 10-20）。

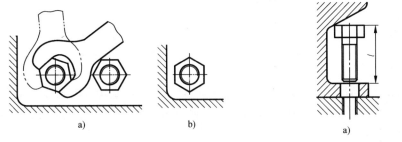

图 10-19　应留出扳手活动空间

a）正确　b）错误

图 10-20　应留出螺钉装拆空间

a）正确　b）错误

10.4.3　定位销的结构

在条件允许时，销孔一般应制成通孔，以便拆装和加工（图 10-21a）。

用销连接轴上的零件时，轴上的零件应制有工艺螺纹孔，以备加工销孔时用螺钉拧紧（图 10-21b）。

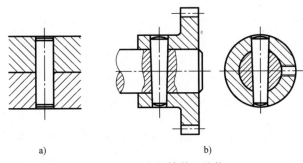

图 10-21　定位销装配结构

10.4.4　滚动轴承的固定及密封装置的结构

1. 滚动轴承的固定

为了防止滚动轴承上的零件产生轴向窜动，必须采用一定的结构来固定其内、外圈。常用的固定形式如下。

1）用轴肩固定，如图 10-22 所示。

2）用弹性挡圈固定，如图 10-23a 所示。弹性挡圈是标准件，如图 10-23b 所示。弹性挡圈和轴端环槽的尺寸，可根据轴颈的直径，从有关手册中查取。

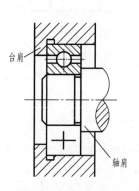

图 10-22　用轴肩固定
轴承内、外圈

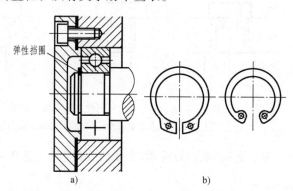

图 10-23　用弹性挡圈固定轴承内圈
a）用弹性挡圈固定　b）弹性挡圈

3）用轴端挡圈固定，如图 10-24a 所示。轴端挡圈标准件，如图 10-24b 所示，其尺寸可查取有关标准手册。为了使挡圈能够压紧轴承内圈，轴颈的长度要小于轴承的宽度，否则挡圈起不到固定轴承的作用。

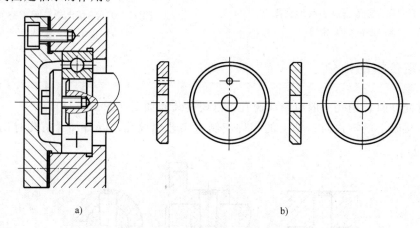

图 10-24　用轴端挡圈固定轴承
a）用轴端挡圈固定　b）轴端挡圈

4）用圆螺母及止动垫圈固定，如图 10-25a 所示。圆螺母（图 10-25b）及止动垫圈（图 10-25c）均是标准件。

2. 滚动轴承密封装置的结构

滚动轴承需要进行密封，一方面是防止外部的灰尘和水分进入轴承，另一方面是防止轴承的润滑剂渗漏。常见的几种密封方法，如图 10-26 所示。各种密封方法所用的零件，有的已经标准化，如密封圈和毡圈；有的局部结构标准化，如轴承盖的毡圈槽、油沟等，其尺寸要从有关手册中查取。标准化的零件要采用规定画法，如图 10-26a、c 所示的密封圈和毡圈在轴的一侧按规定画法画出，在轴的另一侧按通用画法画出。

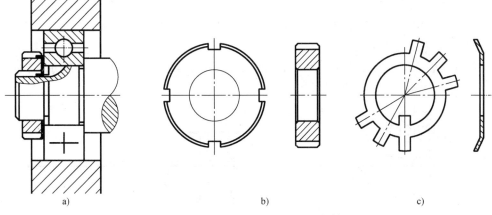

图 10-25　用圆螺母及止动垫圈固定轴承

a）轴承内圈的固定　b）圆螺母　c）止动垫圈

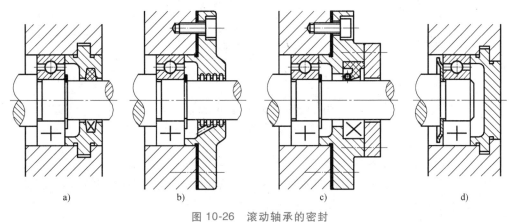

图 10-26　滚动轴承的密封

a）毡圈式　b）沟槽式　c）皮碗式　d）挡片式

10.4.5　防松的结构

机器运转时，由于受到振动和冲击，螺纹连接间可能发生松动，不仅妨碍机器的正常工作，有时甚至造成严重的事故。因此，在某些机构中必须采取防松措施。

1. 采用双螺母锁紧

两个螺母拧紧后，螺母之间产生轴向力，使螺母和螺栓的螺牙之间的摩擦力增大，防止螺母自动松脱，如图 10-27a 所示。

2. 采用弹簧垫圈锁紧

当螺母拧紧后，弹簧垫圈受压变平，产生轴向的变形力，使螺母和螺栓的螺牙之间的摩擦力增大，从而起到防止螺母松脱的作用，如图 10-27b 所示。

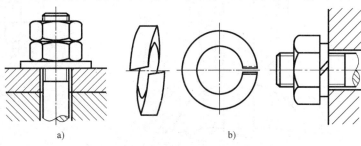

图 10-27　螺纹紧固件的防松

a）双螺母锁紧　b）弹簧垫圈锁紧

3. 采用开口销和开槽螺母锁紧

开口销直接锁住了六角槽型螺母，使之不能松脱，如图 10-28a 所示。

4. 采用双耳止动垫圈锁紧

螺母拧紧后，弯折止动垫片的两个止动边即可锁紧螺母，如图 10-28b 所示。图 10-28c 所示的是标准件双耳止动垫圈未工作时的形状。

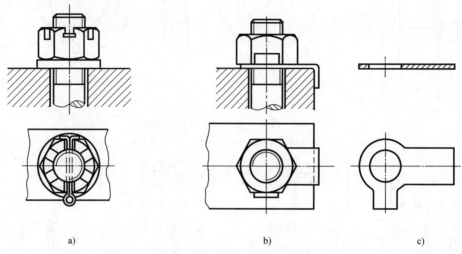

a)　　　　　　　　　　　　b)　　　　　　　　　　　　c)

图 10-28　螺纹紧固件的防松

a) 开口销锁紧　b) 用双耳止动垫圈锁紧　c) 双耳止动垫圈未工作时的形状

5. 采用止动垫圈和圆螺母锁紧

这种装置常用来固定安装在轴端部的零件。轴端开槽，止动垫圈和圆螺母联合使用，可直接锁住螺母，如图 10-25 所示。

10.4.6　防漏的结构

机器（部件）上的旋转轴或滑动杆的伸出处，应有密封和防漏装置用以防止内部液体外漏，同时防止外部灰尘、杂质侵入。图 10-29 所示为两种典型的防漏结构，填入具有特殊

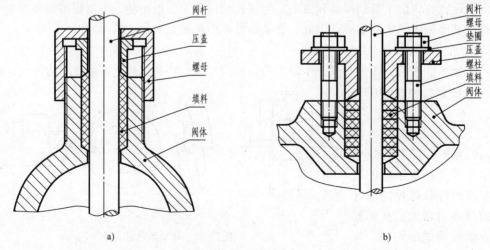

a)　　　　　　　　　　　　　　　　　　　b)

图 10-29　防漏结构

性质的软质填料，用压盖或螺母将填料压紧，使填料紧贴在轴（杆）上，达到既不阻碍轴（杆）运动，又起到密封防漏作用。机器能否正常运转在很大程度上取决于密封和防漏机构的可靠性。

画图时，压盖要画在开始压紧填料的位置，表示填料刚刚加满。

10.5 装配图的画法

画装配图的目的是满足生产需要，为生产服务。因此，既要保证所画部件结构正确，更要考虑工人在加工、拆装、调整、检验时的操作方便和读图方便。

下面以柱塞泵的轴测分解图为例，说明装配图的画法，如图 10-30 所示。

10.5.1 剖析装配体

首先从实物、模型和有关资料了解机器（部件），并从装配体的功用和工作原理出发，对部件进行解剖，分析它的工作状况，研究各零件在部件中的作用及零件间的连接关系与配合关系。

由图 10-30 柱塞泵的轴测分解图和有关资料可知，柱塞泵是机器中用以输送润滑油或压力油的装置。它由泵体、泵套、衬盖、柱塞、轴、凸轮、滚动轴承、弹簧、单向阀以及一些标准件共 21 种零件组成。

工作原理：运动从轴 8 输入，轴 8 通过键 6 带动凸轮 7 转动，凸轮 7 的曲面与柱塞 20 的端面接触，推动柱塞 20 在泵套 4 内向左做直线移动，即由凸轮的回转运动转换为柱塞的直线运动；当凸轮 7 继续转动不顶推柱塞 20 时，压缩弹簧 5 的伸张使柱塞 20 向右移动。柱塞 20 向右移动时，泵套 4 内腔容积增大，进油阀（位于泵体左下方的单向阀）开启，完成吸油过程；柱塞 20 向左移动时，泵套 4 内腔容积减小，出油阀（位于泵体左上方的单向阀）开启，完成压油过程。轴带动凸轮每转一周，柱塞往复移动一次，完成一次吸油和压油过程。

泵套 4 在泵体 2 内无相对运动。柱塞内的弹簧 5，其松紧可由螺塞 15 调节。泵套 4 与泵体 2 左端及端盖 12 与泵体 2 前端各用三个和四个螺钉 11 紧固。位于泵体左端上、下方的两个单向阀，一个是出油孔，一个是进油孔，互不干扰，并可互调安装。单向阀由单向阀体 1、弹簧 18、球 3、球托 17 和调节塞 19 组成，并垫有封油圈 16。弹簧 18 的松紧可由调节塞 20 调节。泵体 2 的底板处有安装用的四个螺栓孔和两个定位销孔。油杯 21 和滚动轴承 10（两个）都是标准组件，油杯是为了润滑凸轮，两滚动轴承是为了支撑轴 8，方便其转动。

一般在机器（部件）中，将装配在同一轴上的相互关联的零件称为装配干线。机器（部件）是由若干个主要装配干线和次要装配干线组成的。

由上述分析可知，柱塞泵有两条主要装配干线：一条沿轴 8 的轴线方向，驱动轴系的装配干线；另一条沿柱塞 20 的轴线方向，凸轮和柱塞工作部分的装配干线。另外还有两条次要装配干线：一条是沿单向阀体 1 的轴线方向，进、出油孔的装配干线；另一条沿油杯 21 的轴线方向，泵体密封件的装配干线。

在画装配图之前，除了要明确工作原理、装配干线和装配次序之外，还要着重分析清楚以下几个方面的问题：

1）零件的运动情况。各个零件起什么作用？哪些零件运动？哪些零件不运动？运动零件极限位置在哪？运动零件与不运动零件之间采取什么样的结构来防止不必要的摩擦和干涉？

2）零件的位置关系。各个零件如何确定它的位置？各个零件之间哪些表面是接触的？哪些表面是不接触的？

3）零件的配合关系。哪些零件之间有配合关系？分别采用哪种配合制？属于哪种配合方式？

21	油杯　B-1.5	14	垫圈	7	凸轮
20	柱塞	13	垫圈	6	键　5×16
19	调节塞 Q235	12	端盖	5	弹簧YA1,6×12×60
18	弹簧YA1×4.5×20	11	螺钉 M6×12	4	泵套
17	球托	10	滚动轴承6202	3	球　Sφ5
16	封油圈	9	衬套	2	泵体
15	螺塞	8	轴	1	单向阀体

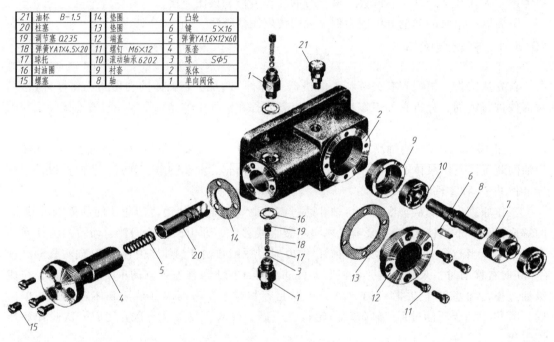

图 10-30　柱塞泵轴测分解图

10.5.2　拟定表达方案

生产上对装配图的表达要求是完整、正确、清楚，即部件的功用、工作原理、装配结构和零件之间的装配关系及主要零件的形状等，要表达完整；视图、剖视图、规定画法及装配关系的表示方法要正确；读图时，清楚易懂。

拟定表达方案包括选择主视图、确定其他视图及其表达方法。

1. 选择主视图

主视图的选择一般由机器（部件）的工作位置确定，并使主视图能够较多地表达出机器（部件）的工作原理、传动系统、零件间主要的装配关系及主要零件的结构形状。为了清楚地表达这些装配关系，通常通过装配干线的轴线将机械（部件）剖开，画出剖视图作为机械（部件）的主视图。

如图 10-31 所示，主视图按柱塞泵的工作位置放置。用较大范围的局部剖视图着重反映柱塞泵的内部构造、柱塞的工作部分和进、出油孔部分，并兼顾反映泵体前部与衬套的连接情况及泵体底板上的安装孔、销孔的分布情况。

2. 确定其他视图及表达方法

在确定主视图后，要根据机器（部件）的结构形状特征，选择其他视图及其表达方法，补充表达其他装配干线的装配关系、工作原理、零件的主要结构形状。

图 10-31 俯视图中用两处局部剖视图着重反映柱塞泵驱动部分轴系零件的连接情况和泵体左端与泵套及泵体前端与衬套的连接，并兼顾反映柱塞泵的上部外形。

主、俯视图联系起来可以充分表达柱塞泵的内部构造、工作原理、装配关系和零件的主要结构形状，基本上满足了表达要求。为了进一步反映泵体与泵套的连接状况和泵体上安装孔的情况以及柱塞泵左端的外形，又采用了左视图，并在安装孔处作了小范围的局部剖视图。三个视图表达各有侧重，相互补充，构成了较完整的表达方案。

从与装配、安装相关的零件形状方面分析，上述的表达方案中对泵体的后部外形表达不够完整清楚，因此可增加一个局部视图 A（零件 2）；泵体内部空腔形状表达也不清楚，可增加一个局部剖视图 B—B（零件 2），采用简化画法。这样就构成了更加完整的表达方案，如图 10-31 所示。

在调整时，要注意下面三方面内容。

1）分清主次，统筹安排。一个部件可能有许多装配干线，在表达时一定要分清主次，把主要的装配干线表示在基本视图上。对于次要的装配干线如果不能兼顾，可以表示在单独的剖视图或向视图上。每个视图图或剖视图所表达的内容应该有明确的目的。

2）注意联系，便于读图。联系是指在工作原理或装配关系方面的联系。为了读图方便，在视图表达上要防止过于分散零碎的方案，尽量把一个完整的装配关系表示在一个或几个相邻的视图上。

3）布局合理，留有余地。视图之间要留出一定的位置，以便注写尺寸和零件序号，还要留出明细栏、标题栏所需要的位置。

10.5.3　画装配图的步骤

下面以图 10-31 所示柱塞泵为例，说明装配图的画图步骤。

1）定方案、定比例、定图幅，画出图框。根据拟定的部件表达方案及部件的大小，确定绘图比例，选择标准的图幅，画好图框、标题栏及明细栏，如图 10-32a 所示。

2）合理布图，画出各视图的基准线。根据拟定的表达方案，合理布置各个视图，画出各视图的主要基准线。柱塞泵主视图和俯视图长度方向的基准选用轴 8 的轴线，主视图和左视图高度方向的基准选用柱塞 21 的轴线，俯视图和左视图宽度方向的基准选用柱塞 21 的轴线（图 10-32a）。布置视图时，要注意留有编写零部件序号，标注尺寸和技术要求的位置，图面的总体布局应力求匀称。

3）画各视图的底稿。先用细实线画出底稿，以便于画图过程中修改。底稿画得是否得法，对画图速度和质量有很大影响，因此必须注意画底稿的方法和步骤。

画装配图的顺序一般有两种：一种是从主视图画起，几个视图相互配合一起画；另一种是先画某一视图，然后再画其他视图。

在画每一个视图时，还要考虑是从外向内画，还是从内向外画的问题。从外向内画就是从机器（部件）的基体出发，逐个向内画出各个零件。它的优点是便于从整体的合理布局

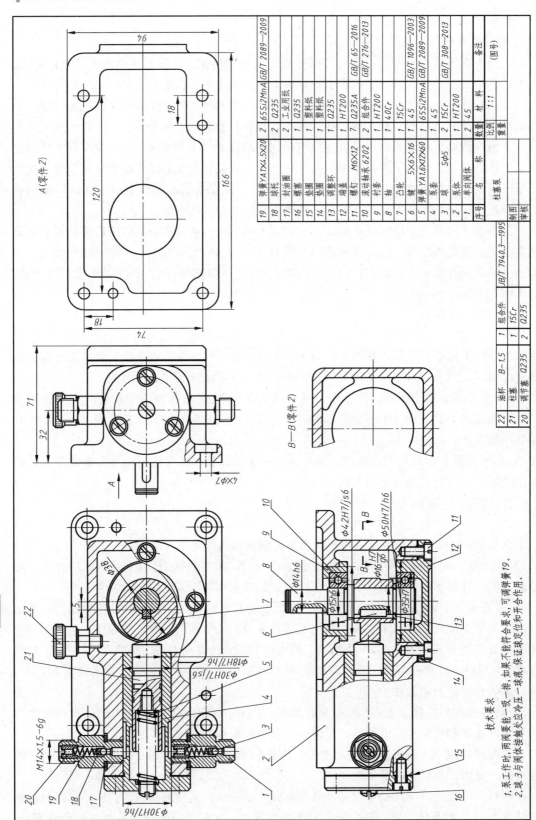

序号	名称	数量	材料	备注
19	弹簧 YA1.2×4.5×20	2	65Si2MnA	GB/T 2089—2009
18	球托	2	Q235	
17	封油圈	1	工业用纸	
16	螺塞	1	Q235	
15	垫圈	1	塑料纸	
14	垫圈	1	塑料纸	
13	调整环	1	Q235	
12	端盖 M6×12	1	HT200	
11	螺钉 M6×12	7	Q235A	
10	滚动轴承 6202	2	组合件	GB/T 276—2013
9	衬套	1	HT200	
8	轴	1	40Cr	
7	凸轮	1	15Cr	
6	键 5×6×16	1	45	GB/T 1096—2003
5	弹簧 YA1.6×12×60	1	65Si2MnA	GB/T 2089—2009
4	泵套	1	45	
3	球 SΦ5	2	15Cr	GB/T 308—2013
2	泵体	1	HT200	
1	单向阀体	2	45	
22	油杯 B-1.5	1	组合件	JB/T 7940.3—1995
21	塞	1	15Cr	
20	调节塞	2	Q235	

柱塞泵 比例 1:1 重量

制图
审核

图 10-31　柱塞泵装配图

技术要求

1. 泵工作时,两阀要能一吸一排,如果不能符合要求,可调弹簧19。
2. 球 3 与阀体接触处应为正一球线,保证球定位和开合作用。

A(零件2)

B—B(零件2)

M14×1.5-6g

Φ30H7/f6
Φ18H7/f6
Φ30H7/js6

Φ38

Φ14h6
Φ15h6
Φ35r7
Φ16 H7/g6
Φ4.2H7/js6
Φ50H7/h6

出发，决定主要零件的结构形状和尺寸，其余部分也很容易决定下来。从内向外画就是从内部的主要装配干线出发，逐次向外扩展，层次分明，并可避免多画被挡住零件的不可见轮廓线，图形清晰。这两种方法，应根据部件的具体结构灵活选用或结合运用。

不论选用哪种方法，在画图时都应注意以下几方面内容：

① 各视图间要符合投影关系。

② 先画出起定位作用的基准件，再画出其他零件。

③ 先画出部件的主要结构形状，再画出次要结构形状。

④ 画零件时，要随时检查零件之间装配关系的正确。哪些面是接触面，哪些面之间要留有间隙，哪些面是配合面，必须正确判断并相应画出。还要检查零件间有无相互干扰和相互碰撞，及时纠正。

图 10-32 所示为柱塞泵由内向外画图的步骤。画图时先从主视图画起，再将几个视图相互配合一起画。

柱塞泵有两条主要装配干线，应先确定驱动轴系的位置，然后画凸轮和柱塞工作部分的装配干线和俯视图的驱动轴系装配干线。以柱塞为基准件，按照装配关系画出两条主要装配干线上的各零件，如图 10-32b、c 所示。

依次画出其他装配线：单向阀、油杯装配干线上的零件，以及补充表达泵体的向视图和剖视图，如图 10-32d 所示。

画出细致结构，如弹簧、螺钉、轴承内外圈以及各零件上的小结构，如柱塞上的开槽，轴上的键槽等，如图 10-32e 所示。

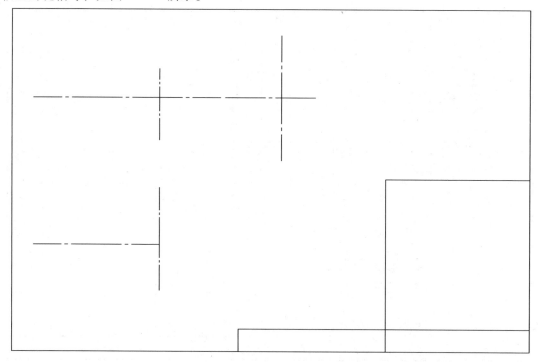

a)

图 10-32　装配图的画图步骤

a）画图框、基准线、明细栏及标题栏

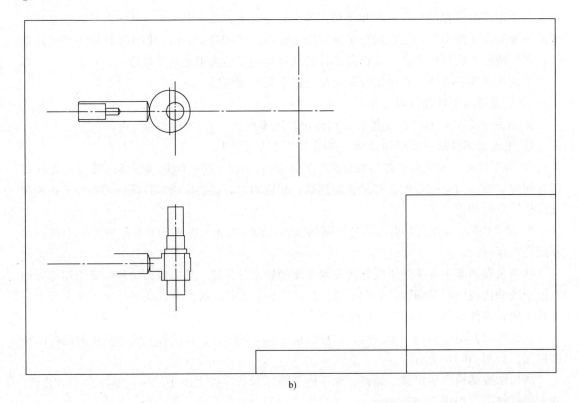

b)

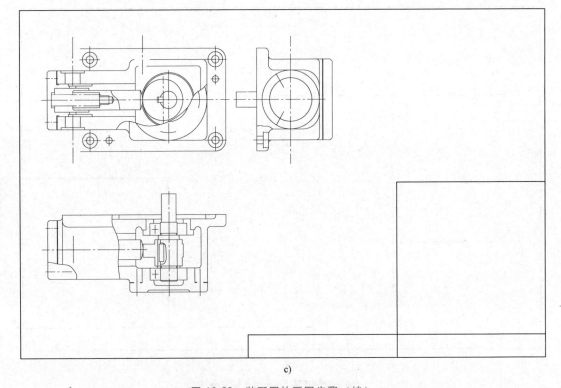

c)

图 10-32 装配图的画图步骤（续）

b）从两条主要装配干线画起，由内向外画 c）逐个画出两条主要装配干线上的各零件

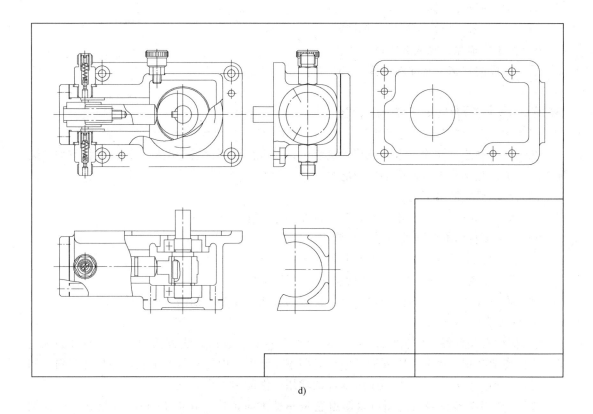

d)

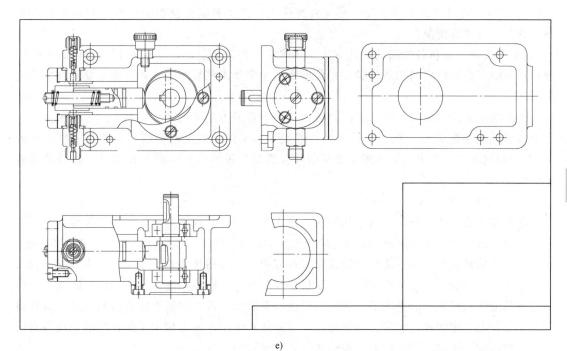

309

e)

图 10-32 装配图的画图步骤（续）

d) 画出单向阀、油杯装配干线上的零件　e) 画弹簧、键槽、螺钉等细致结构

4）画剖面符号，标注尺寸。

5）编写序号，填写明细栏、标题栏、技术要求。

6）检查、描深，完成装配图。

最后完成的柱塞泵装配图如图 10-31 所示。

10.6 读装配图的方法和步骤

在设计、制造、检验、维修及技术交流中，经常会遇到读装配图的问题，熟练掌握读装配图的方法，是工程技术人员必备的能力。

读装配图要了解以下内容：

1）机器（部件）的功用、性能、规格和工作原理。

2）各个零件间的装配关系及装配顺序。

3）各零件的主要结构形状和作用。

4）其他系统，如润滑系统、防漏系统等的原理和构造。

现以齿轮油泵装配图为例来说明读装配图的方法和步骤，如图 10-33 所示。

1. 概括了解

1）阅读有关资料。读装配图不仅要用到有关投影和表达方法方面的知识，而且必须具备一定的专业知识。因此首先要通过阅读说明书、装配图中的技术要求及标题栏等资料，知道部件的名称、绘图比例，概括了解部件的功用、性能和工作原理。

由图 10-33 齿轮油泵装配图可以知道它是一种供油装置，共由 17 种零件组成。从绘图比例为 1∶1，可对该部件形体大小有一直观认识。再从明细栏及图中序号了解各零件的名称、数量、材料等情况。

2）看视图。分析各视图的表达方法，了解它们的表达意图；了解和分析部件的工作原理；从视图了解零件之间相对位置、连接形式、主要和次要装配关系；看懂主要零件的结构形状。

齿轮油泵装配图采用了两个视图表达，其中主视图为全剖视图，主要表达了齿轮油泵中各个零件间的装配关系。左视图采用沿左端盖 1 和泵体 6 的接合面剖切后移去了垫片 5 的 *B—B* 半剖视图。主要表达了该齿轮油泵的啮合情况、吸油和压油的工作原理，以及油泵的外形情况。

2. 分析工作原理和传动关系

分析部件的工作原理，一般应从传动关系入手，通过对视图的分析，并参考说明书了解工作原理。齿轮油泵工作原理如图 10-34 所示。当外部动力经传动齿轮 11 传至主动齿轮轴 3 时，即产生旋转运动。当主动齿轮轴按逆时针方向（从左视图观察）旋转时，从动齿轮轴 2 则按顺时针方向旋转，此时右边啮合的轮齿逐步分开，空腔体积逐渐扩大，油压降低，因而油池中的油在大气压力的作用下，沿吸油口进入泵腔中。齿槽中的油随着齿轮的继续旋转被带到左边；而左边的各对轮齿又重新啮合，空腔体积缩小，使齿槽中不断挤出的油成为高压油，并由压油口压出，然后经管道被输送到需要供油的部位。

3. 分析零件间的装配关系及装配体的结构

进一步读装配图时，需要把零件间的装配关系和装配体结构分析清楚。

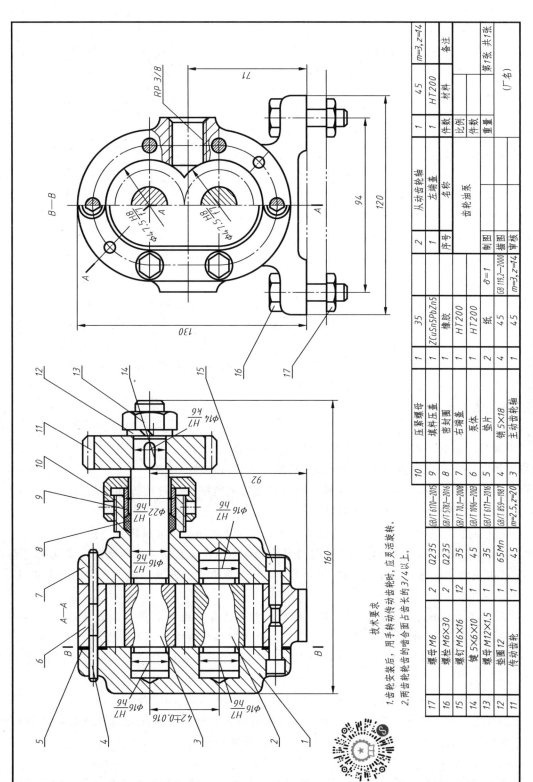

图 10-33 齿轮油泵装配图

技术要求

1. 齿轮安装后，用手转动传动齿轮把时，应灵活旋转。
2. 两齿轮齿的啮合面占齿长的3/4以上。

序号	名称		件数	材料	备注
17	螺母 M6	GB/T 6170-2015	2	Q235	
16	螺栓 M6×30	GB/T 5782-2016	2	Q235	
15	螺钉 M6×16	GB/T 70.1-2008	12	35	
14	键 5×6×10	GB/T 1096-2003	1	45	
13	螺母 M12×1.5	GB/T 6171-2016	1	35	
12	垫圈12	GB/T 859-1987	1	65Mn	
11	传动齿轮	m=2.5,z=20	1	45	
10	压紧螺母		1	35	
9	填料压盖		1	ZCuSn5Pb5Zn5	
8	密封圈		1	橡胶	
7	右端盖		1	HT200	
6	泵体		1	HT200	
5	垫片	δ=1	2	纸	
4	键 5×18	GB 119.2-2000	4	45	
3	主动齿轮轴	m=3,z=14	1	45	
2	从动齿轮轴		1	45	m=3,z=4
1	左端盖		1	HT200	
序号	名称		件数	材料	备注

齿轮油泵

制图		比例	第1张 共1张
描图		件数	
审核		重量	（厂名）

读装配图时，首先要能够正确地区分各零件。区分零件的方法主要是依靠不同方向和不同间隔的剖面线，以及各视图之间的投影关系进行区分。零件区分出来之后，便要分析零件的结构形状和功用。分析时一般先分析主要零件，再分析次要零件。

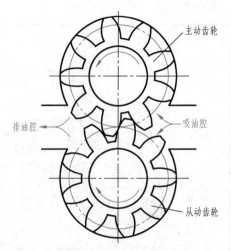

图 10-34　齿轮油泵工作原理

例如，分析齿轮油泵中泵体 6 的结构形状。首先，从标注序号的主视图中找到零件 6，并确定该零件的视图范围；然后通过对线条找投影关系，以及根据同一零件在各个视图中剖面线应相同这一原则来确定该零件在俯视图和左视图中的投影。这样就可以根据从装配图中分离出来的、属于该零件的三个投影分析、想象出它的结构形状。齿轮油泵的两端盖与泵体装在一起，将两齿轮密封在泵腔内，同时对两齿轮轴起着支承作用。所以需要用圆柱销来定位，以便保证左端盖 1 上的轴孔与右端盖 7 上的轴孔能够很好地对中。

通过分析齿轮油泵的各零件，可知齿轮油泵主要有两条装配干线：一条是主动齿轮轴装配干线，另一条是从动齿轮轴装配干线。在第一条装配干线中，主动齿轮轴 3 装在泵体 6 和左端盖 1 及右端盖 7 的轴孔内，在主动齿轮轴右边的伸出端装有密封圈 8、填料压盖 9、压紧螺母 10、传动齿轮 11、键 14、垫圈 12 和螺母 13。在第二条装配干线中，从动齿轮轴 2 也是装在端体 6 和左端盖 1 及右端盖 7 的轴孔内，与主动齿轮轴相啮合。

齿轮油泵的拆卸顺序为：

1）螺母—垫圈—传动齿轮—压紧螺母—填料压盖。

2）螺钉—左、右端盖—垫片—主动齿轮轴—从动齿轮轴—泵体。

对于销和填料可不必从端盖上取下。如果需要重新装配上，可按拆卸的相反次序进行。此外，还可以分析出齿轮油泵中各零件间的连接方式、配合关系和密封结构等。

1）连接与固定方式。泵体 6 与左端盖 1 和右端盖 7 之间都是通过销 4 与螺钉 15 定位连接的。主动齿轮轴 3 与从动齿轮轴 2 通过两齿轮的端面与左、右端盖内面接触而实现轴向定位。主动齿轮轴伸出端上的传动齿轮 11 是靠键 14 与主动齿轮轴 3 连接的，并通过垫圈 12 和螺母 13 固定。

2）配合关系。凡是配合的零件，都要分析清楚基准制、配合种类、公差等级等。这可由图上所标注的公差与配合代号来判别。例如，两齿轮轴与两端盖轴孔的配合均为 $\phi16H7/h6$，两齿轮与两齿轮腔的配合均为 $\phi47.5H8/f7$，它们都是间隙配合，都可以在相应的孔中转动。

3）密封结构。对于泵、阀类部件，为了防止液体或气体泄漏以及灰尘进入内部，一般都有密封装置。在齿轮油泵主动齿轮轴的伸出端有填料，通过填料压盖及压紧螺母压紧密封；泵体与左、右端盖连接时，垫片被压紧，也起到密封作用。

4. 总结归纳

综合各部分的结构形状，进一步分析部件的工作原理、传动和装配关系，部件的拆装顺序以及所标注的尺寸和技术要求的意义等。通过总结归纳，加深对部件的全面认识，建立齿轮油泵的立体模型，如图 10-35 所示。

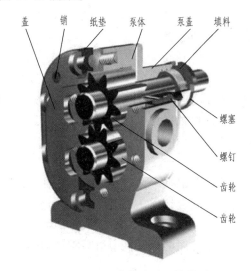

盖　销　纸垫　泵体　泵盖　填料

螺塞

螺钉

齿轮

齿轮

图 10-35　齿轮油泵立体模型

经过归纳总结，加深对机器（部件）的认识，为下一步拆画零件图打下基础。

10.7　由装配图拆画零件图

根据装配图拆画零件图是设计过程中的重要环节，也是零件制造的关键。前面已经讨论过零件图的作用、要求和画法，这里我们仅对拆画零件图的有关知识作些说明。

10.7.1　拆画零件图的步骤

拆画零件图前，必须认真读装配图，全面深入了解设计意图，分析清楚部件工作原理、装配关系、技术要求和每个零件的结构形状。然后按照下述步骤进行拆画。

1. 对零件进行分类

拆画零件图前，要对机器（部件）中的零件进行分类处理，以明确拆画对象。根据零件的特点，可分为以下四类：

1）标准零件。大多数标准件属于外购件，故只需列出汇总表，填写标准件的规定标记、材料及数量即可，不必拆画其零件图。

2）借用零件。借用零件是定型产品中的零件。可利用已有的零件图，而不必另行拆画。

3）特殊零件。特殊零件是经过特殊设计和计算确定的重要零件。在设计说明书中都附有这类零件的图样和设计数据，如汽轮机的叶片、喷嘴。这类零件应按给出的图样和数据绘制零件图。

4）一般零件。一般零件是拆画的主要对象。应按照装配图中所表达的形状、大小和有关技术要求来拆画零件图。

2. 确定零件的视图表达方案

装配图的表达方案是从整个机器（部件）的角度考虑的，重点是表达工作原理和装配关系，而零件图的表达方案则是从零件的设计和工艺要求出发，并根据零件的结构形状来确定的。因此在确定零件的视图表达方案时，不能简单照搬装配图，而应根据零件的结构形状、按照零件图的视图选择原则重新选择。

3. 确定零件图上的尺寸

在零件图上正确、完整、清晰、合理的标注尺寸，是拆画零件图的一项重要内容。应先根据零件在装配体中的作用，然后从零件设计、加工工艺等方面来选择尺寸基准。先确定长、宽、高三个方向的主要基准，再根据加工和测量的需要，适当选择一些辅助基准。装配图上的尺寸很少，零件图上必须将缺少的尺寸补齐。

4. 确定零件图上的技术要求

零件上各表面粗糙度的要求，应根据表面的作用和两零件间的配合性质进行选择。对于配合表面，应根据装配图上给出的配合性质、公差等级等，查阅手册来确定其极限偏差。

5. 填写标题栏

根据装配图中的明细栏，在零件图的标题栏中填写零件的名称、材料、数量等，并填写绘图比例和绘图者姓名等。

6. 检查校对

首先看零件是否表达清楚，投影是否正确。然后校对尺寸是否有遗漏，相互配合的相关尺寸是否一致，以及技术要求与标题栏等内容是否完全。

10.7.2　拆画零件图要注意的几个问题

1. 对表达方案的处理

拆画零件图时，零件的表达方案应考虑零件的结构形状特点，不一定与装配图的视图表达一致，而应重新、全面地考虑零件的设计和工艺要求来确定。例如，对轴套类、轮盘类零件，一般按照加工位置选取主视图。在多数情况下，壳体、泵体、箱体类零件主视图所选取的位置与装配图一致（一般为工作位置），便于装配机器时零件图和装配图的对照。

在装配图中，零件的某些局部结构形状（如图 10-36 所示的向视图"*A*"和图 10-37 所示的剖视图"*A—A*"所表达的形状）往往没有完全表达；零件上某些标准结构如倒角、圆角、退刀槽等也没有完全表达。在拆画零件图时，应考虑设计和工艺要求，补画出这些结构。如果零件上的局部结构需要与其他零件装配时一起加工，则应在零件图中标注出来。

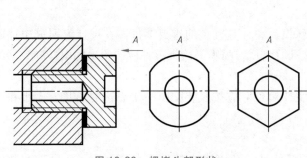

图 10-36　螺堵头部形状

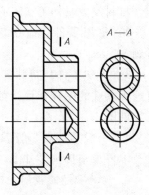

图 10-37　泵盖外形

当零件之间采用弯曲卷边、铆合等变形方法连接时，应画出其连接前的形状，如图 10-38、图 10-39 所示。

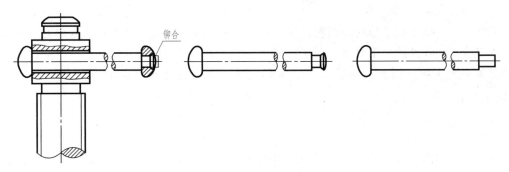

图 10-38　画出铆合前的形状

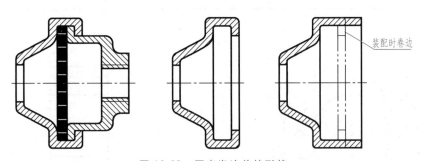

图 10-39　画出卷边前的形状

2. 对零件图上尺寸的处理

各零件的结构形状及大小，已经过工程技术人员的设计，虽未注出尺寸数字，但基本上是合适的。因此，根据装配图画零件图，可以直接从图样上量取尺寸，但有些尺寸需要根据不同情况处理。

1）装配图上已注出的尺寸，在零件图上要直接注出。对配合尺寸、某些重要的相对位置尺寸要注出尺寸偏差数值。

2）与标准件连接或配合的有关尺寸，如螺纹尺寸、销孔直径等，要根据标准代号从相应的标准手册中查取数值，再给以合适的尺寸。

3）某些零件，在明细栏中给定了相关尺寸。如弹簧尺寸、垫片厚度等，要按给定的尺寸注写。

4）根据装配图所给定的数据可进行计算的尺寸，如通过齿轮的模数和齿数，可计算出分度圆、齿顶圆直径等尺寸，要按计算出的尺寸注写。

5）相邻零件接触面的有关尺寸及连接件的有关定位尺寸要一致。

6）有关标准给定的尺寸，如倒角、沉孔、螺纹退刀槽、砂轮越程槽等，要从有关手册中查取。

其他尺寸均从装配图中直接量取标注，要注意装配图和零件图采用的比例关系，还要注意尺寸数字的圆整和取标准整数值。标注尺寸也要符合前文讨论的要求。

3. 零件表面粗糙度的确定

零件图上各表面的表面粗糙度是根据其作用和要求确定的。一般接触面和配合面的表面粗糙度数值较小，自由表面的表面粗糙度数值则较大，有密封、耐腐蚀、美观要求的表面粗糙度数值应较小。表面粗糙度可参照相关的标准手册选注。

4. 技术要求的内容

零件图上的技术要求包括表面粗糙度、尺寸公差、几何公差、热处理和表面处理等技术要求，直接影响零件的加工质量。但正确制订技术要求，涉及许多专业知识。一般初学者可查阅有关手册或参照同类、相近产品的零件图来初步确定零件图的技术要求，这里不作讨论。

10.7.3 拆画零件图举例

绘制零件图的方法和步骤，在第9章中已经讨论过，这里以齿轮油泵的泵体为例，如图 10-40 所示，说明拆画零件图的步骤。

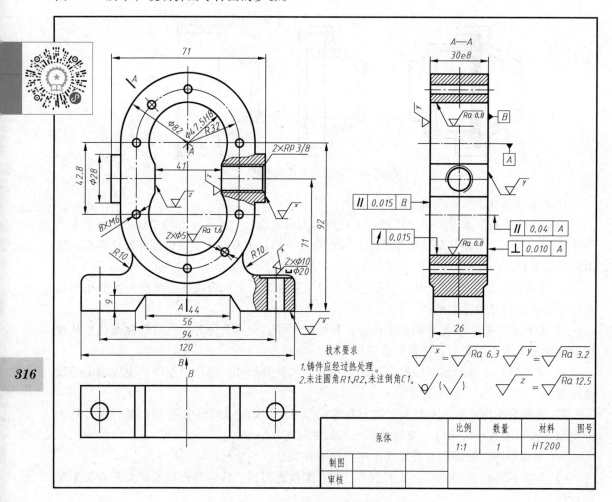

图 10-40 齿轮油泵泵体零件图

1. 确定表达方案

齿轮油泵的泵体是壳体类零件，共用三个视图表达，主视图按工作位置摆放，与装配图主视图的位置一致，主视图和左视图都采用了剖视图，既表达了泵体主、左两个投影方向的内部结构，又兼顾了外部形状的表达，仰视图主要表达了外部结构形状。

2. 尺寸标注

1）配合尺寸。图 10-33 齿轮油泵装配图中已给出。主视图中主动齿轮轴 3、从动齿轮轴 2 与左端盖 1、右端盖 7 的配合尺寸均为 $\phi16H7/h6$；主动齿轮轴 3 与传动齿轮 11 的配合尺寸为 $\phi14H7/k6$；填料压盖 9 与右端盖 7 的配合尺寸为 $\phi22H7/h6$；左视图中两个齿轮与泵体的配合尺寸均为 $\phi47.5H8/f7$。

2）定位尺寸。主视图中主动齿轮轴 3、从动齿轮轴 2 的定位尺寸 42 ± 0.016 已给出。

3）安装尺寸。左视图中安装尺寸 94、M6，主视图中 92 已给出。

4）总体尺寸。总体尺寸按装配图确定总长 160、总宽 120 和总高 130 已给出。

上述尺寸在拆画泵体时都是已知的，一般尺寸均可从图上量取并圆整。

3. 表面粗糙度

参考有关表面粗糙度的资料，选定各加工表面的表面粗糙度数值。其中 $\phi47.5H8$ 孔是齿轮与泵体的配合面，表面粗糙度数值要选用较小的数值；底面为加工面，和其他加工面一样，选用一般的表面粗糙度数值。

4. 技术要求

根据齿轮油泵的工作要求，给出泵体的技术要求，如图 10-40 所示。

第11章

计算机绘制机械图样

主要内容

图块与设计中心；面域与图案；图形的标注；文字与表格的设置；零件图的绘制；装配图的绘制。

学习要点

熟悉图块及属性的操作；熟悉设计中心的应用；熟练掌握尺寸标注、图形标注、图案填充、文字与表格设置的方法；掌握采用 AutoCAD 绘制零件图、装配图的方法和技巧。

机械图样的绘制是一个复杂的过程，包括视图表达、尺寸标注、技术要求注写、标题栏或明细栏填写等一系列内容。用计算机绘制机械图样有两种基本方法：直接绘制法和图块组合法。

直接绘制法就是根据图形特点，直接利用 AutoCAD 提供的各种绘图命令、编辑修改命令等进行图形绘制的方法。同一幅图可以有多种绘图思路，用户可根据图形的特点、个人的爱好，选择快捷、方便、准确的绘图流程。图块组合法是利用 AutoCAD 的图块功能，设计若干基本图块，然后按需要把它们插入到当前图层中，并进行修改，从而获得所需图形的方法。采用图块组合法可提高绘图效率，在实际绘图工程中需要灵活运用。

11.1　图块与设计中心

图块是一组图形实体的总称，是多个不同颜色、线型和线宽特性的对象的组合。设计中心是设计资源的集成管理工具，通过设计中心对图形、图块等进行浏览、搜索、插入操作可以有效提高绘图效率。

11.1.1　图块

图块是一个独立的、完整的对象，用户可以根据需要按一定比例和角度将图块插入到任意指定位置。尽管图块总是在当前图层上，但图块参照保存包含在该图块中对象的有关原图层、颜色和线型特性的信息，用户可以根据需要选择控制块中的对象是保留其原特性还是继承当前的图层、颜色、线型或线宽设置。

1. 创建内部块

创建内部块是将对象组合在一起，储存在当前图形文件内部，在使用过程中将它视为一个独立、完整的对象进行调用和编辑。

执行创建块的命令有以下三种方法：

1) 依次单击"绘图"→"块"→"创建"。

2) 单击"块"工具中的"创建"按钮 。

3) 执行"BLOCK"（简化命令为"B"）命令。

启用"块"命令后，系统打开"块定义"对话框，通过该对话框即可创建图块。

2. 创建外部块

执行"WBLOCK"（简化命令为"W"）命令可以创建一个独立存在的图形文件，使用"WBLOCK"（简化命令为"W"）命令定义的图块称为外部块。

外部块是一个 DWG 图形文件，当使用"WBLOCK"（简化命令为"W"）命令将图形文件中的整个图形定义成外部块写入一个新文件时，将自动删除文件中未用的层定义、块定义、线型定义等。执行"WBLOCK"（简化命令为"W"）命令，可以打开"写块"对话框创建外部块。

使用"BLOCK"命令创建的图块是保存在图形文件内部的，它不是一个单独的文件，一般不能被应用到其他图形文件中；而使用"WBLOCK"命令，则可以将图块保存为一个单独的文件，该文件可以被任何图形文件应用。

3. 属性块

属性是将数据附着到块上的标签或标记。属性中可能包含零件编号、价格、注释和物主的名称等。标记相当于数据库表中的列名。设计单位通常用属性块来定义图框中的标题栏和会签栏等，大家采用相同的图框，但可以根据图纸不同编辑图名、比例等属性。属性文字要先单独定义，然后在定义块时将图形和属性一起选中，就形成了属性块。

定义属性块的命令有以下两种方法：

1) 执行"ATTDEF"命令。

2) 依次单击"绘图"→"块"→"定义属性"，即执行"ATTDEF"命令，AutoCAD 弹出"属性定义"对话框。

确定"属性定义"对话框中的各项内容后，单击对话框中的"确定"按钮，AutoCAD 完成一次属性定义，并在图形中按指定的文字样式、对齐方式显示出属性标记。用户可以用上述方法为块定义多个属性。

每一个图块都有各自的属性，如颜色、线型、线宽和层特性，执行属性编辑命令可以编辑块中的属性定义。可以通过"增强属性编辑器"修改属性值。编辑属性有以下两种方式：

1) 执行" EATTEDIT"。

2) 依次单击"修改"→"对象"→"属性"→"单个"。

提示选择块后，AutoCAD 会弹出"增强属性编辑器"对话框，如图 11-1 所示。在绘图窗口双击有属性的块，也可弹出此对话框。对话框中的"属性""文字选项"和"特性"

均允许用户修改。

4. 插入块

在绘图过程中，如果要多次使用相同的图块，可以使用插入块的方法提高绘图效率。

执行"插入块"命令包括以下三种常用方法：

1）依次单击"插入"→"块"。

2）单击"块"工具中的"插入块"按钮。

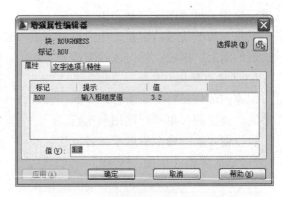

图 11-1 "增强属性编辑器"对话框

3）执行"INSERT"（简化命令为"I"）命令。

通过"浏览"打开"选择图形文件"对话框，选择图形文件作为插入块，再根据提示，用户可以根据需要，按一定比例和角度将图块插入到指定位置。

【例 11-1】 创建一个表面粗糙度块（图 11-2）。

1）按要求绘制表面粗糙度图形。

2）属性定义。打开"属性定义"对话框，进行属性和文字设置。

3）在图形中插入字体。

4）下次要插入表面粗糙度时，选择"粗糙度"直接插入块即可。

写块保存：执行"WBLOCK"（简化命令为"W"）命令，拾取基点，选择块的保存路径，单击"确定"按钮保存。

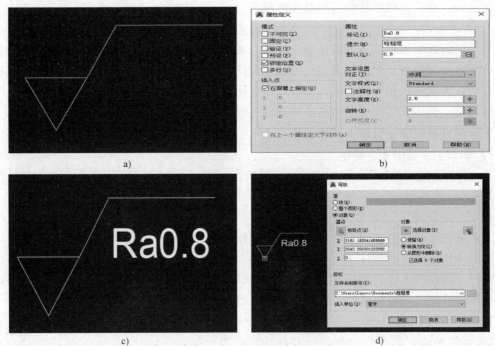

a) b)

c) d)

图 11-2 表面粗糙度标注

a）画表面粗糙度图形 b）定义表面粗糙度块属性 c）插入字体 d）写表面粗糙度块

11.1.2　设计中心

AutoCAD 的设计中心是一个设计资源的集成管理工具，类似于 Windows 资源管理器。通过设计中心可以方便地浏览计算机或网络上任何图形文件的内容，其中包括图块、标注样式、图层、布局、线型、文字样式以及外部参照。使用设计中心可从任何图形中将图形内容复制并粘贴到当前绘图区中。如果在绘图区打开多个文档，在多文档之间也可以通过简单的拖放操作来实现图形的复制和粘贴。粘贴内容除了包含图形本身外，还包含图层定义、线型、字体等内容。这样资源可得到再利用和共享，提高了图形管理和图形设计的效率。

AutoCAD 2020 设计中心主要包括以下四个方面的作用：

1）浏览用户计算机、网络驱动器和 Web 页上的图形内容。

2）在本地硬盘和网络驱动器上搜索和加载图形文件，可将图形从设计中心拖到绘图区域并打开文件。

3）查看图形文件中图块和图形的定义，可将定义插入、附着、复制和粘贴到当前文件中。

4）在新窗口中打开图形文件，将图形、块和填充拖动到工具选项板上以便于访问。

1. AutoCAD 设计中心的启动和调整

要在 AutoCAD 中应用设计中心进行图形的浏览、搜索、插入等操作，首先需要打开"设计中心"选项板。

执行"设计中心"命令包括以下三种常用方法：

1）依次单击"工具"→"选项板"→"设计中心"。

2）执行"Adcenter"（简化命令为"ADC"）命令。

3）按<Ctrl+2>组合键。

AutoCAD 显示出如图 11-3 所示的"设计中心"窗口。

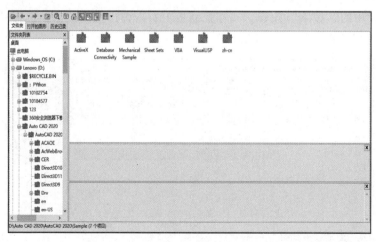

图 11-3　"设计中心"窗口

设计中心由 6 个主要部分组成：工具栏、选项卡、内容区、树状视图、预览视图及说明视图。"文件夹"选项卡以树状视图形式显示当前的文件夹；"打开的图形"选项卡单击后，可以显示 AutoCAD 设计中心当前打开的图形文件；"历史记录"选项卡单击后，可以显示最近访问过的 20 个图形文件；点"搜索"按钮可以通过"搜索"对话框查找图形；树状窗口显示本地和网络驱动器上打开的图形、自定义内容、历史记录和文件夹；控制板窗口显示树状视图中选定层次结构中项目的内容；预览窗口显示选定项目的预览图像，如果该项目没有保存预览图像则为空；说明窗口显示选定项目的文字说明。

2. 使用设计中心查看内容

（1）树状视图 树状视图显示本地和网络驱动器上打开的图形、自定义内容、历史记录和文件夹等内容。其显示方式与 Windows 系统的资源管理器类似，为层次结构方式。双击层次结构中的某个项目可以显示其下一层次的内容。对于具有子层次的项目，则可单击该项目左侧的加号"+"或减号"-"来显示或隐藏其子层次。注意：在"历史记录"模式下不能切换树状视图的显示状态。

（2）内容区 用户在树状视图中浏览文件、块和自定义内容时，则内容区中将显示打开图形和其他源中的内容。例如，如果在树状视图中选择一个图形文件，则内容区中显示表示图层、块、外部参照和其他图形内容的图标；如果在树状视图中选择图形的图层图标，则内容区中将显示图形中各个图层的图标。

用户在内容区上右击弹出快捷菜单，选择"刷新"命令可对树状视图和内容区中显示的内容进行刷新以反映其最新的变化。

（3）预览和说明视图 对于在控制板中选择的项目，预览视图和说明视图将分别显示其预览图像和说明文字。在 AutoCAD 设计中心中不能编辑文字说明，但可以选择并复制。

用户可通过树状视图、内容区、预览视图以及说明视图之间的分隔栏来调整其相对大小。

3. 使用设计中心进行查找

（1）查找 利用 AutoCAD 设计中心的查找功能，可以根据指定条件和范围来搜索图形和其他内容（如块和图层的定义等）。

单击工具栏中的"搜索"按钮，或在控制板上右击弹出快捷菜单，选择"搜索"命令，可弹出"搜索"对话框，如图 11-4 所示。

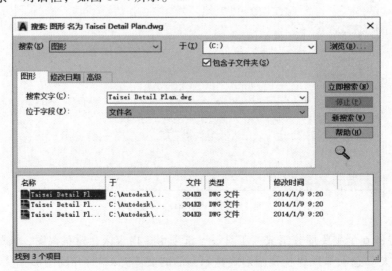

图 11-4 "搜索"对话框

在该对话框中的"搜索"下拉列表框中给出了该对话框可查找的对象类型。

完成对搜索条件的设置后，用户可单击"立即搜索"按钮进行搜索，并可在搜索过程中随时单击按钮来中断搜索操作。如果用户单击"新搜索"按钮，则将清除搜索条件来重新设置。

如果查找到了符合条件的项目，则显示在对话框下部的搜索结果列表中。用户可通过如下方式将其加载到内容区中：

1）直接双击指定的项目。

2）将指定的项目拖到内容区中。

3）在指定的项目上右击弹出快捷菜单，选择"加载到内容区中"命令。

（2）使用收藏夹　AutoCAD 系统在安装时，自动在 Windows 系统的收藏夹中创建一个名为"Autodesk"的子文件夹，并将该文件夹作为 AutoCAD 系统的收藏夹。在 AutoCAD 设计中心中可将常用内容的快捷方式保存在该收藏夹中，以便在下次调用时进行快速查找。

如果选定了图形、文件或其他类型的内容，并右击弹出快捷菜单，选择"添加到收藏夹"命令，就会在收藏夹中为其创建一个相应的快捷方式。

用户可通过如下方式来访问收藏夹，查找所需内容：

1）选择工具栏中的收藏夹快捷按钮。

2）在树状视图中选择 Windows 系统的收藏夹中的"Autodesk"子文件夹。

3）在内容区上右击弹出快捷菜单，选择"收藏夹"命令。

4. 使用设计中心编辑图形

（1）打开图形　对于内容区中或"搜索"对话框中指定的图形文件，用户可通过如下方式将其在 AutoCAD 系统中打开：

1）将图形拖放到绘图区的空白处。

2）在该项目上右击弹出快捷菜单，选择"插入块"命令。

注意：使用拖放方式时不能将图形拖放到另一个打开的图形上，否则将作为块插入到当前图形文件中。

（2）将内容添加到图形中　通过 AutoCAD 设计中心可以将内容区或"搜索"对话框中的内容添加到打开的图形中。根据指定内容类型的不同，其插入的方式也不同。图块是经常需要插入的内容。设计中心中可以使用如下两种方法插入块：

1）将要插入的块直接拖放到当前图形中。这种方法通过自动缩放比较图形和块使用的单位，根据两者之间的比例来缩放块的比例。在块定义中已经设置了其插入时所使用的单位，而在当前图形中则通过"图形单位"对话框来设定从设计中心插入的块的单位，在插入时系统将对这两个值进行比较并自动进行比例缩放。

2）在要插入的块上右击弹出快捷菜单，选择"插入为块"命令。这种方法可按指定坐标、缩放比例和旋转角度插入块。

注意：当将 AutoCAD 设计中心中的块或图形拖放到当前图形中时，如果自动进行比例缩放，则块中的标注值可能会失真。

对于 AutoCAD 设计中心的图形文件，如果将其直接拖放到当前图形中，则系统将其作为块对象来处理。如果在该文件上右击弹出快捷菜单，则有如下两种选择：

1）单击"作为块插入"命令，可将其作为块插入到当前图形中。

2）单击"作为外部参照附着"命令，可将其作为外部参照附着到当前图形中。

其他内容与块和图形一样，也可以将图层、线型、标注样式、文字样式、布局和自定义内容添加到打开的图形中，其添加方式相同。

11.2 面域与图案

在机械制图中，机件的表达通常采用剖视、剖面等方法，需要用不同的图案来区分工程部件或用来表现组成对象的材质。在 AutoCAD 制图操作中，可以对图形进行图案和渐变色填充，使图形看起来更加清晰，更加具有表现力。

11.2.1 创建面域

在填充复杂图形的图案时，可以通过创建和编辑面域，快速确定填充图案的边界。在AutoCAD 中，面域是由封闭区域所形成的二维实体对象，其边界可以由直线、多段线、圆、圆弧或椭圆等对象形成。用户可以对面域进行布尔运算，创建出各种形状。

1. 建立面域

单击"面域"命令可以将封闭的图形创建为面域对象。在创建面域对象之前，要先确定存在封闭的图形，如多边形、圆形或椭圆等。执行"面域"命令有以下三种常用方法：

1）依次单击"绘图"→"面域"。

2）单击"绘图"工具中的"面域"按钮 。

3）执行"REGION"（简化命令为"REG"）命令。

2. 运算面域

在 AutoCAD 中，可以对面域进行并集、差集和交集这三种布尔运算。并可以通过不同的组合来创建复杂的新面域。

（1）并集运算　并集运算是将多个面域对象相加合并成一个对象的运算方式。在 Auto-CAD 中，执行并集运算命令有以下两种常用方法：

1）依次单击"修改"→"实体编辑"→"并集"。

2）执行"UNION"（简化命令为"UNI"）命令。

（2）差集运算　差集运算是在一个面域中减去其他与之相交面域的部分的运算方式。执行差集运算命令有以下两种常用方法：

1）依次单击"修改"→"实体编辑"→"差集"。

2）执行"SUBTRACT"（简化命令为"SU"）命令。

（3）交集运算　交集运算是保留多个面域相交的公共部分，而除去其他部分的运算方式。执行交集运算命令有以下两种常用方法：

1）依次单击"修改"→"实体编辑"→"交集"。

2）执行"INTERSECT"（简化命令为"IN"）命令。

11.2.2 图案填充

对图形进行图案和渐变色填充，可以使图形看起来更加清晰。填充的图案对象为块对象。

1. 填充图形图案

通常可以使用以下三种方法执行"图案填充"命令：

1）依次单击"绘图"→"图案填充"。

2）单击"绘图"工具中的"图案填充"按钮。

3）执行"HATCH"（简化命令为"H"）命令。

执行"图案填充"命令时，打开"图案填充创建"功能区，在该功能区中可以设置填充的边界和填充的图案等参数，其中，各选项的作用与"图案填充和渐变色"对话框中对应的选项相同。

执行"图案填充（H）"命令，系统将提示"拾取内部点或［选择对象（S）/放弃（U）/设置（T）］："，输入"T"并确定。启用"设置"选项，可以打开"图案填充和渐变色"对话框，如图 11-5 所示。

图 11-5 "图案填充和渐变色"对话框

执行"HATCH"（简化命令为"H"）命令时，打开"图案填充和渐变色"对话框，设置好图案参数后，指定要填充的区域，单击"预览"按钮可以预览填充的效果，单击"确定"按钮完成填充操作。如图 11-6 所示。

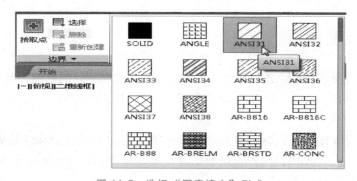

图 11-6 选择"图案填充"形式

2. 编辑填充图案

对图形进行图案填充后，可以对图案进行编辑，如控制填充图案的可见性、关联图案填充编辑以及夹点编辑关联图案填充等。通常可以使用以下两种方法执行"图案填充编辑"命令：

1）执行："HATCHEDIT"命令。

2）单击"修改 II"工具栏上的"编辑图案填充"按钮，或单击"修改"→"对象"→"图案填充"命令，即执行"HATCHEDIT"命令，AutoCAD 提示：选择关联填充对象。在该提示下选择已有的填充图案，AutoCAD 弹出如图 11-7 所示的"图案填充编辑"对话框。

对话框中用户只能操作以正常颜色显示的选项。该对话框中各选项的含义与"图案填

图 11-7 "图案填充编辑"对话框

充和渐变色"对话框中各对应项的含义相同。利用该对话框，用户就可以对已填充的图案进行如更改填充图案、填充比例、旋转角度等操作。

在"图案填充和渐变色"对话框中选择"渐变色"选项卡，可以通过设置渐变色参数，对图形进行渐变色填充，填充渐变色的操作与填充图案的操作相似，也可直接执行"渐变色"命令进行渐变色填充。

11.3 AutoCAD 图形标注

11.3.1 创建与设置机械标注样式

尺寸标注样式决定着尺寸各组成部分的外观形式。绘制不同的机械工程图样，需要设置不同的尺寸标注样式，需要了解尺寸设计和制图的知识，参考有关机械制图的图家规范和标准。

在没有改变尺寸标注格式时，当前尺寸标注格式将作为预设的标注格式。AutoCAD 默认的标注格式是 STANDARD，用户可以根据有关规定及所标注图形的具体要求，执行"标注样式"命令新建标注样式。

1. 创建标注样式

执行"标注样式"命令有以下三种常用方法：

1）依次单击"格式"→"标注样式"。

2）单击"注释"工具中的"标注样式"按钮 。

3）执行"DIMSTYLE"（简化命令为"D"）命令。

"标注样式管理器"对话框中有"新建""修改"等多个按钮可供设置，如图 11-8 所示。

2. 设置标注样式

创建标注样式的过程中，在"新建标注样式"对话框中可以设置新的尺寸标注样式，设置的内容包括线、符号、箭头、文字、调整、主单位、换算单位以及公差等。

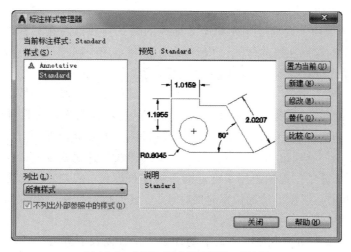

图 11-8 "标注样式管理器"对话框

　　利用"新建标注样式"对话框设置样式后，单击"确定"按钮，完成样式的设置，Au-toCAD 返回到"标注样式管理器"对话框，单击"关闭"按钮关闭对话框，完成尺寸标注样式的设置。

　　3. 修改标注样式

　　在进行尺寸标注的过程中，可以先设置好尺寸标注的样式，也可以在创建好标注后，对标注的样式进行修改，以适合标注的图形。

　　1）依次单击"标注"→"样式"，在"标注样式管理器"对话框中选中需要修改的样式，然后单击"修改"按钮。

　　2）在"修改标注样式"对话框中即可根据需要对标注的各部分样式进行修改，修改好标注样式后，进行确定即可，如图 11-9 所示。

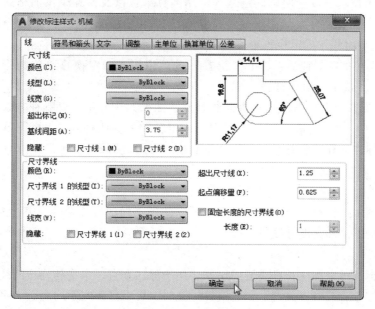

图 11-9 "修改标注样式"对话框

设置和修改标注样式的内容如下：

1）"线"选项卡用于设置尺寸线和尺寸界线的格式与属性。在"线"选项卡中，"尺寸线"选项组用于确定尺寸线的样式；"延伸线"选项组用于确定尺寸界线的样式。预览窗口可根据当前的样式设置显示出对应的标注效果示例。

2）"符号和箭头"选项卡用于设置尺寸箭头、圆心标记、弧长符号以及半径标注折弯方面的格式。在"符号和箭头"选项卡中，"箭头"选项组用于确定尺寸线两端的箭头样式；"圆心标记"选项组用于确定当对圆或圆弧执行标注圆心标记操作时，圆心标记的类型与大小；"折断标注"选项组用于确定在尺寸线或延伸线与其他线重叠处打断尺寸线或延伸线时的尺寸；"弧长符号"选项组用于确定圆弧标注长度尺寸；"半径标注折弯"选项组用于确定尺寸的圆弧中心点位于较远位置时的标注；"线性折弯标注"选项组用于确定线性折弯标注。

3）"文字"选项卡用于设置尺寸文字的外观、位置以及对齐方式等。在"文字"选项卡中，"文字外观"选项组用于确定尺寸文字的样式等；"文字位置"选项组用于确定尺寸文字的位置；"文字对齐"选项组用于确定尺寸文字的对齐方式。

4）"调整"选项卡用于控制尺寸文字、尺寸线以及尺寸箭头等的位置和其他一些特征。在"调整"选项卡中，"调整选项"选项组用于确定当尺寸界线之间没有足够的空间同时放置尺寸文字和箭头时，应首先从尺寸界线之间移出尺寸文字和箭头的那一部分，用户可通过该选项组中的各单选按钮进行选择；"文字位置"选项组用于确定当尺寸文字不在默认位置时，应将其放在何处；"标注特征比例"选项组用于确定所标注尺寸的缩放关系；"优化"选项组用于确定标注尺寸时是否进行附加调整。

5）"主单位"选项卡用于设置主单位的格式、精度以及尺寸文字的前缀和后缀。在"主单位"选项卡中，"线性标注"选项组用于确定线性标注的格式与精度；"角度标注"选项组用于确定标注角度尺寸时的单位、精度以及是否消零。

6）"换算单位"选项卡用于确定是否使用换算单位以及换算单位的格式。在"替换单位"选项卡中，"显示换算单位"复选按钮用于确定是否在标注的尺寸中显示换算单位；"换算单位"选项组用于确定换算单位的单位格式、精度等设置；"消零"选项组用于确定是否消除换算单位的前导或后续零；"位置"选项组用于确定换算单位的位置，用户可在"主值后"与"主值下"之间选择。

7）"公差"选项卡用于确定是否标注公差，如果标注公差，以哪种方式进行标注。在"公差"选项卡中，"公差格式"选项组用于确定公差的标注格式；"换算单位公差"选项组用于确定当标注换算单位时换算单位公差的精度与是否消零。

11.3.2 标注图形

在机械制图中，针对不同的图形形状，可以使用不同的标注命令，其中包括线性标注、对齐标注、半径标注和角度标注等。

1. 线性标注

使用线性标注可以标注长度类型的尺寸，用于标注垂直、水平和旋转的线性尺寸，线性标注可以水平、垂直或对齐放置。创建线性标注时，可以修改文字内容、文字角度或尺寸线的角度。执行"线性"标注命令有以下三种常用方法：

1）依次单击"标注"→"线性"。

2）单击"注释"工具中的"线性"按钮 。

3）执行"DIMLINEAR"（简化命令为"DLI"）命令。

线性标注是尺寸标注的基础，其余标注方式的操作与标注线性尺寸基本类似，不再另做介绍。

2. 对齐标注

对齐标注是线性标注的一种形式，尺寸线始终与标注对象保持平行，若标注对象是圆弧，则对齐标注的尺寸线与圆弧的两个端点所连接的弦保持平行。执行"对齐"标注命令有以下三种常用方法：

1）依次单击"标注"→"对齐"。

2）单击"注释"工具中的"对齐"按钮 。

3）执行"DIMALIGNED"（简化命令为"DAL"）命令。

3. 半径标注

执行"半径"标注命令可以根据圆和圆弧的半径大小、标注样式的选项设置以及光标的位置来绘制不同类型的半径标注。标注样式控制圆心标记和中心线。当尺寸线画在圆弧或圆内部时，AutoCAD 不绘制圆心标记或中心线。执行"半径"标注命令有以下三种常用方法：

1）依次单击"标注"→"半径"。

2）单击"注释"工具中的"半径"按钮 。

3）执行"DIMRADIUS"（简化命令为"DRA"）命令。

4. 直径标注

"直径"标注命令可以用于标注圆或圆弧的直径，直径标注由一条具有指向圆或圆弧的箭头的直径尺寸线组成。执行"直径"标注命令有以下三种常用方法：

1）依次单击"标注"→"直径"。

2）单击"注释"工具中的"直径"按钮 。

3）执行"DIMDIAMETER"（简化命令为"DDI"）命令。

5. 角度标注

执行"角度"标注命令可以准确标注线段间的夹角或圆弧的弧度。执行"角度"标注命令有以下三种常用方法：

1）依次单击"标注"→"角度"。

2）单击"注释"工具中的"角度"按钮 。

3）执行"DIMANGULAR"（简化命令为"DAN"）命令。

6. 弧长标注

执行"弧长"标注命令可以测量圆弧或多段线圆弧上的距离。弧长标注的尺寸界线可以是正交或径向。在标注文字的上方或前面将显示圆弧符号。执行"弧长"标注命令有以下三种常用方法：

1）依次单击"标注"→"弧长"。

2）单击"注释"工具中的"弧长"按钮 。

3）执行"DIMARC"（简化命令为"DAR"）命令。

7. 圆心标注

执行"圆心标记"命令可以标注圆或圆弧的圆心点，执行"圆心标记"命令有以下两种常用方法：

1）依次单击"标注"→"圆心标记"。

2）执行"DIMCENTER"（简化命令为"DCE"）命令。

11.3.3 标注技巧

标注图形还会用到以下标注技巧，应用这些技巧可以更快地标注特殊图形，单独修改部分标注对象，提高标注的速度。

1. 连续标注

连续标注用于标注在同一方向上连续的线型或角度尺寸。执行"连续"标注命令，可以从上一个或选定标注的第二尺寸界线处创建线性、角度或坐标的连续标注。执行"连续"标注命令有以下三种常用方法：

1）依次单击"标注"→"连续"。

2）选择"注释"工具，然后单击"标注"中的"连续"按钮。

3）执行"DIMCONTINUE"（简化命令为"DCO"）命令。

2. 基线标注

"基线"标注命令用于标注图形中有一个共同基准的线型或角度尺寸。基线标注是以某一点、线、面作为基准，其他尺寸按照该基准进行定位。因此，在执行"基线"标注之前，需要对图形进行一次标注操作，以确定基线标注的基准点，否则无法进行基线标注。执行"基线"标注命令有以下三种常用方法：

1）依次单击"标注"→"基线"。

2）选择"注释"工具，然后单击"标注"中"连续"下拉列表框中的"基线"按钮。

3）执行"DIMBASELINE"（简化命令为"DBA"）命令。

3. 快速标注

快速标注用于快速创建标注，其中包含了创建基线标注、连续尺寸标注、半径标注和直径标注等。执行"快速"标注命令有以下三种常用方法：

1）依次单击"标注"→"快速"。

2）选择"注释"工具，然后单击"标注"中的"快速"按钮。

3）执行"QDIM"命令。

4. 折弯标注

执行"折弯"标注命令可以创建折弯半径标注。当圆弧的中心位置位于布局外，并且无法在其实际位置显示时，可以使用折弯标注来标注。执行"折弯"标注命令有以下三种常用方法：

1）依次单击"标注"→"折弯"。

2）选择"注释"工具，然后单击"标注"下拉列表框中的"折弯"按钮。

3）执行"DIMJOGGED"（简化命令为"DJO"）命令。

5. 折弯线性标注

执行"折弯线性"命令,可以在线性标注或对齐标注中添加或删除折弯线。执行"折弯线性"命令的常用方法有以下三种:

1)依次单击"标注"→"折弯线性"。

2)单击"标注"中的"折弯标注"按钮 。

3)执行"DIMJOGLINE"(简化命令为"DJL")命令。

6. 打断标注

执行标注"打断"命令可以将标注对象以某一对象为参照点或指定点打断,执行标注"打断"命令的常用方法有以下三种:

1)依次单击"标注"→"打断"。

2)单击"标注"中的"打断"按钮 。

3)执行"DIMBREAK"命令。

7. 标注文字

执行"DIMEDIT"命令可以修改一个或多个标注对象上的文字标注和尺寸界线。执行"DIMEDIT"命令后,系统将提示"输入标注编辑类型[默认(H)/新建(N)/旋转(R)/倾斜(O)]<默认>:",其中各选项的含义如下:

1)默认(H):将旋转标注文字移回默认位置。

2)新建(N):使用"多行文字编辑器"编辑标注文字。

3)旋转(R):旋转标注文字。

4)倾斜(O):调整线性标注尺寸界线的倾斜角度。

8. 标注间距

执行"标注间距"命令可以调整线性标注或角度标注之间的间距。该命令仅适用于平行的线性标注或共用一个顶点的角度标注。执行"标注间距"命令的常用方法有以下三种:

1)依次单击"标注"→"标注间距"。

2)单击"标注"中的"标注间距"按钮 。

3)执行"DIMSPACE"命令。

9. 多重引线

执行"多重引线"命令可以创建连接注释与几何特征的引线,对图形进行标注。执行"多重引线"命令的常用方法有以下三种:

1)依次单击"标注"→"多重引线"。

2)单击"引线"中的"多重引线"按钮 。

3)执行"MLEADER"命令。

10. 快速引线

在 AutoCAD 中,引线是由样条曲线或直线段连着箭头组成的,通常由一条水平线将文字和特征控制框连接到引线上。绘制图形时,通常可以使用引线功能标注图形特殊部分的尺寸或进行文字注释。

执行"QLEADER"(简化命令为"QL")命令可以快速创建引线和引线注释。执行"QLEADER"(简化命令为"QL")命令后,可以通过输入"S"并确定,打开"引线设置"对话框,以便用户设置适合绘图需要的引线点数和注释类型。

11.3.4 公差标注

1. 标注尺寸公差

AutoCAD 2020 提供了标注尺寸公差的多种方法。

在尺寸标注样式中的"公差"选项卡中，用户可以通过"公差格式"选项组确定公差的标注格式，如图 11-10 所示。例如，确定以何种方式标注公差以及设置尺寸公差的精度、设置上极限偏差和下极限偏差等。通过此选项卡进行设置后再标注尺寸，就可以标注对应的公差。实际标注尺寸时，还可以通过文字编辑器输入公差。

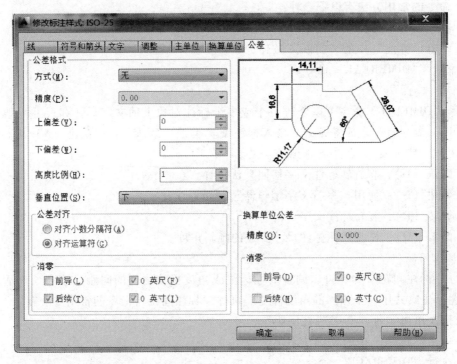

图 11-10　标注尺寸公差

2. 几何公差标注

机械加工后零件的实际要素相对于理想要素总有误差，包括形状误差和位置误差。这类误差影响机械产品的功能，设计时应规定相应的公差并按规定的标准符号标注在图样上。AutoCAD 向用户提供了 14 种常用的几何公差符号。

几何公差应按国家标准 GB/T 1182—2018《产品几何技术规范（GPS）　几何公差　形状、方向、位置和跳动公差标注》规定的方法在图样上按要求进行正确的标注。

用于标注几何公差的命令是"TOLERANCE"，利用"标注"工具栏上的（公差）按钮或"标注"→"公差"命令可启动该命令。执行"TOLERANCE"命令，AutoCAD 弹出如图 11-11 所示的"形位公差"对话框。

其中，"符号"选项组用于确定几何公差的符号。单击其中的小黑方框，AutoCAD 弹出如图 11-12 所示的"特征符号"对话框。用户可从该对话框确定所需要的符号。单击某一符号，AutoCAD 返回到"形位公差"对话框，并在对应位置显示出该符号。

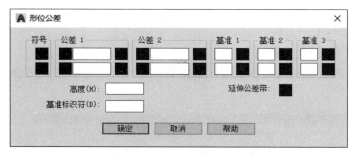

图 11-11 "形位公差"对话框

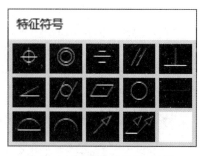

图 11-12 "特征符号"对话框

11.4 AutoCAD 文字与表格

在机械制图中,文字与表格是重要的内容之一。在进行机械图形的绘制过程中,常常需要对图形进行文字注释和表格说明,如机械的加工要求、零部件的名称以及装配图明细栏等。

11.4.1 创建注释文字

在创建注释文字的操作中,包括创建多行文字和单行文字。当输入文字对象时,将使用默认的文字样式,用户也可以在创建文字之前,对文字样式进行设置。

1. 设置文字样式

AutoCAD 的文字拥有相应的文字样式。文字样式是用来控制文字基本形状的一组设置,包括文字的字体、字型和大小(图 11-13)。

执行"文字样式"命令有以下三种常用方法:

1)依次单击"格式"→"文字样式"。

2)在"默认"菜单中展开"注释"工具,单击"文字样式"按钮 。

3)执行"DDSTYLE"命令。

2. 书写单行文字

在 AutoCAD 中,单行文字主要用于制

图 11-13 "注释"工具中的"文字样式"按钮

作不需要使用多种字体的简短内容,可以对单行文字进行样式、大小、旋转、对正等设置。

执行"单行文字"命令有以下三种常用方法:

1)依次单击"绘图"→"文字"→"单行文字"。

2)单击"注释"工具中的"多行文字"下拉列表框,选择"单行文字"。

3)执行"TEXT"(简化命令为"DT")命令。

3. 书写多行文字

在 AutoCAD 中,多行文字由沿垂直方向任意数目的文字行或段落构成,可以指定文字行段落的水平宽度,主要用于制作一些复杂的说明性文字(图 11-14)。

执行"多行文字"命令有以下三种常用方法:

1）依次单击"绘图"→"文字"→"多行文字"。

2）单击"注释"工具中的"多行文字"按钮 。

3）执行"MTEXT"（简化命令为"T"）命令。

执行"多行文字（T）"命令，然后进行拖动在绘图区指定的一个文字区域，系统将弹出设置文字格式的"文字编辑器"菜单。

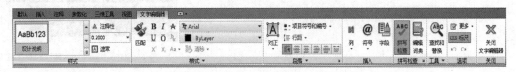

图 11-14　"文字编辑器"菜单

4. 书写特殊字符

在文本标注的过程中，有时需要输入一些控制码和专用字符，AutoCAD 根据用户的需要提供了一些特殊字符的输入方法。AutoCAD 提供的特殊字符内容见表 11-1。

表 11-1　特殊字符输入方法

特殊字符	输入方式	字符说明
±	%%p	正负符号
‾	%%o	上划线
_	%%u	下划线
%	%%%	百分比符号
φ	%%c	直径符号
°	%%d	度

11.4.2　编辑注释文字

用户在书写文字内容时，难免会出现一些错误，或者后期对于文字的参数进行修改时，都需要对文字进行编辑操作。

1. 编辑文字内容

依次单击"修改"→"对象"→"文字"，或者执行"DDEDIT"（简化命令为"ED"）命令，可以增加或替换字符，以实现修改文本内容的目的。

2. 编辑文字特性

使用"多行文字"命令创建的文字对象，可以通过执行"DDEDIT"（简化命令为"ED"）命令，在打开的"文字编辑器"菜单中修改文字的特性。但是"DDEDIT"命令不能修改单行文字的特性，单行文字的特性需要在"特性"选项卡进行修改，如图 11-15 所示。打开"特性"选项卡可以使用以下两种方法：

1）依次单击"修改"→"特性"。

2）执行"PROPERTIES"（简化命令为"PR"）命令。

3. 查找和替换文字

在 AutoCAD 中可以对文本内容进行查找和替换操作。执行"查找"命令有如下两种常用方法：

图 11-15　编辑文字特性

1）依次单击"编辑"→"查找"。

2）执行"FIND"命令

11.4.3　创建图形表格

表格是在行和列中包含数据的复合对象，可用于绘制图纸中的标题栏和装配图明细栏。用户可以通过空的表格或表格样式创建表格对象。

1. 表格样式

在创建表格之前可以先根据需要设置表格的样式，如图 11-16 所示。

执行"表格样式"命令的常用方法有如下三种：

1）依次单击"格式"→"表格样式"。

2）单击"注释"工具中的"表格样式"按钮。

3）执行"TABLESTYLE"命令。

图 11-16　设置表格样式

2. 创建表格

用户可以从空表格或表格样式创建表格对象。完成表格的创建后，用户可以单击该表格上的任意网格线选中该表格，然后通过"特性"选项卡或夹点编辑修改该表格对象。

335

执行"表格"命令通常有以下三种常用方法：

1）依次单击"绘图"→"表格"。

2）单击"注释"工具中的"表格"按钮 。

3）执行"TABLE"命令。

3. 编辑表格

创建好表格后，还可以对表格进行编辑，包括编辑表格中的数据、编辑表格和单元格。例如，在表格中插入行和列，将相邻的单元格进行合并等。

（1）编辑表格文字　使用表格功能，可以快速完成如标题栏和明细栏等表格类图形的绘制，完成表格操作后，可以对表格内容进行编辑。执行编辑表格文字操作，选择要编辑的文字，然后修改文字的内容，还可以在打开的"文字编辑器"菜单中设置文字的对正方式。

执行编辑表格文字的操作有如下两种常用方法：

1）双击要进行编辑的表格文字，使其呈可编辑状态。

2）执行"TABLEDIT"命令。

（2）编辑表格和单元格　在"表格单元"菜单中可以对表格进行编辑操作。插入表格后，选择表格中的任意单元格，如图11-17所示。单击相应的按钮可完成表格的编辑。例如，通过拖动表格右下方的调节按钮，可以调节表格的宽度和高度；选中多个相邻的单元格，单击"合并单元"按钮，可以合并选择的单元格。

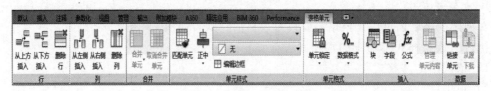

图 11-17 "表格单元"菜单

11.5 零件图的绘制

在绘制零件图之前，为了提高绘图的效率，可以创建一些常用的样板图形以便备用。

11.5.1 样板图形

样板图形应遵守国家标准的有关规定，使用标准线型、设置适当图形界限。创建样板图形需要设定好如下内容：

1）设置图形的单位。

2）设置图纸大小（如A3），即设定图形界限不超过图纸的大小。

3）设定常用图层及参数。

4）设置文字样式和标注样式

5）绘制图框线和标题栏。

这些对象是绘制一幅完整图形必备的内容。

【例11-2】 创建一个样板图形。

1. 设置绘图环境

1）启动 AutoCAD，单击"格式""图形界限"命令，根据系统提示设置图纸左下角点坐标为（0，0），右上角点坐标为（420，297）。

2）依次单击"格式"→"单位"，打开"图形单位"对话框，设置长度类型、精度和插入内容的单位。

3）依次单击"工具"→"绘图设置"，打开"草图设置"对话框，在"对象捕捉"选项卡中选择对象捕捉常用选项。

2. 创建图层

1）执行"图层 LAYER"命令，打开"图层特性管理器"选项卡，单击"新建图层"按钮创建一个新图层，将其命名为"轮廓线"。

2）单击"轮廓线"图层的线宽标记，打开"线宽"对话框。在该对话框中设置轮廓线的线宽值为 0.35mm 并单击"确定"按钮。

3）创建其他常用图层，设置各个图层的特性，如图 11-18 所示。

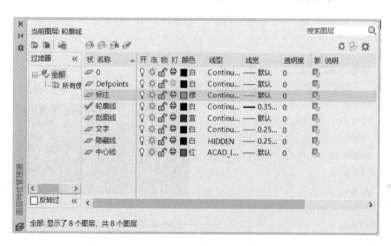

图 11-18　创建并设置其他常用图层

3. 设置文字样式

1）执行"文字样式（DDstyle）"命令，打开"文字样式"对话框，单击"新建"按钮，新建名为"标题栏"的文字样式。

2）在"SHX 字体"下拉列表框中选择"txtshx"字体，然后选中"使用大字体"复选按钮，在"大字体"下拉列表框中选择"gbcbig. shx"字体，设置文字高度为 8。

3）新建名为"零件名称"的文字样式，设置文字高度为 10。

4）新建名为"注释""尺寸标注"的文字样式，设置文字高度都为 5，如图 11-19 所示。

AutoCAD 提供了 3 种符合国家标准的中文字体文件，即"gbenor. shx""gbeitc. shx"和"gbcbig. shx"，其中"gbenor. shx"与"gbeitc. shx"用于标注正体和斜体字母和数字，"gbcbig. shx"用于标注中文字。用户也可采用长仿宋体，选择"仿宋 GB2312"字体，将"宽度因子"设为 0.7。

4. 设置标注样式

1）执行"标注样式（D）"命令，打开"标注样式管理器"对话框，单击"修改"

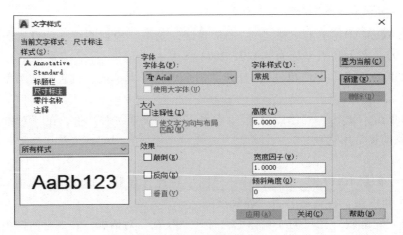

图 11-19　新建文字样式

按钮。

2）打开"修改标注样式"对话框设置文字样式，在"文字对齐"选项组中选中"ISO
标准"单选按钮，单击"确定"按钮，如图 11-20 所示。

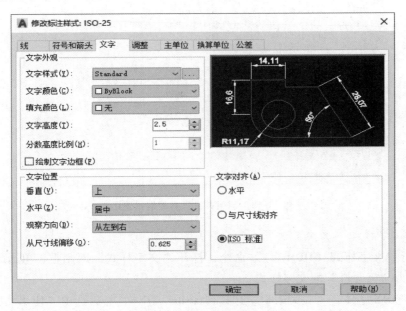

图 11-20　"修改标注样式"

5. 绘制图框

1）执行"矩形（REC）"命令，设置矩形的第一个角点坐标为（25，10），另一个角点
坐标为（410，282），绘制一个长 385、宽 272 的矩形。

2）选择"轮廓线"图层为当前层。执行"矩形（REC）"命令，设置矩形的第一个角
点坐标为（30，15），另一个角点坐标为（402，275），绘制一个长度为 372、宽度为 260 的
矩形，如图 11-21 所示。

AutoCAD 中的图形界限不能直观地显示出来，所以在绘图时通常需要通过图框来确定
绘图的范围。图框通常要小于图形界限，到图形界限边缘需要保留一定的距离。

图 11-21　绘制矩形框

6. 绘制标题栏

1）单击"表格样式"命令，打开"表格样式"对话框，新建"标题栏"表格样式。

2）设置"标题栏"表格样式，分别设置常规特性、文字特性、边框特性。

3）单击"表格"命令，插入"标题栏"表格样式，创建一个 5 行 6 列的表格，如图 11-22 所示。

4）对表格中的表格单元进行合并，输入文字内容，如图 11-23 所示，完成标题栏绘制。

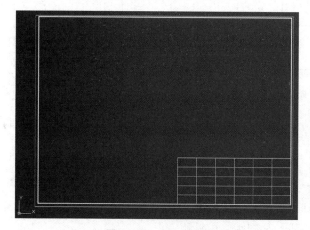

图 11-22　插入表格

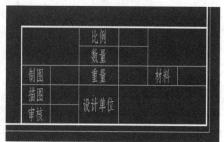

图 11-23　输入表格文字

7. 保存样板图形

单击"另存为"命令，设置保存路径和名称，完成样板图形的保存。

11.5.2　零件图的绘制

在绘制零件图的过程中，首先绘制零件的主视图，再绘制俯视图和剖视图，最后标注图形。绘制零件图图形通常包含如下步骤：

1）使用"直线"命令，绘制中心线。

2）使用"直线""圆""倒角"等命令，绘制主视图。

3）使用"直线""偏移""修剪"和"镜像"命令，绘制俯视图。

4）使用"半径"和"线性"等命令，对图形进行标注。

5）使用"文字"命令，书写技术要求。

6）插入粗糙度图块（加粗糙度和公差）

【例 11-3】 在样板图基础上，绘制如图 11-24 所示的零件图。

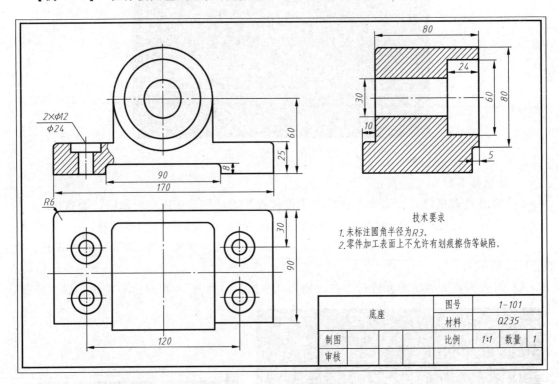

图 11-24 零件三视图最终效果

根据对零件图的绘制分析，可以将其分为 4 个主要部分进行绘制，操作过程依次为绘制零件主视图、俯视图、剖视图和标注图形，具体操作如下：

1. 绘制零件主视图

1）打开"图纸框 dwg"素材图形文件，如图 11-25 所示。

2）将"中心线"图层设置为当前图层。执行"直线（L）"命令，在图框内绘制两条长度适当且相互垂直的线段作为绘图中心线，如图 11-26 所示。

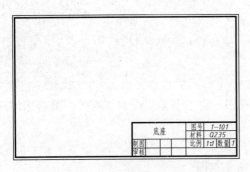

图 11-25 打开图形文件

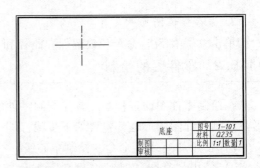

图 11-26 绘制中心线

3）将"轮廓线"图层设置为当前图层，执行"圆（C）"命令，以两条线段的交点为圆心，分别绘制半径为 15、30、40 的同心圆，如图 11-27 所示。

4）执行"直线（L）"命令，以水平中心线与大圆的交点为起点，向下绘制两条长度为 60 的线段，效果如图 11-28 所示。

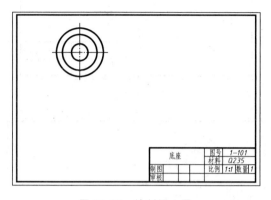

图 11-27　绘制同心圆

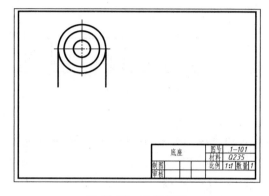

图 11-28　绘制线段

5）执行"偏移（O）"命令，将左右两条垂线段分别向两边偏移 45，效果如图 11-29 所示。

6）执行"直线（L）"命令，通过捕捉直线下方的端点，绘制一条水平线段，然后将水平线段向上偏移 25，效果如图 11-30 所示。

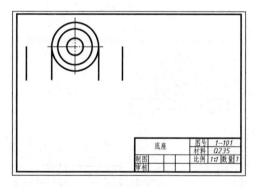

图 11-29　偏移线段（一）

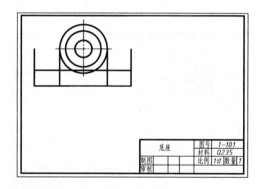

图 11-30　绘制和偏移线段

7）执行"修剪（TR）"命令，对图形中的线段进行修剪，效果如图 11-31 所示。

8）执行"偏移（O）"命令，将下方水平线向上偏移 8，将两端的垂直线向内偏移 40，效果如图 11-32 所示。

9）执行"修剪（TR）"命令，对图形下方的线段进行修剪，效果如图 11-33 所示。

10）执行"偏移（O）"命令，将左下方水平线向上偏移 17，将左下方垂直线向右依次偏移 13、19、25、31、37，效果如图 11-34 所示。

11）执行"修剪（TR）"命令，对左下方的线段进行修剪，效果如图 11-35 所示。

12）执行"圆角（F）"命令，设置圆角半径为 3，对图形中的部分线段夹角进行倒圆，效果如图 11-36 所示。

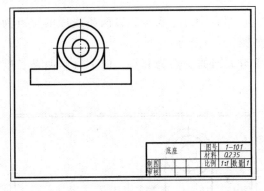

图 11-31　修剪线段（一）

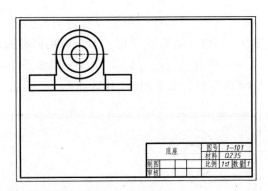

图 11-32　偏移线段（二）

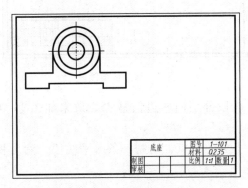

图 11-33　修剪线段（二）

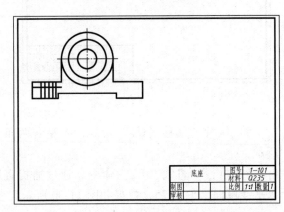

图 11-34　偏移线段（三）

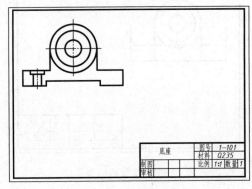

图 11-35　修剪线段（三）

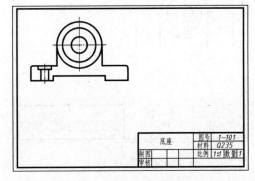

图 11-36　倒圆处理

342

13）将"中心线"图层设置为当前层。执行"直线（L）"命令，在图形左下方绘制一条中心线然后执行"样条曲线（SPL）"命令，在图形左下方绘制一条样条曲线，绘制局部剖面图，如图 11-37 所示。

14）将"细实线"图层设置为当前层。执行"图案填充（H）"命令，对局部剖面图进行图案填充，设置图案图例为 ANSI31，效果如图 11-38 所示，完成主视图的绘制。

2. 绘制零件俯视图

1）执行"直线（L）"命令，通过捕捉主视图的直线端点，向下绘制多条垂直线段，然后在下方绘制一条水平线段，如图 11-39 所示。

2）执行"偏移（O）"命令，将下方水平线段向上偏移 80，然后执行"修剪（TR）"命令，对线段进行修剪，效果如图 11-40 所示。

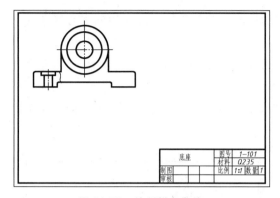

图 11-37　绘制样条曲线

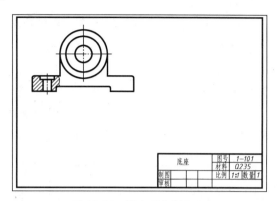

图 11-38　填充局部剖面图

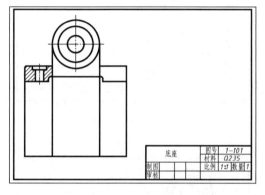

图 11-39　绘制垂直线段和水平线段

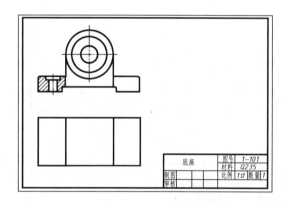

图 11-40　偏移并修剪线段

3）执行"偏移（O）"命令，将下方的水平线段向上偏移 30，然后将得到的线段放在"中心线"图层中，效果如图 11-41 所示。

4）按<F11>键开启"对象捕捉追踪"功能，然后执行"直线（L）"命令，通过捕捉主视图中的中心线端点，绘制两条垂直中心线，并适当调整水平中心线的长度，效果如图 11-42 所示。

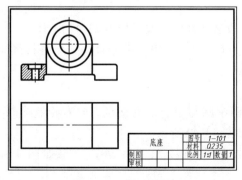

图 11-41　偏移线段

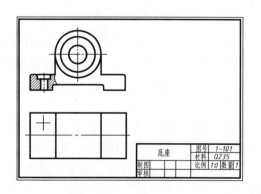

图 11-42　绘制中心线

5）执行"圆（C）"命令，然后以中心线的交点为圆心，绘制两个半径分别为 6.5 和 12 的同心圆，效果如图 11-43 所示。

6）执行"镜像（MI）"命令，以图形中间的中心线为对称轴，对左边的中心线和同心圆进行镜像复制，效果如图 11-44 所示。

7）执行"偏移（O）"命令，将上方的水平线段向上偏移 10，向下偏移 85，效果如图 11-45 所示。

8）执行"延伸（EX）"命令，以上下两端水平线段为边界，将左右与中间的四条垂直线分别向上、下延伸，效果如图 11-46 所示。

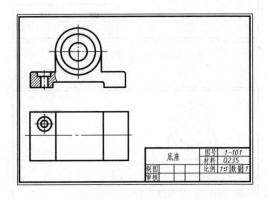

图 11-43 绘制同心圆

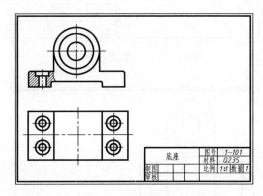

图 11-44 镜像复制图形

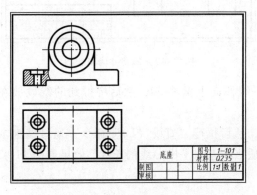

图 11-45 偏移线段

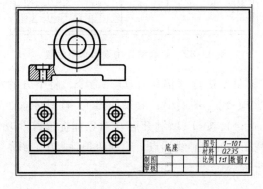

图 11-46 延伸线段

9）执行"修剪（TR）"命令，对图形中的线段进行修剪，效果如图 11-47 所示。

10）执行"圆角（F）"命令，设置圆角半径为 6，对图形中的部分直线夹角进行倒圆，完成俯视图的绘制，效果如图 11-48 所示。

3. 绘制零件剖视图

1）执行"直线（L）"命令，通过捕捉主视图中圆与中心线的交点，向右绘制多条水平线和一条中心线，然后绘制一条垂直线，效果如图 11-49 所示。

2）执行"偏移（O）"命令，将垂直线向左依次偏移 5、80、90，效果如图 11-50 所示。

3）执行"修剪（TR）"命令，对图形中的线段进行修剪，效果如图 11-51 所示。

4）执行"偏移（O）"命令，将右方垂直线向左偏移 24，效果如图 11-52 所示。

5）执行"修剪（TR）"命令，对图形中的线段进行修剪，效果如图 11-53 所示。

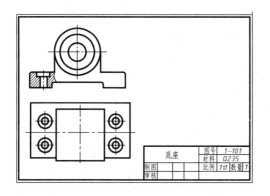

图 11-47　修剪线段

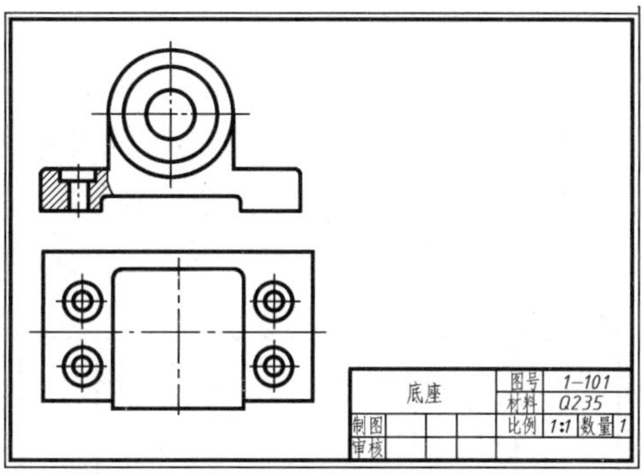

图 11-48　倒圆图形

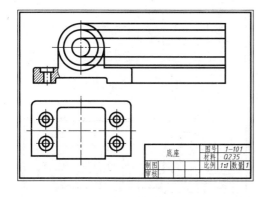

图 11-49　绘制线段

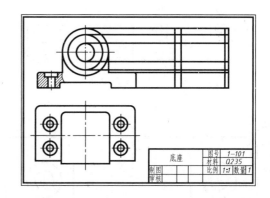

图 11-50　偏移线段

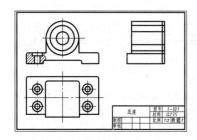

图 11-51　修剪线段

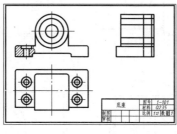

图 11-52　偏移线段

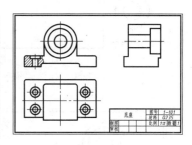

图 11-53　修剪线段

6）执行"圆角（F）"命令，设置圆角半径为 3，对图形中的部分直线夹角进行倒圆，效果如图 11-54 所示。

7）执行"图案填充（H）"命令，对图形进行图案填充，设置图案图例为 ANS31，效果如图 11-55 所示，完成剖视图的绘制。

4. 标注零件图

1）将"尺寸"图层设置为当前图层。依次单击"标注"→"半径"，对俯视图中的圆角进行半径标注，效果如图 11-56 所示。

2）执行"线性（DLD）"命令，在三视图中进行线性标注，效果如图 11-57 所示。

3）执行"快速引线（QLE）"命令，在主视图左下方绘制一条引线，如图 11-58 所示。

4）执行"单行文字（DT）"命令，在引线上下方书写图形的直径，如图 11-59 所示。

5）执行"文字（T）"命令，书写技术要求文字，在"文字编辑器"菜单中设置标题文字的大小为 12、正文文字的大小为 9.6，效果如图 11-60 所示。

6）关闭"文字编辑器"菜单，完成本例的绘制，最终效果如图 11-61 所示。

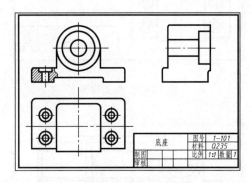

图 11-54　倒圆图形

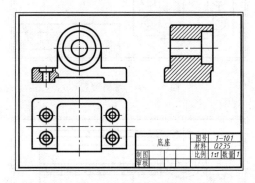

图 11-55　填充图案

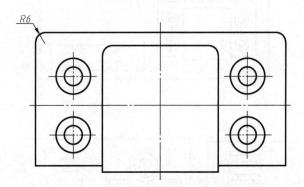

图 11-56　标注圆角半径

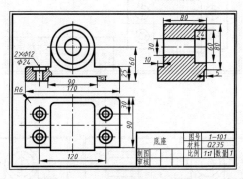

图 11-57　标注图形尺寸

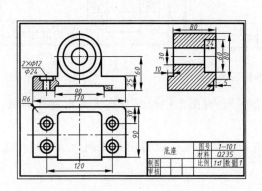

图 11-58　绘制一条引线

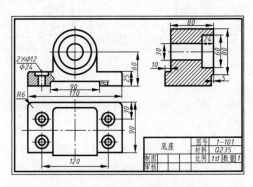

图 11-59　书写图形的直径

图 11-60　书写技术要求文字

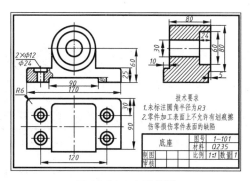

图 11-61　实例效果

11.6　装配图的绘制

装配图是表达机器（部件）的图样，主要反映机器（部件）的工作原理、装配关系、结构形状和技术要求，是指导机器或部件的安装、检验、调试、操作、维护的重要参考资料，同时又是进行技术交流的重要技术文件。运用 AutoCAD 绘制二维装配图一般可分为直接绘制法和插入法。

11.6.1　直接绘制法

直接法主要运用二维绘图、编辑、设置和层控制等功能，按照装配图的画图步骤绘制出装配图。

图 11-62 所示为钳座装配图，钳座包括以下六个零件，依次是托架、轴、滚轮、铜套、螺母和垫圈。

钳座各零件图如图 11-63 所示。

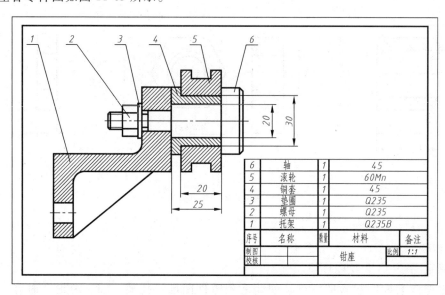

图 11-62　钳座装配图

347

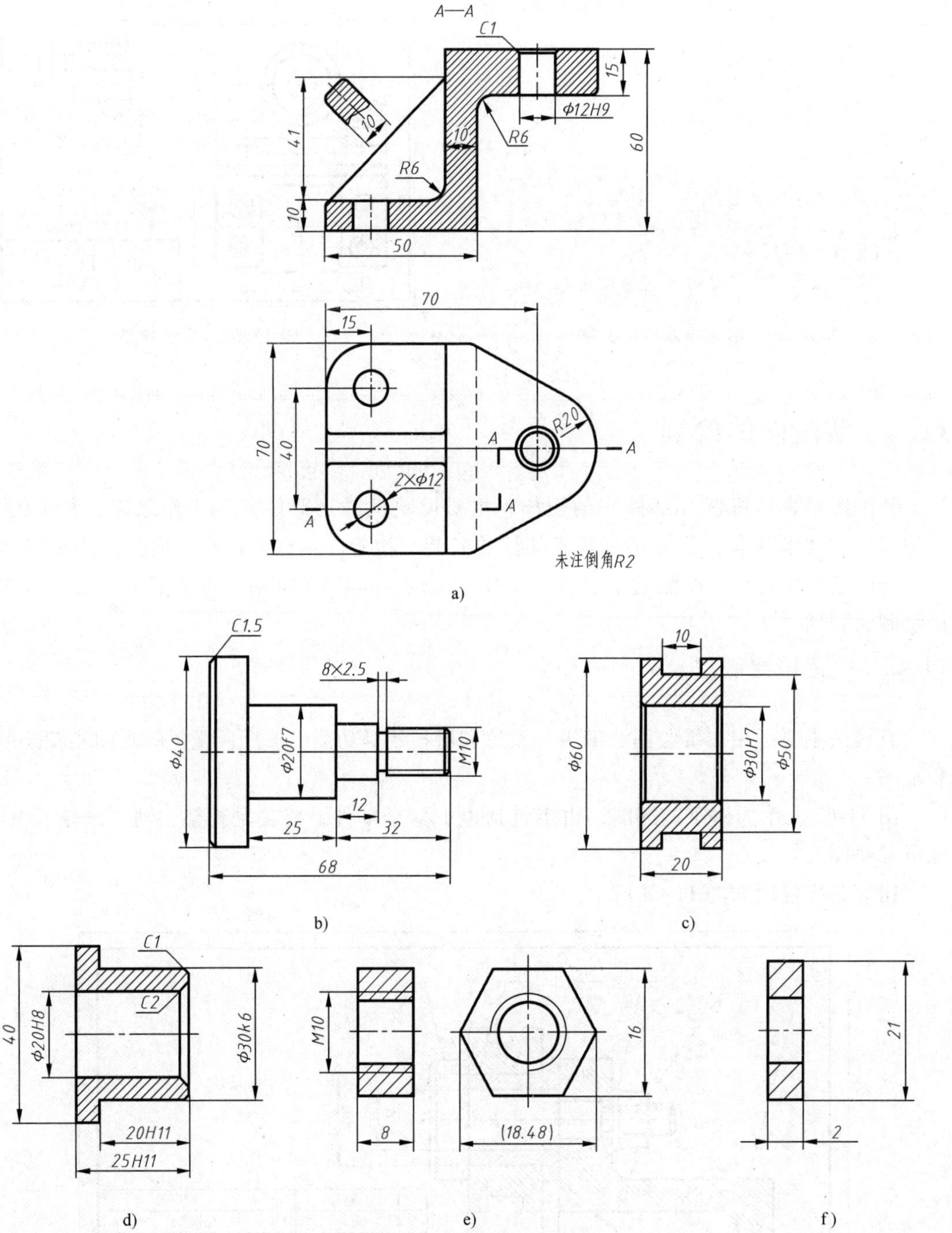

图 11-63　钳座各零件图

a）托架　b）轴　c）滚轮　d）铜套　e）螺母　f）垫圈

绘制步骤如下：

1）确定图幅 A4 和绘图环境。

2）根据该装配图包含的零件，创建下列零件图层：托架、轴、滚轮、铜套、螺母和垫圈。

3) 从主要零件开始,在相应的零件图层依次画出各个零件,将影响装配关系的尺寸准确绘制出来。

4) 标注尺寸、编序号、填写明细栏。

通过该方法绘制出的二维装配图,各零件的尺寸精确且在不同的图层,为修改设计后从装配图拆画零件图提供了方便。

11.6.2　插入法

插入法有图块插入法、图形文件插入法以及用设计中心插入图块等方法。

1. 图块插入法

图块插入法是将装配图中的各个零部件的图形先制作成图块,然后再按零件间的相对位置将图块逐个插入,拼画成装配图。拼画装配图的绘制步骤如下。

1) 绘图前应当进行必要的设置,统一图层线型、线宽、颜色,各零件的比例应当一致,为了绘图方便,比例选择为 1 : 1。

2) 各零件的尺寸必须准确,可以暂不标注尺寸和填充剖面线,或在制作零件图块之前把零件上的尺寸层、剖面线层关闭,将每个零件用"写块"命令定义为 DWG 文件。为方便零件间的装配,块的基点应选择在与其零件有装配关系或定位关系的关键点上。

3) 调入主要零件,然后逐个插入其余各个零件。插入后,如果需要擦除不可见的线段,须先将插入的块分解。

4) 根据零件间的装配关系,检查各零件间是否有干涉现象。

5) 根据所需比例对装配图进行缩放,再按照装配图中标注尺寸的要求标注尺寸及公差,最后填写标题栏和明细栏。

在机械工程中,有大量的反复使用的标准件,如轴承、螺栓、螺钉、键等。由于某种类型的标准件其结构基本相同,只是尺寸、规格有所不同,因此,在绘图时,亦可将它们生成图块后,插入到装配图中,从而减少了重复性劳动。

2. 图形文件插入法

图形文件可以在不同的图形中直接插入。如果已经绘制了机器(部件)的所有图形,当需要一张完整的装配图时,也可考虑直接用图形文件插入法来拼画装配图,这样既可以避免重复劳动,又提高了绘图效率。

为了使图形插入后能准确地放置到应在的位置,在绘制完零件图形后,先关闭尺寸层、标注层、剖面线层等,再执行"BASE"命令设置好插入基点,然后再保存。

图形文件插入法与前面介绍的图块插入法基本类似,但应注意,图形文件插入后,实际上也是一个图块,要想对其修改,须先执行"EXPLODE"命令将其分解后进行。

3. 用设计中心插入图块法

设计中心是一个集成化的图形组织和管理工具。利用设计中心,可方便、快速地浏览或使用其他图形文件中的图形、图块、图层和线型等信息,大大地提高了绘图效率。

为了装配的方便,在绘制零件图时将零件图的主视图或其他视图分别定义成块。定义块时不应包括零件的尺寸标注和定位中心线,块的基点应选择在与其有装配定位关系的点上。再将定义成块的零件图进行拼装。拼装装配图的方法如下:

1) 单击"标准"工具中的"设计中心"按钮,或单击"工具"菜单下的"设计中心"。

弹出"设计中心"对话框，其中有"文件夹""打开图形""历史纪录"和"联机设计中心"等选项卡，可根据需要选择相应的选项卡。

2）单击所需插入零件的"文件夹"选项卡，选择要插入的零件图文件，双击该文件，然后再单击该文件中"块"的选项，显示所有图块，双击选中要插入的图块，弹出"插入"对话框，一般插入图形的缩放比例为1：1，旋转角度为0°或90°。依次插入图块，插入完后执行"检查""剪切""打断""删除"等命令编辑修改图形，并补全剖面线、尺寸标注、序列号，插入标题栏、明细栏图块。

【例11-4】 按1：1的比例绘制出图11-64所示的定位器装配图，标注必要的尺寸和序号。定位器的各零件图如图11-65所示。

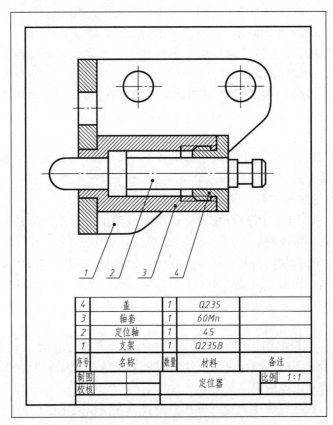

4	盖	1	Q235	
3	轴套	1	60Mn	
2	定位轴	1	45	
1	支架	1	Q235B	
序号	名称	数量	材料	备注
制图			定位器	比例 1：1
校核				

图 11-64　定位器装配图

【绘图步骤】

1. 绘制各零件图形

参照装配图，用1：1的比例，拼画装配图所需的各零件图。因为装配图上只需要各零件的部分图形，故只需要有选择地绘制拼画装配图所需的各零件图形，也不需要标注零件图上的尺寸，如图11-66所示。

2. 将各零件的图形定义成块

1）将轴套定义成块。单击"绘图"工具中的"创建块"按钮，在弹出的"块定义"对话框中输入块名称，分别单击"拾取点""选择对象"命令，命令输入区提示：

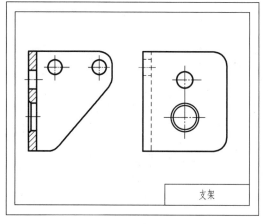

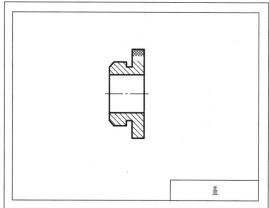

a)   b)

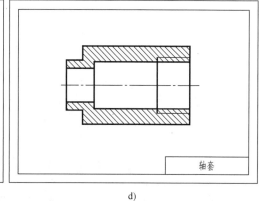

c)   d)

图 11-65　定位器

a）支架零件图　b）盖零件图　c）定位轴零件图　d）轴套零件图

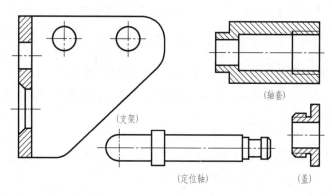

图 11-66　拼画装配图时所需的零件图

351

命令：block

选择对象：（框选轴套图样）

指定插入基点：（单击轴套左端面与轴线的交点）

如图 11-67a 所示，此时的轴套图形为一个实体。

2）将定位轴和盖定义成块。重复执行"块生成"命令，将"定位轴"和"盖"的图形定义成块，如图 11-67b、c 所示。图中所指的点，为该零件制作成块的基准点。

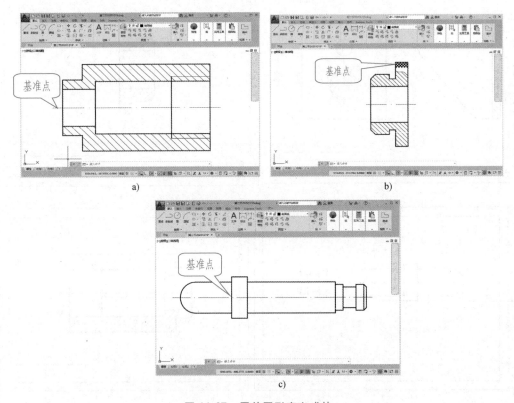

a)

b)

c)

图 11-67　零件图形定义成块

a）定义轴套零件块　b）定义盖零件块　c）定义定位轴零件块

3. 组合装配零件

1）并入轴套。单击套筒上插入点，套筒被"挂"在十字光标上（基准点位于光标的中心），随光标移动捕捉支架左端面与下部孔轴线的交点，单击将轴套并入，如图 11-68a 所示。

执行"裁剪"和"删除"命令去掉支架被轴套遮挡的线条。

2）并入盖。单击盖上插入点，盖随光标移动，捕捉轴套右端面上角点，单击将盖并入，如图 11-68b 所示。

执行"裁剪"和"删除"命令去掉支架被盖遮挡的线条。

3）并入定位轴。单击定位轴上插入点，定位轴随光标移动，捕捉轴套内孔阶梯面与轴线的交点，单击将定位轴并入，如图 11-68c 所示。

单击"分解"图标，按操作提示拾取轴套、盖，右击将其打散，执行"裁剪"和"删除"命令去掉被遮挡的线条，如图 11-68d 所示。

4. 按比例放大图形

单击"修改"工具中的"缩放"按钮，命令输入区提示：

命令：scale

选择对象：（框选要放大的图形）

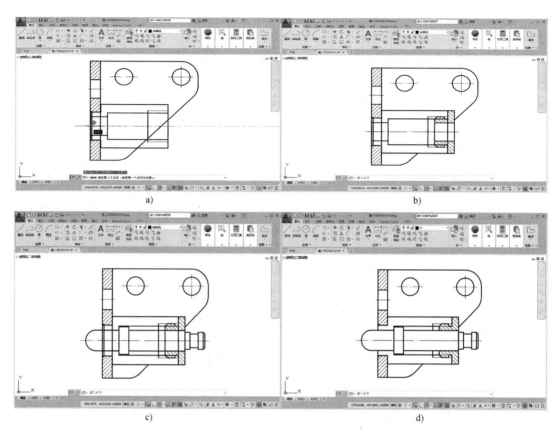

图 11-68　组合装配零件

a）并入轴套　b）并入盖　c）并入定位轴　d）装配图样

指定基点：（单击基点）

指定比例因子或［复制（C）参照（R）：2］

所选图形即被放大。

5. 标注配合尺寸

选择"尺寸标注层"，单击"标注"工具中的"线性"按钮，标注线性尺寸，命令输入区提示：

命令：dimlinear

指定第一个尺寸界线原点或<选择对象>：（单击一侧尺寸界线）

指定第二条尺寸界线原点：（单击另一侧尺寸界线）

指定尺寸线位置或［多行文字（M）/文字（T）/角度（A）/平（H）垂直（V）旋转（R）：m］

弹出"文字格式"编辑框，显示测量值"12"，如图 11-69 所示。

在"12"前面键入"%%c"，在"12"后面键入"H9/d9"并选择"H9/d9"，单击"文字格式"编辑框内的"堆叠"图标，命令输入区提示：

指定尺寸线位置或［多行文字（M）文字（T）/角度（A）水平（H/垂直（V）/旋转（R）］：（合适位置单击确定）

同理，标注其他尺寸。

6. 标注序号

单击"样式"工具中的"多重引线样式"按钮，设置多重引线样式。依次单击"标注"→"多重引线"，命令输入区提示：

命令：mleader

指定引线箭头的位置或〔引线基线优先（L）内容优先（C）选项（O）〕<选项>：（单击引线箭头位置）

指定引线基线的位置：（指定引线位置，在引线末端数字框内输入序号，如图 11-70 所示）。

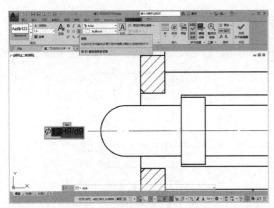

图 11-69　标注配合尺寸　　　　　　图 11-70　标注序号

7. 存储文件

依次单击"文件"→"另存文件"，将现有文件重新命名后保存。

拼画装配时应注意：

1）定位问题。在拼画装配图时经常出现定位不准的问题，如两零件相邻表面没接触或两零件图形重叠等。要使零件图在装配图中准确定位，必须做到两个准确：一是制作块时的"基准点"要准确；二是并入装配图时的"定位点"要准确，因此必须充分利用"显示窗口"命令将图形放大，利用工具点捕捉后，再输入"基准点"或"定位点"。

2）可见性问题。当零件较多时很容易出错，必要时可将块打散，删除被遮挡的图线。

3）编辑、检查问题。将某零件图形拼画到装配图中以后，不一定完全符合装配图要求，很多情况下要进行编辑修改。

第 12 章

机 械 测 绘

12

主要内容

机械测绘的步骤；测量尺寸处理的方法；典型零部件的测绘；装配图的测绘。

学习要点

掌握典型零部件测绘的要求、内容、方法和步骤；了解机械测绘的目的、步骤和尺寸处理方法。

机械测绘是根据已有产品（零部件），借助测量工具或仪器对零部件测量，绘制出零件草图并整理出零件工作图和部件装配图的过程。

设计一般是先有图样，后有样机。测绘与设计不同，测绘是一个反求过程，先有实物再画图样。如果把设计看成是构思实物的过程，则测绘就是一个认识实物和再现实物的过程。

机械测绘对仿造及改造设备、推广先进技术、进行技术交流、革新成果都有重要作用，是工程技术人员必须掌握的专业技能。

12.1 机械测绘概述

12.1.1 机械测绘的目的

根据测绘目的不同，零部件测绘有以下三种类型：

1）设计测绘——测绘为了设计。根据需要对原有设备的零件进行更新改造，这些测绘多是从设计新产品或更新原有产品的角度进行的。

2）机修测绘——测绘为了修配。零件损坏，又无图样和资料可查，需要对坏零件进行测绘。

3）仿制测绘——测绘为了仿制。为了学习先进，取长补短，常需要对先进的产品进行测绘，制造出更好的产品。

根据测绘对象不同，测绘分为零件测绘和部件测绘。零件测绘需绘制零件草图和相应的零件工作图；部件测绘应先对部件进行分析和拆卸，绘制出部件的装配示意图，再对所属的零件进行测绘，最后整理出零件工作图和部件装配图。零件测绘通常与所属的部件（机器）的测绘协同进行，以便了解零件的功能、结构要求，协调视图、尺寸和技术要求。

12.1.2　测量工具

测绘图上的尺寸，通常需要用量具在零部件的表面上测量出来。因此，必须熟悉各类量具的使用。一般的测绘工作使用如下量具。

1）简易量具：有塞尺、钢直尺、卷尺和卡钳等，用于测量精度要求不高的尺寸。

2）游标量具：有游标卡尺、高度游标卡尺、深度游标卡尺、齿厚游标卡尺和公法线游标卡尺等，用于测量精密度要求较高的尺寸。

3）千分量具：有内径千分尺、外径千分尺和深度千分尺等，用于测量高精度要求的尺寸。

4）平直度量具：水平仪，用于水平度测量。

5）角度量具：有直角尺、角度尺和正弦尺等，用于角度测量。

12.1.3　机械测绘的步骤

机械测绘过程主要包括以下步骤：

1. 测绘准备工作

准备拆卸工具、量具、检测仪器、绘图用具，做好场地的清洁工作。

2. 测绘分析

了解测绘工作的任务和目的，确定测绘工作的内容和要求。阅读技术资料，掌握机器或部件的用途、性能、工作原理和结构特点。了解各零件的名称、用途、材料以及它在机器（部件）中的位置和作用，对零件进行结构分析和工艺方法的分析。

3. 零件拆卸

使用合适的拆卸工具对零部件进行拆卸，拆卸下来的零件及时编号，加上号码标签妥善保管。重要的高精度零件要防止碰伤、变形和生锈，以便再次装配时仍能保证部件的性能和精度要求。

4. 装配示意图绘制

对于结构复杂的部件，为了便于装配复原，最好在拆卸时画出装配示意图，它是拆卸零件后重新装配成部件和画装配图的依据。

装配示意图可以采用简化画法和习惯画法，通常用简单的线条画出零件大致轮廓，有些零件可参考机构运动简图符号，可查阅机械制图相关的国家标准。图 12-1a 所示为机用虎钳的轴测分解图和轴测装配图，图 12-1b 为机用虎钳的装配示意图。

5. 绘制零件草图

绘制草图时，零件所有的工艺结构都应画出。草图不应潦草，在同一图样中，图形各个方向的尺寸比例应尽量协调一致。

6. 测量和数据处理

正确使用现有测量工具进行测量。测量尺寸在画出主要图形之后集中进行，不边画边测。按实物测量出来的尺寸，往往不是整数，所以，还应对所测量出来的尺寸进行处理、

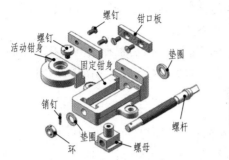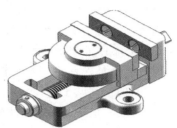

a)

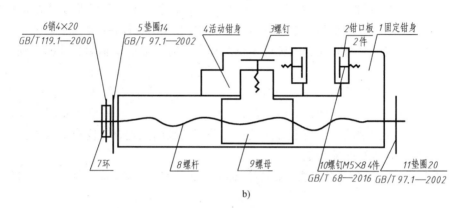

b)

图 12-1　机用虎钳

a）机用虎钳的轴测分解图和轴测装配图　b）机用虎钳装配示意图

圆整。

7. 画装配图和零件工作图

根据装配示意图和零件草图、标准件明细栏画出装配图。再根据零件草图和装配图绘制零件工作图。零件工作图是否准确关系到能否制造出合格的产品，因此从视图选择、尺寸标注到技术要求的制订，都需要认真地分析，实际上这是对零件进行重新设计的过程。

8. 图样整理

测绘工作完成后，要对已经测绘的全部图样进行整理，对图样按要求进行编号，填写在标题栏中图样代号的位置。图样要按规定折叠成 A4 或 A3 的规格，使标题栏露在外面，并装订成册。

9. 测绘报告撰写

测绘报告要求文字简洁、内容完整、阐述清楚。

12.1.4　尺寸处理方法

零件测量时由于加工误差和测量误差，实际测出的尺寸往往不是整数，在绘制零件图时，需要根据零件的实测尺寸推断出原设计尺寸，这个过程称为尺寸圆整。尺寸圆整需要确定公称尺寸、尺寸公差、极限与配合等。尺寸圆整后，不仅可使图形清晰，而且可以采用更多的标准刀、量具，缩短加工周期，提高生产效率。

常规尺寸在设计时采用标准化设计，有互换性或系列化要求，尺寸采用优先数。因此，在对常规设计的尺寸进行圆整时，一般要使其符合国家标准推荐的尺寸系列。尺寸圆整要以实测值作为基本依据，将实测尺寸按优先数系列圆整。

对于配合尺寸、公称尺寸要按照国家标准圆整，然后根据实测的孔和轴的尺寸大小，得出其配合关系（间隙配合、过盈配合或过渡配合），确定基准制原则，确定孔、轴的公差带代号，查表得出具体公差数值。具体步骤如下：

1）确定轴、孔的公称尺寸。

2）确定配合性质。根据拆卸时零件之间松紧程度，可初步判断出是间隙配合还是过盈配合。配合类别由基本偏差确定，通过计算孔、轴实测尺寸之差，计算出尺寸的基本偏差，确定实测间隙或过盈量值。

3）确定基准制。根据零件的结构、工艺性、使用条件、经济性以及零件在机械中的相互关系来确定采用基孔制还是基轴制。在机械制造中同尺寸的孔加工要比轴的加工困难，因此一般都采用基孔制，当与孔配合的轴类零件为标准件时，如滚动轴承的外圈与轴承孔的配合就应采用基轴制。

4）确定公差等级。在满足使用要求的前提下，尽量选择较低等级。当公差等级高于或等于7、8级时，由于高公差等级的孔比较难加工，考虑孔轴工艺等价性原则，常采取孔的公差等级比轴低一级的措施，当公差等级较低时采用孔轴同级配合。同时应根据国家标准规定的常用、优先配合进行匹配选定。

5）校核与修正。确定选用的配合，参照标准公差数值进行粗选，参照基孔制优先、常用配合进行验证。

12.1.5 标准件及标准部件的处理

标准件和标准部件的结构、尺寸、规格等全部是标准化的，测绘时不需画图，只要确定其规定的代号即可。

1. 标准件及常用件的处理

（1）标准件的处理 螺纹连接件（螺栓、螺柱、螺钉、垫圈、螺母）、键和销、链和轴承等，它们的结构形状、尺寸规格已标准化，并由专门的厂家生产。因此，测绘时不需绘制零件草图，只要将其主要尺寸测量出来，查阅有关设计手册，就能确定其规格、代号、标注方法、材料、重量等，然后填入各标准件明细栏中即可。

（2）常用件的处理 常用件主要是指齿轮，它是机械传动中应用最为广泛的传动件。由于与齿轮的轮齿部分结构尺寸相关的模数已标准化，而齿轮的其他部分未标准化，故不同于上述标准件，齿轮需绘制零件图。

测绘时，应将轮齿部分的参数进行测量，计算模数并进行标准化。

2. 标准部件的处理

标准部件包括各种联轴器、减速器、制动器、电动机等。测绘时只需将它们的外形尺寸、安装尺寸、特性尺寸等测出后，查阅有关标准部件手册，确定它们的型号、代号等，汇总后填入标准部件明细栏中。

12.1.6 画图注意事项

在画测绘图时必须注意以下一些情况：

1）零件的制造缺陷，如砂眼、气孔、刀痕等，长期使用所造成的碰伤或磨损，以及加工错误的地方都不应画出。

2）零件上因制造、装配的需要而形成的工艺结构，如铸造圆角、倒角、倒圆、退刀槽、砂轮越程槽、凸台、凹坑等，都必须画出，不能忽略。

3）有配合关系的尺寸，一般只要测出它的公称尺寸，其配合性质和相应的公差值，应在分析考虑后，再查阅有关手册确定。

4）没有配合关系的尺寸或不重要的尺寸，允许将测量所得的尺寸适当圆整（调整到整数值）。

5）螺纹、键槽、齿轮的轮齿等标准结构的尺寸，应该把测量的结果与标准值核对，采用标准结构尺寸，以利于制造。

6）凡是经过切削加工的铸、锻件，应注出非标准起模斜度与表面相交处的角度。

7）零部位的直径、长度、锥度、倒角等尺寸，都有标准规定，实测后，应根据国家标准选用最接近的标准数值。

8）测绘装配体的零件时，在未拆装配体以前，先要分析清楚它的名称、用途、材料、构造等基本情况。

9）考虑装配体各个零件的拆卸方法、拆卸顺序以及所用的工具。

10）拆卸时，为防止丢失零件和便于安装起见，所拆卸零件应分别编上号码，尽可能把有关零件装在一起，放在固定位置。

11）测绘较复杂的装配零件之前，应根据装配体画出一个装配示意图。

12）对于两个零件相互接触的表面，在它上面标注的表面粗糙度要求应该一致。

13）测量加工面的尺寸，一定要使用较精密的量具。

14）所有标准件，只需量出必要的尺寸并注出规格，可不用画测绘图。

12.2　轴套类零件的测绘

1. 零件分析与视图表达

轴套类零件是机器（部件）中常用的典型零件，轴套类零件包括传动轴、支承轴、各类套等，起支承或传递动力的作用，同时又通过轴承与机器的机架连接。它们的基本形状是同轴回转体，主要加工工序在车床、磨床上进行。通常其长度大于直径，其中套类零件壁较薄，易变形。根据其功用和工艺要求，轴套类零件上常有键槽、倒角、轴肩、退刀槽、中心孔、螺纹等结构要素。

轴套类零件的主视图画成水平位置，即轴线水平横放，符合车削和磨削的加工位置，便于工人读图。一般只用一个主视图来表示轴或套上各段阶梯长度及各种结构的轴向位置，键槽、孔和一些细部结构可采用断面图、局部视图、局部剖视图、局部放大图来表示。套类零件为空体结构，主视图轴线横放，符合加工位置。一般多采用剖视图，局部结构配有断面图和局部放大图进行表达。

图 12-2 所示为轴的零件图，为表达键槽的深度，键槽位置作两个移出断面图。

2. 尺寸标注

零件图上的尺寸是制造和检验零部件的关键，所以零件的尺寸标注要做到正确、完整、

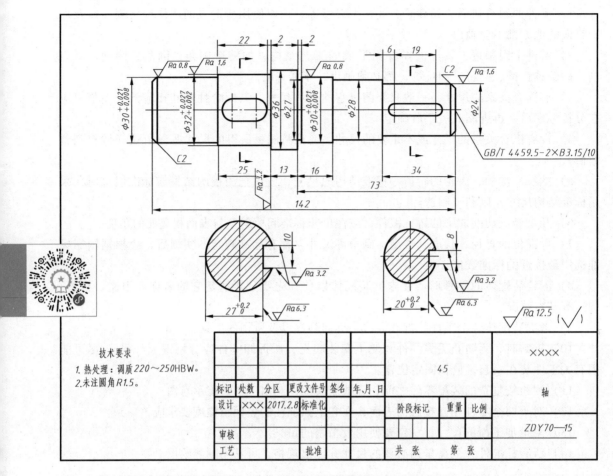

图 12-2 轴零件图

清晰、合理。因此需要在标注尺寸时综合考虑设计基准和工艺基准。

由于轴上相关零部件都与轴配合，因此轴线就是设计基准；加工轴时两端用顶尖支撑，因此轴线也是工艺基准，这样设计基准与工艺基准相重合，加工时容易达到设计尺寸的要求。由此可见，轴线是高度和宽度方向的主要基准。长度方向的主要基准根据设计及工艺要求是安装的主要端面（轴肩），轴的两端一般是作为测量基准。

尺寸标注不仅要符合设计要求，而且还要考虑加工顺序以及测量、检验是否方便。应首先注出轴的主要尺寸，其余多段长度尺寸应该按加工顺序标注，加工时轴上的局部结构，多数就近轴肩定位。

如图 12-2 所示，先以轴线作为径向尺寸基准，注出径向尺寸。轴向尺寸标注顺序如图 12-3 所示，图示轴肩为轴线方向的主要基准，即设计基准，两端面为辅助基准，即工艺基准。首先从主要基准开始标出重要尺寸①，与轴承配合的轴段②。然后分别从左右两端出发，注出轴向各段的轴向尺寸，最后标注键槽、退刀槽尺寸。轴向主要尺寸布置在视图下方位置，键槽长度尺寸、定位尺寸、退刀槽尺寸标注在视图上方，键槽的深度、宽度尺寸标注在移出断面图上。

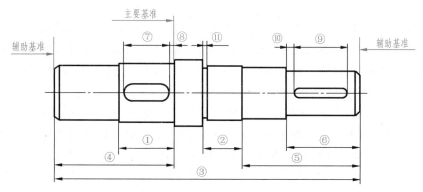

图 12-3　轴向尺寸的基准与标注顺序

3. 轴套类零件的测量

轴套类零件是回转体结构，主要包括轴向尺寸、径向尺寸和一些标准结构。测量时首先要正确地选择基准面。轴的安装端面（轴肩）是轴向尺寸的主要基准，两端面可以作为辅助基准。轴或套的轴线是径向尺寸的主要基准。基准确定后，所有要测量的尺寸均以基准进行测量，尽量避免尺寸换算。轴向尺寸一般为非配合尺寸，可用钢直尺、游标卡尺直接测量各段的长度和总长度，然后圆整成整数。轴套类零件的总长度尺寸应直接测量出数值，不可用各段轴的长度累加计算。径向尺寸多为配合尺寸，先用游标卡尺或千分尺测出各段轴径后，根据配合类型、表面粗糙度等级查阅轴或孔的极限偏差，选择相对应的公称尺寸和极限偏差值。测量有配合部位的尺寸必须同时测量配合零件的相应尺寸。

轴套类零件上的标准结构主要包括螺纹、键槽、孔、倒角等，其测量方法及注意事项如下：

1）螺纹的测量。轴套上的螺纹主要起定位和锁紧作用，一般以普通螺纹较多。普通螺纹的大径、螺距可用螺纹量规直接测量，也可采用拓印法测量，螺纹长度可以用钢直尺测量，再查阅标准螺纹选用最接近的标准螺纹尺寸。测量丝杠或非普通螺纹时，要注意螺纹特征、螺纹线数、螺距和导程、公称直径和旋向。

2）键槽的测量。目测键槽类型，用游标卡尺、钢直尺等测出槽宽 b、槽深 t 和长度 L。根据测量数值结合键槽所在轴段的基本直径尺寸，查阅国家标准确定键的类型和尺寸。

3）挡圈槽的测量。挡圈可以分为轴用挡圈、孔用挡圈、开口挡圈等多种类型。挡圈槽的测量可用游标卡尺、钢直尺等测量挡圈槽的槽宽和直径。然后根据相关国家标准进行尺寸圆整并通过轴的尺寸进行验证。

4）孔的测量。轴上的孔很多都用来安装销钉。常用的销有圆柱销、圆锥销。测量时先用游标卡尺或千分尺测出销孔的直径和长度，然后根据国家标准确定销的公称直径和长度。圆锥销测量小头直径。

5）其他工艺结构尺寸的测量。轴套上常见的工艺结构还有退刀槽、倒角、倒圆和中心孔等。这些结构的测量除使用游标卡尺和钢直尺外，倒圆可以用半径样板测量。标注需按照工艺结构标注方法进行标注，如倒角的标注 $C2$（C 代表 45°倒角，倒角距离为 2mm），退刀槽尺寸标注 2×1（2 表示槽宽，1 表示较低的轴肩高度尺寸）或 2×d（2 表示槽宽尺寸，d 表示槽所在轴段直径尺寸）。

4. 轴套类零件的材料

轴类零件常用材料有 35、45、50 优质碳素结构钢，其中以 45 钢应用最为广泛，一般经过调质处理硬度达到 230~260HBW。不太重要或受载较小的轴可以用碳素结构钢。对于受力较大，强度要求较高的轴，可以 40r 钢调质处理，硬度达到 230~240HBW 或淬硬达到 35~42HRC。在高速、重载条件下工作的轴，选用 20Cr、20CrMnTi、20Mn2B、38CrMoAlA 等合金结构钢。滑动轴承中运转的轴，可用 15 钢或 20Cr 钢，渗碳淬火硬度达到 56~62HRC，也可以用 45 钢表面高频感应淬火。球墨铸铁、高强度铸铁的铸造性能好且具有减振性能，常用于制造外形结构复杂的轴，如应用于汽车、拖拉机、机床上的重要轴类零件。

套类零件的材料一般采用钢、铸铁、青铜或黄铜制成；孔径小的套筒，一般选择热轧或冷拉棒料，也可用实心铸件；孔径大的套筒，常选择无缝钢管或带孔的铸件、锻件。

5. 轴套类零件的技术要求

1）尺寸公差选择。轴与其他零部件配合部分的尺寸有公差要求，选择公差的基本原则：在能够满足使用要求的前提下，应尽量选择较低的公差等级。通常在公称尺寸不大于 500mm 且标准公差不大于 IT8 时，考虑孔比轴难加工，国家标准规定通常轴的公差等级要比孔高一级，如 H7/k6；在公称尺寸不大于 500mm 且标准公差大于 IT8 以及公称尺寸大于 500mm 时，因为孔测量精度相对容易保证，国家标准推荐孔、轴采用同级配合。通常主要轴颈直径尺寸精度一般为 IT6~IT9，精密的为 IT5。阶梯轴的各台阶长度按使用要求给定公差或者按装配尺寸链要求分配公差。

套类零件的外圆表面通常是支承表面，常与轮或箱体机架上的孔过盈或过渡配合，外径公差等级一般为 IT6~IT7。如果外径尺寸没有配合要求，直接标注直径尺寸即可。套类零件孔的直径尺寸公差等级一般为 IT7~IT9（为便于加工，通常孔的尺寸公差要比轴的低一级），精密轴套孔公差等级为 IT6。

2）几何公差选择。轴类零件的形状公差是圆度和圆柱度，它直接影响传动零件、轴承与轴配合的松紧及对中性，一般应限制在尺寸公差之内，公差等级选用 IT6~IT7，具体数值查阅国家标准。

轴类零件的位置公差有同轴度、对称度等，其中轴类零件中的配合轴颈（装配传动件的轴颈）相对于支承轴颈的同轴度是其相互位置精度的普遍要求。由于测量方便的原因，常用径向圆跳动来表示。轴对支承轴颈的径向圆跳动一般为 0.01~0.03mm，高精度轴为 0.001~0.005mm。此外还有轴向定位端面与轴线的垂直度等要求，最终实现轴转动平稳，无振动和噪声。

套类零件形状公差（圆度）一般为尺寸公差的 1/3~1/2。对于较长套筒，除圆度要求外，还应标注圆孔轴线的直线度公差。

套筒的位置公差与加工方法有关。若孔的最终加工是将套筒装入机座后进行，套筒内外圆的同轴度要求较低；若最终加工是在装配前完成的，则套筒内孔对套筒外圆的同轴度一般为 0.01~0.05mm。

3）表面粗糙度。轴类零件一般情况下，支承轴颈的表面粗糙度为 $Ra0.1\mu m$~$Ra0.63\mu m$，其他配合轴颈的表面粗糙度为 $Ra0.63\mu m$~$Ra3.2\mu m$，非配合表面粗糙度则选择 $Ra12.5um$。

套类零件有配合要求的外表面粗糙度为 $Ra0.8\mu m$~$Ra1.6um$，孔的内表面粗糙度为

$Ra0.8\mu m \sim Ra3.2m$，要求高的精密套可达 $Ra0.1\mu m$。在实际测绘中也可参照同类零件运用类比的方法确定表面粗糙度数值。

12.3 轮盘类零件的测绘

1. 零件分析与视图表达

轮盘类零件一般通过键、销与轴连接来传递转矩。轮盘类零件可起支承、定位、密封和传递转矩的作用，如齿轮、链轮、凸轮、手轮以及各种端盖都属于轮盘类零件，它的主要特点是：主体是同轴回转体，直径明显大于轴或轴孔，形状似圆盘状。这类零件常在车床上进行加工，所以图样上的轴线沿水平放置，以便加工零件时图物对照。但对于加工时不以车削为主的零件，也可按工作位置选择主视图。这类零件一般采用两个基本视图，主视图常用剖视表示孔、槽等结构的深度，肋板、轮辐等局部结构可用断面图来表达，细小结构可采用局部放大图表示；另一视图（左视图或右视图）表示零件的外形轮廓和孔、肋、轮辐等其他结构的分布情况。

图 12-4 所示为带轮零件图，采用加工位置作为带轮的主视图的位置，即轴线水平放置。主视图采用全剖视图，表达内部结构；为表达键槽的深度，以及四个圆孔的分布情况，增加左视外形图。

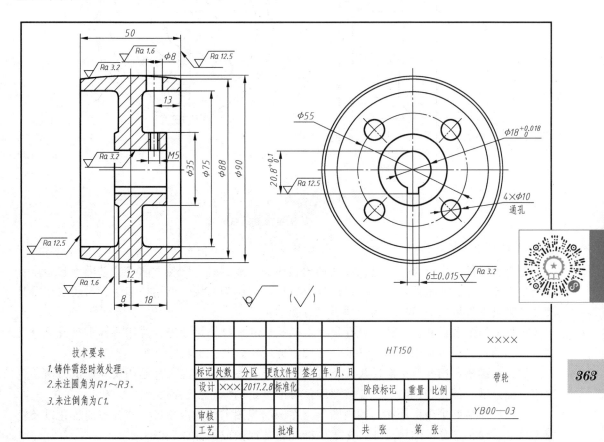

图 12-4 带轮零件图

2. 尺寸标注

轮盘类零件长度方向常选大端面或安装的定位端面为主要基准，高度方向常选主动轴孔的轴线为主要基准，宽度方向常选中间平面为主要基准。

以轴线作为径向尺寸基准，标注径向尺寸，一般标注在非圆视图（主视图）上。

如图 12-5 所示，轴线方向的主要基准（设计基准）为箭头所指的端面，辅助基准（工艺基准）为两端面以及对称面。先从主要基准开始标注尺寸①、②，然后标注出左右两端长度③，以对称面为基准标注出辐板轴向尺寸④，螺纹孔的定位尺寸为⑤，键槽的深度和宽度在左视图上标注，即尺寸⑥、⑦，还有四个均布孔圆心所在的定位圆直径尺寸⑧。

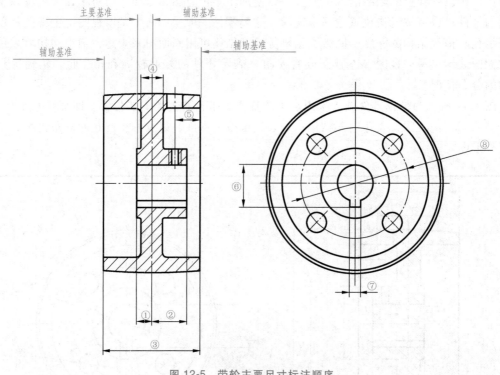

图 12-5　带轮主要尺寸标注顺序

3. 轮盘类零件的测量

轮盘类零件的定形尺寸、定位尺寸都比较明显，测量时先以各方向尺寸基准为起始点直接测量重要尺寸，非重要尺寸可间接测量，零件的轮廓为曲线时可用拓印法、铅丝法获得其尺寸。轮盘零件厚度、铸造结构尺寸可以直接测量。

零件上的配合尺寸，如轴与轴孔尺寸、销孔尺寸、键槽尺寸等，要用游标卡尺或千分尺测量出圆的直径，再利用常规设计的尺寸圆整方法确定其公称尺寸系列。

螺纹、键槽、销孔等标准件尺寸测量后，需要查表确定标准工艺结构尺寸如退刀槽、越程槽、油封槽、倒角和倒圆等，要按照国家标准规定的标注方法标注。

直径尺寸最好集中标注在非圆视图上。在圆的视图上标注键槽尺寸和分布的各孔以及轮辐等尺寸。细小部分的结构尺寸，多集中标注在断面图或局部放大图上。

当零件上有辐射状均匀分布的孔时，一般应测出均布孔圆心所在的定位圆直径。精度较低的孔间距可利用钢直尺和卡钳配合测量，精度较高的可用游标卡尺测量。

1）孔为偶数时，测量方法如图 12-6a 所示。用游标卡尺内测量面测对称孔的尺寸 A 和孔径 d，则定位圆直径 $D=A-d$。

2）孔为奇数且在定位圆的圆心处有圆孔时，测量方法如图 12-6b 所示。可用两不等孔径中心距的测量方法，先用游标卡尺测量尺寸 B、d_1 和 d_2，则 $A=B+(d_1+d_2)/2$，孔的定位圆直径 $D=2A$。

3）孔为奇数，且中心处又无同心孔时，测量方法如图 12-6c 所示。可用间接方法测得，量出尺寸 H 和 d，根据孔的个数算出 α，图中 $\alpha=60°$，$\sin60°=(H+d)/D$，从而可以求得 D 的尺寸。

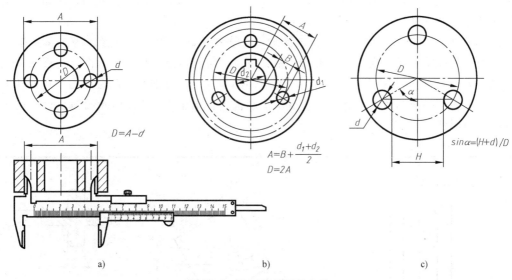

图 12-6　孔间距的测量方法

4. 轮盘类零件的材料

轮盘类零件的坯料多为铸锻件，材料有 HT150、HT200、铸钢等，一般不需要进行热处理。但重要的、受力较大的锻造件常用正火、调质、渗碳和表面淬火等热处理方法。

5. 轮盘类零件的技术要求

（1）尺寸公差的选择　轮盘类零件配合的孔轴尺寸公差通常比较小，要根据实际配合（过盈、过渡、间隙）需求进行选择，通常轮盘的公差等级为 IT6～IT9。

（2）几何公差的选择　轮盘零件与其他零件接触的平面应有平面度、平行度、垂直度等要求；轮盘的圆柱面应有同轴度的要求，公差等级通常为 IT7～IT9。

（3）表面粗糙度的选择　有相对运动的轮盘类零件（如齿轮），其配合的孔表面、与轴肩定位的端面等表面粗糙度数值都较小，推荐数值为 $Ra0.8\mu m \sim Ra1.6\mu m$；相对静止配合的表面其表面粗糙度要求稍低，推荐数值为 $Ra3.2\mu m \sim Ra6.3\mu m$；非配合表面粗糙度推荐数值为 $Ra6.3\mu m \sim Ra12.5\mu m$。对于非配合的铸造面如减速器轴承端盖则无须标注表面粗糙度数值。表面粗糙度和加工方法相关，也可参照同类零件运用类比的方法确定表面粗糙度数值。

12.4 叉架类零件的测绘

1. 零件分析与视图表达

叉架类零件包括拨叉、连杆、支架、摇臂等，主要起拨动、连接、支承和传动的作用。该类零件一般由安装、工作和连接三部分组成，安装部分一般为板状，上面布有安装孔、凸台和凹坑等结构；工作部分常为圆筒状，上面有较多的细小结构，如油孔、油槽、螺纹孔等；连接部分多为肋、板、杆等结构。

叉架类零件不规则，加工位置多变，在选择主视图时，主要考虑工作位置和形状特征。通常需要两个或两个以上的基本视图，并且要用向视图、局部视图、斜视图、断面图、剖视图等表达零件的细部结构。

图 12-7 所示为拨叉零件图。由于拨叉加工工序较多，采用工作位置作为拨叉主视图的位置，并尽量反映各部分间的位置关系。根据拨叉的结构特点，增加左视图。主视图采用局部剖视图表达支承孔的内部，左视图采用两个局部剖视图，分别表示凸台上的小孔以及上部矩形槽；为表达倾斜凸台的形状特征，需增加斜视图；采用 B—B 移出断面图表达连接部分肋板的截面形状。

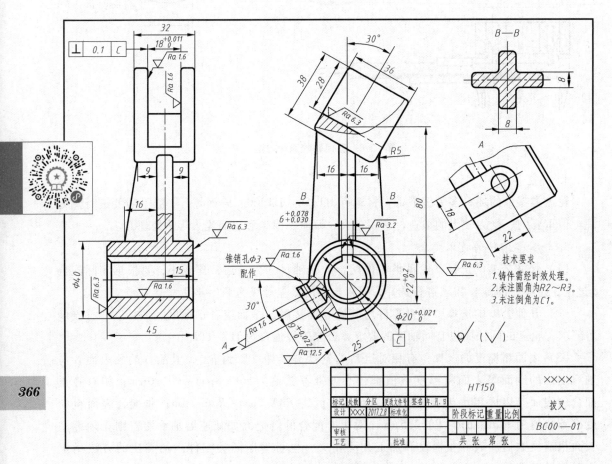

图 12-7 拨叉零件图

2. 尺寸标注

叉架类零件的尺寸较复杂，尺寸主要基准一般为孔的中心线、轴线、中间平面、安装基准平面和较大的加工平面。

标注时以安装孔轴线作为高度方向主要基准，以过安装孔轴线的对称平面作为宽度方向的主要基准，以工作部分矩形槽的对称面作为长度方向的主要基准，以支承圆筒左、右端面作为长度方向的辅助基准，如图 12-8 所示。

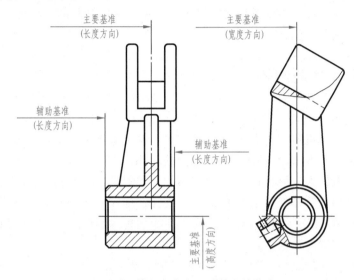

图 12-8　拨叉各方向尺寸基准的确定

3. 叉架类零件的测量

叉架类零件测量方法与轴套类、轮盘类相同，在测量前应先根据零部件结构特征分析尺寸基准平面。支承孔和安装孔是重要的配合结构，所以支承孔和底板上安装孔的定形、定位尺寸作为重要参数需要用游标卡尺或千分尺进行精确测量。必要时可借助检验棒作为辅助工具配合高度游标卡尺进行测量。

工艺结构、退刀槽、倒角测量后按照规定标注方法进行标注，螺纹、键槽等标准结构测量后需要查阅标准确定尺寸。

4. 叉架类零件的材料

叉架类零件毛坯一般由铸造和锻造而成，然后再进行切削加工，如车、铣、刨、钻等多种工序，其材料多为 HT150、HT200，一般不需要进行热处理，对于做周期运动且受力较大的锻造件，也可用正火、调质、渗碳和表面淬火等热处理方法。

5. 叉架类零件的技术要求

（1）尺寸公差的选择　叉架类零件工作部分孔与轴有配合要求，孔需要标注尺寸公差，配合孔中心定位尺寸也常有尺寸公差要求。通常轴孔配合是采用基孔制，但也要根据实际配合要求确定，通常选择公差等级为 IT7~IT9。在图 12-7 中，安装孔 20mm 采用基孔制公差，公差等级取 IT7，工作部分矩形槽与相邻零件的配合采用基孔制，公差等级取 IT6。键槽尺寸根据键槽所在孔直径大小，查阅国家标准得到。

（2）几何公差的选择　叉架类零件的安装部分与其他零件接触的表面应有平面度、垂直度要求，工作部分的内孔轴线应有平行度要求，具体几何公差要根据零件具体要求确定，公差等级一般为 IT7～IT9，也可参考同类型零件图采用类比法确定。

（3）表面粗糙度的选择　叉架类零件通常只有工作面和安装接触面有表面粗糙度要求，零件的其他表面对表面粗糙度没有特殊要求。一般情况下，零件支承孔表面粗糙度数值为 $Ra1.6\mu m～Ra6.3\mu m$，安装底板接触表面的表面粗糙度数值为 $Ra3.2\mu m～Ra6.3\mu m$，非配合表面的表面粗糙度数值为 $Ra6.3\mu m～Ra12.5\mu m$，其余表面都是铸造面或锻造面，不做要求。

其他技术要求在图样空白位置用文字描述，如热处理要求为时效处理，未注铸造圆角为 $R2～R3$，未注倒角为 $C1$ 等。

12.5　箱体类零件的测绘

1. 零件分析与视图表达

箱体类零件是组成机器（部件）的主体零件，主要起支承、包容、密封其他零件的作用。箱体类零件形状虽然随着机器（部件）中的功用不同而发生变化，但仍有许多共同特点：体积和尺寸一般较大，形状较复杂，空腔结构且壁厚多不均匀；箱壁上带有轴承孔、凸台、凹坑、肋等结构；箱体上常有安装板、安装孔、螺纹孔等结构；箱体外形常有起模斜度、铸造圆角等铸造的工艺结构。箱体类零件多为铸件，毛坯制成后要经过铣、刨、镗、钻等多种工序，加工位置变化较多。

箱体类零件形状比较复杂，需要多个视图才能表达清楚，在选择主视图时，要根据箱体零件的工作位置和形状特征综合考虑确定。其他视图根据零件内外特征可以采用基本视图、剖视图、局部视图、斜视图、断面图等多种形式表达，局部结构还可以采用局部放大和规定画法表示。

图 12-9 所示为阀体的零件图，采用三个基本视图加局部视图表达。主视图按照工作位置投射，采用旋转的全剖视图，表达阀体空腔的形状结构；左视图采用局部剖视图，表达后面小孔的深度以及阀体左端凸台形状特征；俯视图采用局部剖视图，表达底座安装孔以及上部法兰安装孔的分布情况，同时进一步表达内部空腔形状；后视的局部视图表达后面凸台的形状特征与位置。

2. 尺寸标注

由于箱体类零件结构相对复杂，在标注尺寸时，确定各部分结构的定位尺寸尤其重要，因此首先要选择好长、宽、高三个方向尺寸基准。基准选择一般是安装表面、主要支承孔轴线和主要端面，具有对称结构的通常以对称面作为尺寸基准。

图 12-9 所示阀体以水平轴线作为高度方向的主要基准，以上、下端面作为高度方向的辅助基准；以垂直孔轴线作为长度方向的主要基准，以左端面作为长度方向的辅助基准；以前后对称面作为宽度方向的主要基准，如图 12-10 所示。

标注尺寸时的注意事项如下。

1）先标注定形尺寸，如箱体的长、宽、高、壁厚各种孔径及深度、圆角半径、沟槽深度、螺纹尺寸等。

2）再标注定位尺寸。定位尺寸一般应从基准直接注出。选择基准时最好统一，即设计基准、定位基准、检测基准和装配基准力求统一，这样既可减少基准不重合产生的误差，又

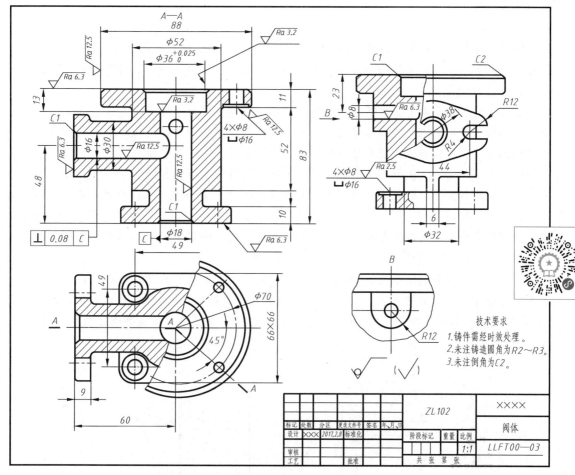

图 12-9　阀体零件图

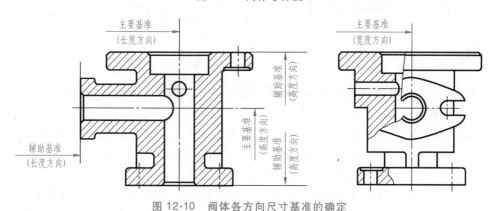

图 12-10　阀体各方向尺寸基准的确定

可简化工夹、量具的设计、制造和检测的过程。

3）对影响机器（部件）工作性能的尺寸应直接注出，如轴孔中心距。

4）标注尺寸要考虑铸造工艺的特点。铸造圆角、起模斜度等在基本几何形体的定位尺寸标注后标注。

5）重要的配合尺寸都应注出尺寸公差。箱体尺寸繁多，标注时应避免遗漏、重复及出现封闭尺寸链。

3. 箱体类零件的测量

箱体类零件的结构根据其在机器（部件）中的作用及加工工艺要求的不同而有所区别。箱体类零件上常见的局部结构主要有凸缘、凸台、凹坑、圆角、倒角、斜度、锥度、油孔、螺纹孔、退刀槽等。

箱体上的凸缘基本上为直线段和圆弧，且均与其他零件有形体对应关系。凸缘上通常都有空体结构，外形则围绕内形而确定。对于不方便直接测绘的凸缘可采用拓印法或铅丝法进行曲面测量，也可以通过测量有形体对应关系的其他零件尺寸来确定。

铸造表面相交处一般以圆角过渡，铸造圆角分为铸造内圆角和铸造外圆角。铸造圆角一般用圆角规进行测量，将其实际测量的数值再参照相关标准确定（如 JB/ZQ 4255—2006）。绘制铸造圆角时要注意，同一铸件上的圆角半径种类应尽可能少，标注铸造圆角的尺寸时，除个别圆角的半径直接在图上标注，一般都可在技术要求中集中标注。例如，在技术要求中标注"未注铸造圆角 $R5$"或者"未注铸造圆角 $R3 \sim R5$"。

在箱体上常设有润滑油孔、油槽以及检查油面高度的油标安装孔和排放污油的放油螺塞孔等。这些孔在箱体上通常表现为各式各样的斜孔，测绘时斜孔的测量方法和尺寸标注如图 12-11 所示。从图中可以看出，斜孔需要标注定形尺寸直径、到基准的定位尺寸 L 和角度 α。

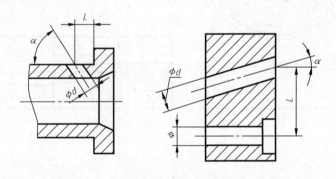

图 12-11 斜孔的测量

在测绘时，有时还需要检查各孔是通孔还是不通孔，各孔之间的相互连接关系，其测量常采用以下三种方法：

1）插入检查法。可用细铁丝或细硬塑料线等直接插入孔内，从而进行检查和测绘。

2）注油检查法。将油直接注入待测孔中，与它连通的孔就会有油流出来。不需检查的孔则用堵头或橡皮塞堵住，保证测绘的准确和可靠性。

3）吹烟检查法。测绘时可借助于塑料管、硬纸制作的卷筒等工具，将烟雾吹进待测孔内，如果是相互连通的孔，马上就会有烟雾冒出，然后再堵住这些孔，检查与其他孔之间的关系。此法非常简便，也具有一定的实用价值。

测量箱体上内环形槽的直径，可以用打样膏或橡皮泥拓出凸模，测量出深度尺寸 C，即可间接测量出内环形槽的直径尺寸，如图 12-12 所示。

4. 箱体类零件的材料

箱体类零件形状较复杂，毛坯绝大多数采用铸件，少数采用锻件和焊接件。根据需要箱

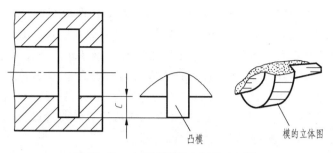

凸模

模的立体图

图 12-12　内环形槽的直径尺寸测量

体材料可选用 HT100~HT400 的灰铸铁，最常用的是 HT200。当箱体类零件是单件或小批量时，为缩短毛坯的生产周期，可采用钢板焊接。

5. 箱体类零件的技术要求

箱体类零件的作用是支承、包容、安装其他零件，为了保证机器（部件）的性能和精度，箱体类零件需要标注一系列的技术要求。包括零件结构的尺寸公差、几何公差及表面粗糙度要求，以及热处理、表面处理和有关装配、密封性、检测、试验等要求。

（1）尺寸公差的选择　在箱体类零件中，为了保证机器（部件）的性能和精度，尺寸公差主要表现在箱体类零件上有配合要求的轴承座孔、轴承座孔外端、箱体外部与其他零件有严格安装要求的安装孔等结构。

在能够满足使用要求的前提下，应尽量选择低的公差等级。通常在公称尺寸不大于500mm 且标准公差等级不大于 IT8 时考虑孔比轴难加工，国家标准规定通常孔的公差等级要比轴低一级，如 H7/k6；在公称尺寸不大于 500mm 且标准公差大于 IT8 以及公称尺寸大于500mm 时，因为孔测量精度相对容易保证，国家标准推荐孔、轴采用同级配合。在实际工作中根据配合需求进行选择，通常轴承孔的精度要求较高，公差等级选为 IT6 或 IT7，其他孔一般选为 IT8。如图 12-9 所示，上部与阀座相配合的孔 ϕ36mm 有公差，采用基孔制，公差等级选为 IT7。

（2）几何公差的选择　箱体的装配和加工定位基准平面，有较高的平面度要求；轴承孔与装配基准平面有平行度要求，与端面有垂直度要求；各平面与装配基准平面也有一定的平行度与垂直度要求。

箱体上支承孔有位置度误差、圆度或圆柱度误差要求，可分别采用坐标测量装置和千分测量。

箱体上孔与孔有同轴度和平行度误差要求。同轴度采用千分表配合检验心轴测量；平行度先用游标卡尺测出两检验心轴的两端尺寸后，再通过计算求得。

箱体类零件测绘中可先测出箱体类零件上各有关部位的几何公差，然后参照同类型零件进行确定。测量时必须注意尺寸公差应该和表面粗糙度等级相适应，其中孔的测量精度要求如下：

1）孔径精度。孔的形状误差会造成轴承与孔配合不良，从而降低支承刚度，产生噪声，使轴承外环变形并引起主轴径向圆跳动。孔的形状精度一般控制在尺寸公差的 1/2 范围内即可。

2）孔与孔的位置精度。轴承孔中心距，尺寸极限偏差允许值为 $\pm(0.05\sim0.07)$ mm。

3）表面粗糙度。箱体零件上的定位基准平面和基准孔都应有较小的表面粗糙度，否则直接影响零件加工时的定位精度，也对与之相接触的零部件工作精度产生影响。一般情况下，箱体主要平面和支承孔的表面粗糙度值为 $Ra3.2\mu m$ 或 $Ra6.3\mu m$，但要求高的支承孔的表面粗糙度值可为 $Ra1.6\mu m$。对于非加工的铸造表面，表面粗糙度不作要求。在实际测绘时，可参考同类零件，运用类比的方法确定测绘对象各个表面具体的表面粗糙度值。

4）其他。用文字说明未注尺寸，如未注铸造圆角为 $R3$、起模斜度 $3°$ 等，最终热处理及表面处理要求及其他技术要求也通过文字说明给出。

12.6 装配体的测绘

装配体的测绘首先需要通过收集和查阅有关资料了解部件的用途、工作原理、结构特点及装配关系，再正确拆卸部件，了解装配关系。然后确定表达方法、目测比例、徒手绘制草图、测量尺寸并标注，最后尺规绘图或计算机绘图。以一级齿轮减速器为例说明部件测绘的方法和过程。

12.6.1 减速器概述

减速器是一种常用的减速装置。由于电动机的转速很高，而工作机往往要求转速适中，因此在电动机和工作机之间需加上减速器以调整转速。减速器的种类有很多，按照传动类型可分为齿轮减速器、蜗杆减速器、行星减速器以及由它们组合起来的减速器组；按照传动的级数可分为单级减速器和多级减速器；按照齿轮形状可分为圆柱齿轮减速器、锥齿轮减速器和锥齿轮-圆柱齿轮减速器。一级齿轮减速器是最简单的一种减速器。

1. 工作原理

图 12-13 所示为单级圆柱直齿轮减速器的运动简图。当减速器工作时，回转运动是通过齿轮轴传入，再经过小齿轮传递给大齿轮，经过键连接将减速后的回转运动传递给从动轴，从动轴将回转运动传递给工作机械。

电动机通过带轮带动主动轴（输入轴）转动，再由小齿轮带动从动轴上的大齿轮转动，将动力传输到从动轴（输出轴），以实现减速的目的。

减速器的减速功能是通过相互啮合齿轮

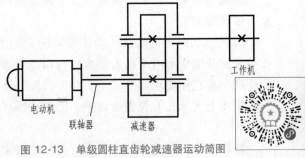

电动机　　　　　联轴器　　减速器　　工作机

图 12-13 单级圆柱直齿轮减速器运动简图

的齿数差异来实现的。减速器的特征参数是传动比 i，它的表达式为 $i = n_1/n_2 = z_2/z_1$，其中 z_1、z_2 分别表示主动轮、从动轮的齿数；n_1、n_2 分别表示主动轮、从动轮的转速。通常，单级圆柱直齿轮减速器的传动比 $i \leqslant 5$。

2. 结构分析

图 12-14 所示为单级圆柱直齿轮减速器。减速器一般采用分离式结构。减速器由以下各部分结构组成，各部分结构的功能如下：

（1）传动装置　传动装置是减速器的主要部分，相关零件分布在两条轴线上。其中，齿轮轴是指齿轮与轴连成一体，而大齿轮与轴之间采用平键连接，并通过轴肩、轴套实现轴

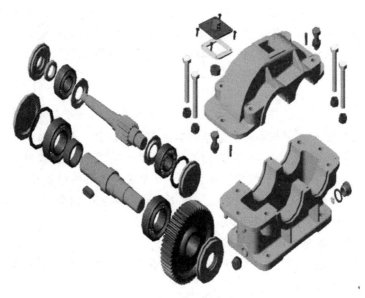

图 12-14　单级圆柱直齿轮减速器零（部）件分解图

向定位。

（2）包容装置　包容装置由箱体和箱盖组成，它们包容并支承传动装置，使整个减速器形成一个整体，并形成封闭式传动。箱体的左右两边有四个呈钩状的加强肋板，用于起吊运输。

（3）支承、调整装置　齿轮轴和从动轴分别由一对滚动轴承支承，轴承的轴向定位通过轴肩、端盖实现。当减速器工作时，箱体升温会导致两轴热胀伸长，当轴向两端伸长时，会通过轴肩推动两滚动轴承的内圈外移。为防止外移量超出轴承本身允许的轴向游隙而使轴承卡死无法运转，在两轴端盖处的内侧装入了两个调整环，以保证轴热胀伸长后，轴的端面不与端盖接触，调整环的厚度尺寸需在装配时确定。安装时，使各相邻零件的端面相互贴合，测出轴承外圈与端盖间的距离，再减去 0.5mm 的轴向游隙，即为调整环的厚度尺寸。

（4）润滑装置　减速器齿轮采用稀油飞溅润滑。箱体内装有润滑油，油面高度约为大齿轮浸入一个齿高深度即可，大齿轮运转时，齿面上的润滑油即可保证两齿轮啮合时的良好润滑状态。主动齿轮轴的一对滚动轴承则采用润滑脂润滑，考虑到可能有少量的稀油飞溅流入轴承中，故在轴承靠空腔的一侧设置了挡油环，以防止油稀释轴承内的润滑脂。

（5）密封装置　减速器除在箱体与箱盖接合面、油标装置、换油装置、观察窗和透气装置等处放置垫片保证密封外，还要在外伸轴的透盖内设置密封装置，以防止箱体内的润滑剂由伸出轴位置渗漏，同时防止外界灰尘、水气、杂质等进入。具体做法是在透盖内开一梯形沟槽，装配时在沟槽内填入毡圈油封。测绘时，透盖内梯形沟槽尺寸不便量取，需查表确定。

（6）油标　油标位于减速器箱体侧面的居中位置，由油面指示片、反光片及油标盖等零件组成。油标是为观察润滑剂的液面高度而设置的，可以及时了解润滑剂的损耗情况。油面指示片上刻有油位的上下极限位置。

（7）换油装置　箱体内的油需定期排放并注入新油。为此，在箱体的最低处开设了放油孔，工作时通过螺塞、垫圈密封，旋开螺塞可排放污油。为便于排放，箱体底面应沿放油孔方向倾斜 $1° \sim 1.5°$。

（8）观察窗和透气装置　在减速器箱盖上方的方形窥视孔是用于观察、检查减速器内部齿轮啮合情况的。拆去减速器上方的视孔盖，则可由此位置添加润滑油或换油后注入新油。视孔盖上的通气塞钻有通孔，可及时释放箱体内的气体和水蒸气，从而平衡减速器内外气压，保证工作安全。

12.6.2　拆卸部件与绘制装配示意图

减速器是机械制图测绘训练中较为复杂的装配部件。因此，在拆卸前必须认真了解减速器各部分的组成、功能原理以及各零件之间的相互关系。主要拆卸步骤如下。

1）箱体与箱盖之间通过 6 个螺栓连接，拆下 6 个螺栓即可将箱盖卸去。

2）分别抽出两轴系的端盖，取出透盖，取下剩余的两装配轴系。

3）分别拆卸主动轴和从动轴装配线上的零件。

4）拆卸箱体上的螺塞、油标装置。

5）拆卸观察窗和透气装置，一一卸下各零件，完成拆卸。拆卸过程需边拆卸边记录，同时编制标准件明细栏。

拆卸零件时注意不要用坚硬物品乱敲，以防敲毛、敲坏零件，影响装配复原。对于不可拆的零件（如过渡配合或过盈配合的零件）不要轻易拆下。拆下的零件应妥善保管，依序同方向放置，以免丢失或给装配增添困难。装配时，顺序一般要倒转过来，后拆的零件先装，先拆的零件后装。

部件被拆开后为了便于装配复原，在拆卸过程中应尽量做好记录，最简单和常用的方法就是绘制装配示意图（也可采用照相乃至录像等方法）。

装配示意图可以在拆卸前画出初稿，然后边拆卸边补充完善，最后画出完整的装配示意图。装配示意图用简单线条画出大致轮廓，以表示零件间的相对位置和装配关系。它是绘制装配图和重新装配的依据。图 12-15 所示为某种型号减速器的装配示意图。该减速器的主动轴与被动轴两端均由滚动轴承支承。工作时采用飞溅润滑，改善了工作情况。垫片、挡油环、填料是为了防止润滑油渗漏和灰尘进入轴承。支承环是防止大齿轮轴向窜动，调整环是调整两轴的轴向间隙。减速器机体、机盖用键、销定位，并用螺栓紧固。机盖顶部有观察孔，机体有放油孔。

12.6.3　绘制零件草图与零件图

单级圆柱齿轮减速器共有 35 个零件，其中 17 个为标准件，其余为非标准件。非标准件均应绘制零件草图。在进行草图绘制时，应根据其结构对零件进行分类处理，然后再根据零件的不同类型，采取相应的表达方法绘图，并进行尺寸标注及技术要求注写。例如，箱体、箱盖可归为箱体类零件，齿轮轴、齿轮、套筒、挡油环、端盖、透盖等轴系上的零件大部分可归为轴套类或轮盘类零件。

绘制零件草图与零件图时，请注意以下几个问题：

1）核查各零件的名称、数量。对于标准件应测出其主要尺寸，查表定标记，记入零件明细栏，并确定画各零件草图的先后顺序。

2）分析零件的作用。鉴定零件所用的材料，正确标注材料代号。

3）对零件进行结构分析。分析清楚各结构的作用，以利于完整、清晰地表达其结构形

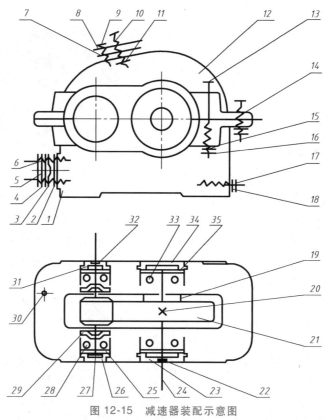

图 12-15 减速器装配示意图

1—箱体 2、7—垫片 3—反光片 4—油面指示片 5—油标盖 6、9—螺钉 8—视孔盖 10—通气塞
11、16—螺母 12—箱盖 13—螺栓 M8×65 14—螺栓 M8×25 15—弹簧垫圈 17—螺塞 18—平垫圈
19—套筒 20—键 21—齿轮 22、32—密封圈 23、31—透盖 24—轴 25、35—调整环
26、34—端盖 27—齿轮轴 28、33—滚动轴承 29—挡油环 30—圆锥销

式和标注尺寸。对于测绘有缺陷和需要修、换的零件，不应画出其结构缺陷。

4）对零件进行工艺分析，了解零件的加工工艺，以利于零件形状的表达、基准选择和标注尺寸。

5）拟定零件的表达方案，确定主视图、视图数量和表达方法。按上述步骤，逐一画出各零件（不包括标准件）草图。

6）零件草图应徒手绘制，要求做到：目测大致比例，徒手画线；线型粗细分明；各项内容俱全，表达完整、清晰；字体工整，图面整洁。

7）尺寸标注应做到：正确、完整、清晰，并力求合理。零件图画完后，应画出全部的尺寸界线、尺寸线和箭头，然后再集中测量各尺寸数值，依次标注尺寸数字，以确保尺寸准确和有联系的尺寸能够联系起来。不要边测、边画、边标注尺寸。

8）对零件的技术要求的选择，不强求十分合理、准确，但要区分加工面与非加工面、接触面与非接触面、配合面与非配合面的不同技术要求，并且标注形式应符合规定。

以减速器的箱底为例说明零件草图及零件图的画法。

图 12-16 所示为减速器箱座的基本结构，材料为铸铁，毛坯为铸件。

主视图选择局部剖视图，主要表达孔槽的结构；俯视图前后基本对称，可以采用半剖视图，但半剖后表达的内容不多，且机座螺栓孔的凸台等仍未表达清楚。综合比较，采用视图表达无须剖切。左视图表达可考虑采用两个平行的平面剖切的阶梯剖视图来表达。箱座的零件图如图 12-17 所示。

12.6.4 减速器的装配图

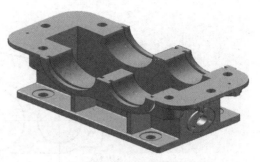

图 12-16 减速器箱座基本结构

在画装配图之前，要对现有资料进行整理和分析，进一步分析清楚部件的用途、性能、结构特点以及各组成部分的相互位置和装配关系，对其完整形状做到心中有数。

根据装配图的视图选择原则，确定表达方案。装配图需要表达部件的工作原理、传动路线、各零件间的连接关系以及主要零件的主要形状等。在确定部件的装配图表达方案时，通常先确定其安放位置，再确定主视图的投射方向，然后根据表达需要选择其他视图，最后根据需要选择各视图的表达方法。因此，对该减速器的表达方案可考虑为：采用主视图、俯视图、左视图三个基本视图来表达减速器的结构、工作原理、运动传递路线和装配关系。

主视图方向按工作位置选择，表达整个部件的外形特征，并通过几处局部剖视图，分别反映观察窗、油标、放油孔、螺栓连接等内部结构。

俯视图需要表达两齿轮的啮合关系、沿两轴轴向零部件的装配关系及两轴系与箱体的装配关系，因此，在俯视图中将箱盖及其上零件拆去，以便能清晰表达以上内容。俯视图沿箱体箱盖之间的接合面进行剖切表达，在剖视图中，实心零件（齿轮轴和从动轴）应按不剖处理，故俯视图中两轴均按外形画出，而大齿轮不属于实心零件，只是为了反映大小齿轮的啮合关系，需在图中啮合处对齿轮轴进行局部剖切。

左视图主要是补充表达减速器外形。

齿轮减速器装配图的画图具体步骤，建议如下：

1）根据表达方案画主要基准线，即画出两基本视图中主动齿轮轴和从动齿轮轴装配干线的轴线（在俯视图中）和中心线（在主视图中），主视图的底面和俯视图中的主要对称面的对称线。

2）可先从主视图画起，几个视图联系起来画。也可先画俯视图（剖视图），再画主视图和其他视图。在画出两轴后，画与与主动齿轮轴啮合的大齿轮（注意：从动齿轮轴的轴肩处距离主要对称面的对称线为大齿轮宽度的 1/2），再将两轴上的其他零件依次由里向外逐个画出。然后画机体、机盖、密封盖（闷盖）和透盖。也可以先画机体，再画出两轴后，并依次由外向里画出密封盖、透盖等零件。要注意按尺寸画出时，轴向的间隙可用调整环调整，即把调整环画到轴向的空隙处（数量并不限定）。

3）完成主要装配干线后，再画其他零件（如上下箱体连接件、视孔盖及其连接件、密封盖、透盖的连接件、油杯和放油塞等），直至部件的其他细节一一画出。

4）检查、描深、标注尺寸（按装配图的尺寸要求标注，一般只标注五类尺寸，有多少标注多少，不必多标注）。

5）编零件号，填写明细栏、标题栏和技术要求。编零件号时一定要细心，认真核对零件数量，不能出错。核对好后，再画零件序号的引线。

减速器的装配图如图 12-18 所示。

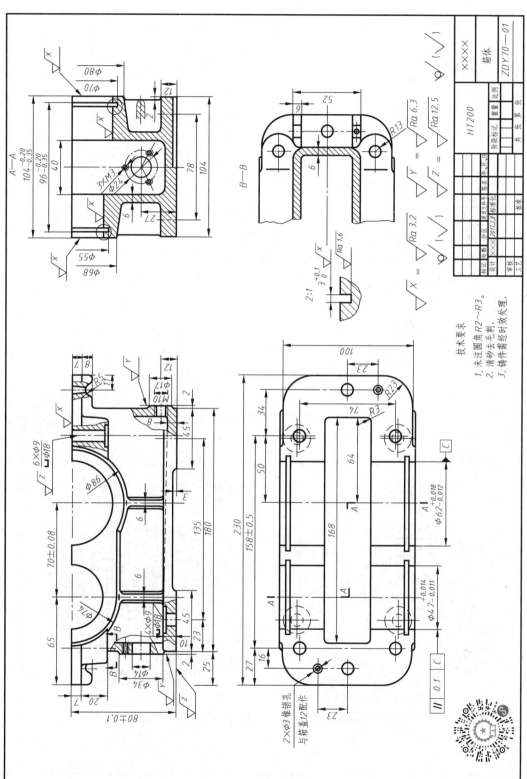

图 12-17 箱座零件图

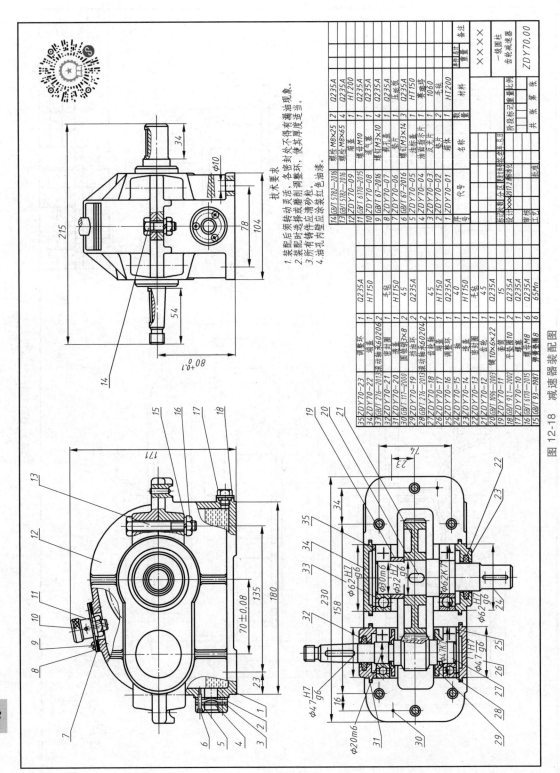

技术要求

1. 装配后须转动灵活，各密封处不得有漏油现象。
2. 装配时选择或磨削调整环，使其厚度适当。
3. 所有铸件应清理砂粒。
4. 油孔内壁应涂装红色油漆。

35	ZDY70-23	调整环	1	Q235A		
34	ZDY70-22	端盖	1	HT150		
33	GB/T 276-2013	滚动轴承60206	2			
32	ZDY70-21	密封圈	1	毛毡		
31	ZDY70-20	套杯	1	HT150		
30	GB/T 117-2000	圆锥销3×8	2	45		
29	ZDY70-19	端盖	1	Q235A		
28	GB/T 276-2013	滚动轴承60204	2			
27	ZDY70-18	挡油环	1	45		
26	ZDY70-17	调整环	1	HT150		
25	ZDY70-16	油封	1	Q235A		
24	ZDY70-15	套杯	1	HT150		
23	ZDY70-14	端盖	1	HT150		
22	ZDY70-13	密封圈	1	毛毡		
21	ZDY70-12	齿轮	1	45		
20	GB/T 1096-2003	键10×6×22	1	Q235A		
19	GB/T 911-2002	至盖	2	15		
18	ZDY70-11	平垫圈10	2	Q235A		
17	ZDY70-10	窥盖	1	Q235A		
16	GB/T 6170-2015	螺母M8	6	Q235A		
15	GB/T 93-1987	弹簧垫圈8	6	65Mn		

14	GB/T 5782-2016	螺栓M8×25	2	Q235A		
13	GB/T 5782-2016	螺栓M8×65	4	Q235A		
12	ZDY70-09	箱盖	1	HT200		
11	ZDY70-08	通气塞	1	Q235A		
10	ZDY70-07	视孔盖	4	Q235A		
9	GB/T 67-2016	螺钉M3×10	4	Q235A		
8	ZDY70-06	垫片	1	压纸板		
7	ZDY70-05	油标尺	1	Q235A		
6	GB/T 67-2016	螺钉M3×14	3	Q235A		
5	ZDY70-04	油窗垫片	1			
4	ZDY70-03	油窗	1	塞璐珞		
3	ZDY70-02	垫片	1	毛毡		
2	ZDY70-01	挡块	2	1060		
1	ZDY70-01	箱体	1	HT200		
序号	代号	名称	数量	材料	单重 总重	备注
					重量	

							×××××
设计	浙水院数控分区	设计核准 群体配			阶段标记	重量 比例	一级圆柱 齿轮减速器
制图	设计×××× 2017.2	核准配					
审核					共 张 第 张		ZDY70.00
工艺							

图 12-18 减速器装配图

附　　录

附录 A　螺纹

表 A-1　普通螺纹直径、螺距与公差带（摘自 GB/T 192—2003、GB/T 193—2003、GB/T 196—2003、GB/T 197—2018）（单位：mm）

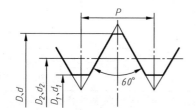

D——内螺纹基本大径（公称直径）

d——外螺纹基本大径（公称直径）

D_2——内螺纹基本中径

d_2——外螺纹基本中径

D_1——内螺纹基本小径

d_1——外螺纹基本小径

P——螺距

标记示例：

M16（粗牙普通外螺纹、公称直径 d＝16mm、螺距 P＝2mm、中径及顶径公差带均为 6g、中等旋合长度、右旋）

M20×2-6H-LH（细牙普通内螺纹、公称直径 D＝20mm、螺距 P＝2mm、中径及小径公差带均为 6H、中等旋合长度、左旋）

公称直径（D、d）			螺距（P）	
第一系列	第二系列	第三系列	粗牙	细牙
4	—	—	0.7	0.5
5	—	—	0.8	0.5
6	—	—	1	0.75
—	7	—	1	0.75
8	—	—	1.25	1、0.75
10	—	—	1.5	1.25、1、0.75
12	—	—	1.75	1.25、1
—	14	—	2	1.5、1.25、1
—	—	15	—	1.5、1.25、1
16	—	—	2	2、1.5、1
—	18	—		2、1.5、1
20	—	—	2.5	2、1.5、1
—	22	—	2.5	2、1.5、1
24	—	—	3	2、1.5、1

（续）

公称直径（D、d）			螺距（P）	
第一系列	第二系列	第三系列	粗牙	细牙
—	—	25	—	2、1.5、1
—	27	—	3	2、1.5、1
30	—	—	3.5	（3）、2、1.5
—	33	—		
—	—	35	—	1.5
36	—	—	4	3、2、1.5
—	39	—		

螺纹种类	精度	外螺纹的推荐公差带			内螺纹的推荐公差带		
		S	N	L	S	N	L
普通螺纹	中等	（5g6g） （5h6h）	* 6e * 6f ⬚ *6g 6h	（7e6e） （7g6g） （7h6h）	* 5H （5G）	⬚ 6H * 6G	* 7H （7G）
	粗糙	—	（8e） 8g	（9e8e） （9g8g）	—	7H （7G）	8H （8G）

注：1. 优先选用第一系列，其次是第二系列，第三系列尽可能不用；括号内的尺寸尽可能不用。

　　2. 大量生产的紧固件螺纹，推荐采用带方框的公差带；带"＊"的公差带优先选用，括号内的公差带尽可能不用。

　　3. 两种精度选用原则：中等用于一般用途；粗糙用于对精度要求不高时。

表 A-2　管螺纹

55°密封管螺纹（摘自 GB/T 7306.1—2000）

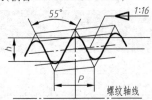

标记示例：

$R_1 1/2$（尺寸代号为 1/2，与圆柱内螺纹相配合的右旋圆锥外螺纹）

Rc1/2-LH（尺寸代号为 1/2 的左旋圆锥内螺纹）

55°非密封螺纹（摘自 GB/T 7307—2001）

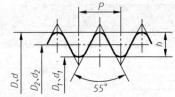

标记示例：

G1/2-LH（尺寸代号为 1/2 的左旋内螺纹）

G1/2A（尺寸代号为 1/2，公差等级为 A 级的右旋外螺纹）

尺寸代号	大径 d、D /mm	中径 d_2、D_2 /mm	小径 d_1、D_1 /mm	螺距 P/mm	牙高 h/mm	每 25.4mm 内的牙数 n
1/4	13.157	12.301	11.445	1.337	0.856	19
3/8	16.662	15.806	14.950			
1/2	20.955	19.793	18.631	1.814	1.162	14
3/4	26.441	25.279	24.117			
1	33.249	31.770	30.291	2.309	1.479	11
1¼	41.910	40.431	38.952			
1½	47.803	46.324	44.845			
2	59.614	58.135	56.656			
2½	75.184	73.705	72.226			
3	87.884	86.405	84.926			

附录 B　常用的标准件

表 B-1　六角头螺栓　　　　　　　　　（单位：mm）

六角头螺栓　C 级（摘自 GB/T 5780—2016）

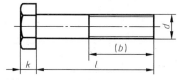

标记示例：

螺栓　GB/T 5780　M12×80（螺纹规格为 M12、公称长度 l=80mm、性能等级为 4.8 级、表面不经处理、产品等级为 C 级的六角头螺栓）

六角头螺栓　全螺纹　C 级（摘自 GB/T 5781—2016）

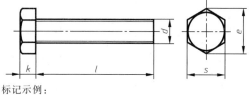

标记示例：

螺栓　GB/T 5781　M12×80（螺纹规格为 M12、公称长度 l=80mm、性能等级为 4.8 级、表面不经处理、产品等级为 C 级的六角头螺栓）

螺纹规格 d		M5	M6	M8	M10	M12	M16	M20	M24	M30	M36	M42
$b_{参考}$	$l_{公称} \leq 125$	16	18	22	26	30	38	46	54	66	—	—
	$125 < l_{公称} \leq 200$	22	24	28	32	36	44	52	60	72	84	96
	$l_{公称} > 200$	35	37	41	45	49	57	65	73	85	97	109
$k_{公称}$		3.5	4.0	5.3	6.4	7.5	10	12.5	15	18.7	22.5	26
s_{max}		8	10	13	16	18	24	30	36	46	55	65
e_{min}		8.63	10.89	14.2	17.59	19.85	26.17	32.95	39.55	50.85	60.79	71.3
$l_{范围}$	GB/T 5780	25~50	30~60	40~80	45~100	55~120	65~160	80~200	100~240	120~300	140~360	180~420
	GB/T 5781	10~50	12~60	16~80	20~100	25~120	30~160	40~200	50~240	60~300	70~360	80~420
$l_{公称}$		10、12、16、20~65（5 进位）、70~160（10 进位）、180、200、220~500（20 进位）										

表 B-2　双头螺柱 [$b_m=1d$（GB/T 897—1988）、$b_m=1.25d$（GB/T 898—1988）、
$b_m=1.5d$（GB/T 899—1988）、$b_m=2d$（GB/T 900—1988）]　　　（单位：mm）

A型

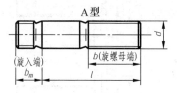

B型

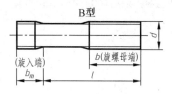

标记示例：

螺柱 GB 900　M10×50（两端均为粗牙普通螺纹、$d=10mm$、$l=50mm$、性能等级为 4.8 级、不经表面处理、B 型、$b_m=2d$ 的双头螺柱）

螺柱 GB 900　AM10-M10×1×50（旋入机体一端为粗牙普通螺纹、旋螺母一端为螺距 $P=1mm$ 的细牙普通螺纹、$d=10mm$、$l=50mm$、性能等级为 4.8 级、不经表面处理、A 型、$b_m=2d$ 的双头螺柱）

螺纹规格（d）	b_m（旋入机体端长度）				$\dfrac{l(螺柱长度)}{b(旋螺母端长度)}$	
	GB/T 897	GB/T 898	GB/T 899	GB/T 900		
M4	—	—	6	8	$\dfrac{16~22}{8}$	$\dfrac{25~40}{14}$

（续）

螺纹规格 (d)	b_m（旋入机体端长度）				l（螺柱长度）／b（旋螺母端长度）				
	GB/T 897	GB/T 898	GB/T 899	GB/T 900					
M5	5	6	8	10	$\dfrac{16 \sim 22}{10}$	$\dfrac{25 \sim 50}{16}$			
M6	6	8	10	12	$\dfrac{20 \sim 22}{10}$	$\dfrac{25 \sim 30}{14}$	$\dfrac{32 \sim 75}{18}$		
M8	8	10	12	16	$\dfrac{20 \sim 22}{12}$	$\dfrac{25 \sim 30}{16}$	$\dfrac{32 \sim 90}{22}$		
M10	10	12	15	20	$\dfrac{25 \sim 28}{14}$	$\dfrac{30 \sim 38}{16}$	$\dfrac{40 \sim 120}{26}$	$\dfrac{130}{32}$	
M12	12	15	18	24	$\dfrac{25 \sim 30}{16}$	$\dfrac{32 \sim 40}{20}$	$\dfrac{45 \sim 120}{30}$	$\dfrac{130 \sim 180}{36}$	
M16	16	20	24	32	$\dfrac{30 \sim 38}{20}$	$\dfrac{40 \sim 55}{30}$	$\dfrac{60 \sim 120}{38}$	$\dfrac{130 \sim 200}{44}$	
M20	20	25	30	40	$\dfrac{35 \sim 40}{25}$	$\dfrac{45 \sim 65}{35}$	$\dfrac{70 \sim 120}{46}$	$\dfrac{130 \sim 200}{52}$	
M24	24	30	36	48	$\dfrac{45 \sim 50}{30}$	$\dfrac{55 \sim 75}{45}$	$\dfrac{80 \sim 120}{54}$	$\dfrac{130 \sim 200}{60}$	
M30	30	38	45	60	$\dfrac{60 \sim 65}{40}$	$\dfrac{70 \sim 90}{50}$	$\dfrac{95 \sim 120}{66}$	$\dfrac{130 \sim 200}{72}$	$\dfrac{210 \sim 250}{85}$
M36	36	45	54	72	$\dfrac{65 \sim 75}{45}$	$\dfrac{80 \sim 110}{60}$	$\dfrac{120}{78}$	$\dfrac{130 \sim 200}{84}$	$\dfrac{210 \sim 300}{97}$
M42	42	52	63	84	$\dfrac{70 \sim 80}{50}$	$\dfrac{85 \sim 110}{70}$	$\dfrac{120}{90}$	$\dfrac{130 \sim 200}{96}$	$\dfrac{210 \sim 300}{109}$
M48	48	60	72	96	$\dfrac{80 \sim 90}{60}$	$\dfrac{95 \sim 110}{80}$	$\dfrac{120}{102}$	$\dfrac{130 \sim 200}{108}$	$\dfrac{210 \sim 300}{121}$
$l_{公称}$	12、(14)、16、(18)、20、(22)、25、(28)、30、(32)、35、(38)、40、45、50、(55)、60、(65)、70、(75)、80、(85)、90、(95)、100~260(10 进位)、280、300								

注：1. 尽可能不采用括号内的规格。

2. $b_m = 1d$，一般用于钢对钢；$b_m = (1.25 \sim 1.5)\ d$，一般用于钢对铸铁；$b_m = 2d$，一般用于钢对铝合金。

3. $l_{公称}$等于 12mm、14mm 时，只适用于 GB/T 899—1988 和 GB/T 900—1988。

表 B-3　螺钉　　　　　　　　　（单位：mm）

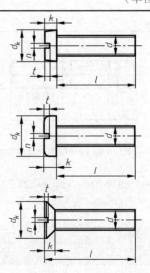

开槽圆柱头螺钉（GB/T 65—2016）

开槽盘头螺钉（GB/T 67—2016）

开槽沉头螺钉（GB/T 68—2016）

标记示例：

螺钉 GB/T 65　M5×20（螺纹规格为 M5、公称长度 l=20mm、性能等级为 4.8 级、表面不经处理的 A 级开槽圆柱头螺钉）

（续）

螺纹规格 d		M1.6	M2	M2.5	M3	(M3.5)	M4	M5	M6	M8	M10
$n_{公称}$		0.4	0.5	0.6	0.8	1	1.2	1.2	1.6	2	2.5
GB/T 65	d_k max	3	3.8	4.5	5.5	6	7	8.5	10	13	16
	k max	1.1	1.4	1.8	2	2.4	2.6	3.3	3.9	5	6
	t min	0.45	0.6	0.7	0.85	1	1.1	1.3	1.6	2	2.4
	$l_{范围}$	2~16	3~20	3~25	4~30	5~35	5~40	6~50	8~60	10~80	12~80
GB/T 67	d_k max	3.2	4	5	5.6	7	8	9.5	12	16	20
	k max	1	1.3	1.5	1.8	2.1	2.4	3	3.6	4.8	6
	t min	0.35	0.5	0.6	0.7	0.8	1	1.2	1.4	1.9	2.4
	$l_{范围}$	2~16	2.5~20	3~25	4~30	5~35	5~40	6~50	8~60	10~80	12~80
GB/T 68	d_k max	3	3.8	4.7	5.5	7.3	8.4	9.3	11.3	15.8	18.3
	k max	1	1.2	1.5	1.65	2.35	2.7	2.7	3.3	4.6	5
	t min	0.32	0.4	0.5	0.6	0.9	1	1.1	1.2	1.8	2
	$l_{范围}$	2.5~16	3~20	4~25	5~30	6~35	6~40	8~50	8~60	10~80	12~80
$l_{系列}$		2、2.5、3、4、5、6、8、10、12、(14)、16、20、25、30、35、40、45、50、(55)、60、(65)、70、(75)、80									

注：1. 尽可能不采用括号内的规格。

    2. 商品规格为 M1.6~M10。

表 B-4　1 型六角螺母 C 级（摘自 GB/T 41—2016）　　　　　　（单位：mm）

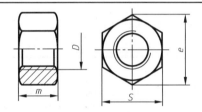

标记示例：

    螺母 GB/T 41　M10（螺纹规格为 M10、性能等级为 5 级、表面不经处理、产品等级为 C 级的 1 型六角螺母）

螺纹规格 D	M5	M6	M8	M10	M12	M16	M20	M24	M30	M36	M42	M48	M56
S_{max}	8	10	13	16	18	24	30	36	46	55	65	75	85
e_{min}	8.63	10.89	14.20	17.59	19.85	26.17	32.95	39.55	50.85	60.79	71.3	82.6	93.56
m_{max}	5.6	6.4	7.9	9.5	12.2	15.9	19	22.3	26.4	31.9	34.9	38.9	45.9

表 B-5　垫圈（摘自 GB/T 97.1—2002、GB/T 97.2—2002、GB/T 95—2002、GB/T 93—1987）

（单位：mm）

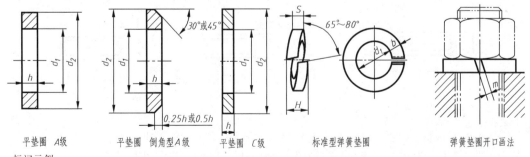

平垫圈 A 级　　　　平垫圈 倒角型 A 级　　　　平垫圈 C 级　　　　标准型弹簧垫圈　　　　弹簧垫圈开口画法

标记示例：

垫圈　GB/T 95　8（标准系列、公称规格为 8mm、硬度等级为 100HV 级、不经表面处理、产品等级为 C 级的平垫圈）

垫圈　GB/T 93　10（规格为 10mm、材料为 65Mn、表面氧化的标准型弹簧垫圈）

（续）

公称尺寸 d(螺纹规格)		4	5	6	8	10	12	16	20	24	30	36	42	48
GB/T 97.1—2002（A 级）	d_1	4.3	5.3	6.4	8.4	10.5	13	17	21	25	31	37	45	52
	d_2	9	10	12	16	20	24	30	37	44	56	66	78	92
	h	0.8	1	1.6	1.6	2	2.5	3	3	4	4	5	8	8
GB/T 97.2—2002（A 级）	d_1	—	5.3	6.4	8.4	10.5	13	17	21	25	31	37	45	52
	d_2	—	10	12	16	20	24	30	37	44	56	66	87	92
	h	—	1	1.6	1.6	2	2.5	3	3	4	4	5	8	8
GB/T 95—2002（C 级）	d_1	4.5	5.5	6.6	9	11	13.5	17.5	22	26	33	39	45	52
	d_2	9	10	12	16	20	24	30	37	44	56	66	78	92
	h	0.8	1	1.6	1.6	2	2.5	3	3	4	4	5	8	8
GB/T 93—1987	d_1	4.1	5.1	6.1	8.1	10.2	12.2	16.2	20.2	24.5	30.5	36.5	42.5	48.5
	$S=b$	1.1	1.3	1.6	2.1	2.6	3.1	4.1	5	6	7.5	9	10.5	12
	H	2.75	3.25	4	5.25	6.5	7.75	10.25	12.5	15	18.75	22.5	26.25	30

注：1. A 级适用于精装配系列，C 级适用于中等装配系列。

2. C 级垫圈没有 $Ra3.2\mu m$ 和去毛刺的要求。

表 B-6 平键及键槽各部尺寸（摘自 GB/T 1095—2003、GB/T 1096—2003）

（单位：mm）

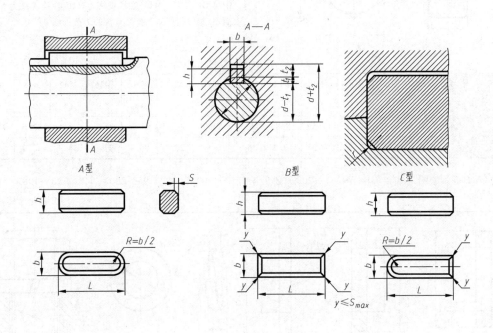

标记示例：

GB/T 1096 键 16×10×100（普通 A 型平键、宽度 $b=16mm$、高度 $h=10mm$、长度 $L=100mm$）

GB/T 1096 键 B16×10×100（普通 B 型平键、宽度 $b=16mm$、高度 $h=10mm$、长度 $L=100mm$）

GB/T 1096 键 C16×10×100（普通 C 型平键、宽度 $b=16mm$、高度 $h=10mm$、长度 $L=100mm$）

键		键槽											
		宽度 b						深度				半径 r	
		公称尺寸 b	极限偏差					轴 t_1		毂 t_2			
键尺寸 b×h	标准长度范围 L		正常连接		紧密连接	松连接		公称尺寸	极限偏差	公称尺寸	极限偏差		
			轴 N9	毂 JS9	轴和毂 P9	轴 H9	毂 D10					最小	最大
4×4	8~45	4	0 −0.030	±0.015	−0.012 −0.042	+0.030 0	+0.078 +0.030	2.5	+0.1 0	1.8	+0.1 0	0.08	0.16
5×5	10~56	5						3.0		2.3		0.16	0.25
6×6	14~70	6						3.5		2.8			
8×7	18~90	8	0 −0.036	±0.018	−0.015 −0.051	+0.036 0	+0.098 +0.040	4.0		3.3			
10×8	22~110	10						5.0		3.3			
12×8	28~140	12	0 −0.042	±0.0215	−0.018 −0.061	+0.043 0	+0.120 +0.050	5.0		3.3		0.25	0.40
14×9	36~160	14						5.5		3.8			
16×10	45~180	16						6.0	+0.2 0	4.3	+0.2 0		
18×11	50~200	18						7.0		4.4			
20×12	56~220	20	0 −0.052	±0.026	−0.022 −0.074	+0.052 0	+0.149 +0.065	7.5		4.9		0.40	0.60
22×14	63~250	22						9.0		5.4			
25×14	70~280	25						9.0		5.4			
28×16	80~320	28						10		6.4			
$L_{系列}$	2、3、4、5、6、8~22（2进位）、25、28、32、36、40、45、50、56、63、70~110（10进位）、125、140~220（20进位）、250、280、320、360、400、450、500												

表 B-7　圆柱销　不淬硬钢和奥氏体不锈钢（摘自 GB/T 119.1—2000）（单位：mm）

1) 允许倒圆或凹穴。

标记示例：

销　GB/T 119.1　10m6×50（公称直径 $d=10$mm、公差为 m6、公称长度 $l=50$mm、材料为钢、不经淬火、不经表面处理的圆柱销）

销　GB/T 119.1　6m6×30-A1（公称直径 $d=6$mm、公差为 m6、公称长度 $l=30$mm、材料为 A1 组奥氏体不锈钢、表面简单处理的圆柱销）

$d_{公称}$	2	2.5	3	4	5	6	8	10	12	16	20	25
$c≈$	0.35	0.4	0.5	0.63	0.8	1.2	1.6	2.0	2.5	3.0	3.5	4.0
$l_{范围}$	6~20	6~24	8~30	8~40	10~50	12~60	14~80	18~95	22~140	26~180	35~200	50~200
$l_{公称}$	2、3、4、5、6~32（2进位）、35~100（5进位）、120~200（20进位）（公称长度大于200，按20递增）											

表 B-8　圆锥销（摘自 GB/T 117—2000）　　　　　（单位：mm）

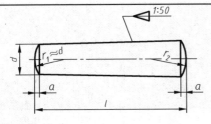

A 型（磨削）：锥面表面粗糙度 $Ra = 0.8\mu m$
B 型（切削或冷镦）：锥面表面粗糙度 $Ra = 3.2\mu m$

$$r_2 \approx \frac{a}{2} + d + \frac{(0.02l)^2}{8a}$$

标记示例：

销　GB/T 117　6×30（公称直径 $d = 6mm$、公称长度 $l = 30mm$、材料为 35 钢、热处理硬度 28~38HRC、表面氧化处理的 A 型圆锥销）

$d_{公称}$	2	2.5	3	4	5	6	8	10	12	16	20	25
$a \approx$	0.25	0.3	0.4	0.5	0.63	0.8	1.0	1.2	1.6	2.0	2.5	3.0
$l_{范围}$	10~35	10~35	12~45	14~55	18~60	22~90	22~120	26~160	32~180	40~200	45~200	50~200
$L_{公称}$	2、3、4、5、6、8、10~32（2 进位）、35~100（5 进位）、120~200（20 进位）（公称长度大于 200，按 20 递增）										

表 B-9　滚动轴承

深沟球轴承（摘自 GB/T 276—2013）

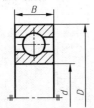

标记示例：
滚动轴承　6012　GB/T 276—2013
（深沟球轴承、内径 $d = 50mm$、直径系列代号为 3）

圆锥滚子轴承（摘自 GB/T 297—2015）

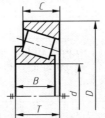

标记示例：
滚动轴承　30205　GB/T 297—2015
（圆锥滚子轴承、内径 $d = 60mm$、宽度系列代号 0，直径系列代号为 3）

推力球轴承（摘自 GB/T 301—2015）

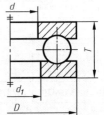

标记示例：
滚动轴承　51210　GB/T 301—2015
（推力球轴承、内径 $d = 25mm$、高度系列代号为 1，直径系列代号为 3）

轴承型号	尺寸（mm）			轴承型号	尺寸（mm）					轴承型号	尺寸（mm）			
	d	D	B		d	D	B	C	T		d	D	T	d_1
尺寸系列〔(0)2〕				尺寸系列〔02〕						尺寸系列〔12〕			
6202	15	35	11	30203	17	40	12	11	12.25	51202	15	32	12	17
6203	17	40	12	30204	20	47	14	12	15.25	51203	17	35	12	19
6204	20	47	14	30205	25	52	15	13	16.25	51204	20	40	14	22
6205	25	52	15	30206	30	62	16	14	17.25	51205	25	47	15	27
6206	30	62	16	30207	35	72	17	15	18.25	51206	30	52	16	32
6207	35	72	17	30208	40	80	18	16	19.75	51207	35	62	18	37
6208	40	80	18	30209	45	85	19	16	20.75	51208	40	68	19	42
6209	45	85	19	30210	50	90	20	17	21.75	51209	45	73	20	47
6210	50	90	20	30211	55	100	21	18	22.75	51210	50	78	22	52
6211	55	100	21	30212	60	110	22	19	23.75	51211	55	90	25	57
6212	60	110	22	30213	65	120	23	20	24.75	51212	60	95	26	62
尺寸系列〔(0)3〕				尺寸系列〔03〕						尺寸系列〔13〕			
6302	15	42	13	30302	15	42	13	11	14.25	51304	20	47	18	22
6303	17	47	14	30303	17	47	14	12	15.25	51305	25	52	18	27
6304	20	52	15	30304	20	52	15	13	16.25	51306	30	60	21	32
6305	25	62	17	30305	25	62	17	15	18.25	51307	35	68	24	37
6306	30	72	19	30306	30	72	19	16	20.75	51308	40	78	26	42
6307	35	80	21	30307	35	80	21	18	22.75	51309	45	85	28	47
6308	40	90	23	30308	40	90	23	19	25.25	51310	50	95	31	52
6309	45	100	25	30309	45	100	25	20	27.25	51311	55	105	35	57
6310	50	110	27	30310	50	110	27	23	29.25	51312	60	110	35	62
6311	55	120	29	30311	55	120	29	25	31.50	51313	65	115	36	67
6312	60	130	31	30312	60	130	31	26	33.50	51314	70	125	40	72

（续）

轴承型号	尺寸(mm)			轴承型号	尺寸(mm)					轴承型号	尺寸(mm)			
	d	D	B		d	D	B	C	T		d	D	T	d_1
尺寸系列〔(0)4〕				尺寸系列〔13〕						尺寸系列〔14〕				
6403	17	62	17	31305	25	62	17	13	18.25	51405	25	60	24	27
6404	20	72	19	31306	30	72	19	14	20.75	51406	30	70	28	32
6405	25	80	21	31307	35	80	21	15	22.75	51407	35	80	32	37
6406	30	90	23	31308	40	90	23	17	25.25	51408	40	90	36	42
6407	35	100	25	31309	45	100	25	18	27.25	51409	45	100	39	47
6408	40	110	27	31310	50	110	27	19	29.25	51410	50	110	43	52
6409	45	120	29	31311	55	120	29	21	31.50	51411	55	120	48	57
6410	50	130	31	31312	60	130	31	22	33.50	51412	60	130	51	62
6411	55	140	33	31313	65	140	33	23	36.00	51413	65	140	56	68
6412	60	150	35	31314	70	150	35	25	38.00	51414	70	150	60	73
6413	65	160	37	31315	75	160	37	26	40.00	51415	75	160	65	78

注：圆括号中的尺寸系列代号在轴承型号中省略。

附录 C 极限与配合

表 C-1 标准公差数值（摘自 GB/T 1800.1—2020）

公称尺寸/mm		标准公差等级																	
大于	至	IT1	IT2	IT3	IT4	IT5	IT6	IT7	IT8	IT9	IT10	IT11	IT12	IT13	IT14	IT15	IT16	IT17	IT18
		μm											mm						
—	3	0.8	1.2	2	3	4	6	10	14	25	40	60	0.1	0.14	0.25	0.4	0.6	1	1.4
3	6	1	1.5	2.5	4	5	8	12	18	30	48	75	0.12	0.18	0.3	0.48	0.75	1.2	1.8
6	10	1	1.5	2.5	4	6	9	15	22	36	58	90	0.15	0.22	0.36	0.58	0.9	1.5	2.2
10	18	1.2	2	3	5	8	11	18	27	43	70	110	0.18	0.27	0.43	0.7	1.1	1.8	2.7
18	30	1.5	2.5	4	6	9	13	21	33	52	84	130	0.21	0.33	0.52	0.84	1.3	2.1	3.3
30	50	1.5	2.5	4	7	11	16	25	39	62	100	160	0.25	0.39	0.62	1	1.6	2.5	3.9
50	80	2	3	5	8	13	19	30	46	74	120	190	0.3	0.46	0.74	1.2	1.9	3	4.6
80	120	2.5	4	6	10	15	22	35	54	87	140	220	0.35	0.54	0.87	1.4	2.2	3.5	5.4
120	180	3.5	5	8	12	18	25	40	63	100	160	250	0.4	0.63	1	1.6	2.5	4	6.3
180	250	4.5	7	10	14	20	29	46	72	115	185	290	0.46	0.72	1.15	1.85	2.9	4.6	7.2
250	315	6	8	12	16	23	32	52	81	130	210	320	0.52	0.81	1.3	2.1	3.2	5.2	8.1
315	400	7	9	13	18	25	36	57	89	140	230	360	0.57	0.89	1.4	2.3	3.6	5.7	8.9
400	500	8	10	15	20	27	40	63	97	155	250	400	0.63	0.97	1.55	2.5	4	6.3	9.7
500	630	9	11	16	22	32	44	70	110	175	280	440	0.7	1.1	1.75	2.8	4.4	7	11
630	800	10	13	18	25	36	50	80	125	200	320	500	0.8	1.25	2	3.2	5	8	12.5
800	1000	11	15	21	28	40	56	90	140	230	360	560	0.9	1.4	2.3	3.6	5.6	9	14
1000	1250	13	18	24	33	47	66	105	165	260	420	660	1.05	1.65	2.6	4.2	6.6	10.5	16.5
1250	1600	15	21	29	39	55	78	125	195	310	500	780	1.25	1.95	3.1	5	7.8	12.5	19.5
1600	2000	18	25	35	46	65	92	150	230	370	600	920	1.5	2.3	3.7	6	9.2	15	23
2000	2500	22	30	41	55	78	110	175	280	440	700	1100	1.75	2.8	4.4	7	11	17.5	28
2500	3150	26	36	50	68	96	135	210	330	540	860	1350	2.1	3.3	5.4	8.6	13.5	21	33

注：1. 公称尺寸大于 500mm 的 IT1 的标准公差数值为试行的。

2. 公称尺寸小于或等于 1mm 时，无 IT14 到 IT18。

表 C-2　轴的基本偏差

公称尺寸/mm		基本偏差数值														
公称尺寸/mm		上极限偏差(es)												IT5 和 IT6	IT7	IT8
公称尺寸/mm		所有标准公差等级												IT5 和 IT6	IT7	IT8
大于	至	a¹	b¹	c	cd	d	e	ef	f	fg	g	h	js	j	j	j
—	3	−270	−140	−60	−34	−20	−14	−10	−6	−4	−2	0		−2	−4	−6
3	6	−270	−140	−70	−46	−30	−20	−14	−8	−6	−4	0		−2	−4	—
6	10	−280	−150	−80	−56	−40	−25	−18	−13	−8	−5	0		−2	−5	
10	14	−290	−150	−95	−70	−50	−32	−23	−16	−10	−6	0		−3	−6	
14	18	−290	−150	−95	−70	−50	−32	−23	−16	−10	−6	0		−3	−6	
18	24	−300	−160	−110	−85	−65	−40	−25	−20	−12	−7	0		−4	−8	
24	30	−300	−160	−110	−85	−65	−40	−25	−20	−12	−7	0		−4	−8	
30	40	−310	−170	−120	−100	−80	−50	−35	−25	−15	−9	0	偏差=±(ITn)/2，式中 n 是标准公差等级数	−5	−10	—
40	50	−320	−180	−130	−100	−80	−50	−35	−25	−15	−9	0		−5	−10	—
50	65	−340	−190	−140	—	−100	−60	—	−30	—	−10	0		−7	−12	
65	80	−360	−200	−150	—	−100	−60	—	−30	—	−10	0		−7	−12	
80	100	−380	−220	−170	—	−120	−72	—	−36	—	−12	0		−9	−15	
100	120	−410	−240	−180	—	−120	−72	—	−36	—	−12	0		−9	−15	
120	140	−460	−260	−200	—	−145	−85	—	−43	—	−14	0		−11	−18	
140	160	−520	−280	−210	—	−145	−85	—	−43	—	−14	0		−11	−18	
160	180	−580	−310	−230	—	−145	−85	—	−43	—	−14	0		−11	−18	
180	200	−660	−340	−240	—	−170	−100	—	−50	—	−15	0		−13	−21	
200	225	−740	−380	−260	—	−170	−100	—	−50	—	−15	0		−13	−21	
225	250	−820	−420	−280	—	−170	−100	—	−50	—	−15	0		−13	−21	
250	280	−920	−480	−300	—	−190	−110	—	−56	—	−17	0		−16	−26	
280	315	−1050	−540	−330	—	−190	−110	—	−56	—	−17	0		−16	−26	
315	355	−1200	−600	−360	—	−210	−125	—	−62	—	−18	0		−18	−28	
355	400	−1350	−680	−400	—	−210	−125	—	−62	—	−18	0		−18	−28	
400	450	−1500	−760	−440	—	−230	−135	—	−68	—	−20	0		−20	−32	
450	500	−1650	−840	−480	—	−230	−135	—	−68	—	−20	0		−20	−32	

注：① 公称尺寸小于或等于1时，基本偏差a和b均不采用。公差带js7~js11，若n值是奇数，则取偏差=±(ITn−1)/2。

（摘自 GB/T 1800.1—2020）　　　　　　　　　　　　　　　　　　　　　　　　　（单位：μm）

| 下极限偏差（ei） | | | | | | | | | | | | | | | |
| IT4至IT7 | ≤IT3,>IT7 | 所有标准公差等级 | | | | | | | | | | | | | |
k	k	m	n	p	r	s	t	u	v	x	y	z	za	zb	zc
0	0	+2	+4	+6	+10	+14	—	+18	—	+20	—	+26	+32	+40	+60
+1	0	+4	+8	+12	+15	+19	—	+23	—	+28	—	+35	+42	+50	+80
+1	0	+6	+10	+15	+19	+23	—	+28	—	+34	—	+42	+52	+67	+97
+1	0	+7	+12	+18	+23	+28	—	+33	—	+40	—	+50	+64	+90	+130
									+39	+45	—	+60	+77	+108	+150
+2	0	+8	+15	+22	+28	+35	—	+41	+47	+54	+63	+73	+98	+136	+188
							+41	+48	+55	+64	+75	+88	+118	+160	+218
+2	0	+9	+17	+26	+34	+43	+48	+60	+68	+80	+94	+112	+148	+200	+274
							+54	+70	+81	+97	+114	+136	+180	+242	+325
+2	0	+11	+20	+32	+41	+53	+66	+87	+102	+122	+144	+172	+226	+300	+405
					+43	+59	+75	+102	+120	+146	+174	+210	+274	+360	+480
+3	0	+13	+23	+37	+51	+71	+91	+124	+146	+178	+214	+258	+335	+445	+585
					+54	+79	+104	+144	+172	+210	+254	+310	+400	+525	+690
+3	0	+15	+27	+43	+63	+92	+122	+170	+202	+248	+300	+365	+470	+620	+800
					+65	+100	+134	+190	+228	+280	+340	+415	+535	+700	+900
					+68	+108	+146	+210	+252	+310	+380	+465	+600	+780	+1000
+4	0	+17	+31	+50	+77	+122	+166	+236	+284	+350	+425	+520	+670	+880	+1150
					+80	+130	+180	+258	+310	+385	+470	+575	+740	+960	+1250
					+84	+140	+196	+284	+340	+425	+520	+640	+820	+1050	+1350
+4	0	+20	+34	+56	+94	+158	+218	+315	+385	+475	+580	+710	+920	+1200	+1550
					+98	+170	+240	+350	+425	+525	+650	+790	+1000	+1300	+1700
+4	0	+21	+37	+62	+108	+190	+268	+390	+475	+590	+730	+900	+1150	+1500	+1900
					+114	+208	+294	+435	+530	+660	+820	+1000	+1300	+1650	+2100
+5	0	+23	+40	+68	+126	+232	+330	+490	+595	+740	+920	+1100	+1450	+1850	+2400
					+132	+252	+360	+540	+660	+820	+1000	+1250	+1600	+2100	+2600

表 C-3 孔的基本偏差

公称尺寸/mm 大于	至	A[1]	B[1]	C	CD	D	E	EF	F	FG	G	H	JS	J (IT6)	J (IT7)	J (IT8)	K (≤IT8)	K (>IT8)	M[2] (≤IT8)	M[2] (>IT8)
—	3	+270	+140	+60	+34	+20	+14	+10	+6	+4	+2	0		+2	+4	+6	0	0	−2	−2
3	6	+270	+140	+70	+46	+30	+20	+14	+10	+6	+4	0		+5	+6	+10	−1+Δ	—	−4+Δ	−4
6	10	+280	+150	+80	+56	+40	+25	+18	+13	+8	+5	0		+5	+8	+12	−1+Δ	—	−6+Δ	−6
10	14	+290	+150	+95	+70	+50	+32	—	+16	+10	+6	0		+6	+10	+15	−1+Δ	—	−7+Δ	−7
14	18	+290	+150	+95	+70	+50	+32	—	+16	+10	+6	0		+6	+10	+15	−1+Δ	—	−7+Δ	−7
18	24	+300	+160	+110	+85	+65	+40	—	+20	+12	+7	0		+8	+12	+20	−2+Δ	—	−8+Δ	−8
24	30	+300	+160	+110	+85	+65	+40	—	+20	+12	+7	0		+8	+12	+20	−2+Δ	—	−8+Δ	−8
30	40	+310	+170	+120	+100	+80	+50	—	+25	+15	+9	0	偏差 = ±(ITn)/2, 式中 n 是标准公差等级数	+10	+14	+24	−2+Δ	—	−9+Δ	−9
40	50	+320	+180	+130	+100	+80	+50	—	+25	+15	+9	0		+10	+14	+24	−2+Δ	—	−9+Δ	−9
50	65	+340	+190	+140	—	+100	+60	—	+30	—	+10	0		+13	+18	+28	−2+Δ	—	−11+Δ	−11
65	80	+360	+200	+150	—	+100	+60	—	+30	—	+10	0		+13	+18	+28	−2+Δ	—	−11+Δ	−11
80	100	+380	+220	+170	—	+120	+72	—	+36	—	+12	0		+16	+22	+34	−3+Δ	—	−13+Δ	−13
100	120	+410	+240	+180	—	+120	+72	—	+36	—	+12	0		+16	+22	+34	−3+Δ	—	−13+Δ	−13
120	140	+460	+260	+200	—	+145	+85	—	+43	—	+14	0		+18	+26	+41	−3+Δ	—	−15+Δ	−15
140	160	+520	+280	+210	—	+145	+85	—	+43	—	+14	0		+18	+26	+41	−3+Δ	—	−15+Δ	−15
160	180	+580	+310	+230	—	+145	+85	—	+43	—	+14	0		+18	+26	+41	−3+Δ	—	−15+Δ	−15
180	200	+660	+340	+240	—	+170	+100	—	+50	—	+15	0		+22	+30	+47	−4+Δ	—	−17+Δ	−17
200	225	+740	+380	+260	—	+170	+100	—	+50	—	+15	0		+22	+30	+47	−4+Δ	—	−17+Δ	−17
225	250	+820	+420	+280	—	+170	+100	—	+50	—	+15	0		+22	+30	+47	−4+Δ	—	−17+Δ	−17
250	280	+920	+480	+300	—	+190	+110	—	+56	—	+17	0		+25	+36	+55	−4+Δ	—	−20+Δ	−20
280	315	+1050	+540	+330	—	+190	+110	—	+56	—	+17	0		+25	+36	+55	−4+Δ	—	−20+Δ	−20
315	355	+1200	+600	+360	—	+210	+125	—	+62	—	+18	0		+29	+39	+60	−4+Δ	—	−21+Δ	−21
355	400	+1350	+680	+400	—	+210	+125	—	+62	—	+18	0		+29	+39	+60	−4+Δ	—	−21+Δ	−21
400	450	+1500	+760	+440	—	+230	+135	—	+68	—	+20	0		+33	+43	+66	−5+Δ	—	−23+Δ	−23
450	500	+1650	+840	+480	—	+230	+135	—	+68	—	+20	0		+33	+43	+66	−5+Δ	—	−23+Δ	−23

注: 1. 公差带 JS7~JS11，若 n 是奇数，则取偏差=±(ITn−1)/2。

2. 对 ≤IT8 的 K、M、N 和 ≤IT7 的 P~ZC，所需 Δ 值从表内右侧选取。例如，18~30 段的 K7：Δ=8μm，所以

① 公称尺寸≤1mm 时，不适用基本偏差 A 和 B。

② 特例：对于公称尺寸大于 250mm~315mm 的公差带代号 M6，ES=−9μm（计算结果不是−11μm）。

③ 公称尺寸≤1mm 时，不使用标准公差等级>IT8 的基本偏差 N。

（摘自 GB/T 1800.1—2020） （单位：μm）

上极限偏差(ES)															Δ 值					
≤IT8	>IT8	≤IT7	标准公差等级大于IT7												标准公差等级					
N³		P~ZC	P	R	S	T	U	V	X	Y	Z	ZA	ZB	ZC	IT3	IT4	IT5	IT6	IT7	IT8
-4	-4	在大于IT7的标准公差等级的基本偏差数值上增加一个Δ值	-6	-10	-14	—	-18	—	-20	—	-26	-32	-40	-60	0	0	0	0	0	0
-8+Δ	0		-12	-15	-19	—	-23	—	-28	—	-35	-42	-50	-80	1	1.5	1	3	4	6
-10+Δ	0		-15	-19	-23	—	-28	—	-34	—	-42	-52	-67	-97	1	1.5	2	3	6	7
-12+Δ	0		-18	-23	-28	—	-33	—	-40	—	-50	-64	-90	-130	1	2	3	3	7	9
								-39	-45	—	-60	-77	-108	-150						
-15+Δ	0		-22	-28	-35	—	-41	-47	-54	-63	-73	-98	-136	-188	1.5	2	3	4	8	12
						-41	-48	-55	-64	-75	-88	-118	-160	-218						
-17+Δ	0		-26	-34	-43	-48	-60	-68	-80	-94	-112	-148	-200	-274	1.5	3	4	5	9	14
						-54	-70	-81	-97	-114	-136	-180	-242	-325						
-20+Δ	0		-32	-41	-53	-66	-87	-102	-122	-144	-172	-226	-300	-405	2	3	5	6	11	16
				-43	-59	-75	-102	-120	-146	-174	-210	-274	-360	-480						
-23+Δ	0		-37	-51	-71	-91	-124	-146	-178	-214	-258	-335	-445	-585	2	4	5	7	13	19
				-54	-79	-104	-144	-172	-210	-254	-310	-400	-525	-690						
-27+Δ	0		-43	-63	-92	-122	-170	-202	-248	-300	-365	-470	-620	-800	3	4	6	7	15	23
				-65	-100	-134	-190	-228	-280	-340	-415	-535	-700	-900						
				-68	-108	-146	-210	-252	-310	-380	-465	-600	-780	-1000						
-31+Δ	0		-50	-77	-122	-166	-236	-284	-350	-425	-520	-670	-880	-1150	3	4	6	9	17	26
				-80	-130	-180	-258	-310	-385	-470	-575	-740	-960	-1250						
				-84	-140	-196	-284	-340	-425	-520	-640	-820	-1050	-1350						
-34+Δ	0		-56	-94	-158	-218	-315	-385	-475	-580	-710	-920	-1200	-1550	4	4	7	9	20	29
				-98	-170	-240	-350	-425	-525	-650	-790	-1000	-1300	-1700						
-37+Δ	0		-62	-108	-190	-268	-390	-475	-590	-730	-900	-1150	-1500	-1900	4	5	7	11	21	32
				-114	-208	-294	-435	-530	-660	-820	-1000	-1300	-1650	-2100						
-40+Δ	0		-68	-126	-232	-330	-490	-595	-740	-920	-1100	-1450	-1850	-2400	5	5	7	13	23	34
				-132	-252	-360	-540	-660	-820	-1000	-1250	-1600	-2100	-2600						

ES = (-2+8)μm = +6μm；18~30 的 S6：Δ=4μm，所以 ES = (-35+4)μm = -31μm。

表 C-4　优先选用的轴的公差带（摘自 GB/T 1800.2—2020）　　（单位：μm）

代号		c	d	f	g	h				k	n	p	s	u
公称尺寸 /mm		公差等级												
大于	至	11	9	7	6	6	7	9	11	6	6	6	6	6
—	3	−60 −120	−20 −45	−6 −16	−2 −8	0 −6	0 −10	0 −25	0 −60	+6 0	+10 +4	+12 +6	+20 +14	+24 +18
3	6	−70 −145	−30 −60	−10 −22	−4 −12	0 −8	0 −12	0 −30	0 −75	+9 +1	+16 +8	+20 +12	+27 +19	+31 +23
6	10	−80 −170	−40 −76	−13 −28	−5 −14	0 −9	0 −15	0 −36	0 −90	+10 +1	+19 +10	+24 +15	+32 +23	+37 +28
10	14	−95 −205	−50 −93	−16 −34	−6 −17	0 −11	0 −18	0 −43	0 −110	+12 +1	+23 +12	+29 +18	+39 +28	+44 +33
14	18													
18	24	−110 −240	−65 −117	−20 −41	−7 −20	0 −13	0 −21	0 −52	0 −130	+15 +2	+28 +15	+35 +22	+48 +35	+54 +41
24	30													+61 +48
30	40	−120 −280	−80 −142	−25 −50	−9 −25	0 −16	0 −25	0 −62	0 −160	+18 +2	+33 +17	+42 +26	+59 +43	+76 +60
40	50	−130 −290												+86 +70
50	65	−140 −330	−100 −174	−30 −60	−10 −29	0 −19	0 −30	0 −74	0 −190	+21 +2	+39 +20	+51 +32	+72 +53	+106 +87
65	80	−150 −340											+78 +59	+121 +102
80	100	−170 −390	−120 −207	−36 −71	−12 −34	0 −22	0 −35	0 −87	0 −220	+25 +3	+45 +23	+59 +37	+93 +71	+146 +124
100	120	−180 −400											+101 +79	+166 +144
120	140	−200 −450	−145 −245	−43 −83	−14 −39	0 −25	0 −40	0 −100	0 −250	+28 +3	+52 +27	+68 +43	+117 +92	+195 +170
140	160	−210 −460											+125 +100	+215 +190
160	180	−230 −480											+133 +108	+235 +210
180	200	−240 −530	−170 −285	−50 −96	−15 −44	0 −29	0 −46	0 −115	0 −290	+33 +4	+60 +31	+79 +50	+151 +122	+265 +236
200	225	−260 −550											+159 +130	+287 +258
225	250	−280 −570											+169 +140	+313 +284
250	280	−300 −620	−190 −320	−56 −108	−17 −49	0 −32	0 −52	0 −130	0 −320	+36 +4	+66 +34	+88 +56	+190 +158	+347 +315
280	315	−330 −650											+202 +170	+382 +350
315	355	−360 −720	−210 −350	−62 −119	−18 −54	0 −36	0 −57	0 −140	0 −360	+40 +4	+73 +37	+98 +62	+226 +190	+426 +390
355	400	−400 −760											+244 +208	+471 +435
400	450	−440 −840	−230 −385	−68 −131	−20 −60	0 −40	0 −63	0 −155	0 −400	+45 +5	+80 +40	+108 +68	+272 +232	+530 +490
450	500	−480 −880											+292 +252	+580 +540

表 C-5　优先选用的孔的公差带（摘自 GB/T 1800.2—2020）　　　　（单位：μm）

代号		C	D	F	G	H				K	N	P	S	U
公称尺寸 /mm		公差等级												
大于	至	11	9	8	7	7	8	9	11	7	7	7	7	7
—	3	+120 / +60	+45 / +20	+20 / +6	+12 / +2	+10 / 0	+14 / 0	+25 / 0	+60 / 0	0 / -10	-4 / -14	-6 / -16	-14 / -24	-18 / -28
3	6	+145 / +70	+60 / +30	+28 / +10	+16 / +4	+12 / 0	+18 / 0	+30 / 0	+75 / 0	+3 / -9	-4 / -16	-8 / -20	-15 / -27	-19 / -31
6	10	+170 / +80	+76 / +40	+35 / +13	+20 / +5	+15 / 0	+22 / 0	+36 / 0	+90 / 0	+5 / -10	-4 / -19	-9 / -24	-17 / -32	-22 / -37
10	14	+205 / +95	+93 / +50	+43 / +16	+24 / +6	+18 / 0	+27 / 0	+43 / 0	+110 / 0	+6 / -12	-5 / -23	-11 / -29	-21 / -39	-26 / -44
14	18	+205 / +95	+93 / +50	+43 / +16	+24 / +6	+18 / 0	+27 / 0	+43 / 0	+110 / 0	+6 / -12	-5 / -23	-11 / -29	-21 / -39	-26 / -44
18	24	+240 / +110	+117 / +65	+53 / +20	+28 / +7	+21 / 0	+33 / 0	+52 / 0	+130 / 0	+6 / -15	-7 / -28	-14 / -35	-27 / -48	-33 / -54
24	30	+240 / +110	+117 / +65	+53 / +20	+28 / +7	+21 / 0	+33 / 0	+52 / 0	+130 / 0	+6 / -15	-7 / -28	-14 / -35	-27 / -48	-40 / -61
30	40	+280 / +120	+142 / +80	+64 / +25	+34 / +9	+25 / 0	+39 / 0	+62 / 0	+160 / 0	+7 / -18	-8 / -33	-17 / -42	-34 / -59	-51 / -76
40	50	+290 / +130	+142 / +80	+64 / +25	+34 / +9	+25 / 0	+39 / 0	+62 / 0	+160 / 0	+7 / -18	-8 / -33	-17 / -42	-34 / -59	-61 / -86
50	65	+330 / +140	+174 / +100	+76 / +30	+40 / +10	+30 / 0	+46 / 0	+74 / 0	+190 / 0	+9 / -21	-9 / -39	-21 / -51	-42 / -72	-76 / -106
65	80	+340 / +150	+174 / +100	+76 / +30	+40 / +10	+30 / 0	+46 / 0	+74 / 0	+190 / 0	+9 / -21	-9 / -39	-21 / -51	-48 / -78	-91 / -121
80	100	+390 / +170	+207 / +120	+90 / +36	+47 / +12	+35 / 0	+54 / 0	+87 / 0	+220 / 0	+10 / -25	-10 / -45	-24 / -59	-58 / -93	-111 / -146
100	120	+400 / +180	+207 / +120	+90 / +36	+47 / +12	+35 / 0	+54 / 0	+87 / 0	+220 / 0	+10 / -25	-10 / -45	-24 / -59	-66 / -101	-131 / -166
120	140	+450 / +200	+245 / +145	+106 / +43	+54 / +14	+40 / 0	+63 / 0	+100 / 0	+250 / 0	+12 / -28	-12 / -52	-28 / -68	-77 / -117	-155 / -195
140	160	+460 / +210	+245 / +145	+106 / +43	+54 / +14	+40 / 0	+63 / 0	+100 / 0	+250 / 0	+12 / -28	-12 / -52	-28 / -68	-85 / -125	-175 / -215
160	180	+480 / +230	+245 / +145	+106 / +43	+54 / +14	+40 / 0	+63 / 0	+100 / 0	+250 / 0	+12 / -28	-12 / -52	-28 / -68	-93 / -133	-195 / -235
180	200	+530 / +240	+285 / +170	+122 / +50	+61 / +15	+46 / 0	+72 / 0	+115 / 0	+290 / 0	+13 / -33	-14 / -60	-33 / -79	-105 / -151	-219 / -265
200	225	+550 / +260	+285 / +170	+122 / +50	+61 / +15	+46 / 0	+72 / 0	+115 / 0	+290 / 0	+13 / -33	-14 / -60	-33 / -79	-113 / -159	-241 / -287
225	250	+570 / +280	+285 / +170	+122 / +50	+61 / +15	+46 / 0	+72 / 0	+115 / 0	+290 / 0	+13 / -33	-14 / -60	-33 / -79	-123 / -169	-267 / -313
250	280	+620 / +300	+320 / +190	+137 / +56	+69 / +17	+52 / 0	+81 / 0	+130 / 0	+320 / 0	+16 / -36	-14 / -66	-36 / -88	-138 / -190	-295 / -347
280	315	+650 / +330	+320 / +190	+137 / +56	+69 / +17	+52 / 0	+81 / 0	+130 / 0	+320 / 0	+16 / -36	-14 / -66	-36 / -88	-150 / -202	-330 / -382
315	355	+720 / +360	+350 / +210	+151 / +62	+75 / +18	+57 / 0	+89 / 0	+140 / 0	+360 / 0	+17 / -40	-16 / -73	-41 / -98	-169 / -226	-369 / -426
355	400	+760 / +400	+350 / +210	+151 / +62	+75 / +18	+57 / 0	+89 / 0	+140 / 0	+360 / 0	+17 / -40	-16 / -73	-41 / -98	-187 / -244	-414 / -471
400	450	+840 / +440	+385 / +230	+165 / +68	+83 / +20	+63 / 0	+97 / 0	+155 / 0	+400 / 0	+18 / -45	-17 / -80	-45 / -108	-209 / -272	-467 / -530
450	500	+880 / +480	+385 / +230	+165 / +68	+83 / +20	+63 / 0	+97 / 0	+155 / 0	+400 / 0	+18 / -45	-17 / -80	-45 / -108	-229 / -292	-517 / -580

附表 D 常用的机械加工一般规范和零件的结构要素

表 D-1 零件倒圆与倒角（摘自 GB/T 6403.4—2008） （单位：mm）

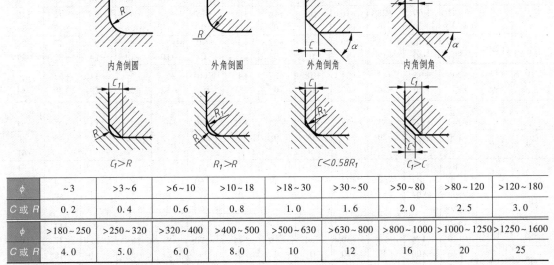

内角倒圆 外角倒圆 外角倒角 内角倒角

$C_1 > R$ $R_1 > R$ $C < 0.58R_1$ $C_1 > C$

ϕ	~3	>3~6	>6~10	>10~18	>18~30	>30~50	>50~80	>80~120	>120~180
C 或 R	0.2	0.4	0.6	0.8	1.0	1.6	2.0	2.5	3.0
ϕ	>180~250	>250~320	>320~400	>400~500	>500~630	>630~800	>800~1000	>1000~1250	>1250~1600
C 或 R	4.0	5.0	6.0	8.0	10	12	16	20	25

注：α 一般采用45°，也可用30°或60°。

表 D-2 回转面及端面砂轮越程槽（摘自 GB/T 6403.5—2008） （单位：mm）

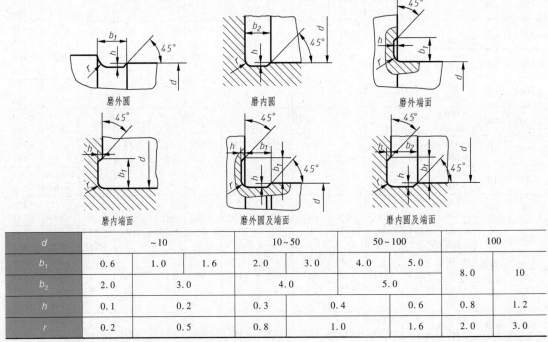

磨外圆 磨内圆 磨外端面

磨内端面 磨外圆及端面 磨内圆及端面

d	~10			10~50		50~100		100	
b_1	0.6	1.0	1.6	2.0	3.0	4.0	5.0	8.0	10
b_2	2.0		3.0		4.0		5.0		
h	0.1		0.2		0.3	0.4	0.6	0.8	1.2
r	0.2		0.5		0.8	1.0	1.6	2.0	3.0

注：1. 越程槽内与直线相交处，不允许产生尖角。
　　2. 越程槽深度 h 与圆弧半径 r，要满足 $r \leqslant 3h$。

表 D-3　普通螺纹退刀槽和倒角（摘自 GB/T 3—1997）　　　　（单位：mm）

外螺纹退刀槽　　一般为45°，也可采用30°或60°倒角　内螺纹退刀槽　一般为120°，也可采用90°倒角
倒角深度应大于或等于螺纹牙型高度

螺距	外螺纹				内螺纹			
P	g_2	g_1	d_g	$r\approx$	G_1		D_g	$R\approx$
	max	min			一般	短的		
0.5	1.5	0.8	$d\sim0.8$	0.2	2	1	$D+0.3$	0.2
0.6	1.8	0.9	$d-1$		2.4	1.2		0.3
0.7	2.1	1.1	$d-1.1$	0.4	2.8	1.4		0.4
0.75	2.25	1.2	$d-1.2$		3	1.5		
0.8	2.4	1.3	$d\sim1.3$		3.2	1.6		
1	3	1.6	$d-1.6$	0.6	4	2		0.5
1.25	3.75	2	$d-2$		5	2.5		0.6
1.5	4.5	2.5	$d-2.3$	0.8	6	3		0.8
1.75	5.25	3	$d-2.6$	1	7	3.5		0.9
2	6	3.4	$d-3$		8	4		1
2.5	7.5	4.4	$d-3.6$	1.2	10	5		1.2
3	9	5.2	$d-4.4$	1.6	12	6	$D+0.5$	1.5
3.5	10.5	6.2	$d-5$		14	7		1.8
4	12	7	$d-5.7$	2	16	8		2
4.5	13.5	8	$d-6.4$	2.5	18	9		2.2
5	15	9	$d-7$		20	10		2.5
5.5	17.5	11	$d-7.7$	3.2	22	11		2.8
6	18	11	$d-8.3$		24	12		3
参考值	$\approx3P$	—	—	—	$=4P$	$=2P$	—	$\approx0.5P$

注：1. d、D 为螺纹公称直径代号。
　　2. "短"退刀槽仅在结构受限制时采用。
　　3. d_g 公差为：h13（$d>3$mm）；h12（$d\leqslant3$mm）。D_g 公差为 H13。

表 D-4　紧固件通孔及沉孔尺寸　　　　　　　（单位：mm）

螺纹规格 d			M4	M5	M6	M8	M10	M12	M16	M18	M20	M24	M30	M36
通孔尺寸 d_1			4.5	5.5	6.6	9.0	11.0	13.5	17.5	20.0	22.0	26	33	39
GB/T 152.3—1988	用于内六角圆柱头螺钉	d_2	8	10	11	15	18	20	26	—	33	40	48	57
		t	4.6	5.7	6.8	9.0	11.0	13.0	17.5	—	21.5	25.5	32.0	38.0
		d_3						16	20		24	28	36	42
	用于开槽圆柱头螺钉	d_2	8	10	11	15	18	20	26		33			
		t	3.2	4	4.7	6.0	7.0	8.0	10.5		12.5			
		d_3						16	20		24			

（续）

螺纹规格 d			M4	M5	M6	M8	M10	M12	M16	M18	M20	M24	M30	M36
GB/T 152.4—1988	用于六角头螺栓及六角螺母	d_2	10	11	13	18	22	26	33	36	40	48	61	71
		d_3	—	—	—	—	—	16	20	22	24	28	36	42
		t	只要能制出与通孔 d_1 的轴线垂直的圆平面即可											
GB/T 152.2—2014 90°±1°	用于沉头及半沉头螺钉	d_h min	4.5	5.5	6.6	9	11							
		D_e min	9.4	10	12.6	17	20							
		t≈	2.55	2.58	3.13	4.28	4.65	—	—	—	—	—	—	—

表 D-5　中心孔（摘自 GB/T 145—2001、GB/T 4459.5—1999）　　（单位：mm）

形式及标记示例	A型（不带护锥）中心孔 标记示例： GB/T 4459.5-A4/8.5 （d=4mm，D_1=8.5mm）	B型（带护锥）中心孔 标记示例： GB/T 4459.5-B2.5/8 （d=2.5mm，D_2=8mm）	C型（带螺纹）中心孔 标记示例： GB/T 4459.5-CM10L30/16.3 （d=M10，L=30mm，D_3=16.3mm）	R型（弧形）中心孔 标记示例： GB/T 4459.5-R3.15/6.7 （d=3.15mm，D=6.7mm）
用途	通常用于加工后可以保留的场合（此情况占大多数）	通常用于加工后需要保留的场合	通常用于一些需要带压紧装置的零件	通常用于需要提高加工精度的场合

中心孔表示法	要求	规定表示法	简化表示法	说明
	在完工的零件上要求保留中心孔	GB/T 4459.5-B4/12.5	B4/12.5	采用 B 型中心孔 d=4mm，D_2=12.5mm
	在完工的零件上可以保留中心孔（是否保留都可以，绝大多数情况如此）	GB/T 4459.5-A2/4.25	A2/4.25	采用 A 型中心孔 d=2mm，D=4.25mm，一般情况下，均采用这种方式
		2×A4/8.5 GB/T 4459.5	2×A4/8.5	采用 A 型中心孔 d=4mm，D=8.5mm，同一轴的两端中心孔相同，可只在一端标出，但应注出其数量
	在完工的零件上不允许保留中心孔	GB/T 4459.5-A1.6/3.35	A1.6/3.35	采用 A 型中心孔 d=1.6mm，D=3.35mm

注：1. 对于标准中心孔，在图样中可不绘制其详细结构。
　　2. 在不致引起误解时，可省略国家标准编号。

附录 E　常用钢材与铸铁

表 E-1　常用钢材

（摘自 GB/T 699—2015、GB/T 700—2006、GB/T 3077—2015、GB/T 11352—2009）

名称		钢号	应用举例	说明
碳素结构钢		Q215A Q235A Q235B Q255A Q275	受力不大的铆钉、螺钉、轮轴、凸轮、焊件、渗碳件、螺栓、螺母、拉杆、钩、连杆、楔、轴 金属构造物中一般机件、拉杆、轴、焊件 重要的螺钉、拉杆、钩、楔、连杆、轴、销、齿轮、键、牙嵌离合器、链板、闸带、受大静载荷的齿轮轴	"Q"表示屈服强度,数字表示屈服强度数值,A、B 等表示质量等级
优质碳素结构钢		08 15 20 25 30 35 40 45 50 55 60	要求可塑性好的零件:管子、垫片、渗碳件、碳氮共渗件、渗碳件、紧固件、冲模锻件、化工容器、杠杆、轴套、钩、螺钉、渗碳件与碳氮共渗件 轴、辊子、紧固件中的螺栓、螺母、曲轴、转轴、轴销、连杆、横梁、星轮 曲轴、摇杆、拉杆、键、销、螺栓、转轴 齿轮、齿条、链轮、凸轮、轧辊、曲柄轴 齿轮、轴、联轴器、衬套、活塞销、链轮 活塞杆、齿轮、不重要的弹簧 齿轮、连杆、扁弹簧、轮辊、偏心轮、轮圈、轮缘 叶片、弹簧	1. 数字表示钢中平均碳含量的万分数,例如,"45"表示碳的平均质量分数为 0.45% 2. 序号表示抗拉强度、硬度依次增加,伸长率依次降低
		30Mn 40Mn 50Mn 60Mn	螺栓、杠杆、制动板 用于承受疲劳载荷零件:轴、曲轴、万向联轴器 用于高负荷下耐磨的热处理零件:齿轮、凸轮、摩擦片弹簧、发条	锰的质量分数为 0.7%~1.2%的优质碳素钢
合金结构钢	铬钢	15Cr 20Cr 30Cr 40Cr 45Cr	渗碳齿轮、凸轮、活塞销、离合器 较重要的渗碳件 重要的调质零件:轮轴、齿轮、摇杆、重要的螺栓、滚子 较重要的调质零件:齿轮、进气阀、辊子、轴 强度及耐磨性高的轴、齿轮、螺栓	1. 合金结构钢前面两位数字表示钢中碳含量的万分数 2. 合金元素以化学符号表示 3. 合金元素的质量分数小于 1.5%,仅注出元素符号
	铬锰钛钢	20CrMnTi 30CrMnTi	汽车上的重要渗碳件:齿轮 汽车、拖拉机上强度特高的渗碳齿轮	
铸钢		ZG 230—450 ZG 310—570	机座、箱体、支架 齿轮、飞轮、机架	"ZG"表示铸钢,数字表示屈服强度及抗拉强度(MPa)

表 E-2 常用铸铁（摘自 GB/T 9439—2010、GB/T 1348—2019、GB/T 9440—2010）

名称	牌号	硬度 HBW	应用举例	说明
灰铸铁	HT100	114~173	机床中受轻载荷、磨损无关重要的铸件，如托盘、把手、手轮等	"HT"是灰铸铁代号，其后数字表示抗拉强度（MPa）
	HT150	132~197	承受中等弯曲应力，摩擦面间压强高于 500MPa 的铸件，如机床底座、工作台、汽车变速器、泵体、阀体、阀盖等	
	HT200	151~229	承受较大弯曲应力，要求保持气密性的铸件，如机床立柱、刀架、齿轮箱体、床身、液压缸、泵体、阀体、带轮、轴承盖和机架等	
	HT250	180~269	承受较大弯曲应力、要求保持气密性的铸件，如气缸套、齿轮、机床床身、立柱、齿轮箱体、液压缸、泵体、阀体等	
	HT300	207~313	承受高弯曲应力、断裂应力，要求高度气密性的铸件，如高压液压缸、泵体、阀体、汽轮机隔板等	
	HT350	238~357	轧钢滑板、辊子、炼焦柱塞等	
球墨铸铁	QT400-15 QT400-18	130~180 130~180	韧性高，低温性能好，且有一定的耐蚀性，用于制作汽车、拖拉机中的轮毂、壳体、离合器拨叉等	"QT"为球墨铸铁代号，其后第一组数字表示抗拉强度（MPa），第二组数字表示伸长率（%）
	QT500-7 QT450-10 QT600-3	170~230 160~210 190~270	具有中等强度和韧性，用于制作内燃机中液压泵齿轮、汽轮机的中温气缸隔板、水轮机阀门体等	
可锻铸铁	KTH300-06 KTH350-10 KTZ450-06 KTB400-05	≤150 ≤150 150~200 ≤220	用于承受冲压、振动等零件，如汽车零件、机床附件、各种管接头、低压阀门、曲轴和连杆等	"KTH""KTZ""KTB"分别为黑心、珠光体、白心可锻铸铁代号，其后第一组数字表示抗拉强度（MPa），第二组数字表示伸长率（%）

附录 F 热处理

表 F-1 常用的热处理名词解释

热处理方法	解释	应用
退火	退火是将钢件（或钢坯）加热到适当温度，保温一段时间,然后再缓慢地冷下来（一般用炉冷）	用来消除铸锻件的内应力和组织不均匀及晶粒粗大等现象。消除冷轧坯件的冷硬现象（冷作硬化）和内应力，降低硬度以便切削
正火	正火是将坯件加热到相变点以上 30~50℃，保温一段时间，然后用空气冷却，冷却速度比退火快	用来处理低碳和中碳结构钢件及渗碳机件，使其组织细化增加强度与韧性。减少内应力，改善低碳钢的切削性能

热处理方法	解释	应用
淬火	淬火是将钢件加热到相变点以上某一温度，保温一段时间，然后在水、盐水或油中（个别材料在空气中）急冷下来，使其得到高硬度	用来提高钢的硬度和强度，但淬火时会引起内应力使钢变脆，所以淬火后必须回火
表面淬火	表面淬火是使零件表面获得高硬度和耐磨性，而心部则保持塑性和韧性	对于各种在动载荷及摩擦条件下工作的齿轮、凸轮轴、曲轴及销等，都要经过这种处理
高频感应淬火	利用高频感应电流使钢件表面迅速加热，并立即喷水冷却。淬火表面具有高的力学性能，淬火时不易氧化及脱碳，变形小，淬火操作及淬火层易实现精确的电控制与自动化，生产率高	表面淬火必须采用碳的质量分数>0.35%的钢，因为碳含量低淬火后增加硬度不大，一般为淬透性较低的碳钢及合金钢（如 45、40Cr、40Mn2、9SiCr 等）
回火	回火是将淬硬的钢件加热到相变点以下的某一种温度后，保温一定时间，然后在空气中或油中冷却下来	用来消除淬火后的脆性和内应力，提高钢的冲击韧度
调质	淬火后高温回火，称为调质	用来使钢获得高的韧性和足够的强度，很多重要零件是经过调质处理的
渗碳	渗碳是向钢表层渗碳，一般渗碳温度 900～930℃，使低碳钢或低碳合金钢的表面碳的质量分数增高到 0.8%～1.2%，经过适当热处理，表层得到高硬度和耐磨性，提高疲劳强度	为了保证心部的高塑性和韧性，通常采用碳的质量分数为 0.08%～0.25% 的低碳钢和低合金钢，如齿轮、凸轮及活塞销等
渗氮	渗氮是向钢表层渗氮，目前常用气体渗氮，即利用氨气加热时分解的活性氮原子渗入钢中	渗氮后不再进行热处理，用于某种含铬、钼或铝的特种钢，以提高硬度和耐磨性，提高疲劳强度及耐蚀性
碳氮共渗	碳氮共渗是同时向钢表面渗碳及渗氮，常用液体渗碳处理，不仅比渗碳处理有较高硬度和耐磨性，而且兼有一定耐蚀性和较高的疲劳强度。在工艺上比渗碳或渗氮时间短	增加表面硬度、耐磨性、疲劳强度和耐蚀性，用于要求硬度高，耐磨的中、小型及薄片零件和刀具等
发蓝处理	使钢的表面形成氧化膜的方法称为发蓝处理	发蓝处理可用来提高其表面耐蚀性和使外表美观，但其耐蚀性并不理想，只用于空气干燥及密闭的场所
硬度	硬度指材料抵抗硬物压入其表面的能力。因测定方法不同而有布氏、洛氏、维氏等 HBW（布氏硬度见 GB/T 231.1—2018） HRC（洛氏硬度见 GB/T 230.1—2018） HV（维氏硬度见 GB/T 4340.1—2009）	硬度 HBW 用于退火、正火、调质的零件及铸件；硬度 HRC 用于经淬火、回火及表面渗碳、渗氮等处理的零件；硬度 HV 用于薄层硬化零件

附录 G AutoCAD 常用快捷键及简化命令

表 G-1 AutoCAD 常用快捷键

快捷键功能	快捷键	快捷键功能	快捷键
获取帮助	F1	三维对象捕捉开/关	F4
实现作图窗口和文本窗口的切换	F2	等轴测平面切换	F5
控制是否实现对象自动捕捉	F3	控制状态行上坐标的显示方式	F6

（续）

快捷键功能	快捷键	快捷键功能	快捷键
栅格显示模式控制	F7	重复执行上一步命令	Ctrl+J
正交模式控制	F8	超级链接	Ctrl+K
栅格捕捉模式控制	F9	新建图形文件	Ctrl+N
极轴模式控制	F10	打开"选项"对话框	Ctrl+M
对象追踪控制	F11	打开图像文件	Ctrl+O
动态输入控制	F12	打开"打印"对话框	Ctrl+P
打开"特性"选项卡	Ctrl+1	保存文件	Ctrl+S
打开"设计中心"选项卡	Ctrl+2	剪切所选择的内容	Ctrl+X
将选择的对象复制到剪切板上	Ctrl+C	重做	Ctrl+Y
将剪切板上的内容粘贴到指定的位置	Ctrl+V	取消前一步的操作	Ctrl+Z

表 G-2 AutoCAD 常用简化命令

简化命令名称	简化命令	简化命令名称	简化命令
直线	L	拉伸	S
构造线	XL	拉长	LEN
射线	RAY	打断	BR
矩形	REC	分解	X
圆	C	并集	UN
圆弧	A	差集	SU
多线	ML	交集	IN
多段线	PL	对象捕捉模式设置	SE
正多边形	POL	图层	LA
样条曲线	SPL	恢复上一次操作	U
椭圆	EL	缩放视图	Z
点	PO	移动视图	P
定数等分点	DIV	重生成视图	RE
定距等分点	ME	拼写检查	SP
定义块	B	测量两点间的距离	DI
插入	I	标注样式	D
图案填充	H	线性标注	DLI
多行文字	T	半径标注	DRA
单行文字	DT	直径标注	DDI
移动	M	对齐标注	DAL
复制	CO	角度标注	DAN
偏移	O	弧长标注	DAR
阵列	AR	折弯标注	DJO
旋转	RO	快速标注	QDIM
缩放比例	SC	基线标注	DBA
删除	E	连续标注	DCO
圆角	F	圆心标记	DCE
倒角	CHA	拉伸实体	EXT
修剪	TR	旋转实体	REV
延伸	EX	放样实体	LOFT

参 考 文 献

[1]　侯洪生，闫冠. 机械工程图学 [M]. 4 版. 北京：科学出版社，2016.

[2]　胡建生. 机械制图 [M]. 2 版. 北京：机械工业出版社，2021.

[3]　胡建生. 工程制图与 AutoCAD [M]. 北京：机械工业出版社，2017.

[4]　大连理工大学工程图学教研室. 机械制图 [M]. 5 版. 北京：高等教育出版社，2001.

[5]　肖静. AutoCAD2020 中文版实例教程 [M]. 北京：清华大学出版社，2020.

[6]　肖静. AutoCAD 机械制图实用教程：2018 版 [M]. 北京：清华大学出版社，2018.

[7]　朱玺宝，吉伯林. 工程制图 [M]. 北京：高等教育出版社，2006.

[8]　裴承慧，刘志刚. 机械制图测绘实训 [M]. 北京：机械工业出版社，2017.

[9]　杨放琼，赵先琼. 机械产品测绘和三维设计 [M]. 北京：机械工业出版社，2018.

[10]　何铭新，钱可强. 机械制图 [M]. 5 版. 北京：高等教育出版社，2004.

[11]　谷艳华，闫冠，林玉祥. 机械工程图学习题集 [M]. 4 版. 北京：科学出版社，2016.

[12]　王飞，刘晓杰. 现代工程图学：上册 [M]. 北京：北京邮电大学出版社，2016.

[13]　薛广红，李晓梅. 机械制图 [M]. 武汉：华中科技大学出版社，2012.

[14]　李晓梅，薛广红. 机械制图习题集 [M]. 武汉：华中科技大学出版社，2012.